빅 퓨처

Future Stories: What's Next?
by David Christian
Originally Published by Little Brown Spark,
an imprint of Little, Brown and Company, a division of Hachette Book Group, Inc.,
New York.

Copyright ⓒ 2022 by David Christian
All rights reserved.

Korean Translation Copyright ⓒ 2025 by The Business Books and Co., Ltd.
Published by arrangement with Brockman Inc., New York.

이 책의 한국어판 저작권은 저작권자와 독점 계약을 맺은 (주)비즈니스북스에게 있습니다.
저작권법에 의해 국내에서 보호를 받는 저작물이므로 무단 전재와 복제를 금합니다.

BIG FUTURE

'빅 히스토리' 창시자가 들려주는 인류의 미래 지도

빅 퓨처

데이비드 크리스천 지음 | 김동규 옮김

북라이프

빅 퓨처

1판 1쇄 인쇄 2025년 9월 8일
1판 1쇄 발행 2025년 9월 15일

지은이 | 데이비드 크리스천
옮긴이 | 김동규
발행인 | 홍영태
발행처 | 북라이프
등 록 | 제2011-000096호(2011년 3월 24일)
주 소 | 03991 서울시 마포구 월드컵북로6길 3 이노베이스빌딩 7층
전 화 | (02)338-9449
팩 스 | (02)338-6543
대표메일 | bb@businessbooks.co.kr
홈페이지 | http://www.businessbooks.co.kr
블로그 | http://blog.naver.com/booklife1
페이스북 | thebooklife
인스타그램 | booklife_kr
ISBN 979-11-91013-99-3 03400

* 잘못된 책은 구입하신 서점에서 바꾸어 드립니다.
* 책값은 뒤표지에 있습니다.
* 북라이프는 (주)비즈니스북스의 임프린트입니다.
* 비즈니스북스에 대한 더 많은 정보가 필요하신 분은 홈페이지를 방문해 주시기 바랍니다.

비즈니스북스는 독자 여러분의 소중한 아이디어와 원고 투고를 기다리고 있습니다.
원고가 있으신 분은 ms2@businessbooks.co.kr로 간단한 개요와 취지, 연락처 등을 보내 주세요.

손주 대니얼, 에비 로즈, 소피아에게 이 책을 헌정한다.
나의 미래는 바로 그들이다.
그들의 미래에 좋은 일만 있기를.

| 여는 글 |

> 시간의 씨앗을 살펴보고 크게 자라날 것과 그렇지 않을 것을
> 가려낼 수 있다면 나에게 말해달라.
>
> — 셰익스피어, 《맥베스》 1막 3장. 뱅쿼가 세 마녀에게 한 말.

다 쓰러져 가는 흉가의 삐걱거리는 문을 열면 모골이 송연해진다. 무엇이 나타날지 모른다. 우리는 매 순간 미래를 향한 문을 연다. 그 문 뒤에는 무엇이 있을까? 사도 바울의 말마따나 "거울로 보는 것 같이 희미"[1]하게 보이는 미지의 일을 어떻게 준비할 수 있을까? 이 책은 시간의 이면에 숨어 있어 우리가 아직 경험하지 못한 어두운 부분에 관한 내용이다. 이 책에서 우리는 '미래'라고 부르는 낯선 영역에 감춰진 것을 상상하고 그에 대비하는 방법을 알아보려고 한다.

  미래를 이해하려는 노력은 마치 허공을 향해 손을 뻗는 것과 같다. 그러나 비록 공허하게 보이더라도 미래는 우리의 사고와 감정, 행동에 엄청난 영향을 미친다. 우리가 안고 있는 걱정과 노력, 희망 그리고 창의성의 상당 부분은 미래를 향해 있다. 사실 우리가 하는 생각은 거의 대부분 가능한 미래 possible future에 관한 것이라고 해도 과언이 아니다. 거의 모든 경우 우리는 저절로 펼쳐지는 다가올 미래 likely future에 반응하는 것이 전부다. 이것이 바로 우리가 일상에서 경험하는 미래 사고 future thinking다. 그것은 익숙하고 평범하며, 생물학적·신경과학적

과정 및 의식 아래에서 주로 작동하기에 거의 본능처럼 여겨지는 알고리즘에 따라 진행된다. 길을 건너면서 다가오는 트럭에 치일 가능성을 계산하는 것도 이런 종류의 미래 사고다. 정말로 알 수 없는 미래를 맞이하는 상황은 새로운 길로 접어들 때나 아기가 태어났을 때, 갑자기 위기에 처했을 때 혹은 다른 나라로 이주하거나 지구의 미래를 상상하려고 애쓸 때 등이다. 이것은 의식적인 미래 사고다. 이런 주제를 의식적으로 주의 깊게 생각해보면, 미래가 얼마나 기이한 대상인지를 금방 알 수 있다.

이 책에는 수많은 철학자와 과학자, 신학자가 생각해온 미래가 설명되어 있다. 인류뿐만 아니라 박테리아와 박쥐, 바오바브나무 등을 비롯한 다른 생명도 엄청나게 정교한 생화학적·신경과학적 장치를 동원하여 이런 심오한 신비에 대처해왔다는 사실도 살펴본다. 아울러 인류의 집단적 사고와 미래에 관한 인식, 나아가 그 미래를 적극적으로 형성하고자 했던 독특한 방식을 탐구한다. 종반부에서는 우리가 지금 상상할 수 있는 미래와 향후 수십 년 그리고 수십억 년 후의 미래를 다룬다. 마지막에는 시간의 종말을 추측하는 내용으로 끝맺을 것이다.

**미래에 관한
생각**

우리는 일상의 모든 순간마다 미래가 지닌 근본적인 신비를 마주한다. 우리에게 펼쳐진 가능한 미래는 무수히 많아 보인다. 그러다가 순식간에 그 모든 가능성이 사라지고 단 하나의 현재만 존재하게 된다. 우리는 재빨리 그 현재에 대처해야 한다. 그러지 않으면 또 금세 기억과 역사라는 형태로 얼어붙어, 빙하시대의 얼음에 갇힌 매머드 화석이 조금 비틀리거나 움직이는 정도밖에는 달라지지 않기 때문이다. 우리가 아는 일상의 삐걱거리는 문 뒤편에는 참을성 없는 모든 가능한 미래가 무한히 줄지어 우리를 기다리고 있다. 그중에는 평범하고 시시한 것도 있지만, 때로는 신비하고 대단한 것도 있다. 그러나 우리가 그중 어떤 것을 만나게 될지 알 수 없다.

미래를 둘러싼 신비는 매혹적일 뿐만 아니라 두렵기까지 하다. 인생에 풍성함과 아름다움, 흥분, 의미를 제공한다. 한마디로 삶에 활기를 더해준다! 우리는 모든 문의 뒷면에서 일어나는 일을 정말 알고 싶은 것일까? 2,000년 전에 로마의 마르쿠스 툴리우스 키케로Marcus Tulius Cicero는 이런 질문을 던졌다. "(율리우스 카이사르가) 주로 자신 덕분에 그 자리에 올라 모든 것을 누리던 원로원의 손에 죽임을 당할 뿐만 아니라, 자신의 시신을 찾는 이조차 없을 정도로(정말 노예조차 그를 찾지 않았다.) 비참한 처지에 놓이리라는 것을 미리 내다볼 수 있었다면, 그는 도대체 얼마나 깊은 고통 속에서 일생을 보냈을 것인가!"[2] 키케로는 카이사르를 잘 알았을 뿐 아니라 기원전 44년 3월 보름에 그가 원로원에서 칼에 찔리는 장면을 지켜봤을 가능성이 크다. 카이사르가 사망할 당시 키케로는 점술에 관한 역작을 집필하던 중이었다. 따라서 그에게는 그 사건이 더욱 생생하고 강렬하게 다가왔을 것이다. 우리는 미래를 모르기 때문에 더욱 흥미진진하고 극적인 삶을 누릴 수 있다. 미래를 알 수 없다는 점은 우리에게 선택의 자유와 함께 신중한 선택을 내려야 할 도덕적 의무를 안겨주기도 한다.

그러나 거의 모든 경우, 우리는 앞날에 어떤 일이 펼쳐질지 엿보고 싶어 한다. 그럴 때 우리가 실마리로 삼을 만한 것은 무엇일까? 예컨대 다른 나라를 방문할 경우라면 이미 그곳에 가본 사람과 대화할 수도 있고, 19세기의 유럽 여행자들이 베데커Baedeker의 여행 안내서를 참조했듯이 지금은 《론리플래닛》Lonely Planet의 도움을 받을 수도 있다. 역사학자인 나는 옛날 사람들이 남긴 기록과 문서를 바탕으로 구성된 베데커의 안내서를 참조하여 과거를 향해 상상의 여행을 떠나곤 한다. 즉 아무 근거도 없이 여행한 것이 아니다. 그러나 미래는 아무도 가본 적이 없으므로 안내서로 삼을 만한 것이 있을 리 없다. 미래를 가본 사람은 단 한 명도 없다. 역사철학자 로빈 조지 콜링우드Robin George Collingwood가 말했듯이, 미래는 기록을 남기지 않는다.[3]

무지가 두려운 이유는 미래가 너무나 중요하기 때문이다. 미래학자 니컬러스 리처Nicholas Rescher가 말했듯이, "우리 모두가 남은 인생을 살아야 할 시간은 결국 미래다."[4] 따라서 우리에게는 지침이 필요하다. 우리 마음은 언제나 세상을 두루 살피며 좋든 나쁘든 가능한 미래의 패턴과 추세, 징후를 읽고 그림을 그리고자 한다. 우리는 꿈이나 별자리, 나아가 점쟁이나 재정 고문이 던지는 경고나 희망의 메시지도 해석하려고 한다. 우리는 부모와 의사, 교사의 말에 귀를 기울인다. 현대의 모든 정부는 경제학자와 통계학자, 과학자 등에게 조언을 구한다(이를 위해 그들에게 거액을 안겨주기도 한다). 우리가 이렇게 행동하는 이유는 비록 미래가 우리에게 뚜렷한 해답을 알려주지는 않지만, 앞으로 어떤 일이 일어날지 알 수 있는 실마리는 분명히 존재하기 때문이다. 더구나 우리는 고트프리트 라이프니츠Gottfried Leibniz가 '개연적 확실성'이라고 부른 것을 근거로 삼아 예측할 때도 있다. 예를 들면 '태양은 내일 떠오른다', '나는 언젠가 죽을 것이다', '정부는 분명히 세금을 부과할 것이다' 같은 것들이다. 이런 명제는 '절대적 확실성'까지는 아니더라도 거의 확실한 일임은 틀림없다. 그러나 개기일식처럼 극히 드문 예외를 제외하면 대체로 우리는 미래에 어떤 일이 일어날지 그 구체적인 내용까지는 예측할 수 없다. 구체적인 내용을 모두 알 수 있는 과거와 달리, 미래는 어스름한 불빛에 흐릿하게 보이는 모호한 세상일 뿐이다.

이상한 것은 우리가 미래를 짐작하기 위해 참고할 만한 것은 오직 과거뿐이라는 사실이다. 그래서 인생을 산다는 것은 마치 거울을 보면서 경주용 자동차를 모는 것과 같다. 그러니 인생에 번번이 충돌 사고가 일어나는 것도 무리가 아닌 셈이다. 단테 알리기에리Dante Alighieri의 《신곡》 '지옥편'에 나오는 예언자가 고개가 뒤로 젖힌 형벌을 받은 것처럼, 우리도 과거를 보면서 미래를 향해 나아갈 수밖에 없는 것이다. 따라서 과거를 연구하는 데는 엄청난 시간을 쏟는 역사학자들이 미래를 생각하는 시간은 얼마 되지 않는 것은 참으로 얄궂은 현실이라고 할 수 있다. 이 책의 목적 중 하나는 과거에 관한 사유(즉 역사)와 미래에 관한 생각을 서로 관련지음으로써, 과거를 능숙하게 다루는 것이 다가올 미래를 밝히는 데 도움이 됨을 입증하는 것이다.

오늘날 사려 깊은 미래 사고가 특히 중요한 이유는, 우리가 사는 이 시대가 세계 역사상 가장 중요한 전환점이기 때문이다. 지난 세기에 우리 인간은 너무나 강력한 힘을 얻게 된 나머지, 지구와 그것이 짊어진 오랜 유산의 미래가 갑자기 우리의 불안정한 손에 놓이게 되었다.

<그림 0-1> 단테의 《신곡》 '지옥편'에 등장하는 예언자들

단테와 그의 안내자 베르길리우스가 너무 먼 미래를 엿보려고 한 죄로 처벌받는 고대 예언자를 지켜보고 있다. 그들이 받은 형벌은 고개가 뒤로 젖혀져 오직 과거만 볼 수 있게 된 것이다. 15세기 중반, 프리아모 델라 퀘르치아Priamo della Quercia 작품.

향후 50년간 인간이 어떻게 행동하느냐에 따라 앞으로 수천 년, 아니 수백만 년에 걸친 지구 생태계의 운명이 좌우될지도 모른다. 그리고 인간의 행동은 미래에 관한 우리의 생각과 우리가 건설하고자 하는 미래에 따라 결정될 것이다. 미래의 본질에 관한 깊은 이해와 인간이 그것을 준비하는 방법 그리고 가장 개연성이 큰 미래 등은 비단 전문가만이 아니라 진지한 사고를 하며 살아가는 모든 현대인에게 점점 더 그 중요성이 커지는 지식이라고 할 수 있다.

그러나 미래의 이러한 기묘한 특성과 가능한 미래에 쏟는 수많은 생각 그리고 신중한 미래 사고가 지닌 근본적인 중요성에도 불구하고,

학교와 대학에서 미래 사고 기술을 가르치는 경우는 매우 드물다. 전문가를 위한 컴퓨터 모델링 같은 일부 특수 분야에서 미래 사고 기술을 가르치는 경우를 제외하면 대부분 그저 임기응변에 의지할 뿐이다. 우리는 본능과 직관에 의존한 채 바로 앞에 펼쳐진 세상에 대처하느라 우리의 수많은 생각과 행동을 괴롭힌다. 내가 이 책을 쓴 이유 중에는 우리가 '미래'라고 부르는 것에 대해 그리고 다가올 미래를 신중하게 생각하는 미묘한 기술에 대해 내가 얼마나 무지한지 깨달은 것도 분명히 크게 작용했다. 그러나 아직도 나는 미래와 미래 사고에 관해 알려주는 보편적인 입문서를 찾지 못했다.[5] 그 삐걱거리는 문 뒤에 펼쳐지는 기이한 세상을 좀 더 자세히 알고 싶은 사람이 나뿐만은 아니라고 생각한다. 그래서 나는 직접 그런 책을 써보기로 했다. 그러니까 이 책은 일종의 *미래 입문서*인 셈이다. 나는 비록 미래 사고 분야의 전문가는 아니지만, 이 책을 통해 우리가 *미래*라고 부르는 것의 의미를 알기 쉽게 설명하고, 다가올 미래에 관한 *사고법*을 이해하며, 그 이해를 바탕으로 우리 자신과 이 세상 그리고 우주 전체의 미래를 상상해보려고 노력했다.

빅 히스토리란
무엇인가?

이 책은 지난 30년간 내가 가르치고 써온 것들의 중심을 이루는, 새로이 등장하는 학제 간 연구 분야인 '빅 히스토리'Big History라는 다각적 관점을 통해 가능한 미래에 관한 우리의 생각을 탐구한다.[6] 빅 히스토리는 가능한 모든 규모와 다양한 학문적 관점에서 과거를 바라보는 연구 방법으로, 삼각측량법처럼 역사를 좀 더 풍부하고 깊이 이해하는 방법이다. 데이비드 흄David Hume은 어떤 문제든 '심층적으로' 연구할 때 즐거움을 느낀다고 말한 적이 있다.[7] 나는 우리가 미래를 이해하는 데서 빅 히스토리 관점이 맡아줄 역할도 바로 그 부분이라고 생각한다. 예컨대 미래를 보여주는 구슬을 집어 들었다고 생각해보자. 앞으로 이 책의 각 장이 시작될 때마다 우리는 수많은 전문가의 시선으로 이 구슬의 다양한 측면을 살펴볼 것이다. 그럴 때마다 이 구슬의 모양과 색깔, 의미가 조금씩 달라질 것이고, 우리는 새로운 것을 배울 수 있다.

어떤 문제를 다양한 관점에서 살펴보는 것은 강력한 위력을 발휘한다. 그 이유는 네트워크 이론에서 말하는 이른바 '작은 세상 이론'small-world theorem에서 찾아볼 수 있다. 그 이론에 따르면, 거의 모든 점이 서로 밀접하게 연결된 네트워크에서는 1~2개의 장거리 연결 고리만으로도 아이디어와 정보, 재화 등의 교환 속도를 비약적으로 증가시켜 네트워크 전체를 완전히 바꿔놓을 수 있다. 인류 역사의 대부분은 비슷한 관점을 지닌 이웃으로 구성된 마을 단위의 네트워크로 형성되어왔다. 그러나 그중에서 단 한 명만 이웃 마을로 여행을 다니기 시작하면 그 마을에 막대한 정보가 흘러들어와 다양한 관점을 습득하게 되어 지역 네트워크에 일대 혁명을 불러올 수 있다. 인류 역사에서 소수의 연결자—여행자, 상인 집단, 행상, 떠돌이 예언자, 군인 등—가 그토록 혁명적인 역할을 할 수 있었던 이유도 바로 여기에 있다. 고대 실크로드는 한반도에서부터 지중해까지 이어지는 거대한 교역망—상

품뿐만 아니라 정보와 문화를 교류하던 연결망 — 을 건설한 덕분에 유라시아 역사에 변혁을 불러왔다.[8]

마찬가지로 여러 학문 분야를 잇는 노력도 강력한 효과를 낳을 수 있다. 학제 간 교류는 현대 과학의 기본 패러다임이 탄생한 배경이 되기도 했다. 초거대 세계와 초미시 세계의 물리학을 잇는 빅뱅Big Bang 우주론이나 화학·생물학·물리학 등을 연결하는 현대 유전학 등이 대표적인 예다. 빅 히스토리 관점은 마치 실크로드가 그랬던 것처럼, 여러 분야의 지식을 한데 엮어냄으로써 새로운 통찰과 사고방식을 창조했다. 새로운 연결 고리를 만들어내는 일은 미래 사고처럼 어렵고 파편화된 분야에서 특히 더 중요하다. 현대 '미래학'의 선구자인 웬든 벨Wendell Bell은 이렇게 말한 바 있다. "전문가와 전문 지식이 지배하는 세상에서는 큰 그림을 보는 사람의 역할이 매우 중요하다. 그런 사람은 다양한 현상들 사이의 관계를 파악하고, 일부분이 아니라 전체를 볼 줄 안다."[9]

물론 학제 간 연구는 실크로드를 여행하는 것처럼 위험천만한 일이다. 특정 분야의 지식과 전체적인 지식 사이에는 상충 관계가 존재한다. 독자들이 간혹 마주치는 불분명하고 미묘하며 정확하지 못한 부분이 다양한 관점을 통해 보완될 수 있다면 나로서는 더 바랄 것이 없다. 양자물리학자 에르빈 슈뢰딩거Erwin Schrödinger는 《생명이란 무엇인가》라는 책(훗날 프랜시스 크릭Francis Crick과 제임스 왓슨James Watson이 DNA라는 혁신적인 아이디어를 떠올리는 데 영감을 준 학제 간 연구서이다.)의 서문에서 이 딜레마를 분명히 설명한다. 슈뢰딩거는 자신이 생물학자가 아님을 겸허히 인정하면서도 물리학이 생물학에 공헌할 부분이 적지 않다는 신념을 다음과 같이 밝혔다.

> 이 딜레마[다양한 학문 분야에서 통찰을 끌어내는 일의 어려움]를 해결하는 유일한 방법은 … 우리 중에 누군가가 사실과 이론을 통섭하는 용감한 시도에 나서야 한다는 것이다. 물론 우리가 아는 지식 중에는 아직 간접적이고 불완전한 부분도 있고, 그러다가 우리 스스로 웃음거리가 될 위험도 있는 것이 사실이지만 말이다.[10]

이 책이 미래를 탐구하는 태도에도 그의 정신과 유사한 부분이 있다. 이 책의 목적은 미래에 관해 '꽤 깊은' 수준까지 이해하는 것이지만, 그러기 위해서는 다양한 시각을 통해 미래를 폭넓게 이해해야 한다는 역설이 존재한다. 이 책은 우리가 미래를 *이해하는* 방법과 우리를 비롯한 여러 생명체가 다양한 미래를 *관리하는* 방법 그리고 우리 인류가 가장 그럴듯한 미래를 *대비하는* 방법, 마지막으로 인류가 자기 자신과 지구, 나아가 우주의 미래를 *상상하는* 방법을 탐구한다.

과거에서
미래를 보다

역사학자가 왜 미래에 관한 책을 쓰는가? 역사학자는 대부분 과거에 몰두한다. 더구나 콜링우드가 엄숙하게 선언한 다음과 같은 말도 나는 분명히 옳다고 생각한다. "역사학자가 할 일은 미래가 아니라 과거를 아는 것이다. 아직 다가오지도 않은 미래를 역사학자가 감히 알 수 있다고 주장할 때마다 역사의 근본 개념이 흔들렸음을 우리는 분명히 안다." 역사학자라면 누구나 이 말에 동의한다. 그러나 콜링우드의 논지가 다소 이상한 이유는, 과거에 관한 연구는 모든 미래 사고의 열쇠가 되기 때문이다. 그리고 그것이 내가 그의 주장에 전적으로 동의하지 않는 이유이기도 하다. 역사학자 에드워드 핼릿 카Edward Hallett Carr는 역사학자가 구체적인 사건을 예측할 수 없다는 점은 인정하면서도 역사의 거대한 흐름과 패턴은 파악할 수 있고, 이를 "미래에 취할 행동의 보편타당하고 유용한 지침으로 삼을 수 있다."고 주장했다. 그의 말은 "옛것을 익혀 새로운 것을 밝힌다."라는 공자의 가르침과도 일맥상통한다.[11] 역사학이 미래를 생각하는 데 참고가 된다는 점은 분명한 사실이다.

나는 빅 히스토리라는 분야를 접한 이후로 미래를 진지하게 생각하게 되었다. 1990년대 초, 나와 매쿼리대학교의 동료 학자들은 138억 년 전 빅뱅을 통해 우주가 탄생한 눈부신 순간 이후의 역사 전체를 다루는 강좌를 막 개설한 터였다. 그런 과목을 가르치기 위해서는 기존의 수많은 학문 분야를 넘나들어야 했던 만큼, 실로 말도 안 될 정도로 급진적인 실험이었다. 그러니 우리로서는 미래를 다룬다는 것은 엄두도 못 낼 일이었다! 그 강좌의 마지막은 오늘날의 세계에 관한 내용이었다. 어느 강좌가 끝난 후, 학생들 중 한 명이 찾아와 빅 히스토리를 대충 훑어볼 수 있어 좋았다고 운을 뗀 후 말했다. "하지만"(기다리던 말이었다.) "현재에서 멈춰선 안 된다고 생각합니다. 140억 년의 역사를 되돌아보고서 어떻게 다음 수백 년도 예상하지 않을 수 있겠습니까? 저희를 그냥 절벽 위에 세워두실 셈인가요? 어떻게든 미래를 다뤄주셨으면 합니다." 머리를 망치로 한 대 맞은 것 같은 느낌이 들었다. 그녀의 말이 옳았다! 미래란 말 그대로 앞으로 남아 있는 모든 시간인데, 역사학자가 그것을 생각하는 데 조금이라도 시간을 내는 게 옳지 않겠는가.

이듬해, 이 과목에서 생물학 분야를 담당해온 데이비드 브리스코David Briscoe라는 동료 학자와 논의한 끝에 우리는 마지막 강의에 미래를 포함하기로 했다. 당연히 그때까지만 해도 우리는 무엇을 해야 할지 몰랐다. 어떤 미래를 다룬단 말인가? 다음 10년간? 아니면 1,000년? 도무지 갈피를 잡지 못했다. 그때 데이비드가 아주 훌륭한 제안을 내놓았다. 적어도 아주 재미있는 강좌가 되기에는 충분한 제안이었다. 한마디로 이 강의를 너무 자세히 준비하려고 하지 말자는 것이었다. 어차피 *미래는 그 누구도 알 수 없다!* 그러니 학생들 앞에서 동전을 던져 낙관주의자와 비관주의자를 정한 다음, 각자 좋은 미래와 나쁜 미래를 말해보게 하자는 것이었다. 그리고 실제로 그런 식으로 수업을 진행했다. 마이크는 하나만 사용하여 상대방의 말에 반대 의견이 있는 사람은 차례대로 발언할 수 있게 했다.

우리는 그 강좌를 수년 동안 이어갔다. 내용은 조금씩 달랐지만, 언제나 재미있는 시간이 되었다. 그리고 그 강좌를 통해 학생들은 과거를 살펴보면 반드시 미래를 생각할 수밖에 없음을 깨닫게 되었다. 물론 과거와 미래는 사람마다 경험하는 방식이 모두 다르지만, 그 둘은 마치 샴쌍둥이처럼 서로 떼어 놓을 수 없는 관계에 있다. 나는 미래를 생각하기 시작한 이후로 신학과 철학, 과학, 통계학, SF 소설, 미래학

등의 풍부하고 다양하며 때로는 낯선 작품들을 두루 접하게 되었다.

그리고 마침내 내가 과거 역사 전체를 집필하기로 했을 때, 나는 예전 그 학생의 조언을 따랐다. 마지막 장을 미래에 할애하기로 한 것이다.[12] 이 책은 그 마지막 장을 확장한 내용이다. 그러나 단순히 거기에 머물지 않고, 그동안 내가 미래에 관해 더 배운 내용과, 우리가 평소 가능한 미래에 관해 얼마나 많이 생각하는지를 깨달은 것을 반영한 것이기도 하다.

지금부터 이 책에 등장하는 *미래 사고*future thinking라는 표현은 무의식을 포함하여 미래에 관한 모든 종류의 사고를 지칭하는 말로 사용할 것이다. 물론 이 외에도 다양한 표현이 존재한다. 허버트 조지 웰스Herbert George Wells가 말하는 예지foresight나, 미래학future studies, 전조학prognotics(주로 소련에서 많이 사용된 표현이다.) 또는 계획planning, 예측prediction(지나친 확신이나 너무 자세한 예상이라고 비판할 때 흔히 사용되는 표현이다.) 그리고 예보forecasting, 가능성prospective 등이 그것이다. 나는 미래 관리future management라는 표현을 의식적으로든 무의식적으로든 미래를 원하는 방향으로 통제하려는 시도라고 정의하고자 한다.

이 책의 질문

이 책은 크게 네 가지 질문을 중심으로 4부로 구성되어 있다.

1부는 '미래란 무엇인가?'라는 질문을 다룬다. 철학자, 과학자, 신학자 들이 미래에 관해 한 발언을 중심으로, 모든 생명체가 가능한 미래에 대처할 때 마주치는 실질적인 문제를 설명한다. 2부의 중심 주제는 '생명체가 미래에 대처하는 방법'이다. 여기에서는 생명체가 불확실한 미래를 관리하기 위해 동원하는 정교한 생물학적·신경과학적 메커니즘을 설명한다. 이것은 모든 미래 사고의 기초가 된다. 지능이 뛰어난 거대 동물을 제외하면, 이런 메커니즘은 모든 생명체의 무의식에서 작동하는 원리다. 미래 사고는 대부분 무의식에서 이루어진다. 3부는 인류의 의식적인 미래 사고에 관한 내용이다. 여기서 다루는 질문은 '인류는 어떻게 미래를 엿보고 이해하며 준비하는가?'라는 것이다. 다른 생물종과 달리 인류는 세상에 출현한 이후 미래 사고에 큰 변화를 겪어 왔으며, 따라서 3부는 인류 역사를 크게 세 시기로 나누어 인간의 미래 사고를 설명한다. 첫째는 지금부터 약 1만 년 전까지에 해당하는 기초 시대이고, 둘째는 이후 약 200년 전까지인 농경 시대이며, 마지막은 현대다. 4부에서는 '인류와 지구 그리고 우주 전체의 (가능한) 미래는 어떤 모습일까?'라는 다소 거대한 질문에 관해 생각해본다. 우리는 앞으로 수백 년이나 다음 1,000년 동안 일어날 일을 어떻게 상상할 수 있을까? 그리고 시간의 종말을 상상하는 것은 과연 가능한 일일까?

| 차례 |

여는 글 006

제1부

미래를 생각하는 법

제1장 • 미래란 무엇인가? 027
시간을 이해하는 두 가지 방식 030
결정론, 인과관계, 시간의 화살 045

제2장 • 미래를 예측하다 059
모든 것은 상대적이다 062
미래의 기원 068
미래를 예측하는 법 074
가상의 미래 지형도 086

제2부

미래를 관리하는 법

제3장 • 세포의 미래 관리 099

미생물의 사생활 104
대장균은 어떻게 미래를 계획할까? 108

제4장 • 동식물의 미래 관리 121

다세포 생물이 직면한 과제 121
협력, 거대생명체의 생존 비결 123
식물도 정보를 수집하고 확률에 몸을 맡긴다 126
동물의 신경계와 두뇌 작동법 137

제3부

미래를 대비하는 법

제5장 • 인류의 도구들 159

두뇌를 키운 인간 160
언어와 집단 학습이라는 혁명 163
시간의 변천사 167
기초 시대의 미래 사고 174

제6장 ◦ **점술, 주술, 신탁**	189
농경 시대의 미래 사고	189
권력층의 미래 사고	199
민중의 미래 사고	216
92개의 질문과 답변	227

제7장 ◦ **기술, 확률, 데이터**	235
현대의 미래 사고	235
과학이 만드는 세상	245
미래학의 쓸모	272

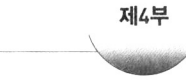

미래를 상상하는 법

제8장 ◦ **100년 후 지구**	283
복잡계의 운명	284
1단계: 우리가 원하는 미래는 무엇인가?	287
2단계: 어떤 미래의 가능성이 가장 커 보이는가?	300
네 가지 미래 시나리오	322
3단계: 어떤 행동을 취해야 하는가?	331

제9장 • 인간의 미래　　　　　　　　　　335

가깝지도 멀지도 않은 중간 미래　　　　　335
1,000년 뒤의 인류와 지구　　　　　　　337
네 가지 미래 시나리오　　　　　　　　　354
새로운 인류의 출현　　　　　　　　　　360

제10장 • 우주의 미래　　　　　　　　　　365

대서사시의 결말　　　　　　　　　　　365
행성과 은하계의 운명　　　　　　　　　367
우주와 시간의 끝　　　　　　　　　　　375
현대 과학의 시선으로 본 종말론　　　　376

감사의 글　　　　　　　　　　　　　　384
주요 용어　　　　　　　　　　　　　　388
주　　　　　　　　　　　　　　　　　394
참고문헌　　　　　　　　　　　　　　416
찾아보기　　　　　　　　　　　　　　437

제 1 부

미래를 생각하는 법

우리가 사는 이 세상을 거대한 극장에 비유해보자. 모든 사건의 진정한 기원과 원인은 온통 가려져 있고, 끊임없이 우리를 위협하는 병폐를 예측할 지혜도, 그것을 예방할 힘도 우리에게는 없다. 우리는 삶과 죽음, 건강과 질병, 풍요와 욕망 사이의 영원한 긴장 가운데 매달려 있고, 그 원인은 대개 신비에 휩싸여 있으며, 그것이 작동하는 방식도 예기치 않거나 이유를 알 수 없는 경우가 대부분이다.

— 데이비드 흄, 《종교의 자연사》.[1]

제1장

미래란 무엇인가?

미래란 무엇인가? 얼핏 이 질문에 대한 답은 간단할 것 같다. 어쨌든 우리는 시간 속에 살고 있고, 따라서 미래란 아직 다가오지 않은 시간일 뿐이지 않은가?

그러나 이 질문을 깊이 생각할수록 문제가 그리 간단하지 않다는 것을 금세 알 수 있다. 현대 미래학에서도 미래가 과연 무엇인가에 대한 공통적인 이해는 아직 존재하지 않는다. 짐 데이터 Jim Dator 교수는 이렇게 말한다. "시간과 미래는 미래학의 가장 핵심적인 두 개념이지만, 사실은 미래학의 창시자들조차 '시간'을 본격적으로 다룬 적이 거의 없으며, 따라서 이를 문제 삼은 사례도 극히 드물다."[2]

당연한 일이다! 미래에 관한 생각은 다소 머리 아픈 일이 될 수도 있다. 시간에 관한 철학은 온갖 화려한 개념과 형이상학적 덤불, 철학적 괴물 등이 우글거리는 일종의 학문적 정글이라 할 수 있다. 따라서 나는 이 분야를 지나치게 깊이 다루지 않을 것이다. 그러나 시간과 미래를 중심으로 칡덩굴처럼 얽힌 문제가 과연 무엇인지 살펴볼 정도로는 파헤쳐야 한다.

미래를 이해하려면 시간을 알아야 하지만, 과연 시간이란 실제로 존재하는 것일까? 아니면 그저 보이지 않는 개념적 대상을 지칭하는 이름에 지나지 않는 것일까? 인문학 분야에서는 시간 대신 일시성temporality이라는 단어를 즐겨 쓰는 교수도 있다. 다시 말해 '일시적 변화에 대한 경험'이라는 것이다.[3] 심지어 현대 과학에서도 완벽한 해답을 얻을 수는 없다. 어쩌면 시간의 정체를 파악하기에는 인간의 수명이 너무 짧아서 그런 것인지도 모른다. 프랑스의 음악가 엑토르 베를리오즈Hector Berlioz가 말했다고 전해지듯이, "시간은 훌륭한 스승이지만, 안타깝게도 그 제자들을 모두 죽여버린다."[4] 11세기 페르시아의 천문학자이자 시인이었던 오마르 하이얌Omar Khayyám은 시간을 너무 깊이 연구하면 마치 수피교의 춤사위를 하듯이 머리가 빙글빙글 돌게 될 것이라고 말했다.

젊은 시절의 나는
의사와 성자의 위대한 논설을 열심히 듣곤 했지
몇 번이고 끊임없이. 그러나 어느새
정신을 차려보니 들어간 문으로 나와 있었네.[5]

존 밀턴John Milton의 《실낙원》에 따르면 사탄의 추종자들조차 시간이 무엇인지 이해하지 못한다고 한다.

> [그들은] 먼 산 위에 물러나 앉아
> 고상한 사색에 잠긴 채
> 섭리와 예지, 의지와 운명,
> 그리고 불변의 운명, 자유의지, 절대 예지를 두고
> 목소리를 높이지만,
> 결국 뚜렷한 결론도 없이 갈 곳 없는 미궁에 빠지고 만다.[6]

성 아우구스티누스Santus Augustinus는 신의 목적을 갈구할 때 시간을 주제로 깊은 사색에 잠기곤 했다. 오늘날에도 그 시대의 가장 기초적인 고전으로 남아 있는 그의 놀라운 작품 《고백록》 제11권에서 그는 이런 질문을 던진다. "시간이란 무엇인가? 그것을 쉽게 요약해서 설명할 수 있는 사람은 과연 누구인가?" 그처럼 심오하고 정교한 사상가에게도 시간은 언제나 알 수 없는 수수께끼일 뿐이었다. "그렇다면 시간은 무엇인가? 아무도 그런 질문을 던지지 않는 한 나는 그것이 무엇인지 안다. 그러나 다른 사람에게 설명하려고 하는 순간, 나는 아무것도 모르게 되어버린다." 이 문제 앞에만 서면 무기력해진 아우구스티누스는 마침내 신에게 도움을 간청했다. "제 마음은 이 복잡한 수수께끼를 풀고자 하는 열정으로 타오르고 있나이다. 오, 주여. 그 문을 닫지 마소서. 선한 아버지시여, 예수 그리스도의 이름으로 간청하오니 이토록 친숙하면서도 모호한 존재를 알고자 하는 저의 염원을 외면하지 말아 주소서." 철학자 제난 이스마엘Jenann Ismael은 이렇게 말했다. "세상에는 지나친 심사숙고라는 것도 존재한다."[7]

시간을 이해하는
두 가지 방식

시간은 철학자와 현자, 농부, 무당, 신학자, 논리학자, 인류학자, 생물학자, 수학자, 물리학자, 도박꾼, 예언자, 과학자, 통계학자, 시인, 점쟁이, 나아가 자신과 주변 사람의 미래를 걱정하는 모든 사람이 고민하는 문제다. 시간을 연구하는 현대의 철학자들은 미래에 관한 우리의 이해에 매우 큰 시사점을 던져주는 접근방식을 크게 두 가지로 구분한다.[8] 그 둘은 모두 고대 철학의 전통에 뿌리를 두고 있다. 헤라클레이토스Heracleitos(기원전 535경~기원전 475)는 끝없이 변화하는 세계를 상상했다. 그가 상상한 미래는 과거와 다른 세상이었다. 그와 거의 동시대에 살았던 파르메니데스Parmenides는 변화란 환상에 불과한 것이며, 따라서 과거와 현재, 미래는 모두 거의 같다고 생각했다. 고대의 여러 철학과 신학은 한결같이 영속성과 변화의 관계를 이해하는 데 어려움을 겪었다. 고대 인도의 경전인 《우파니샤드》에서는 "내면의 핵심, 곧 영혼(아트만atman)은 영원히 불변하지만, 그것을 둘러싼 외부 영역은 일시적이고 변하는 것"이라고 주장한다. 그러나 불교의 여러 전통에 따르면 "사물에 내면의 불변하는 핵심이란 존재하지 않는다. 삼라만상은 흘러갈 뿐이다."라고 한다.[9]

우리가 살펴볼 두 비유 중 첫 번째는 헤라클레이토스의 사상을 따르는 것이다. 즉 시간은 마치 끊임없이 변화하며 흐르는 강물 같은 존재라는 생각이다. 이 관점에 따르면 미래는 과거와 매우 다르므로 그 정체를 알기가 매우 어렵다. 이 관점은 우리의 일상적 경험과 일치하므로 현대인이라면 누구나 자연스럽게 받아들일 수 있는 개념이다. 이런 의미에서 시간은 흥망과 희비, 생사가 교차하는 격동의 세상과 비슷하며, 인도의 철학적 전통에서 말하는 윤회와도 일맥상통한다.

그런가 하면 우리가 인식하는 세월의 흐름과 변화는 그저 매혹적인 환상에 불과하다는 주장도 있다. 시간을 연구한 철학자였던 데이비드 휴 멜러David Hugh Mellor는 '진짜 시간'은 흐르는 것이 아니라고 생각했다.[10] 시간은 강이라기보다는 지도에 더 가깝다는 것이었다. 이것은 마치 어떤 신적인 존재가 위에서 굽어보는 것처럼 시간을 보는 관점이다. 이런 관점에 따르면 변화란 어떤 *사건*이 아니라 지도상의 두 지점 사이를 개미가 기어가면서 경험하는 차이와 같은 것이라고 설명할 수 있다. 즉 우리가 미래를 과거와 다른 것이라고 느끼는 이유는 시간이 흐르기 때문이 아니라 우리 자신이 움직이기 때문에 그렇게 보일 뿐이다. 이 관점에서는 과거와 미래가 그리 다르지 않으며, 미래도 이미 지도에 나와 있으므로 어떤 의미에서는 분명히 알 수 있는 대상이다. 영속성이 일상의 피상적인 변화 바로 아래에 숨어 있다는 개념은 과거 모든 사람의 시간 개념을 지배한 적도 있다. 이 점은 제5장에서 더 자세히 살펴볼 것이다. 그러나 급변하는 현대의 철학자와 과학자는 시간이 흐름이라고 했을 때 귀결되는 논리적 난제를 좀 더 진지하게 고민한다. 이 문제는 이 장의 뒷부분에서 다시 살펴보기로 하자.

두 비유 중 하나는 우리가 시간 속에 포함되어 있음을 전제하고, 다른 하나는 우리가 시간을 초월한 존재임을 암시한다. 시간 철학을 대상으로 한 최근의 한 논문에서는 이 두 관점을 각각 '동적' 시간과 '정적' 시간으로 명명했다. 그러나 철학자들은 영국의 철학자 엘리스 맥태거트Ellis McTaggart가 1908년에 발표한 유명한 논문을 기려 그것을 각각 A계열 시간과 B계열 시간이라 부르기도 한다.[11] 이것은 일종의 전문용어이지만, 시간을 연구하는 철학자들 사이에는 널리 사용되고 있으므로 익혀둘 필요가 있다.

사실 두 비유 사이에는 중첩되는 부분이 많다. 시간이 환상에 불과하다고 본 맥태거트조차 "이 두 연속체를 한데 합치지 않고는 시간을 제대로 관측할 수 없다."고 인정할 정도였다.[12] 아이작 뉴턴Isaac Newton의 시간에 관한 가장 유명한 정의에도 이 두 비유가 함께 등장하는 것을 볼 수 있다. 뉴턴은 과학 혁명의 가장 중요한 저작인 《자연철학의 수학적 원리》(약칭 《프린키피아》)에서 이렇게 말했다. "절대적이고 진정한 수학적 시간은 그 자체의 속성에 따라 외부의 그 어떤 것과 상관없이 일정한 속도로 흐른다. 이것을 다른 이름으로는 지속적 기간이라고도 한다."[13] 뉴턴의 시간은 강물처럼 '흐르지만', 한편으로는 '절대적이며' 마치 지도상의 한 선처럼 연장되는 '지속적 기간'의 속성을 띠기도 한다.

강처럼 흐르는 시간: A계열 시간의 미래

시간을 강으로 보는 비유를 좀 더 구체적으로 이해하기 위해, 마크 트웨인Mark Twain의 소설에 나오는 허클베리 핀과 그의 친구 짐이 뗏목을 타고 미시시피강을 흘러가는 상황을 생각해보자.

이튿날 밤에 우리는 시속 약 6킬로미터가 넘는 물살을 따라 일고여덟 시간 정도 떠내려갔다. 우리는 물고기를 잡으며 떠들어댔고, 때로는 헤엄을 치며 졸음을 쫓기도 했다. 고요하고 거대한 강을 따라 흘러가며 뗏목에 누워 별이 빛나는 밤하늘을 바라보았고, 큰소리로 떠들거나 웃었던 적도 별로 없다. 이따금 나지막이 미소만 지었을 뿐이다. 날씨는 대체로 훌륭했고, 특별한 일도 없었다. 그날 밤과 다음 날 그리고 그다음 날도 마찬가지였다.

매일 밤 여러 마을을 지나쳤지만, 캄캄한 언덕 위로 한 줄기 빛이 비칠 뿐 집은 한 채도 볼 수 없었다. 닷새째 밤에는 세인트루이스를 지나치는데 마치 온 세상이 환하게 밝아진 것 같았다. 이제는 작은 마을을 만나면 매일 밤 10시쯤 뗏목을 강가에 대고 베이컨이나 그밖에 먹을거리를 10센트나 15센트 어치씩 사곤 한다. 가끔 홰에 오르지 못한 닭을 보면 집어 들고 왔고, 동이 트기 전이면 옥수수밭에 숨어들어 수박이나 멜론, 호박, 설익은 옥수수 같은 것들을 서리하기도 했다.[14]

A계열 시간의 흐름은 미시시피강처럼 장엄하다. 그것은 우주 전체의 항성과 은하, 원자와 부스러기 등을 모두 미래를 향해 실어 나른다. 마치 미시시피강이 뗏목과 고기잡이배, 카누, 요트, 외륜선, 유목 등을 모두 실어 나르듯이 말이다. 인간의 삶은 그 흐름의 일부인 셈이다. 허클베리 핀과 짐은 마치 그들을 싣고 미래로 향하는 뗏목처럼, 역동적이고 끝없이 변하는 헤라클레이토스의 세계에 살고 있다. 그들이 매일 밤 지나치는 마을처럼 언뜻 비슷해 보이는 것도 있지만, 구체적인 세부 사항은 계속 변화한다. 경과$_{passage}$는 이렇게 끊임없이 변화하는

제1장 미래란 무엇인가?

느낌을 가리키는 철학 용어다. 19세기에 에드워드 피츠제럴드Edward Fitzgerald가 번역한 오마르 하이얌의 아름다운 시 〈루바이야트〉Rubaiyat는 이 경과의 감각을 다음과 같이 노래한다.

> 오, 고대의 현인 하이얌의 조언을 들어보라.
> 하나 확실한 것이 있다면 인생은 덧없다는 것이다.
> 하나 확실한 것이 있다면 나머지는 모두 거짓이라는 사실이다.
> 한때 피었던 꽃은 언젠가 반드시 지기 마련이다.[15]

시간이 강이라는 비유가 던져주는 또 한 가지 시사점은 미래가 특정 방향에 놓여 있다는 것이다. 뗏목은 거기에 탄 사람들을 시작점인 미주리주 세인트피터즈버그(그중에서도 마크 트웨인이 염두에 둔 곳은 자기 고향인 해니벌이었을 것이다.)에서 출발하여 하류로 데려간다. 미래는 하류의 어딘가 혹은 우리 앞에 있는 것이다. 과거를 위, 미래를 아래로 상정하는 중국인의 세계관에 따르면, 미래는 아래쪽에 있다. 아니면 호주의 애버리지니 공동체나 하와이의 원주민 전통에 따르면 미래란 우리 뒤에 있다.[16] 어디에 숨어 있든 미래는 과거와 다른 방향에 있는 것이 분명하다.

셋째로 얻을 수 있는 시사점은 미래가 숨겨져 있다는 사실이다. 우리가 알 수 있는 것이라고는 분명한 세부 사항이 아니라 보기에 따라 달라지는 과거와 현재의 희미한 냄새와 색상 정도에 불과하다. 허클베리 핀이 기억한 것은 과거에 서리한 멜론이나 홰에 오르지 못한 닭을 집어 들고 온 것 정도였다. 현재는 찰나처럼 지나간다. 한밤중에 가끔

짓던 "나지막한 미소"처럼 말이다. 그러나 현재는 비록 찰나와 같지만, 그 어떤 것보다 더 진짜다. 우리가 뺨을 스치는 바람과 장강의 고고한 흐름, 서리한 멜론의 무게 그리고 장작불의 냄새를 느낄 수 있는 것은 오직 지금뿐이다. 현재를 경험하는 그 느낌이 너무나 강렬한 나머지, 오직 현재만이 유일한 진실이라고 주장하는 철학자도 있다(그들을 현재주의자presentist라고 한다). 이 대목에서 영국의 불교 승려 아잔 아리야실로Ajahn Ariyasilo의 말이 떠오른다. "과거는 지나갔다. 미래는 아직 오지 않았다. 지금은 그저 새 지저귀는 소리만 들으면 된다!"

A계열 시간에서 과거와 미래는 매우 다르다. 예를 들어 〈그림 1-1〉을 보자. 이 그림은 2013년에 잉글랜드은행Bank of England이 향후 인플레이션 추이를 예측하기 위해 작성한 것이다. 2013년 이전은 과거 추이에 해당한다. 이 곡선은 구체적인 정보를 바탕으로 작성되어 하나의 직선으로 표현된다. 2013년 이후는 구체적인 사실이 사라지고, 데이터 포인트가 원뿔 모양의 흐릿한 가능성으로 넓게 분산되어 쓸 만한 정보를 얻을 수 없다. 잉글랜드은행은 불과 3년 후의 미래에 대해서도 사실상 쓸모가 전혀 없는 예측을 하고 있을 뿐이다. 즉 물가 변동 범위가 0.5퍼센트 하락에서 4.5퍼센트 상승 사이에 놓일 확률이 90퍼센트라는 것이다. 결국 A계열 시간에서 과거와 미래 사이를 구분하는 것은 현재라는 아주 얇은 장막뿐임에도 그 둘은 엄청나게 다른 셈이다.

특히 신비로운 부분은 과거와 미래가 만나는 순간이다. 우리가 시간의 강에서 뗏목을 타고 아래쪽으로 흘러 내려가는 것은 마치 상상을 초월할 정도로 많은 가능한 미래를 향해 다가가는 것과 같다. 그러나

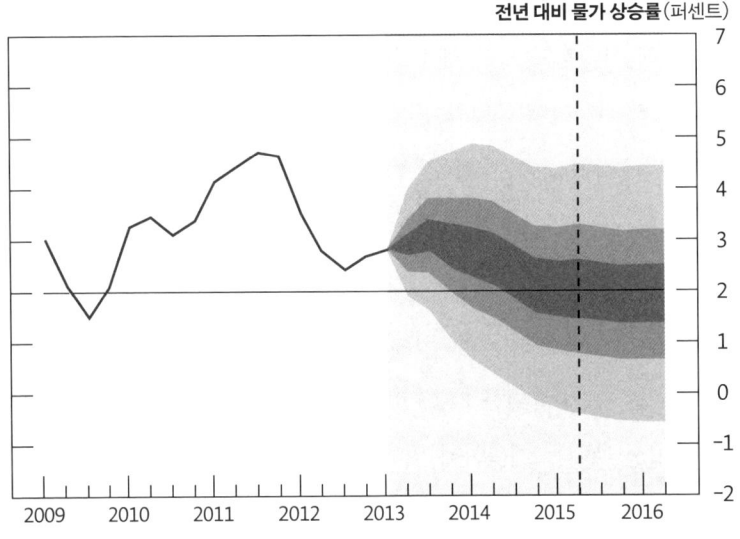

<그림 1-1> 2013년 5월 잉글랜드은행이 예측한 인플레이션 추이

음영 처리되지 않는 왼쪽 영역은 2013년 이전의 물가 추이를 나타낸다. 이 영역은 이미 알려진 사실이다. 오른쪽 영역은 도표가 작성된 시점의 모든 조건이 '같다고' 가정할 때 물가 추이가 보여줄 수백 개의 가능성을 나타낸다. 짙은 영역은 가장 가능성이 높은 결과를 포함하고 있다. 부채꼴 형상은 예측의 범위가 금세 넓게 확장되어 사실상 아무 쓸모가 없음을 보여준다.

출처: John Kay, Mervin King, *Radical Uncertainty*.

우리가 점점 가까이 다가갈수록 그 수많은 가능성이 하나하나 사라지다가 마침내 그 미래가 현실이 되는 순간, 안개는 걷히고 오직 하나의 가능성만 남게 된다. 그렇게 마지막까지 살아남은 미래는 눈부신 현재가 되었다가 또 어느새 과거 속으로 숨어든다.

이것은 마치 양자역학에서 말하는 파동함수의 붕괴 과정과도 비슷한 면이 있다. 엄청나게 많은 아원자 입자의 위치와 운동에 관한 수많

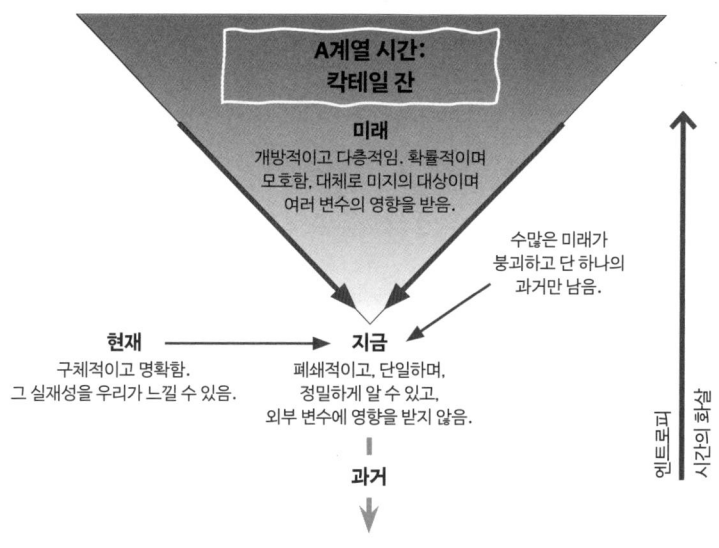

<그림 1-2> A계열 시간: 칵테일 잔

은 가능성을 확률적 파동함수를 통해 수학적으로 기술하는 것은 얼핏 잉글랜드은행이 미래 인플레이션 추이를 예측하는 것과 닮은 구석이 있다. 그러나 시스템 전체를 측정하려 드는 순간, 갑자기 다른 모든 가능성은 붕괴하고 오직 감지할 수 있는 단 하나의 상태만 남는다. 잉글랜드은행이 과거의 물가 변동률을 뚜렷한 곡선으로 기술하듯이 말이다. A계열 시간에서 여러 가능한 미래도 가까이 임박할수록 파동함수와 비슷한 방식으로 붕괴한다. 다른 미래는 모두 어디로 간 것일까? 그런 미래가 애초에 존재하기는 했던 것일까?

앞으로 이 책에는 A계열 시간의 주요 특징을 요약한 미래 원뿔future

cone[17]이라는 그림이 자주 등장할 것이다. 미래 원뿔의 전체적인 형태는 잉글랜드은행의 미래 금리 추이 예측치를 나타낸 〈그림 1-1〉을 참조하면 쉽게 이해할 수 있다. 〈그림 1-1〉의 모양을 정돈한 다음 시계 반대 방향으로 90도 회전시키면 과거와 미래를 포함하는 그림을 얻을 수 있다. 과거가 단 하나뿐임을 보여주는 증거는 충분하므로 전체적인 모양은 칵테일 잔과 닮았다고 볼 수 있다. 즉 과거는 단 하나의 선으로 표현되는 반면, 미래는 수많은 가능성을 포함하며 확산해가는 원뿔 모양인 셈이다.

지도처럼 펼쳐진 시간: B계열 시간의 미래

오늘날 거의 모든 사람이 A계열 시간의 사고방식으로 미래를 보는 태도가 옳다고 느낄 것이다. 그러나 누구나 그렇게 생각하지는 않는다. 시간이나 전통 종교를 연구하는 철학자들은 시간을 강이 아니라 지도로 보는 두 번째 방식을 알고 있다. 이것은 시간을 신의 관점으로 보는 방식이다. 맥태거트는 이것은 B계열 시간이라고 했다.

B계열 시간은 A계열 시간에 비해 좀 더 단순하고 능률적이다. 과거, 현재, 미래는 그저 지도상의 다른 지역일 뿐 서로 크게 다르지 않다. '지금'은 우리가 우연히 있는 이 순간이며, 미래는 우리의 현재 위치에서 조금 떨어진 한쪽일 뿐이다. 뉴욕과 모스크바에 있는 사람이 머릿속에 떠올리는 서쪽이 서로 다른 것처럼, 현재와 과거, 미래를 우리와 다르게 정의하는 관찰자도 있을 것이다. 〈그림 1-3〉은 B계열 시간의 몇 가지 특징을 나타낸다. 가장 먼저 눈에 띄는 것은 원뿔이 없다는 점이다! 이 그림은 칵테일 잔이라기보다는 벌레와 더 닮았다.

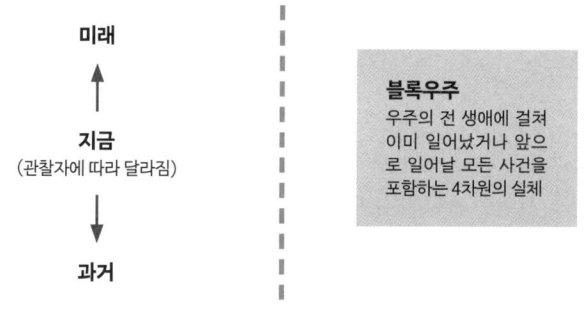

<그림 1-3> B계열 시간

 할 일 목록이나 학교 시간표 등은 지도의 축약판이라고 할 수 있다. 9시 45분 치과 예약, 11시 30분 회의, 저녁 6시 30분 친구와 저녁 약속 같은 식이다. 일정표는 단지 미래와 과거가 다른 곳에 배치되었을 뿐, 전체적인 시간을 한눈에 조망할 수 있는 도구다. 아울러 지도 개념에는 미래가 충분히 알 수 있는 대상이라는 의미가 내포되어 있다. 예컨대 저녁 6시 30분에는 어김없이 친구와 만난다는 것이다.

 B계열 시간은 휴 프라이스Huw Price가 말하는 '미지의 시간 관점'을 채택한다. 여기서는 모든 시간이 서로 동등하다.[18] 이것은 지도 위에서 내려다보는 관점이다. 미시시피강 상공에서 허클베리 핀과 짐이 뗏목을 탄 모습을 바라본다고 생각해보라. 그럴 때 우리는 그들과 달리 물

살을 느끼지는 못하겠지만, 그들이 어디서 와서 어디로 흘러가는지는 알 수 있다. 그들이 지금까지 거쳐온 곳과 앞으로 도달할 각 지점은 우리가 보기에는 모두 한 공간 안에 있다. 만약 우리가 그보다 훨씬 더 먼 거리에서 내려다볼 수 있다면, 이제껏 우주 전체에 존재했고 앞으로도 존재할 모든 것이 포함된 지도마저 상상할 수 있을 것이다. 이런 우주적 지도의 각 좌표는 태초부터 아득한 미래에 이르는 모든 시공간에 걸쳐 있을 것이다. 마침내 모든 사건과 행동, 삶과 죽음을 포괄하는 거대한 덩어리가 한눈에 보인다.

이처럼 기이한 4차원의 실체를 철학자 윌리엄 제임스William James는 '블록우주'block-universe라고 불렀고, 아인슈타인은 '시공간 연속체'space-time continuum라고 지칭했다. 블록우주는 물질과 사건으로 가득 차 있다. 이 관점에서 현재는 그리 특별한 순간이 아니다. 윌리엄 제임스는 이렇게 말한다. "모든 사건은 그것이 언제 일어났는지와 상관없이 모두 똑같이 그리고 완전히 실재한다. 마치 모든 사건이 일어난 장소와 상관없이 똑같이 그리고 완전히 실재하듯이 말이다."[19] 성 아우구스티누스도 비록 현대적인 표현은 쓰지 않았지만, 신이 블록우주를 본다고 생각했던 것 같다. "영원한 세계에서 일시적인 것은 아무것도 없지만, 그런 세상에서는 우주 전체가 현재다." 또 철학자 사이먼 블랙번Simon Blackburn은 이렇게 표현한다. "과거, 현재, 미래의 모든 사건은 서로의 거리만 다를 뿐, 모두 호박 속에 갇힌 파리와 같은 존재다."[20]

블록우주에서는 죽은 자에 대해 슬퍼하거나 미래를 걱정할 필요가 없다. 알베르트 아인슈타인이 오랜 친구인 미셸 베소Michele Besso가 세상을 떠났을 때 유가족에게 보낸 애도의 편지에 이 감정이 잘 나타나 있다. "그는 나보다 조금 앞서 이 이상한 세상을 떠났을 뿐입니다. 그것은 아무런 의미도 없습니다. 물리학을 신봉하는 우리에게 과거, 현재, 미래라는 구분은 그저 어리석은 환상에 불과합니다."[21] 커트 보니것Kurt Vonnegut의 《제5도살장》에 등장하는 외계인 트랄파마도리안족도 이런 생각에 공감했을 것이다. 4차원 세계에 사는 그들에게 "과거, 현재, 미래를 포함하는 모든 순간은 언제나 존재했고 앞으로도 영원히 존재할 것이므로" 죽는 사람은 아무도 없다. 시간에 대한 이런 견해는 전통적인 여러 철학과 종교에서도 찾을 수 있다. 13세기 일본의 승려 도겐道元은 이런 글을 남겼다. "삶은 시간 속의 한 곳이다. 죽음도 시간 속에 있는 어느 한 곳이다. 그것은 마치 겨울과 봄과 같다. 불교에서는 겨울이 봄이 된다거나, 봄이 여름이 된다고 생각하지 않는다."[22]

B계열 시간에는 또 다른 기이한 특징이 있다. 여기에서는 '지금'이라는 말로 현실의 이미지를 특정할 수 없으므로, 우리는 모든 것을 공간뿐만 아니라 시간의 측면에서도 확장된 것으로 생각해야 하고, 따라서 4차원으로서의 시간 개념을 더 진지하게 받아들여야 한다. 다시 말해 우리가 허클베리 핀과 짐을 내려다볼 때, 그들이 움직이는 점이 아니라 마치 미시시피강을 따라 흘러가는 벌레 같은 선으로 보일지도 모른다는 것이다. 커트 보니것의 트랄파마도리안족은 인간을 "아기의 다리는 한쪽 끝에 있고 노인의 다리는 또 다른 쪽에 걸쳐 있는" 거대한 다족류 벌레로 본다. 지도 비유는 변화가 과거에서 미래를 향해 한 방향으로만 일어난다는 우리의 상식을 위협하기도 한다. 지도에서는 모든 방향으로 움직일 수 있다. 그러니 시간 역시 앞뿐만 아니라 뒤로도 흐를 수 있는 것이 아닐까?

수많은 철학자와 과학자가 이토록 괴상한 B계열 시간 개념을 기꺼이 받아들이는 이유는 A계열 시간이 철학적이고 논리적인 수수께끼를 훨씬 더 많이 만들어내기 때문이다. 과거와 미래를 나누는 순간인 *지금*이라는 개념을 생각해보자. B계열 시간에서 지금은 그리 특별하지 않은 순간이다. 그것은 단지 내가 어쩌다 보니 처하게 된 장소나 때일 뿐이다. 그러나 A계열 시간에서 지금은 과거나 미래와 다른 정말로 특별한 지점이다. 그렇다면 지금이라는 시간 주위에 선이라도 그어야 하는 것이 아닐까? 지금은 과연 얼마나 오래 지속될까? 아우구스티누스는 "현재는 공간을 차지하지 않는다."고 주장했다.[23] 그런 생각은 그리스 철학자들에게 익숙한 역설을 낳는다. 만약 어떤 일이 일어날 시간이 없다면 애초에 그 일은 어떻게 일어날 수 있었을까? 철학자 제논Zenon(기원전 495년~기원전 425년)은 날아가는 화살을 생각해보라고 말했다. 시간을 무한히 잘게 나누면 화살이 조금도 앞으로 나아갈 수 없는 순간을 생각할 수 있다. 따라서 그동안 화살은 정지해 있어야 한다. 다음 순간과 그 이전 순간도 마찬가지다. 그러므로 화살은 움직일 수 없다. 무한히 짧은 지금이라는 순간은 철학적으로든 직관적으로든 말이 안 되는 개념으로 보인다.

그러나 지금이 무한히 짧은 시간이 아니라면 어떨까? 어쩌면 시간도 물질과 에너지처럼 아주 미세한 입자일지도 모른다. 만약 그렇다면 우리는 곤경에서 벗어날 수 있을까? 시간의 가장 작은 단위인 크로논chronon이 존재한다고 생각해볼 수 있다. 크로논은 아마도 빛이 우주에서 가능한 가장 작은 거리, 즉 10^{-35}미터를 지나는 데 걸리는 시간일 것이다. 물론 우리가 일상적으로 생각하는 지금은 그렇게 짧을 리가 없다. 윌리엄 제임스는 심리적 현재를 "허울뿐인 현재"라고 지칭했다. 그것은 아마도 2~3초 정도의 시간일 것이다. 왜냐하면 우리의 인식은 수많은 감각 기관과 처리 과정을 거쳐 정보를 편집하고 연결하며 누락된 데이터를 보완하고, 또 이 모든 과정에 시간이 걸리는 신경과학적 과정에 의존하기 때문이다.[24] 우리가 경험하는 바와 같이, 현재와 미래를 나누는 경계는 희미한 인상과 이미지, 생각, 소리 등이다. 그러나 만약 현재가 무한히 작은 시간이 아니라면, 마치 칵테일 잔의 기둥처럼 그중 일부는 미래로, 일부는 과거로 고정되어야 한다. 만약 그렇다면 미래, 현재, 과거가 모두 다르다는 생각은 잘못된 것이 아닐까? B계열 시간은 현재를 특별하게 취급하지 않기 때문에 이런 역설에서 자유롭다.

성 아우구스티누스는 A계열 시간이 안고 있는 또 다른 어려움을 제시했다. 우리가 항상 A계열 시간에 존재한다면, 우리가 현재에 있을 때 과거와 미래는 어디에 있는가? 그는 이런 의문을 제기했다. "시간은 과연 미래에서 현재가 비롯될 때 어떤 비밀의 장소에서 나왔다가 다시 현재에서 과거가 나올 때 또 다른 비밀의 장소로 물러가는 식으로 존재하는 것인가?"[25] 우리는 또 다른 미래를 실제로 경험한 적이 없다. 우리가 만나는 미래는 단 하나뿐이고, 그것이 도착했을 때는 이미 현재로 변해 있다. 그렇다면 우리가 대표단의 일원을 만나기 전까지 대안적인 미래가 존재한다는 말은 과연 어떤 의미인가? 그 대표단은 과연 존재한 적이 있기는 한 것일까? B계열 시간에서는 미래가 지도상의 장소일 뿐이므로 이런 문제가 발생하지 않는다.

그런데 여기에는 매우 심오한 문제가 또 하나 있다. 만약 시간이 흐른다면, 얼마나 빨리 흐르는 것일까? 허클베리 핀은 미시시피강이 시속 6.4킬로미터의 속도로 강둑을 지난다고 측정했다. 우리는 시간의 속도를 잴 수 있을까? 그러려면 과거로 흘러가는 것이 무엇인지 알아야만 한다. 이 난제의 본질을 이해한 뉴턴은 마치 미시시피강의 둑처럼 궁극적인 뼈대가 될 절대 시간을 상대 시간과 구분함으로써 이 문제를 해결하고자 했다. 뉴턴은 신학에 의지하여 절대 시간이라는 개념을 설명했다. 사실 신학은 그가 물리학만큼이나 깊이 생각한 주제였다. 그는 신의 편재遍在함이 시공간에 궁극적인 격자grid를 제공한다고 주장했다. 그는 우주를 "비현실적이고, 살아 있으며, 지적인 존재의 감각"이라는 생생한 비유로 묘사한 적이 있다. 물론 나중에는 이 개념을 철회했지만 말이다.[26]

현대 과학의 세속화된 틀 안에서 신학적인 해결책은 더 이상 의미가 없다. 19세기 과학자들은 현실을 지탱하는 궁극적인 격자가 신이라는 뉴턴의 생각을 '에테르'ether 개념으로 대체하고자 했다. 그들이 생각한 에테르는 이를 통해 모든 에너지와 물질이 이동할 수 있고, 따라서 그 이동 속도를 측정하는 기준이 되는 극도로 희박한 매질이었다. 에테르를 검출하려는 수많은 시도가 있었으나 모두 실패했다. 가장 유명한 시도는 1887년에 수행된 마이컬슨-몰리Michelson-Morley 실험이었다. 그들은 빛이 에테르를 가로지르는 동안 속도가 느려진다고 가정했으므로, 90도 각도로 교차하는 두 빛의 속도는 서로 다를 수밖에 없다고 생각했다. 그러나 실험 결과 어떤 차이도 감지할 수 없었다. 따라서 이 문제는 시간이 과거에서 미래로 흐른다고 생각하는 A계열 시간 옹호자의 숙제로 남았으나, 그런 흐름을 측정할 수 있는 수단은 아무것도 없었다. 2장에서는 이 수수께끼에 대해 아인슈타인이 내놓은 혁명적인 해결책을 살펴본다.

결정론, 인과관계, 시간의 화살

B계열 시간은 A계열 시간의 역설을 피하지만, 미래 사고에 대해서는 두 가지 심오한 문제를 제기한다. 첫째, 블록우주 개념은 미래가 모두 연결되어 있으므로 선택의 여지가 없음을 의미한다고 볼 수 있다. 그렇게 되면 자유의지나 윤리, 도덕성 등이 들어설 자리는 사라지는 셈이다. 둘째, B계열 시간에서는 변화에 뚜렷한 방향성이 없는 듯 보인다. 이 점은 특히 미래 사고에 큰 문제를 초래한다. 우리가 미래를 예측하는 가장 강력한 방법 하나가 사라지는 셈이다. 즉 A가 B의 원인인 경우, A가 발생하면 가까운 미래에 B가 일어난다고 예측할 수 있기 때문이다. 지금 내가 공을 차면 나는 그것이 곧 움직이리라는 것을 알 수 있다. 결정론과 인과성에 대한 이런 의문은 우리가 미래에 어떻게 대처해야 할지에 대한 근본적인 가정을 위협한다. 그것은 B 계열 시간의 단순성을 얻기 위해 치러야 하는 비싼 대가다.

다행히 이런 의문에 대해 우리의 직관을 해치지 않는 훌륭한 해답이 존재한다. 첫째, 미래는 과거에 의해 완전히 정해진 것이 아니기 때문에 우리가 미래를 만들 수 있다. 둘째, 수많은 변화는 과거에서 미래라는 오직 한 방향으로만 진행되므로 원인은 항상 결과에 선행한다.

이런 주장 중에는 비록 오래전부터 내려온 것도 있지만, 그 현대적인 형태는 19세기 후반에 일어난 과학적 사고의 근본적인 변화, 즉 현대 과학과 철학이 현실과 미래를 바라보는 태도의 변화를 바탕으로 삼고 있다. 17세기부터 20세기 초까지 거의 모든 과학자는 결정론이 논리적일 뿐만 아니라 영감을 주는 개념이라고 여겼다. 그들은 과학 발전을 통해 기계적인 법칙이 많이 발견될수록 우리의 미래 예측 능력이 증대하리라고 내다보았다. 그들은 태양의 사멸부터 오늘 아침에 내가 커피 한 잔을 더 마시는 것까지, 기계적 우주의 모든 사건이 태초부터 영원토록 미리 결정된다는 개념을 인정했다. 오마르 하이얌의 시에는 이런 결정론적 생각이 고스란히 배어 있다.

> 지구의 첫 번째 흙으로 마지막 인간이 빚어졌다.
> 그리고 마지막 수확물은 씨앗으로 심겼다.
> 창조의 첫 아침에 기록된 내용은
> 마지막 심판의 새벽에 읽힐 것이다.[27]

만약 오마르 하이얌의 말이 옳다면, 가능한 미래를 계획한다는 생각 자체가 성립하지 않는다. 미래는 이미 정해진 것이다. B계열 시간은 책임, 윤리, 도덕을 비롯해 선택이라는 개념을 아예 말살하는 것일까? 대답은 반드시 그렇지만은 않다는 것이다.

결정론에 관한 현대적 설명으로 가장 널리 알려진 것은 프랑스의 위대한 과학자 피에르시몽 드 라플라스 Pierre-Simon de Laplace의 연구에서 찾을 수 있다. 라플라스는 과학에 대한 확신이 무한히 차오르던 시대에 살았던 뛰어난 수학자이기도 하다. 1814년에 그는《확률에 대한 철학적 시론》이라는 책에서 뉴턴 이후 과학의 결정론을 다음과 같이 정립했다.

> 어떤 일은 그것을 만든 원인이 없이는 일어날 수 없다는 명백한 원리에 기초하여 볼 때 현재의 사건은 과거의 사건들과 결부되어 있다. 그렇다면 우리는 우주의 현재 상태를 그 이전 상태의 결과이자 이후 상태의 원인으로 간주해야 한다. 어떤 지적 존재가 자연을 살아 숨 쉬게 하는 모든 힘의 작용과 그것을 구성하는 모든 존재의 상황을 단 한 번이라도 파악할 수 있다면(물론 그 지적 존재는 이런 데이터를 분석할 수 있을 정도로 방대한 지성을 확보해야 한다.) 그는 우주의 가장 거대한 물체와 가장 가벼운 원자에 이르는 만물의 움직임을 똑같은 공식에 따라 이해할 수 있을 것이다. 왜냐하면 그에게는 불확실한 것이란 존재하지 않으며, 미래든 과거든 마치 현재처럼 생생하게 보일 것이기 때문이다.

인간이 그런 전지적 수준의 이해에 결코 도달하지 못하리라는 점은 사실 라플라스 자신도 인정한 바다.[28] 인간은 언제까지나 선택의 자유가 있다는 환상을 간직할 정도로 무지한 존재다. 그러나 그는 선택의 자유란 환상에 불과하다고 단언했다.

그것은 아주 오랜 역사를 지닌 주장이다. 2,000년 전, 키케로는 소크라테스식 대화법을 다룬 《예언에 관하여》라는 책에서 자기 형 퀸투스Quintus의 입을 빌려 이렇게 주장했다. 퀸투스는 "모든 일은 운명에 따라 일어난다"는 스토아학파의 주장을 옹호한다. 왜냐하면 "모든 일은 원인과 원인이 서로 연결되어 결과를 자아내는 질서정연한 연속"이기 때문이다. 따라서 퀸투스는 라플라스와 마찬가지로 우리가 충분한 지식을 가지고 있다면 미래를 예측할 수 있다고 결론짓는다. "시간이 진행되는 것은 마치 밧줄이 풀리는 것과 같다. 세상에 새로 창조되는 것은 없으며, 단지 모든 사건이 순서대로 펼쳐지는 것뿐이다."[29]

신학자와 철학자들은 언제나 극단적 결정론 때문에 골치를 앓았다. 인간에게 선택의 자유가 없다면 그가 하는 일에 대해 책임을 물을 수 없고, 그것은 곧 윤리와 도덕의 종말을 의미하는 것이었기 때문이다. 아브라함의 전통을 따르는 신학자들의 고민은 인간에게 선택의 자유가 있다는 개념과 전지전능한 신이 존재한다는 개념을 어떻게 조화시킬 것인가였다. 과학자들이 씨름하던 문제는 과학 법칙이 과연 개인에게 선택의 여지를 주는가, 즉 우연이나 무작위의 여지가 남아 있는가를 결정하는 것이었다.

극단적 결정론에 대한 강력한 반대론도 항상 존재했다. 아우구스티누스는 키케로와 벌인 논쟁에서, 전지전능한 신의 존재에도 불구하고 인간에게는 선택의 자유가 있다고 주장했다. 신은 우리에게 제한적인 선택의 자유를 부여했지만, 한편으로 그는 무한한 예지를 지닌 채 시간을 초월한 존재이므로 우리가 자유의지를 행사하리라는 것을 "미리 알고 있었다!"[30] 현대의 시간 철학자들도 이와 유사한 주장을 제시한다. 그들은 블록우주가 실재한다고 주장한다. 그러나 블록우주는 원칙적으로 광범위하게 예측 가능한 기계적 원인뿐만 아니라 양자적인 사건이나 목적을 지닌 존재들이 내린 선택처럼 예측할 수 없는 구체적인 사건이 함께 작용한 결과다. 블록우주는 시간의 흐름을 초월한 존재의 눈에만 '보이지만' 적어도 부분적으로는 그 흐름에 내재한 실체들이 구성하는 것이기도 하다. 오늘날 자유의지와 결정론이 양립할 수 있다는 생각은 새로운 것이 아니라 예전에 양립주의compatibilism로 불리던 개념이다.

라플라스 시대 이후, 물리학처럼 가장 엄밀한 과학 분야에서조차 극단적 결정론을 외면하는 흐름이 형성되어왔다. 과학철학자 래리 라우든Larry Laudan은 19세기 후반에 이르면 거의 모든 과학자가 완벽한 확실성에 대한 희망을 포기했다고 말했다. 대신 그들은 "믿을 만하고, 가능성 있으며, 충분히 검증된 이론을 생산하는 소박한 연구 활동에 전념했다. 찰스 샌더스 퍼스Charles Sanders Peirce와 존 듀이John Dewey가 주장했듯이, 이런 변화는 과학철학사의 가장 큰 분수령이 되었다. 즉 확실성에 대한 탐구가 멈춰 선 것이다."[31]

지식과 현실, 미래에 관한 과학적 개념이 이토록 심대하게 변화한 데는 몇 가지 이유가 있었다.

철학자들은 어떤 논리 체계도 확실성을 보장할 수 없음을 보여주었다. 버트런드 러셀Bertrand Russell은 '이 진술은 거짓이다'라는 아주 단순한 명제를 예로 들었다. 만약 이 명제가 거짓이라면, 그 내용을 진실이라고 볼 수 없다. 그러나 이것이 사실이라면, 진술하는 바와 같이 거짓이어야 한다. 1930년대에 쿠르트 괴델Kurt Gödel은 '불완전성 정리'를 통해 모든 논리 체계에는 참임을 증명할 수 없는 주장이 포함될 수밖에 없다는 사실을 증명했다. 앨런 튜링Alan Turing은 컴퓨터 프로그램은 그것이 어떤 것이든 결과를 미리 결정할 수 없음을 증명했다.[32] 최근에는 스위스의 물리학자이자 수학자인 니콜라스 기신Nicolas Gisin이 숫자의 세계에서도 절대적인 정밀도는 결코 도달할 수 없는 경지일지도 모른

다는 점을 보여주었다.[33]

20세기 초에 등장한 양자물리학은 아원자 규모에서 벌어지는 사건은 본질적으로 예측 불가능하다는 점을 증명하여 물리학에서 결정론의 기반을 무너뜨렸다. 2개의 구멍이 있는 표면에 광선을 조사照射할 때 그것이 어느 구멍을 통과할지 예측할 수 있는가? 불가능하다. 그것은 곧 물리학자 리처드 파인먼Richard Feynman의 말처럼, "미래는 예측할 수 없다."는 뜻이다.[34] 정말 그렇다! 단지 우리가 무지하기 때문만은 아니다. 이런 불확실성은 현대 물리학계 전체가 인정하는 기본 상식이다. 우리 우주가 예측할 수 없는 아원자 입자들로 구성되어 있고, 그것은 다시 엄청나게 다양한 조합으로 나뉜다는 사실은 라플라스의 극단적인 결정론에 대한 강력한 반증이라고 할 수 있다. 보편적인 법칙과 경향은 분명히 존재하지만, 그것을 통해 구체적인 미래를 알 수는 없으므로 완벽한 예측은 원리상으로도 불가능한 일이다.

카오스 이론은 완벽한 예측의 가능성을 포기해야 하는 또 다른 이유를 제공한다. 1960년대 초, 기상학자 에드워드 로렌즈Edward Lorenz는 초기 조건의 사소한 차이가 날씨와 같은 복잡계를 거치면 전혀 다른 결과를 낳을 수 있다는 사실을 발견했다. 초기 조건의 차이는 그것이 아무리 작아 보이더라도 포지티브 피드백 회로를 형성하며 엄청난 배수로 증폭될 수 있다. 이런 현상은 로렌즈가 지구의 한 곳에서 일어난 나비의 날갯짓이 다른 어떤 곳에서 허리케인으로 증폭될 수 있다고 비유한 후 '나비 효과'라는 이름이 붙었다. 코로나19 팬데믹은 전자현미경으로나 겨우 볼 수 있을 만큼 작은 바이러스 하나의 유전체genome 변이가 원인이 되어 온 세상을 뒤바꾸는 결과를 초래한 대표적인 사건이다.

엄격한 결정론을 부정하는 가장 강력한 논리는 진화생물학에서 찾을 수 있다. 만약 미래가 완벽하고 정확하게 결정되어 있다면, 진화 과정을 통해 그런 사건에 개입하려는 듯한 주체(우리 자신을 포함하여)가 그토록 많이 생성된 이유는 무엇일까? 선택의 여지가 없다면 그토록 많은 진화의 에너지가 선택 결정 작용에 투입된 이유가 무엇이란 말인가? (이런 선택 결정 메커니즘에 관해서는 나중에 따로 논의할 것이다.) 이런 주장도 고대 사상에 뿌리가 있다. 1,500년 전 로마 시대의 철학자 보에티우스Boëthius가 파비아에서 수감 생활을 하면서 쓴 《철학의 위안》이라는 책에서, 철학의 여신은 전차 경주의 결과가 미리 결정된 것인가라는 질문을 던진다. 그에 대해 보에티우스는 그럴 리가 없다며 "만약 그렇다면 기수가 기술을 연마하는 것이 아무 의미가 없기 때문"이라고 대답한다.[35] 맞는 말이다. 만약 신이 경주 결과를 미리 정해두었다면, 왜 인간에게 선택할 능력을 부여했겠는가?

요약하면, 오늘날의 거의 모든 우주론은 어떤 사건이나 결과도 미리 결정된 것은 없다는 데 동의한다. 1972년에 물리학자 필립 앤더슨Philip Anderson은 이렇게 말했다. "간단한 기본 법칙으로 삼라만상을 기술할 수 있다고 해서 그 법칙으로 우주를 재구성할 수 있는 것은 아니다." 현대 과학의 우주에는 약간의 '여유'가 있다. 윌리엄 제임스는 "우주의 구성 요소들은 서로 어느 정도 느슨하게 작용한다."고 말했다.[36] 허클베리 핀과 짐이 미시시피강에 노를 담그면 그들이 나아가는 방향을 조금씩 바꿀 수 있을 것이다. 블록우주 안에 꿈틀대는 뭔가가 있는 것 같으므로 B계열 시간은 우리를 극단적인 결정론으로 밀어붙이지 않는다. 휴! 다행이다.

그러나 인과관계는 여전히 문제를 안고 있다. B계열 시간은 시간의 앞과 뒤라는 두 방향으로 변화를 허용하는 것처럼 보이는 반면, 인과관계 개념에서는 원인이 결과에 선행하므로 변화가 한 방향으로만 일어나야 한다고 규정하기 때문이다.

20세기 초에 물리학자들은 시간이 앞으로 흐를 때나 뒤로 흐를 때나 대부분의 기본 물리 방정식이 똑같이 유효하다는 점을 알고 있었다. 전자의 움직임을 촬영한 다음 다시 상영할 때, 그 영상이 필름을 앞으로 푸는 것인지 뒤로 감는 것인지 알아맞힐 수 있을까? 알 수 없다.[37] 오늘날 제네바 외곽에 설치된 대형강입자충돌기Large Hadron Collider와 같은 연구 시설에서 일하는 물리학자들은 시간을 역행하는 것처럼 보이는 양전자와 같은 입자들을 일상적으로 마주친다. 물리학의 기본 입자들은 시간에 대한 방향 감각이 없는 것처럼 보인다.

그런 현상을 관찰하고 나면 인과관계에 대한 모든 생각이 뒤집힌다. 인과관계 개념 자체가 이미 흔들리고 있던 터라 이런 변화를 반기는 사람도 있었다. 18세기에 데이비드 흄은 인과관계를 증명하는 일이 그리 간단하지 않음을 보여주었다. 어떤 두 사건이 상관관계가 있는 것처럼 보일 수는 있다. 내가 공을 차면 공은 나에게서 멀어질 것이다. 그러나 그 공을 움직이게 한 원인이 나의 발차기인지를 증명할 방법은 없다. 가능한 원인이 너무나 많다는 것이 문제다. 내 다리 근육의 수축이 공을 움직인 원인일까? 아니면 공을 제자리에 붙잡아 둘 뭔가가 없었기 때문일까? 아니면 내 두뇌의 신경세포가 내가 공을 차게 했기 때문일까? 그것도 아니라면 애초에 나와 공, 경기장 등을 만들어낸 빅뱅이 원인일까? 1912년에 버트런드 러셀이 주장했듯이, 인과관계를 깊이 생각할수록 무한한 순환논리에 빠져들기 십상이다. 통계학자들은 숨겨진 원인에 관한 문제에 익숙하다. 1950년대에 흡연과 폐암 사이의 상관관계에 대한 증거가 축적되었지만, 악명 높은 반대론자이자 흡연자였던 영국의 통계학자 로널드 피셔Ronald Fisher(결정적으로 그는 담배 회사로부터 보수를 받는 컨설턴트였다.)는 아마도 흡연과 폐암 모두에 우리가 모르는 유전자가 있을지도 모르며, 심지어 폐암이 흡연을 유발했을 수도 있다고 주장했다! 놀랍게도 그런 주장을 반박하기란 그리 쉽지 않다.[38]

이런 심각한 어려움 때문에 20세기 초에 러셀을 비롯한 많은 과학자와 철학자는 시간에 방향이 있다는 생각은 물론 인과라는 개념 자체를 포기하자고 제안했다.[39] 그러나 러셀조차 실제로 그렇게 하기를 망설였는데, 거기에는 그럴 만한 이유도 있었다. 20세기 초, 과학자들은 뉴턴 물리학의 완벽한 결정론을 포기했다. 그런 분위기 속에서 그는 인과관계 그리고 과거와 미래의 관계를 이해하는 좀 더 느슨하고 확률적인 방법을 생각하기 시작했다.

인과 개념이 비록 논리적으로는 이런 어려움이 있지만, 오랜 시간 동안 그 유효성이 충분히 검증되었으므로 실제로는 무시할 수 없는 개념이라는 점은 흄도 인정한 바다. 이 점에는 러셀도 동의했다. 인과법칙은 그것을 '보편적이라거나 꼭 필요한 것'이라고 하지 않는 한, 충분히 거론할 수 있는 개념이다. 다시 말해, 우리는 절대적 확실성을 확보할 수는 없지만, 인과 개념을 통해 가능한 미래를 상당히 자신 있게 예측할 수 있다. "만약 우리가 A라는 사건에 B가 뒤따르는 사례를 충분히 많이 알고, 그 순서가 어긋나는 경우가 거의 없다면, 사실상 'A가 B의 원인이다'라고 말할 근거가 확보된 셈이다. 다만 이때 원인이라는 개념에 그 어떠한 형이상학적 미신도 결부시키지 않는다는 전제 아래서 말이다."[40]

인과 개념은 20세기 후반에 이르러 좀 더 소박한 모습으로 다시 등장했다. 컴퓨터과학자 주디아 펄Judea Pearl은 구체적인 프로세스에 개입하는 구체적 행위자의 관점에서 인과를 생각하면 원인의 무한회귀 현상을 피할 수 있음을 증명했다.[41] 그것은 결국 우리 인간이 인과를 현실적으로 보는 관점이다. 우리는 모든 원인을 다 파악하려는 것이 아니라 오직 차이를 일으키는 것이 무엇인지에 관심이 있다. 내가 이 공을 차면 당장 무슨 일이 일어날까? 내가 공을 얼마나 세게 차려고 하는지, 공에 바람이 꽉 찼는지 혹은 제자리에 붙들려 있는지 등에 따라 꽤 정확하게 예측할 수 있다. 펄은 이처럼 소박한 방식이 대단히 엄밀한 수학적 용도에도 적용될 수 있음을 보여주었다.

시간의 화살, 즉 시간에 방향이 있다는 개념도 좀 더 소박하고 원근법적이며 확률적인 형태로 다시 등장했다. 아원자 입자 같은 단순한 실체를 다룰 때는 시간에 방향을 부여하기가 어려운 것이 사실이다. 그러나 우리가 일상생활에서 만나는 대상은 구조가 훨씬 더 복잡하며, 그런 경우에는 시간의 화살에 대한 증거를 많이 찾아볼 수 있다. 달걀을 깨서 뒤섞는 과정을 카메라로 촬영하면 시간의 방향을 알 수 있다.[42] 시간은 질서 있는 대상이 무질서해지는 방향으로 흐른다. 그것은 껍질이 깨지고 노른자와 흰자가 뒤섞이는 방향이지, 그 반대가 아니다.

과학자들은 이 모두를 열역학이라는 아주 미묘한 전문용어로 설명한다. 열역학은 과거에서 미래로 나아갈수록 '엔트로피'$_{entropy}$가 증가한다고 설명한다. 즉 에너지와 물질이 더욱 무질서해진다는 것이다. 그래서 우주 전체의 에너지 총량은 변함이 없지만, 시간이 지날수록 에너지는 무질서한 형태로 존재하게 된다. 즉 에너지는 전류처럼 질서정연한 흐름이 아니라 무작위로 발산하는 열에너지처럼 제대로 활용하기 어려운 형태가 된다. 에너지는 질서정연하게 흐를 때(이를 '자유 에너지'라고 한다.) 일을 더 많이 할 수 있고, 심지어 물질을 더 체계적인 구조로 배열할 수 있다. 그러나 자유 에너지는 일을 많이 할수록 무질서해지고 쓸모가 없어진다. 배터리를 사용하다 보면 결국 방전되는 것과 같은 원리다.

　엔트로피는 항상 증가한다. 자유 에너지가 이렇게 끝없이 분해되는 특성은 모든 변화에 방향성을 제시한다. 그것은 에너지의 흐름을 보장하며, 자유 에너지의 흐름은 복잡한 실체를 구성하고 유지하는 원동력이 된다. 그러나 바로 그 복잡한 실체(여러분과 나도 포함된다.)가 에너지의 흐름을 활용하면서 그 흐름을 불안정하게 만들기 때문에 역설적으로 그들(복잡한 실체)의 존재는 자유 에너지의 분해를 가속화한다.[43] 자유 에너지가 분해될수록 복잡한 실체들은 존재하기 어려워질 것이고, 그에 따라 에너지와 물질의 무질서는 더욱 증가할 것이다. 이것이 바로 모든 과학 법칙 중 가장 기본이 되는 열역학 제2법칙의 바탕이 되는 생각이다.

　엄밀히 말하면, 열역학 제2법칙은 법칙이 아니라 우주의 진화 과정이 보여주는 매우 강력한 방향성이다. 뒤섞인 달걀의 모든 원자가 스스로 그 상태에서 벗어나 완벽한 껍질 안으로 다시 들어가는 일은 절대로 없다고 말하는 과학적 법칙은 존재하지 않는다. 단지 그런 일이 우연히 일어날 확률이 지극히 낮다는 것뿐이다. 복잡한 구조는 질서정연한 배열보다 무질서한 배열을 채택할 경우의 수가 훨씬 더 많으므로 언젠가는 분해되고 만다. 따라서 예컨대 우주만큼 큰 쳇바퀴를 계속 돌리다 보면 언젠가는 산산이 부서진다고 장담할 수 있다. 요컨대 외부로부터 더 질서정연한 '자유 에너지'를 따로 공급받지 않는 한(즉 누군가가 깔끔히 정돈하지 않는 한) 복잡한 구조는 과거에서 미래로 나아갈수록 점점 더 간단한 형태로 변모하리라는 것이 우리가 예상하는 일반 법칙(또는 '도덕률')이다. 침실을 청소하지 않고 가만히 놔두면 언젠가는 지저분해진다. 시간의 화살은 만물이 점점 무질서해지다가 결국 붕괴하는 방향을 가리킨다.

변화는 언제나 방향성을 띤다고 생각하는 데는 또 다른 이유가 있다. 호수에 돌을 떨어뜨리면 파문은 항상 중심에서 멀어질 뿐, 결코 안쪽으로 움직이지 않는다. 이것은 우주 전체로 에너지가 퍼져나가는 움직임을 비롯해 모든 파동에 적용되는 특징이다. 단지 그 이유를 우리가 아직 이해하지 못할 뿐이다.[44] 그러나 시간의 방향성을 보여주는 가장 강력한 예는 빅뱅 우주론에서 찾을 수 있다. 우리 우주는 시간의 측면에서 미래라는 단 하나의 방향으로만 팽창하고 있다.

B계열 시간이 비록 시간을 거스르는 방향을 배제하지는 않지만, 이곳 지구에 사는 우리가 처한 상황은 어디까지나 시간과 미래에 대처하는 것이므로, 인간처럼 거대하고 복잡한 개체로서는 그런 가능성을 그리 중요하게 고려하지 않아도 될 듯하다. 일단 우리는 B계열 시간에서도 인과 개념을 통해 미래에 일어날 일을 예측할 수 있도록 시간의 방

향성이 설정되어 있다고 봐야 한다. 다시 한번 다행이 아닐 수 없다.

요약하자면, 비록 B계열 시간의 블록우주는 선택과 인과에 대한 우리의 기존 관념을 약화하는 것처럼 보이지만, 현대 과학은 그런 블록우주에서조차 모든 일이 미리 정해진 것은 아니며, 우리에게 영향을 미치는 대부분의 변화는 먼저 원인이 있고 그 후에 결과가 따르는 식의 방향성을 띤다고 말한다. 다시 말해 우리는 미래에 대해 모종의 선택을 할 수 있으며, 인과 개념을 바탕으로 다가올 미래를 예측하는 일도 충분히 가능하다. 미래 사고는 충분히 가능한 일이다! 다행이다!

시간의 형이상학에서 가장 중요한 문제는 물리학에서 다루는 시간과 일상에서 경험하는 시간을 서로 절충하는 일이다.

— 제난 이스마엘, 〈일시적 경험〉.[1]

제2장

미래를 예측하다

1장에서는 시간의 철학을 통해 미래라는 신비로운 대상을 대략 살펴보았다. 그러나 우리가 일상생활에서 만나는 미래는 추상적인 대상이 아니다. 그것이 얼마나 정확하고 엄밀하든 우리에게 중요한 것은 미래에 관한 *생각*이 아니다. 우리에게는 시시각각 우리가 실제로 무엇을 해야 하는지가 중요하다. 우리는 미래에 관한 생각이 우리가 부담해야 할 무거운 짐을 대신 좀 짊어지기를 바란다. 미물에 지나지 않는 박테리아조차 만약 철학 논쟁에 참여할 수 있었다면 카를 마르크스Karl Marx의 〈포이어바흐에 관한 테제〉Thesen über Feuerbach의 결론에 동의했을 것이다. 그 논문은 이렇게 주장한다. "철학자들이 한 일이라고는 세상을 다양한 방식으로 해석한 것뿐이다. 문제는 세상을 어떻게 바꿀 것인가 하는 것이다."**2**

그렇다면 우리는 불확실성이라는 문제에 실제로 어떻게 대처할 수 있을까? 우리는 격동과 어둠에 둘러싸인 A계열 시간에 살면서도 B계열 시간의 지도를 통해 미래를 알기를 갈망한다. 인도의 위대한 경전인 《바가바드기타》, 즉 '신을 위한 노래'에는 이런 깊은 열망을 시적으로 표현한 핵심적인 내용이 등장한다.

"소라나팔과 큰북, 징, 북, 뿔나팔" 등이 일제히 소리를 발하는 가운데 전사 아르주나Arjuna 왕자가 막 전투에 돌입할 때였다. 그는 미래에 끔찍한 동족상잔이 벌어질 것을 두려워한다. 그의 눈에는 상대 군대에서도 "스승과 외삼촌, 형제, 아들, 손자 그리고 친구 들"이 보이기 때문이다. 그는 A계열 시간에서 미래의 모든 혼란과 공포를 마주하고 경악과 혼란에 빠진 것이다. 그래서 자신의 전차 기사인 크리슈나Krishna 신에게 일종의 우주적 타임아웃을 선언하여 시간의 흐름을 멈춰 달라고 요청한다. 크리슈나는 "양쪽 군대 사이에 거대한 전차를 배치"하라고 요구한다.

이제 아르주나와 크리슈나는 A계열 시간의 역동성과 구체성도 없고, 그렇다고 B계열 시간의 신적 조망도 없는 이상한 시간의 경계에 놓였다. 그리고 왕자는 이 고요한 장소에서 신에게 미래에 관한 조언을 구한다. 아르주나는 임박한 전투를 생각하며 너무 경악한 나머지 싸우지 않기로 결심했다. 그는 "활과 화살을 모두 거두고 온통 슬픔에 휩싸였다." 그러나 크리슈나는 그 누구도 인생의 전투를 피할 수는 없다고 설명한다. "그 누구도, 단 한 순간만이라도, 행동하지 않고는 존재할 수 없다오." 심지어 행동하지 않는 것조차 일종의 행동이다.

그런 다음 크리슈나는 모든 미래가 이미 계획된 신적 관점의 시간 세계를 아르주나에게 살짝 보여준다. "나는 세상을 멸망시키기 위해 여기에 왔소. 여기 서로 맞선 군사들은 당신이 아니어도 어차피 살아남을 수 없소." 아르주나가 크리슈나의 눈을 통해 살짝 엿본 블록우주에서는 자기 자신이든 적이든 그 죽음을 애도하는 것이 아무런 의미가 없다. 크리슈나는 이렇게 말한다. "나는 결코 존재하지 않은 적이 없었소. 그것은 당신이나 지금 우리 앞에 있는 적군도 마찬가지라오. 우리는 앞으로도 영원히 사라지지 않을 것이오."[3] 아르주나는 B계열 시간의 변함없는 세계를 잠시 엿본 결과 이 세상에서의 행동에 필요한 평온함을 얻었다. 크리슈나는 그에게 "주저하지 말고 저들을 쳐라!"라고 명령한다.

아르주나처럼 우리도 시공간의 특정한 한계 내에서 미래를 준비하지만, 행동하기 위해서는 현재 벌어지는 상황을 좀 더 넓고 보편적인 시각으로 파악할 필요가 있다. 그래서 모든 미래 사고는 연관성이라는 특성을 띤다. 그것은 마치 지금 여기에 있는 우리와, 우리가 고군분투하며 내다보는 더 넓은 우주 사이에서 벌어지는 일종의 협상과도 같다. 다시 말해 "미래란 과연 무엇이며 그것은 어떻게 작동하는가?"라는 질문에 유일한 정답은 존재하지 않는다는 뜻이다. 미래에 어떻게 대처해야 하는가 하는 질문에 대한 답은 그 질문의 주체가 누구이며, 그가 이 광활한 우주의 언제 어디에 존재하는가에 따라 달라진다.

모든 것은
상대적이다

20세기 초, 알베르트 아인슈타인은 우리의 시간 경험이 지닌 관계성과 관조적인 성격을 과학적으로 엄밀하게 증명했다. 1905년 26세였던 그가 베른에서 특허사무소 심사관으로 일하면서 발표한 특수 상대성에 관한 놀라운 논문은 뉴턴의 절대 시간 개념을 뒤엎음으로써 시간과 미래에 관한 우리 생각에 일대 혁신을 일으켰다.[4]

그 논문은 보편적이고 절대적인 시간의 흐름이란 존재하지 않는다는 사실을 증명했다. 그 대신 시간이 흐르는 속도는 각 관찰자의 '좌표', 즉 우주에 존재하는 관찰자의 위치와 움직임에 따라 달라지며, 엄격한 규칙을 따른다. 독일의 사회학자 노르베르트 엘리아스Norbert Elias는 우리의 시간 경험이 변화해온 역사를 연구한 뒤 이렇게 말했다. "아인슈타인은 시간이 뉴턴이 생각했던 객관적인 흐름이 아니라 일종의 관계라고 결론지었다."[5]

아인슈타인의 주장은 1900년경에 상식으로 받아들여진 빛의 속도가 절대적 상수라는 놀라운 사실에서 시작한다. 그런데 그것은 너무나 이상한 현상이다. 태양을 향해 가까이 다가가는 사람이 마주 오는 태양 광선의 속도를 측정한 결과는, 태양으로부터 멀어지거나 태양과 직각 방향으로 이동하는 관찰자가 측정한 값과 정확히 일치할 것이다. 그 어떤 도구로 측정해도 광선의 속도가 초속 약 30만 킬로미터라는 사실에는 변함이 없다.[6] 그런데 우리가 지구에서 경험하는 현상은 이것과 사뭇 다르다. 누구나 자신을 향해 다가오는 자동차의 속도와 멀어지는 자동차의 속도는 다르다고 예상할 것이다. 아인슈타인 시대에 살았던 사람들은 대부분 이런 특이 현상이 실험적 오류의 결과일 것이라고 예상했다. 그러나 아인슈타인의 생각은 달랐다. 어쩌면 모든 실험 결과가 시사하듯이, 빛의 속도가 절대 상수라는 말이 진실일지도 몰랐다. 그렇다면 서로 다른 관찰자가 사용하는 측정 기준과 시계, 스피드건 등이 어쩐 일인지 이상하게 작동하여 항상 같은 결과를 도출한다는 말이 된다. 아인슈타인은 논문에서 이렇게 말한다. "만약 운동 상태가 각기 다른 관찰자들이 측정한 광속이 항상 같다면, 그들이 시공간을 측정한 값은 분명히 서로 다를 것이다." 그는 이 가설을 검증하기 위해 당대의 가장 빠른 기술인 철도를 소재로 그 유명한 사고 실험을 선보였다.[7] 만약 아인슈타인이 오늘날 그 이론을 탐구했다면, 그는 분명히 제트 비행기나 로켓 선박을 예로 들었을 것이다.

그의 사고실험을 약간 수정된 형태로 소개해보자. 뉴턴이 기차역에서 2개의 광선을 동시에 바라보는 경우를 생각해보자. 하나는 동쪽으로 10킬로미터 떨어진 곳에 광원이 있고 다른 하나는 서쪽으로 10킬로미터 떨어진 거리에 있다. 물론 그는 빛이 이동하는 데 약간 시간이 걸리기 때문에 그 불빛이 자기 눈에 들어오기 조금 전에 발생했다는 것을 안다. 이제 기차에 탄 아인슈타인이 두 빛이 발생하는 바로 그 순간에 동쪽으로 이동한다고 상상해보자. 아인슈타인은 두 빛이 동시에 발생했다는 뉴턴의 말에 동의할까? 아인슈타인의 대답은 "아니오"다! 왜 그럴까?

빛이 출발 지점에서 10킬로미터 떨어진 역까지 이동하는 데 걸리는 시간은 정해져 있고, 뉴턴과 아인슈타인도 모두 그 사실을 알고 있으므로 그 시간을 정확히 계산할 수 있다. 그러나 그들은 빛이 뉴턴이 서 있는 곳에 도달할 때쯤이면 아인슈타인의 기차가 동쪽으로 조금 이동할 것이라는 사실도 안다. 즉 서쪽 광원에서 오는 빛이 기차에 탄 아인슈타인에게 도달하려면 동쪽 광원에서 오는 빛보다 약간 더 먼 거리를 이동해야 한다는 뜻이다. 따라서 아인슈타인의 눈에는 동쪽 불빛이 먼저 보인 *다음에* 서쪽 불빛이 보인다. 이 차이는 비록 사소해 보이지만 매우 중대한 의미를 함축하고 있다. 즉 뉴턴에게는 동시에 발생한 것처럼 보이는 사건이 아인슈타인에게는 그렇지 않다는 뜻이다. 사실 뉴턴이 '지금' 경험하는 동쪽 불빛이 아인슈타인에게는 아직 다가오지 않은 미래인 셈이다. 아인슈타인은 같은 사건의 발생 시간을 똑같이 맞춘 시계로 재더라도 그 시계들의 좌표가 조금씩 다르다면 결과가 달라질 수 있고, 심지어 그 두 결과가 모두 옳을 수 있음을 보여주었다. 뉴턴은 움직이지 않으므로 그가 본 것만이 진실이라고 생각하면 안 된다. 뉴턴과 아인슈타인 둘 다 표면이 시속 약 1,600킬로미터(물론 적도와의 거리에 따라 조금 다를 수는 있다.)로 회전하는 행성에서 움직이고 있고, 지구는 시속 2만 킬로미터로 태양 주위를 공전하며, 태양계는 시속 80만 킬로미터 이상의 속도로 은하계 주변을 돌고 있다.

평소 우리가 이와 같은 시간의 이상 현상을 깨닫지 못하는 이유는 우리를 기준으로 차이를 나타낼 만큼 빨리 움직이는 사물을 마주칠 기회가 거의 없기 때문이다. 그러나 그 효과는 분명히 실재한다. 나는 10대 시절에 미량의 우라늄이 방사능 분해를 일으킬 때 그 속도를 가이거 계수기로 측정하는 실험을 텔레비전에서 보았다. 우선 규칙적으로 돌아가는 시계 소리가 들린다. 그런 다음 우라늄을 원심분리기에

넣고 매우 빠른 속도로 회전시킨다. 그러면 우라늄은 원심분리기 밖에 있는 물체에 비해 엄청나게 더 빠른 속도로 움직이게 된다. 즉 우라늄은 그것을 지켜보는 관찰자들과는 다른 좌표에 속하게 된 셈이다. 마치 기차에 탄 아인슈타인처럼, 아니 그보다 훨씬 더 빠르게 움직이는 것이다. 원심분리기가 가속될수록 가이거 계수기의 측정 시간은 천천히 흐르게 된다. 텔레비전 스튜디오의 좌표를 기준으로 측정할 때 원심분리기 안의 시간은 천천히 흐르는 것처럼 보였다. 과학에 흠뻑 빠진 10대 소년의 눈에는 그야말로 깜짝 놀라 넋이 나갈 만한 일이었다.

오늘날 GPS 시스템은 이런 미묘한 차이를 고려해서 작동하도록 설계되어 있다. 그것은 지구를 공전하는 위성과 지표면을 이동하는 자동차 사이의 전혀 다른 좌표를 서로 조화시킨다. 유럽입자물리연구소CERN의 대형강입자충돌기 등의 입자가속기를 다루는 물리학자들도 아원자 입자를 광속에 가깝게 가속해야 하므로 이런 효과를 진지하게 고려할 수밖에 없다. 아인슈타인은 1915년에 발표한 일반 상대성 이론에서 중력장이 시공간의 측정을 왜곡할 수 있음을 보여주었다. 이 개념은 2014년에 개봉한 영화 〈인터스텔라〉에서도 차용되었다. 영화의 주인공 쿠퍼는 우주에서 가장 밀도가 높은 것으로 알려진 블랙홀을 여행하고 태양계로 돌아온 뒤 자기보다 수십 살 더 늙은 딸을 만나게 된다.

아인슈타인의 주장은 우리의 미래 사고에 어떤 영향을 미치는가? 무엇보다 그것은 과거가 언제 끝나고 미래가 언제 시작되는지를 알려주는 절대적인 방법이란 존재하지 않는다는 것을 뜻한다. 그 답은 우리가 처한 위치와 운동 상태에 따라 달라진다. 나의 미래에 벌어질 사건이 여러분에게는 과거가 될 수도 있으므로, 우리가 정의하는 미래와 과거는 우리의 좌표에 따라 달라진다. 모든 것은 상대적이다.

아인슈타인은 그 어떤 것도 빛보다 빨리 이동할 수 없음을 증명했으므로 그의 사상은 우리가 생각하는 인과관계에도 영향을 미친다. 다시 말해 원인에 따른 결과가 무한히 빨리 전달될 수는 없다는 뜻이다. 내가 월드컵 경기에서 결승 골을 넣을 경우(물론 그럴 확률은 낮다), 나의 승리 소식은 광속으로 우주에 전달될 수 있다. 그러면 1초가 지나지 않아 달에 있던 나의 팬들이 환호할 것이고, 4년 남짓 후에는 우리와 가장 가까운 항성계인 알파 켄타우리의 행성 주민이 축하할지도 모른다. 그러나 안드로메다은하에 있는 나의 팬은 무려 250만 년 후에나 이 소식을 들을 수 있다. 그때까지 나의 승리는 그들에게 아무런 영향도 미치지 않는다. 그 소식은 마치 내가 공을 찬 곳에서 출발한 잔물결이 빛의 속도로 퍼져나가는 것과 같다. 즉 그 물결이 나에게서 멀리 떨어진 곳까지 도달하기까지는 점점 더 오랜 시간이 걸린다.

아인슈타인과 그의 친구인 수학자 헤르만 민코프스키Hermann Minkowski는 이런 개념을 빛원뿔light cone이라는 그림으로 설명했다. 내가 미래에 일어날 사건에 미치는 영향은 우리가 미래로 나아가는 것을 상상하는 동안 빛의 속도로 넓어지는 시공간 영역에 한정된다. 마찬가지로 내가 과거의 사건으로부터 받는 영향도 내가 그 미래의 원뿔 안에 있는 범위로 한정된다. 아인슈타인과 민코프스키의 빛원뿔은 블록우주 안에서 내가 인과관계의 영향을 받는 범위와 그렇지 않은 범위를 서로 구분한다.

요컨대 아인슈타인은 우리가 시간과 미래에 관해 질문하려면 그 질

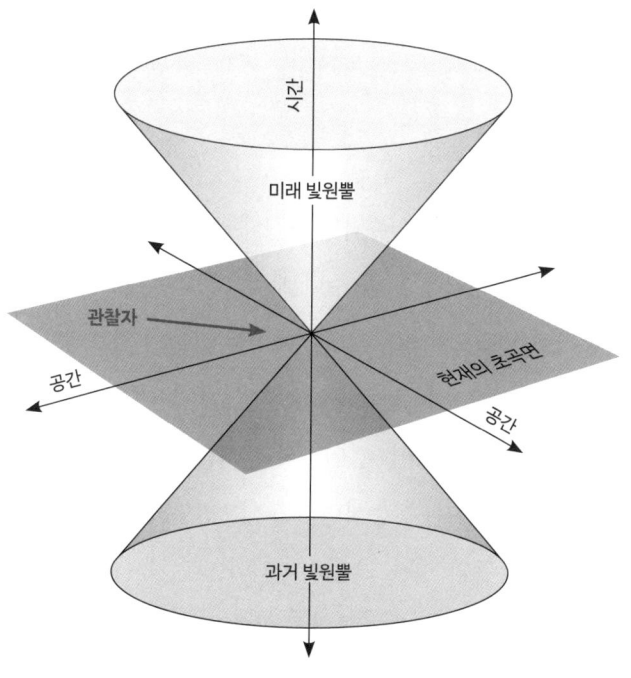

〈그림 2-1〉 아인슈타인과 민코프스키의 빛원뿔과 인과관계 개념

2차원으로 표현한 4차원 초공간.
출처: K. Aainsqatsi, SVG 이미지, World_line.png, 2007년 5월 7일, https://commons.wikimedia.org/w/index.php?curid=2210907.

문의 근거가 되는 '좌표 체계'를 특정해야 한다는 사실을 보여주었다. 관점이 다르면 답도 달라지기 때문이다. 현재와 미래의 '진실'은 우리의 좌표 체계에 따라 달라진다. 이런 주장을 철학에서는 이른바 '관점주의'perspectivism라고 한다. 철학자 데이비드 댕크스David Danks는 관점주의를 "과학적 이론과 모델, 지식, 주장 등이 객관적이고 보편적인 진실이 아니라 관점에 따라 결정된다는 개념"이라고 '대략' 정의한다.[8] 결국 미래와 우리가 미래를 이해하는 방식은 일종의 관점으로 이해되어야 한다는 것이다.

미래의 기원

아인슈타인의 상대성 이론을 일상생활에서 거의 느끼지 못하는 이유는 나와 주변 사람, 우리가 사는 곳 그리고 이 행성이 움직이는 속도가 모두 같고, 따라서 그들의 좌표계도 모두 같기 때문이다. 그러나 이런 좌표계, 즉 준거틀은 단지 움직임만이 아니라 다양한 방식으로 결정된다. 인간의 준거틀을 형성하는 것은 무엇보다 우리가 살아 있다는 단순하면서도 심오한 사실이다. 살아 있기에 모든 생명체는 우주와 시간 그리고 미래와 맺는 독특한 관계에 놓인다. 그것은 미래가 생명체에게 무엇을 의미하는지 그리고 그들이 미래에 어떻게 대처할지를 결정한다.

살아 있다는 것은 무엇을 의미할까? 자고로 이 질문은 시간에 관한 질문만큼이나 복잡하고 어려운 논쟁을 불러일으켰다.

생명체에 대한 정의는 여러 가지가 있다. 예를 들어 NASA는 생명체를 "다윈식 진화를 수행할 수 있는 자생적인 화학 체계"로 정의한다. 여기서 우리는 살아 있는 유기체가 미래와 맺는 관계의 두 가지 특징에 주목할 필요가 있다. 첫째, 생명체는 복잡한 구조를 띠므로 미래의 언젠가 반드시 쇠퇴하여 소멸한다. 둘째, 생명체는 의식하든 그렇지 않든 목적과 목표가 있는 것처럼 행동하며, 따라서 미래에 관심을 기울이고 그것을 형성하기 위해 적극적으로 노력한다. 여기에서 복잡성과 목적성이라는 이 두 가지 개념을 좀 더 자세히 분석해볼 필요가 있다.

DNA 분자나 금붕어, 이웃집 사람 등이 복잡한 개체라는 말은 무엇을 의미하는 것일까? 현대 물리학에 자주 등장하는 '장'$_{field}$이란 중력과 같은 에너지 그리고 쿼크와 같은 물질의 기본 형태 등을 포함하여 우주의 가장 단순하고 근본적인 구성 요소를 창출하는 무대를 뜻하는 개념이다.[9] 이것은 말 그대로 아주 간단한 실체다. 그것은 다른 어떤 것으로 구성되어 있지 않으나, 또 다른 힘이나 실체와 잠깐만 마주해도 쉽게 변하는 특성을 띤다. 우주의 거의 모든 영역은 시간을 순행하거나 역행하며 무작위로 진행하는 듯한 단순한 물질과 힘이 차지하고 있다. 그런 단순한 실체에 대해 시간 개념이 과연 어떤 의미를 지니는지 명확하게 말할 수는 없다.

복잡한 실체는 우선 다양하다는 특징이 있다. 그렇다고 단순한 실체보다 더 좋거나 나쁘다는 것은 아니지만, 열역학 제2법칙에 의하면 복잡한 실체는 단순한 실체에 비해 보편적이지도, 튼튼하지도 않은 것이 확실하다. 그러나 우리 인간의 관점에서 복잡한 실체는 우주에 아름다움과 의미, 중요성 등을 부여하는 요소가 된다. 우리는 복잡한 실체를 다양한 구성 요소가 서로 정확하게 어우러져 그 자신에게 독특한 '창발성'을 부여하는 구조라고 정의할 수 있다. 복잡한 실체는 그 구조가 얼마간(몇 초일 수도 있고, 수조 년일 수도 있다.) 유지되도록 만들어졌다. 그것은 유지되는 동안만 의미가 있을 뿐, 그렇지 않다면 우리는 그 존재를 알아채지도 못한다.

원자와 분자 그리고 별이나 불가사리도 모두 복잡한 실체다. 수정과 박테리아, 더 나아가 시계와 측정자, 스피드 건을 구비하고 아인슈타인 실험에 나선 관찰자도 모두 마찬가지다. 원자는 양성자, 중성자, 전자로 구성되며 이들은 여러 단계의 방사능이나 다른 원자와의 반응성과 같은 창발적인 특성을 발현하도록 정확히 배열되어 있다. 화학자와 물리학자는 이런 특성을 매우 정확하게 측정할 수 있다. 복잡한 실체의 구조와 특성은 구성 요소들 사이의 관계가 바뀜에 따라 변할 수 있다. 따라서 복잡한 실체에 시간은 매우 중요한 의미를 지닌다. 시간은 곧 변화를 의미한다. 그리고 변화는 결국 붕괴로 이어진다. 앞장에서 설명한 열역학 제2법칙에 따라 모든 복잡한 구조는 조만간 그 구성 요소로 분해되기 때문이다. 다시 말해 복잡한 실체에 미래란 그들 자신이 붕괴할 시간이며, 따라서 극적인 긴장감으로 가득 찬 시간이라는 뜻이다. 그들은 과연 얼마나 오래 생존할 수 있을까? 그들은 언제 붕괴할까? 그리고 어떤 방식으로 사라져갈까? 사실 우주 전체의 이야기는 복잡한 실체와 그들을 무너뜨릴 엔트로피 사이에서 펼쳐지는 한편의 대하 드라마라고 할 수 있다.[10]

생물체의 두 번째 중요한 특징은 그들의 거동이 마치 목적이 있는 것처럼 보인다는 것이다. 그들은 마치 삶을 '통제하는' 것처럼 행동한다. 유전학자 폴 너스Paul Nurse는 "목적이 있는 행동이야말로 생명체를 정의하는 특징 중 하나"라고 말했다.[11] 물론 우리가 생물체에 대해 목적purpose이나 통제agency 같은 단어를 사용하는 것은 일종의 은유적인 표현이다. 왜냐하면 그런 단어는 물리학의 암흑에너지dark energy처럼 우리가 아직 완전히 이해하지 못하는 현상을 임시로 서술하는 역할을 맡을 뿐이기 때문이다. 따라서 지금부터 등장하는 목적이나 통제라는 단어는 마치 목적이 있는 것처럼 행동한다는 의미로 이해해야 한다는 점을 미리 짚어 두고자 한다.

복잡한 실체 중에서도 무생물은 목적의식이 없는 것처럼 보인다. 물론 복잡한 무생물도 한동안 유지될 수 있다. 즉 그들은 붕괴할 운명을 잠시 연기할 수 있다. 그러나 그들은 그것을 구성하는 물리법칙의 결과에 따라 기계적으로만 존재한다. 예컨대 원자는 전자기력을 바탕으로 지탱되며, 그 상태로 수십억 년이나 존재할 수 있다. 그러나 그것이 예컨대 항성 내부의 에너지에 의해 충분히 가열된다면, 우리는 그것의 붕괴 시기를 확실히 예측할 수 있다. 그들은 결코 열을 피하려 들거나 우주와 흥정을 벌일 리가 없다.

그러나 생명체는 그렇지 않다. 딜런 토머스Dylan Thomas(영국의 시인, 여기서 소개하는 그의 시구절은 영화 〈인터스텔라〉에 인용되어 유명해졌다. ―옮긴이)의 표현을 빌리자면, 생명체는 "그 어두운 밤으로 순순히 걸어 들어가지 않을 것"이다. 그들은 생존의 위협을 받으면 "그 빛이 사라져가는 것에 맞서 분노하는" 태도를 보여준다. 박테리아가 음식 분자를 추적하거나 위험을 회피하는 행동은 원자의 움직임과 전혀 다른, 예측 불가능한 특성을 보여준다. 박테리아의 행동은 기계적인 것이 아니라 훨씬 더 창의적이고 개방적이다. 그럴 수밖에 없는 것이, 박테리아는 끊임없이 변화하는 주변의 힘 및 에너지와 결코 균형을 이루는 법이 없기 때문이다.

허클베리 핀과 짐이 미시시피강을 흘러갈 때처럼, 박테리아도 끊임없이 변화하는 에너지와 물질의 흐름 속에서 자신의 존재라는 연약한 뗏목을 의도적으로 조종하며 새로운 도전을 만날 때마다 항상 새로운 해결책을 찾는 것처럼 보인다. 누가 봐도 박테리아는 생존을 간절히 *원하며*, 이를 위해 눈부신 창의력과 기발함을 발휘한다. 그들의 행동을 예측하기가 그토록 어려운 이유가 바로 여기에 있다. 박테리아를 비롯한 모든 생물체는 엔트로피 증가에 의한 소멸 가능성과 끊임없이 사투를 벌여야 하며, 바로 이 때문에 그들과 미래의 관계가 매우 긴장되고 불확실하며 극적인 특성을 띠는 것이다. 무생물은 수동적으로 미래를 마주하지만, 생물체가 미래를 맞이하는 태도는 식별과 목적, 능동성 등의 특성을 띠는 듯하다. 원자나 소행성과 달리 생명체는 꽤 까다로운 태도로 미래를 만나려는 것 같다.

생명체가 목적을 지니고 있다는 사실은 이제 명백해진 셈이지만, 그런 특성은 과연 어디에서 기인한 것일까? 우리는 아직 이 질문에 대한 완벽한 해답을 얻지 못했다. 전통적인 수많은 종교와 철학은 목적성을 창조주가 우주에 부여한 내재적 특성으로 간주해왔다. 그러나 현대 과학은 아직 우주 전체를 통틀어 그 어떤 근본적인 목적이 있다는 실마리는 찾지 못했다. 그러므로 우리 앞에 놓인 과제는 목적이 없는 우주가 어떻게 목적을 가진 것처럼 행동하는 실체를 만들어냈는지를 설명하는 일이다.

오늘날, 살아 있는 유기체가 목적을 지니는 듯 보이는 이유에 대한 가장 보편적인 설명은, 그것이 찰스 다윈Charles Darwin이 자연선택이라고 말한 맹목적인 메커니즘에서 비롯되었고 그로 인해 유지된다는 것이다. 철학자 대니얼 데닛Daniel Dennett은 이렇게 말한다. "자연선택에 의한 진화의 과정은 … 미래를 전혀 내다보지 못하면서도 … 점차 예지력을 지닌 존재를 만들어왔다."[12] 진화는 생명체에게 생존에 필요한 기술을 점점 더 많이 갖춰주고 그것을 사용할 수 있도록 해준다. 살아 있는 유기체는 자기 복제 기술을 발명하여 특정 개체가 사멸하더라도 그 복제물과 구조는 당분간 생존할 수 있게 되었다.

모든 생명체가 생존과 번식이라는 두 가지 근본적인 목적을 지닌 것처럼 행동하는 것도 바로 그 때문이다. 자연선택의 진정한 아름다움은 복제 과정의 불완전성에 있다. 불완전성 때문에 조금씩 변형이 일어나고 그 안에서 새로운 생존법이 등장한다. 이런 적응 과정은 수십억 세대에 걸쳐 살아남은 생명체만 번식하기 때문에 생존 가능성을 점점 증대시키면서 전승된다. 우리는 이제 생명체가 자연선택을 통해 다양한 환경에서 불확실한 미래에 대응하기 위해 그토록 방대하고 유연한 기법을 갖출 수 있었던 이유를 비로소 이해했다.

이런 생존 기법 중에서도 가장 핵심이 되는 것은 바로 목적 그 자체다. 주변 상황이 어떻게 변해도 전혀 개의치 않는 유기체란 존재하지 않는다. 오늘날 세상에 남아 있는 모든 유기체는 그 조상이 어둠에 휩싸인 미래가 발산하는 파괴력에 맞서 끈덕지게 생존과 번식을 도모한 결과다. 40억 년에 걸친 자연선택 과정이야말로 모든 생명체가 왜 이토록 창의적으로 미래를 생각하고 관리할 수 있는지를 설명해준다.

요약하면, 살아 있는 유기체는 매우 독특한 준거틀을 통해 미래를 대면한다. 첫째, 그들은 복잡한 실체로서 항상 소멸의 위험에 직면해 있으며, 따라서 그들이 미래와 맺는 관계는 A계열 시간의 역동성과 불확실성이라는 특징을 고스란히 간직하고 있다. 둘째, 생명체는 마치 미래를 걱정하듯이 목적을 가지고 행동하는 것처럼 보인다. 그들은 생존하고 번식하며, 나아가 번성하는 미래를 위해 능동적이고 창조적으로 행동하는 듯하다. 생명체에 미래란 불확실하고 위태로우며 모험을 감수해야 하는 영역이다. 그렇다고 그들이 완전히 무력한 존재는 아니다. 생태학자 칼 사피나Carl Safina는 날치가 마주한 위험한 세상을 묘사하면서 이렇게 말했다. "날치, 새, 나아가 모든 생명체의 성공은 일시적일 뿐이지만, 사실 중요한 것은 바로 그 일시적 성공이다."[13]

미래를 예측하는 법

생명체는 미래처럼 공허한 대상에 어떻게 영향을 미칠 수 있을까? 모든 생명체의 미래 사고에 적용되는 기본 원리가 몇 가지 있다. 그중에는 이미 살펴본 것도 있지만, 여기서 좀 더 공식적으로 정리해보자.

첫 번째 원리는 간단하다. 미래에 관한 증거는 아무것도 없다. 따라서 과거를 바탕으로 예측할 수는 있겠지만 일식 같은 아주 드문 경우를 제외하면 가능한 미래를 구체적으로 아는 방법이란 존재하지 않는다. 그래서 역사학자 콜링우드는 가능한 미래에 관해 가설을 세울 수는 있지만, 그것을 검증해줄 미래 문서는 없다고 불평했다.[14] 나의 출생증명서를 보면 내가 언제 어디서 태어났는지 알 수 있지만, 내가 언제 어디서 어떻게 죽을지 말해주는 사망증명서는 (아직) 내 손에 없다. 다시 말해 미래에 관한 주장은 역사, 과학, 법률 분야의 주장과 달리 증거로 엄밀하게 뒷받침될 수 없다. 그래서 미래 사고가 따라야 할 규칙은 다른 분야와 사뭇 다를 수밖에 없다.

두 번째 원리는 첫 번째에 함축되어 있다. 즉 미래에 벌어질 일에 관한 유일한 실마리를 오직 과거에서만 찾을 수 있다는 역설이다. 우리는 모두 단테의 《신곡》 '지옥편'에 등장하는 머리가 뒤로 젖혀진 예언자와 같은 신세다. 사실 과거를 연구하여 미래를 예측하는 것은 생각보다 훨씬 더 보편적인 연구 전략이다. 나는 이 전략을 튀르키예의 어느 유명한 현인의 이야기를 따서 나스레딘 호자Nasreddin Hodja 방법이라고 부른다. 어느 날 밤, 호자는 자기 집의 어두운 지하실에서 결혼반지를 잃어버렸다. 아무리 찾아봐도 반지는 보이지 않았다. 이윽고 그는 밖으로 나가 가로등 아래를 살펴보기 시작했다. 한 친구가 왜 그곳을 찾아 헤매느냐고 묻자, 호자는 이렇게 대답했다. "빛이 있는 곳이 여기밖에 없으니까."

나스레딘 호자 방식은 빛이 있는 곳에서 찾는 전략이다. 즉 환하게 밝은 과거 세계에서 어둠에 휩싸인 미래의 증거를 찾는다는 뜻이다. 바로 이런 이유로 모든 생명체는 감각 물질이나 기관을 갖추고 자신을 둘러싼 과거와 현재의 모든 기류를 감지하고자 한다. 그런 흐름 속에 미래를 알려주는 힌트가 숨어 있을지도 모르기 때문이다. 성 아우구스티누스도 이런 사실을 잘 알고 있었다. "사람들이 미래를 안다고 말할 때 그들이 실제로 보는 것은 아직 존재하지 않는 사건이 아니라, 현존하는 원인이나 징후일 것이다. 그리고 그런 원인과 징후야말로 마음속에서 미래를 생각하고 예측의 근거로 삼는 기반이다."[15]

미래 사고의 세 번째 원리는 우리가 생각하는 미래가 실제로 미래를 형성할 수 있다는 것이다. 시간의 물살이 아무리 강력하다 하더라도, 미물에 지나지 않는 박테리아조차 생의 연약한 뗏목을 어느 정도 통제하는 것을 보면 그들의 행동에서 미래가 형성된다는 것을 알 수 있다. 오늘날 대부분의 과학자는 화석연료의 끊임없는 연소가 지구의 기후를 위태롭게 바꾸리라고 믿고 있다. 다가올 미래에 대한 그런 예측은 현재의 행동에 영향을 미치고, 나아가 향후 수십 년에 걸쳐 기후변화의 경로를 형성할 것이다. 과거 사고(즉 역사)는 우리가 과거를 생각하는 방식을 바꿀 수 있지만, 그렇다고 그것이 과거 자체를 바꾸지는 않는다. 그에 비해 미래 사고는 미래 그 자체를 창조해낼 수 있다.

네 번째 원리는 가장 근본적이고 복잡한 것으로, 우리는 미래의 증거가 없음에도 미래를 보여주는 강력한 암시를 과거에서 찾아낼 수 있다는 것이다. 여기에는 크게 두 가지 방법이 있다. 첫째, 우리는 목적을 지닌 다른 존재에게 그들의 의도를 물어볼 수 있다. 둘째, 우리는 과거의 흐름과 경향을 연구하여 그 결과를 조심스럽게 미래로 투사할 수 있다.

다가올 미래에 관한 단서를 얻는 간단한 방법은 목적에 따라 행동하는 다른 존재에게 그들의 의도를 묻는 것이다. 인간은 언어를 이용해 이 전략을 탁월하게 구사한다. 우리는 다른 사람에게(초자연적 존재를 포함해) 그들의 의도를 끊임없이 물어본다. "배심원단 여러분, 이 사람은 유죄입니까, 무죄입니까?" "아폴론 신이여, 적들을 지상에서 없애주시지 않겠나이까?" 그러나 미래를 알려달라고 다른 존재에게 부탁하는 전략은 몇몇 특수한 경우에만 유효하다. 그것은 누군가의 결정에 미래가 달려 있다고 생각할 때 그리고 우리가 그 존재와 소통하고 영향을 미칠 수 있다고 생각할 때다. 이 전략은 고대의 점술을 다루게 될 6장에서 자세히 살펴볼 것이다.

과거를 미래의 길잡이로 활용하는 데 쓰는 가장 중요한 방법을 추세 분석trend hunting이라고 한다. 이것은 마치 해류를 연구하여 장차 배가 어디로 가게 될 것이며 그 항로를 바꿀 수 있는지를 알아보는 것과 같다.

추세 분석은 모든 생명체가 수행하는 방법이며, 심지어 인간에게도 최우선 전략인 것이 사실이다. 우리 마음은 항상 주변의 경향을 무의식적으로 살피고 가늠한다. 추세 분석은 확실성을 추구하는 것이 아니다. 미래에는 아무것도 없을 뿐 아니라, 만약 뭔가가 있다고 해도 우리에게는 그것을 찾았음을 알기까지 기다릴 시간이나 자원이 없다. 그것은 미래에도 계속되었으면 하는 전체적인 패턴을 찾는 일이다. 따라서 이것은 마치 경마에 돈을 거는 것과 비슷하다. 그것은 우리가 조종할 수 있을 것 같은 흐름이나 경향을 탐색하는 일이다. 경제학자 브라이언 아서Brian Arthur는 허클베리 핀이 자주 했을 법한 행동을 비유로 설명한다.

내가 타고 있는 것이 증기선이므로 강을 거슬러 오를 수 있다고 생각한다면 그것은 착각이다. 사실 우리는 강을 따라 표류하는 종이배의 선장일 뿐이다. 물살에 저항해봤자 아무 데도 가지 못한다. 오히려 강물의 흐름을 조용히 관조하다 보면 자신이 바로 그 일부이고, 그 흐름이 항상 변화하면서 새로운 복잡성을 자아내며, 이따금 강에 노를 꽂아 넣어 물살을 이리저리 바꿀 수 있음을 깨닫게 된다.[16]

추세 분석은 이런 확률적인 특성에도 불구하고 매우 강력한 효과를 발휘하기도 한다. 과거에서 발견되는 매우 규칙적인 경향은 미래에도 뚜렷이 투영할 수 있기 때문이다. 대표적인 예로 죽음, 세금 그리고 새벽의 일출 등은 과거의 어떤 사실만큼이나 확실하게 미래에도 그대로 반복될 것이다.

추세 분석에는 크게 네 가지 방법이 있다.

첫째이자 가장 보편적인 방법은 상관관계나 경향을 직접 느끼는 것이다. 예컨대 기온이 내려가면 곰은 동면에 들어갈 때가 되었음을 바로 안다. 현재 확보할 수 있는 정보로는 어차피 가능한 미래에 벌어질 일을 다 알 수 없으므로, (좋은) 정보는 모든 미래 사고에서 결정적인 역할을 한다. 만약 여러분이 이미 이런 일에 능숙하다면, 다른 누구에게서도 여러분보다 더 나은 실력을 기대하기 어려울 것이다. 다시 말해 일반적으로 정보가 많을수록 예측 정확도가 향상된다. 코로나19 팬데믹 기간에 각국 정부가 감염률 변화에 관한 정보를 그토록 상세하게 수집했던 것도 바로 이런 이유 때문이다.

추세 분석의 둘째 방법은 무작위 표본조사random dipping다. 마치 금을 시굴하는 사람들처럼 무작정 땅을 파서 뭔가가 나오기를 기대하는 방식이다. 무작위 표본 추출을 통해 발견한 경향성이 미래에도 이어지기를 바란다. 몬테카를로 시뮬레이션Monte Carlo simulations 같은 현대적 수학 기법은 이 방식을 매우 정교하게 가다듬은 것이라고 할 수 있다. 자연선택이 마치 복권 추첨하듯이 유효한 유전자가 나올 때까지 변형 조합을 무한히 시도하는 것도 바로 이 방식이다. 정치 여론조사도 무작위로 선정한 유권자와 인터뷰하여 선거 결과에 대한 힌트를 얻는다는

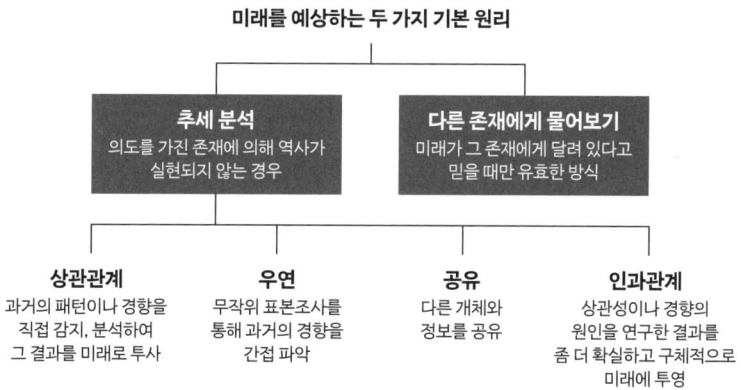

点에서 기본적으로 무작위 표본조사 방식에 해당한다.

세 번째 방식은 정보를 공유할 줄 아는 생물종(식물도 어느 정도 가능하다.)이라면 다들 사용하는 것이다. 즉 현재 일어나는 일과 가까운 미래에 일어날 일에 관한 지식을 공유하는 것이다. 넷째, 인간은(어쩌면 인간만이) 경향의 원인을 체계적으로 연구한다. 우리가 경향의 원인을 연구하는 이유는 그것을 알아내면 어떤 경향이 미래에 어떻게 진행될지를 훨씬 더 잘 파악할 수 있기 때문이다. 뉴턴의 운동 법칙은 대포알과 사과, 행성의 움직임을 정확하게 측정할 수 있게 설명했고, 우리는 그런 인과적 이해를 바탕으로 그 궤적을 미래에 더 정확하게 투영할 수 있었다. 7장에서는 현대 과학의 예측력이 바로 이 인과관계에 대한 이해가 크게 향상된 결과임을 설명한다.

우리는 왜 언제든지 상황이 바뀔 수 있다는 것을 알면서도 과거의 추세가 다가올 미래의 지침이 될 수 있다고 믿는 것일까? 추세 분석의 바탕에는 철학에서 말하는 '귀납 논리'inductive logic가 있다. 이것은 유클리드 수학 이론의 바탕이 되는 '연역 논리'deductive logic와 다르다. 세밀한 연역 논리는 그 바탕이 되는 공리만 옳다면 완벽하게 참된 결과를 내놓을 것이 틀림없다. 그에 비해 귀납 논리는 완벽히 옳은 지식을 보장하지는 않지만, 현실적으로 완벽하게 참된 공리는 극히 드물기 때문에 연역 논리보다 훨씬 더 실용적이다. 귀납 논리는 과거에서 여러 가지 패턴을 찾은 다음 그 패턴이 미래에도 계속되리라고 믿는다. 즉 한 차례 논리의 비약이 일어나는 셈이다.

귀납론이 항상 옳다고 볼 수 없는 이유는 현재 패턴이 계속되리라는 보장이 없기 때문이다. 우리는 버트런드 러셀이 말한 귀납론자 칠면조의 비극적인 이야기에서 귀납론의 한계를 확인할 수 있다. 이 칠면조는 매일 아침 9시에 먹이가 나오는 것을 보고 앞으로도 계속 그러리라고 생각했다. 그러던 12월의 어느 날, 칠면조는 이런 과거의 경험이 일반적인(귀납적인) 진실의 증거가 되기에 충분하다고 생각했다. 즉 먹이는 항상 오전 9시에 나온다는 것이다. 그러나 비극은 그 순간이 바로 인간들이 널리 기념하는 크리스마스 전날이었다는 것이다. 그 칠면조는 자신의 미래가 밝고 창창하리라 생각한 바로 그날에 도살되어 통구이가 되고 말았다. 앨런 차머스Alan Chalmers는 이를 두고 냉정하게 말했다. "아무리 전제가 옳아도 귀납 논리는 번번이 잘못된 결론에 도달했다."[17]

귀납론의 이런 한계에도 불구하고 우리가 그것을 계속 사용해야 하는 이유는 세상이 유클리드 수학처럼 깔끔하지도, 논리적이지도, 예측 가능하지도 않기 때문이다. 사실 칠면조의 귀납론이 그리 잘못된 방식이라고 볼 수 없는 이유는, 그것이 유효한 경우도 많기 때문이다. 귀납론의 바탕이 되는 논리를 데이비드 흄은 "우리가 경험하지 않은 일도 우리가 경험한 일과 대체로 비슷하며, 이 세상의 모든 일은 항상 꾸준히 그리고 똑같이 계속된다는 원리"라고 설명했다.[18] 이것은 나스레딘 호자의 원리이기도 하다. 즉 우리 눈에 보이는 것에 모종의 단서가 숨어있다는 것이다. 시간의 보이는 면은 보이지 않는 측면에 관해 뭔가를 말해줄지도 모른다. 그러나 우리는 확실히 알 수 없다. 흄의 균일성 원리는 사실 철학이나 과학 법칙이 아니라 그저 강력한 예감, 더 솔직히 말하면 '비약적인 믿음'일 뿐이다. 흄은 이렇게 말했다. "우리는 그저 관습적으로 미래가 과거와 똑같으리라고 가정할 뿐이다."[19] 내가 미래에도 새벽에 해가 뜨리라고 굳게 믿는 이유는 오로지 과거에 해가 그때 뜨는 것을 너무나 많이 봤다는 사실밖에 없다. 비록 장담할 수는 없지만, 이 예감은 불완전한 지식밖에 없는 이 세상에서 충분히 내기를 걸 만한 근거가 된다. 실제로 나 역시 이런 내 예측을 진리로 취급하며 산다고 할 수 있다.

기후변화에 관한 정부간협의체Intergovernmental Panel on Climate Change, IPCC의 2010년 보고서 작성 지침에는 "사실이라고 진술할 수 있는 증거와 이해가 뚜렷이 드러나는 발견에 대해서는 불확실성을 암시하는 수식어 없이 기술하는 편이 적절할 수 있다."라는 구절이 있다(표 2-1 참조). 죽음에 관한 불교의 명상처럼, 예로부터 어떤 예감은 너무나 유효한 나머지 거의 사실로 여겨지기도 했다. 예를 들면 다음과 같이 거의 확신에 가까운 예측들이다.

1. 죽음은 피할 수 없다.
2. 인간의 여생은 계속 줄어들고 있다.
3. 죽음은 우리가 대비하든 그렇지 않든 온다.
4. 인간의 기대수명은 불확실하다.
5. 사망의 원인은 여러 가지가 있다.
6. 인체는 연약하고 허술하다.[20]

그러나 우리가 귀납법을 사용하는 것은 단순히 관습이나 맹목적인 신뢰 때문이 아니다. 귀납법이 유효한 경우가 그토록 많은 데는 더 깊은 이유가 있다. 우리 우주는 비록 예정된 길을 걷지는 않지만, 그렇다고 완전히 무질서하지도 않다. 규칙성과 경향을 보장하는 일반적인 법칙이 존재하고, 우리는 천문학을 통해 그런 법칙을 관측할 수 있으며, 미래에 충분히 투영할 수도 있다. 그런 규칙 중에는 확률적인 것들이 많다. 즉 그런 법칙이 미래에 발생할 모든 사건을 미리 결정하지는 않지만, 때로는 느슨하고 때로는 엄격하게 여러 사건을 조종한다. 즉 미래에 일어날 일에도 어느 정도 제한이 있고, 따라서 다른 것들보다 발생할 가능성이 유독 더 큰 사건도 분명히 존재한다. 예를 들어, 우주에서 가장 기본적인 규칙에 따르면 여러 사물은 항상 중력의 작용에 따라 서로 끌어당긴다. 이 규칙은 우주에서 별이 생성되는 경향이 수십억 년이나 지속되는 이유가 별의 중심에서 중력이 양성자를 서로 충돌시키기 때문이라고 설명해준다. 그러나 이런 규칙은 새로운 별이 언제 어디에서 태어나는지를 알려주지는 않는다. 변화의 기본 법칙이 존재한다는 것은, 귀납론이 결코 뭔가를 보장하지는 않더라도 대체로 옳은 경우가 많은 이유를 설명해준다.

우리 인간은 추세를 파악하고 나면 가능한 미래나 다가올 미래의 지도 또는 모형을 수립할 수 있다. 물론 인간의 솜씨가 유독 뛰어난 것은 사실이지만, 미래를 모형화하고 가능성이 가장 큰 미래에 대비하는 기법은 다른 생명체도 모두 어느 정도 갖추고 있다. 인간은 감각 기관을 통해 확실한 정보를 얻는 경우가 거의 없어 마음속으로 여러 가지 가능한 미래의 모형을 만들어낸다. 예를 들어 우리 눈은 전자기 스펙트럼에서 나오는 정보의 극히 일부만 감지할 수 있다. 그러나 자연선택이 인간에게 선사한 미래 예측 시스템은 과거 경험에 기반한 추측을 통해 이런 부족분을 채울 수 있다. 이런 내용은 4장에서 더 자세히 살펴볼 것이다. 나는 트럭 한 대가 나를 향해 달려오는 낌새만 느껴도 벌레처럼 찌그러지는 불쾌한 미래 모형을 만들 수 있지만, 한편으로는 그보다 나은 미래 모형을 만들어 재빨리 길을 비켜줄 수도 있다.

착시 현상은 부족한 정보를 보충하는 모델을 수립하는 인간의 정신적 능력을 보여주는 대표적인 예다. 네커 입방체Necker cube는 12개의 직선으로 이루어진 도형일 뿐이지만,[21] 그것을 잠시 지켜보노라면 그 빈약한 정보를 이용하여 눈앞에 있는 대상을 모형화하는 작업이 마음속에서 진행됨을 알 수 있다. 우리 눈에는 아마도 3차원 입방체가 보일 것이다. 그러나 착시라는 희한한 현상 덕분에 우리 마음은 또 다른 모델을 수립하고자 애쓰게 된다. 그럴 때 우리 마음은 입방체의 앞면이 왼쪽 아래를 보고 있는지, 아니면 오른편 위쪽을 보고 있는지 혼란

<그림 2-3> 인간의 마음이 모델을 수립하는 과정을 보여주는 네커 입방체

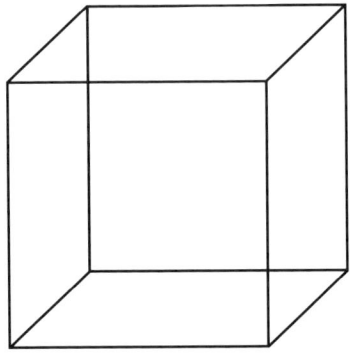

을 일으킨다. 5초 정도 응시하면 방향이 바뀐다. 놀이에 빠진 아이들은 이런 장난감 같은 세계에 아주 익숙하다. 여러 가지 수를 계산하는 체스 선수, 세상을 다른 시선으로 바라보는 예술가나 과학자 등도 마찬가지다. 모델을 수립하는 것은 현대 과학의 기본이다. 나아가 과거의 추세 정보를 사용하여 다양한 미래 모델을 만드는 것은 모든 미래 사고의 기본이다. 완벽한 모델이란 존재하지 않지만, 영국의 통계학자 조지 박스George Box의 말처럼 "모든 모델은 가짜지만, 그중에는 쓸 만한 것도 있다."[22]

추세 분석에서는 여러 추세를 구분하는 능력도 중요하다. 추세에는 여러 형태가 있다. 그중에는 선형 운동이나 지수 함수, 파형을 보이는 것도 있고, 너무 불규칙해서 확실한 예측치로 삼기 어려운 것도 있다. 물론 미래 사고에 가장 적합한 형태는 규칙적인 추세다. 그런가 하면 천문학 등의 일부 분야에서 발견되는 기계적인 추세는 강력하고 구체적인 예측에 사용할 수 있을 정도로 신뢰도가 높다. 천문학자들은 우리가 있는 곳에서 다음 월식을 볼 수 있는 시기가 언제인지, 심지어 그것이 얼마나 오래 지속될지도 알아맞힌다. 정치 분야 같은 경우는 다른 모든 생명체가 그렇듯이 인간의 행동을 예측하기란 정말 어렵기 때문에 규칙적인 추세를 거의 찾아보기 힘들다. 현실에서는 확실한 예측에 필요한 근거를 찾기 힘든 경우가 많다. 나에게 10년 후의 금리를 예측하라고 해봐야 아무 소용이 없다. 대체로 미래는 완전한 미지의 영역이다. 또 한 가지, 실제 추세와 가상의 추세를 구분할 필요가 있다. 통계학에서는 이를 *신호와 소음*이라고 한다.[23] 어스름 저녁 숲속에 웅크린 저 녀석은 과연 곰일까, 아니면 그저 바람에 흔들리는 덤불일 뿐일까?

우리의 모든 미래 사고는 처음에는 수많은 가능한 미래로 존재하지만, 결국에는 우리가 예측하고 행동해야 하는 결정적이고 극적이며 신비로운 단 하나의 순간, 즉 현재로 변한다. 우리는 미래 사고를 통해 다양한 가능성의 범위를 좁혀 이 순간을 대비할 수 있지만, 그렇다고 미래 사고가 단 하나의 가능한 미래만 지목하지는 않는다. 그렇다면 예측은 얼마나 구체적이어야 할까? 우리는 마치 도박꾼처럼 위태로운 선택의 기로에 선 셈이다. 우리는 엄청난 이익을 기대하면서(경마나 주식처럼) 단 하나의 가능성을 예측하는 데 모든 것을 걸어야 할까, 아니면 이익이 조금 줄더라도 맞힐 가능성을 높이기 위해 여러 말이나 회사에 베팅을 분산해야 할까?

시장 바닥의 점쟁이라면 누구나 알듯이, 예측을 할 때는 지나치게 구체적이거나(예측은 틀릴 경우가 너무 많다.) 일반적인(듣는 사람이 흥미를 잃게 된다.) 말을 삼가야 한다. "내일 키가 크고 표정이 어두운 부자를 만나 일주일 안에 결혼할 것"이라는 말은 너무 구체적이어서 실현될 가능성이 희박하다. 그러나 그저 "낯선 사람을 만날 것"이라고만 해버리면 너무 일반적이어서 흥미를 끌기가 어렵다. "될 대로 되겠지."라는 말은 가장 안전한 예측이 틀림없지만, 그 누가 이런 말에 관심을 기울일까?[24] 니컬러스 리처는 이것을 "다른 모든 조건이 같다면, 많은 정보를 포함하는 예측일수록 불확실하고, 거꾸로 정보가 적을수록 더 확실하다는 것이 안타깝게도 일반적인 원리"라고 했다.[25] 모든 미래 사고가 마주하는 가장 까다로운 과제는 보편성과 정밀성 사이 어딘가에 있는 최적점 sweet spot 을 찾는 것이라고 할 수 있다.

놀랍게도 모든 생물체는 이 까다로운 과제를 꽤 훌륭하게 처리해내고 있다. 그들에게는 자연선택으로부터 부여받은 정교한 미래 감각이 있기 때문이다. 그런 기술이 없었다면 거의 40억 년에 걸쳐 생명체가 지구에서 살아남기는 불가능했을 것이다.

가상의
미래 지형도

가능한 미래에 대한 우리의 사고가 뿌연 안개에 싸인 이유는 그것이 과거 사고와 달리 구체적인 증거나 날짜, 이름, 사건 등으로 제약되지 않기 때문이다. 따라서 다가올 미래를 엿보려는 것은 마치 흐린 날씨에 지형도를 상상하는 것과 같다고 할 수 있다. 그

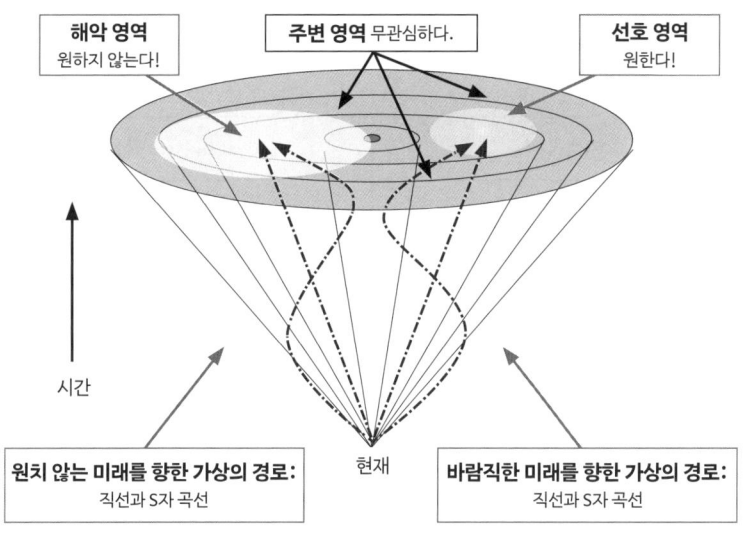

<그림 2-4> 미래 원뿔 1: 선호의 영역

런 미래 지형도를 그리다 보면 신화 속 괴물이 우글거리는 중세의 오지 지도처럼 공상 소설에 가까운 것이 등장하기도 한다. 그러나 한편으로는 놀랄 정도로 정확한 지도가 마련될 수도 있다. 미래 지형도를 상상하는 것이 중요한 이유는 세 번째 일반 원칙에서 알 수 있듯이 가상의 지도가 우리 행동을 형성하고, 오늘 우리가 하는 행동은 내일 마주할 미래를 형성하기 때문이다.

이런 가상의 지형도를 좀 더 생생하게 설명하려면 미래 원뿔 개념을 다시 소환해야 한다. 지금부터 설명할 미래 원뿔은 이 장의 서두에

<표 2-1> IPCC의 '결과 가능성' 척도(2010년)

항목	결과 가능성
사실상 확실	99-100퍼센트 확률
가능성 큼	90-100퍼센트 확률
가능성 있음	66-100퍼센트 확률
가능성이 크지 않음	33-66퍼센트 확률
가능성이 작음	0-33퍼센트 확률
가능성이 희박함	0-10퍼센트 확률
사실상 불가능	0-1퍼센트 확률

서 소개한 아인슈타인과 민코프스키의 빛원뿔에서 유도된 것이다. 여기서 주의할 점은 이것이 미래를 그대로 묘사하지는 않는다는 사실이다. 그보다는 우리가 미래에 도달했을 때 마주칠지도 모를 풍경 정도로 이해하는 편이 좋다.

〈그림 2-4〉에서 〈그림 2-6〉까지는 가상의 미래 지형도가 지닌 가장 중요한 특징을 나타낸 것이다. 참고로 이 그림들에는 유독 p로 시작하는 형용사(아마도 확률$_{probability}$인 것 같다.)로 미래의 여러 영역을 설명하려는 미래학자들의 엉뚱한 집착이 고스란히 반영되어 있다. 각 영역의 위치는 우연히 그렇게 정해진 것이므로 큰 의미를 부여할 필요는 없다.

목적을 지닌 우리 인간이 미래를 생각할 때 가장 먼저 물어야 할 질문은 우리가 원하는 미래는 과연 어떤 모습인가 하는 것이다. 첫 번째 미래 원뿔은 미래에 나쁜 곳과 좋은 곳 그리고 그 사이에 있는 수많은 풍경이 있다는 우리의 직감을 충실히 따른다. 주로 좋은 곳, 즉 유토피아를 추구하며 나쁜 곳은 피하려는 것이 우리의 본능이다.

둘째 질문은 가장 가능성이 큰 미래는 무엇인가이다. 이 질문은 과거의 추세를 살펴 미래의 지침으로 삼으려는 것이다. 그러나 과거 추세는 규칙성과 그것이 제공하는 지침이라는 면에서 매우 다양하다. 가능성 척도는 기상을 예측하거나 기후변화를 추정할 때 널리 사용된다. 예를 들어, IPCC의 2010년 보고서 작성 지침은 〈표 2-1〉의 7단계 척도를 제안하고 있다.

둘째 미래 원뿔은 예측 가능 영역을 단 4개로 단순화한 척도를 사용한다. 백분율로 표시된 확률을 지나치게 진지하게 생각할 필요는 없고 그저 직관적인 표시로 이해하면 된다.

미래 원뿔 2의 바깥쪽 어두운 영역은 미래 예측에 도움이나 지침이 될 만한 추세가 거의 없으므로, 이를 바탕으로 가능한 미래를 예측한다는 것은 말 그대로 '터무니없는' 일인 듯하다. 초신성이 내일 태양계를 초토화하는 일은 과연 일어날 수 있을까? 물론 아무도 알 수 없는 일이다. 철학자 토비 오드Toby Ord에 따르면 향후 100년 동안 그런 일이 일어날 확률은 5,000만 분의 1도 안 된다.[26] 그러나 그것조차 대략적인 추측일 뿐이라는 점은 그 자신도 알고 있다. 그보다 조금 안쪽에는 '가능성' 영역이 존재하는데, 여기서도 아직 상황이 꽤 불규칙하다. 즉 확실한 예측에 사용할 정도의 믿을 만한 추세나 패턴은 없다. 물론

이 영역이 제시하는 미래가 실현될 수도 있겠지만, 꼭 그렇다고 장담할 수는 없다. 융합기술을 통해 친환경 에너지가 풍부해지는 미래가 향후 30년 안에 실현될 수 있을까? 물론 그럴 수도 있겠지만, 말 그대로 '가능하다'는 것 외에는 아무것도 보장할 수 없다. 한 걸음 더 안쪽으로 들어가면, 신뢰도가 조금 더 커지지만 여전히 확실하지는 않은 '타당성' 영역이 나온다.

여기서는 개별 사건보다는 집단적 결과를 예측하는 데 도움이 되는 확률적 프로세스를 다수 만날 수 있다. 쉽게 말해 우라늄 덩어리의 반감기를 예측할 수는 있지만, 개별 원자가 언제 사라지는지는 알 수 없다는 식이다(그런 예측은 '터무니없음' 영역에 속하는 일이다). '타당성' 영역에서는 예측할 수는 있지만, 주의를 기울여야 한다. 다음번 월드컵에 출전한 우승 후보는 과연 실제로 우승할 수 있을까? 인간이나 경주마처럼 목적을 지닌 생명체의 행동이 바로 이런 '가능성'과 '타당성' 영역에 놓여 있는데, 이것은 정치적 사안을 예측하는 일이 특이하고 흥미로우면서도 동시에 매우 어려운 이유이기도 하다. 세계 각국의 정치 지도자들은 과연 2050년까지 탄소 배출을 완전히 없애겠다고 진심으로 약속할 수 있을까? 그럴 가능성이야 얼마든지 있지만, 실제로 우리는 얼마나 확실하게 단언할 수 있을까?

미래 원뿔의 한가운데에는 '가능성' 영역이 자리한다. 이 영역은 거의 법칙과도 같은 규칙적이고 기계적인 프로세스로 구성되므로 개별 사건의 결과도 어느 정도 확실하게 예측할 수 있다. 매일 아침 해가 뜬다거나, 정부는 항상 세금을 부과한다거나, 우리는 언젠가 엔트로피 증가의 영향으로 소멸할 것이라는 등의 예측이 바로 이 영역에 해당

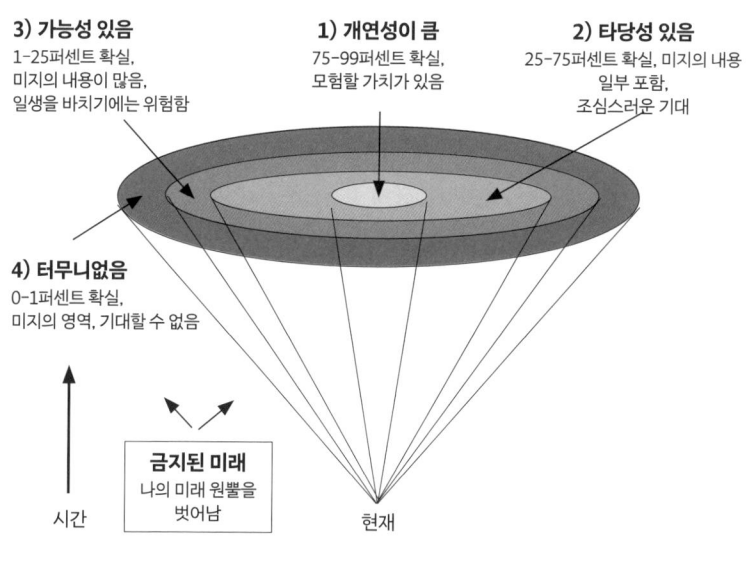

<그림 2-5> 미래 원뿔 2: 예측성의 영역

한다. 이것은 화학자들이 잘 아는 영역이다. 2,4,6-트리니트로톨루엔trinitrotoluene, TNT에 불을 붙이면 폭발한다는 것은 거의 100퍼센트에 가까운 확률로 단언할 수 있다. 다시 말해 우리 예측이 '도덕적' 확실성을 지니는 영역이라고 표현할 수 있다.

7장에서는 현대 과학과 현대적인 미래 사고를 통해 종래에는 예측 가능성이 떨어지는 영역에 있던 일부 과정이 훨씬 더 예측 가능한 영역으로 옮겨갔음을 확인할 것이다. 현대 천문학은 지구 근처에 있는 소행성의 움직임을 거의 모두 추적할 수 있으며, 따라서 소행성이 지구와 충돌할 것이라는 예측은 이제 '터무니없음' 영역에서 '타당성 있음' 영역으로 옮겨갔다. 이 점은 특정 질병으로 인한 사망률과 같은 의학 분야의 여러 예측이나 인구 증가와 지구 기후 체계에 관한 예측 등도 마찬가지다.

실제로는 예측 가능성의 척도가 무한대에 가까울 정도로 다양하므로, 다가올 미래에 대한 평가는 이렇게 네 영역으로 나누는 것보다 훨씬 더 정교한 일이 될 것이다. 정치 및 스포츠 분야의 예측 시스템을 구축해온 미국의 통계학자 네이트 실버Nate Silver에 따르면 미국의 선거 전문가들은 예측 가능성을 여러 선거 유형별로 나누어 생각한다고 한다. "하원 의원 선거의 여론조사는 상원 의원 선거에 비해 정확도가 떨어지고, 후자는 다시 대선 여론조사보다 덜 정확하다. 마찬가지로 예비선거 여론조사의 정확도는 총선 여론조사에 훨씬 못 미친다."[27] 예측 가능성을 네 영역으로 나누는 것은 추세의 규칙성과 여러 프로세스 사이의 예측 가능성이 서로 다른 점을 생각하는 데는 도움이 되나, 이것이 구체적이고 정확한 정보를 제공한다고 볼 수는 없다.

마지막으로 살펴볼 미래 원뿔 3은 선호와 확률 사이의 관계를 보여준다. 두뇌가 발달한 포유류인 우리 인간은 욕망과 두려움을 비롯한 여러 감정에 크게 휘둘리고, 그런 감정은 때로 이성적 판단을 무시하면서까지 미래 사고에 영향을 미치곤 한다. 우리가 선호하는 미래와 확실한 미래를 혼동할 때가 많은 것도 바로 그것 때문이다. 경제학자 케네스 애로Kenneth Arrow는 어떤 장교에게 일기예보란 통계적으로 무작위의 결과만 산출하므로 사실은 전혀 쓸모가 없다고 말한 적이 있다.

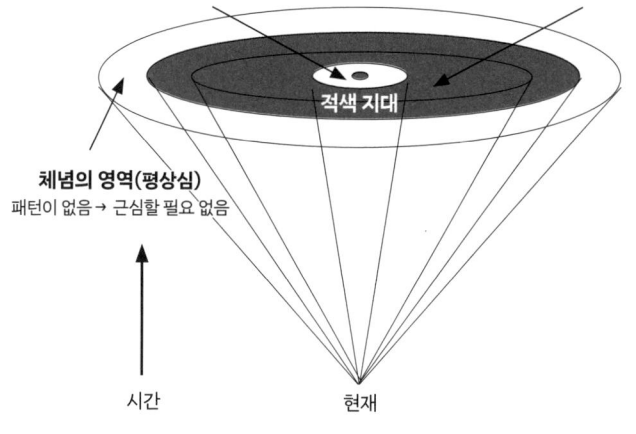

<그림 2-6> 미래 원뿔 3: 근심의 영역

그러자 장교가 이렇게 대답했다고 한다. "사령관께서도 일기예보가 맞지 않는다는 사실을 잘 알고 계십니다. 그러나 어쨌든 계획은 세워야 하니 참고할 수밖에 없다고 하십니다."[28]

우리가 생각하는 미래는 대부분 강한 감정에서 비롯된 것이다. 우리는 미래 원뿔 2의 바깥쪽에 있는 '터무니없음' 영역처럼 예측할 수 없는 미래에 대해서는 굳이 감정적·지적 에너지를 투자하면서까지 생각하려 하지 않는다. 그뿐만 아니라 예측 가능성이 꽤 높은 '가능성' 영역도 크게 신경 쓰지 않는다. 우리는 그런 영역에 대해서는 마치 죽음을 눈앞에 둔 사형수처럼 덤덤한 태도, 즉 평상심을 보인다. 감정이 가장 강력하게 발동되는 대상은 '개연성'과 '타당성'의 영역, 즉 우리가 예측하고 형성할 수 있다고 믿는 영역이다. 우리는 이런 '적색 지대'Red Zone에 대해 강한 감정을 일으키며 가능한 미래를 긴급하게 예측하고 관리하고자 한다. 사람들이 점성술사나 예언자를 찾고, 오늘날 수많은 최고경영자가 경제 예측 전문가에게 막대한 금액을 지불하는 것도 바로 이런 영역을 마주할 때 일어나는 일이다. 예측 전문가들은 그들의 호언장담으로 무지에서 오는 불확실성의 고통을 줄여줄 수는 있지만, 그 예측이 완전히 빗나갈 때는 오히려 희생양이 될 수도 있다.[29]

긴급성과 예측 가능성이 만나는 이 적색 지대는 다른 생명체들에게도 미래와 관계를 맺는 장이 된다. 다음 장의 주제는 바로 다른 생명체들이 미래를 대비하는 방법이다.

제 2 부

미래를 관리하는 법

복잡한 물리계를 컴퓨터로 시뮬레이션할 때 가장 놀라운 점은 복잡한 행동의 근본 원리는 사실 복잡하지 않다는 것이다. 너무나 복잡해서 흥미와 매력을 끄는 행동이 실제로는 아주 단순한 요소가 모여서 이루어진 것일 수도 있다.

— 크리스토퍼 랭턴Christopher Langton, 산타페연구소, 1989년.[1]

세포의 미래 관리

대장균 박테리아의 시선으로 여러분이나 가장 가까운 곳의 파리지옥을 보는 것은 두바이 부르즈칼리파 빌딩 앞 계단 위의 개미가 그 건물을 보는 것과 똑같을 것이다. 세포는 맨눈으로 관찰할 수조차 없을 정도로 크기가 작다. 그럼에도 그들 역시 다가올 미래를 찾아 몸부림치며, 그 과정에서 정확성과 보편성 사이의 균형점을 찾기 위해 애쓰는 듯하다. 그토록 몸집이 작은데도 그들은 꽤 능숙한 미래 사고를 구사하는 것이 틀림없다. 그렇지 않았다면 어떻게 그 오랜 세월을 살아남을 수 있었겠는가. 그들은 도대체 어떻게 그토록 작은 몸집에 그토록 방대한 미래 사고를 담을 수 있을까?

세포의 미래 사고를 이해하는 것이 중요한 이유는 모든 생명의 구성 단위가 바로 세포이기 때문이다. 우리는 모두 수조 개의 아주 작은 세포들로 구성된 집합체이며, 그 모든 세포가 각자의 미래와 싸워 이겨야 우리가 살아남을 수 있다. 그러므로 세포 단위의 미래 사고는 모든 미래 사고의 바탕이 되는 셈이다. 물론 그런 미래 사고가 의식 차원에서 진행되지는 않는다. 그것은 의식처럼 정교한 체계가 아니라 생화학적·신경학적 메커니즘에 따라 이루어진다. 엄밀히 말하면 세포의 미래 '사고'를 논하는 것 자체가 일종의 비유인 셈이다. 그럼에도 굳이 이런 비유를 사용하는 것은 세포가 미래에 대처하는 방식이 의도에 따라 이루어지는 듯하고 솔직히 말해 꽤 똑똑해 보이기 때문이다.

모든 생물체는 미래를 관리하기 위해 다음의 세 가지 질문을 던진다(물론 비유적으로). 내가 원하는 미래는 어떤 것인가? 어떤 미래가 가장 그럴듯한가? 내가 원하는 미래를 위해 할 수 있는 일은 무엇인가?

1단계에서 생명체는 자신이 원하는 바를 정한다. 그들의 유토피아Utopia는 어떤 곳인가? 여기서 내가 말하는 유토피아란 모든 미래 사고의 원동력이 되는 목적과 희망을 가리키는 용어다. 유토피아라는 단어는 1516년에 토머스 모어Thomas More가 발표한 책에서 남아메리카 연안에 있다고 설정된 가상의 섬 사회를 묘사하는 말로 처음 사용되었다. 모어가 말한 유토피아는 원래 좋은 사회의 모범을 상징하는 의미였는데, 이후 인간이 상상하는 모든 이상 세계를 대변하는 단어가 되었다. 다시 한번 비유로 표현하자면, 모든 생명체에는 자기만의 유토피아가 있다. 유토피아는 미래 원뿔 1의 선호 영역에 해당한다. 생명체가 이런 미래를 만난다면 안전하고 편안하게 잘 먹고 살며, 스트레스도 별로 없이 생존하고 번식할 것이다. 가장 단순한 형태의 생명체

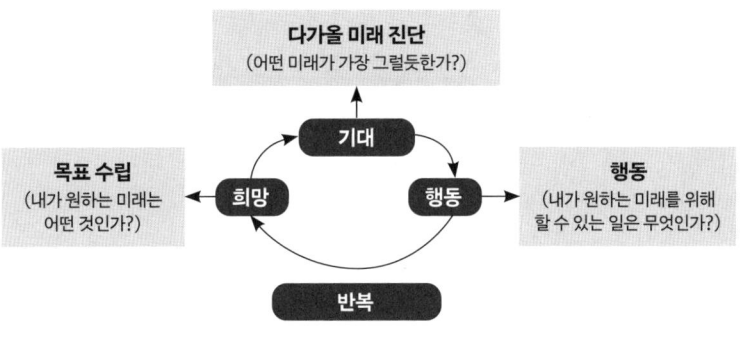

조차 좋은 미래와 나쁜 미래를 구분할 수 있다. 유토피아와 그 반대인 디스토피아Distopia는 모든 생명체의 미래 사고에 곧바로 긴장감과 긴급성을 불어넣는 개념이다.

2단계에서 생명체는 추세 분석에 착수한다. 그들은 가능성이 큰 미래를 예측하는 데 도움이 되는 추세 정보를 찾는다. 특히 미래 원뿔 2의 '개연성' 혹은 '타당성' 영역에 있는 규칙적인 추세를 주의 깊게 살펴본다. 그것이 가장 유용한 지침이 되기 때문이다. 중요한 추세를 파악하고 그 강도를 평가한 다음, 그들은(물론 비유적으로) 귀납론적으로 그 추세를 가상의 미래에 투영할 것이다.[2]

박테리아와 같은 단순한 유기체는 너나 할 것 없이 추세를 파악하는 알고리즘을 유전자에 갖추고 있다. 예를 들어, 대장균은 유당이 부족해지면 유당 처리 효소를 생산하지 말라고 알려주는 알고리즘을 갖추고 있다. 이런 규칙은 수백만 세대에 걸친 자연선택 과정을 통해 유전자가 습득한 것으로, 이런 알고리즘을 물려받은 개체의 생존과 번식 가능성이 커지기 때문에 계속 이어져온 것이다. 그러나 박테리아도 이런 규칙을 언제 적용해야 할지를 알려면 현재 상황에 대한 지식을 얻을 수 있어야 한다. 현재 유당 수치는 상승하는가, 아니면 하락하는가? 추세를 파악하려면 감각 기관이 필요하다. 그뿐 아니라 현재 상황을 조금 전의 상황과 비교해야 하므로 어떤 형태로든 기억 기능도 갖추어야 한다. 실제로 미래 사고가 제 기능을 발휘하는 데 가장 중요한 것이 바로 기억일 것이다.

최근 신경과학 분야의 연구에 따르면 신경계를 갖춘 유기체에서 기억과 미래 사고는 두뇌의 같은 영역에서 처리된다고 한다. 이런 연구 결과는 기억상실증 환자들이 대체로 다양한 미래를 상상하는 능력마저 잃게 되는 이유를 설명해준다.[3] 미국의 신경생물학자 조지프 르두Joseph LeDoux는 이렇게 말한다. "기억은 과거를 바탕으로 현재나 미래의 세포 활동에 필요한 정보를 확보함으로써 생존에 공헌하는 가장 중요한 세포 기능이다." 무려 두 세기 전에 칸트Immanuel Kant도 이 심오한 진실을 간파했다. "우리가 과거를 회상하는 것은 오직 미래를 예측하고자 하는 의지가 있을 때뿐이다."[4]

3단계는 생명체가 미래 원뿔 3의 적색 지대가 유발하는 긴박한 불안감에 직면하여 일종의 내기를 거는 단계라고 할 수 있다. 그들은 비로소 행동에 나선다. 세상에 적극적으로 개입하여 강물에 노를 담근 다음 유토피아를 향해 헤쳐 나간다. 예컨대 박테리아의 경우, 눈앞에 먹이가 전혀 보이지 않는다면 지금까지와는 다른 방향으로 나아갈 것이다. 경제학자 브라이언 아서는 미래를 관리하는 것이 마치 무술과 비슷하다고 말했다. "미래 관리의 핵심은 관찰과 용감한 행동, 절묘한 타이밍 등이다."[5] 3단계에서 가장 중요한 것은 용기다. 결과가 어찌 될지 알 수 없고, 모험이 큰 실패로 이어질 수 있음을 알면서도 결연하게 행동할 용기가 필요하다. 크리슈나가 아르주나에게 "주저하지 말고 저들을 쳐라!"라고 명령한 그 용기 말이다.

그다음에는 이런 순환이 반복된다. 그러나 이제는 새로운 정보도 얻게 된 만큼 계획을 수정할 수도 있다. 원래 목표가 달성 불가능하거나 대가가 너무 크다는 것이 분명하다면 목표를 조정할 수도 있다. 여러 가능한 미래를 끊임없이 재평가하는 것을 통계학에서는 '베이즈'Bayesian 분석이라고 하는데, 이 주제는 7장에서 다시 살펴볼 것이다. 전문 용어가 나와서 다소 어렵다고 생각할 수도 있지만, 사실은 아주 간단한 개념이다. 우선 어떤 일이 일어날 확률을 대략(심지어 무작위로) 추정해본다. 베이즈 통계학Bayesian statistic에서는 이것을 선행prior 작업이라고 한다. 그런 다음 새로운 정보를 입수할 때마다 이 선행 작업을 계속 조정해간다. 아메바에서 파리지옥에 이르는 모든 생명체는 베이즈 통계학에 꽤 능숙하다.[6]

현실에서 이 세 단계는 서로 중첩되어 있다. 그러나 각각을 따로 구분해서 생각하는 이유는 생명체가 불확실한 세계에서 살아남기 위해 노력하는 과정을 좀 더 분명히 이해하기 위해서다.

모든 유기체의 미래 관리 기법은 그보다 더 큰 범위의 기술적 집합체, 즉 인지 능력의 구성 요소이기도 하다. 인지생물학자 패멀라 라이언Pamela Lyon은 이렇게 말한다. "생물의 인지 작용은 유기체가 실존적 목표를 달성하기 위해 환경에 [상호작용하여] 익숙해지고, 가치를 부여하기 위해 갖추고 있는 감각 및 정보 처리 메커니즘으로, 그중에서도 가장 기본이 되는 것은 생존과 [성장 또는 번성] 번식이다."[7] 가장 단순한 형태의 유기체가 갖춘 인지 도구도 다가올 미래를 예측하고, 주변 상황을 파악하며, 정보를 습득하고 기억하며, 심지어 같은 종끼리 이를 공유하는 능력이 있다.

생물학자들은 이제 모든 생명체가 인지 능력을 갖추고 있다는 사실을 서서히 깨닫고 있다.[8] 인지 능력에는 생명체가 끊임없이 변화하는 위협에 창의적으로 대응함으로써 다가올 미래에 대비하기 위한 학습 기술이 포함된다. 대니얼 데닛이 정의하는 인지 작용은 사실 모든 생명체가 공유하는 특징이다. "인지 작용이란 기본적으로 예측과 기대를 자아내는 일이다."[9]

바이러스와 단세포 생물은 가장 기초적인 형태의 미래 관리를 수행한다. 지금부터는 단세포 생물이 인체의 세포에서 이루어지는 것과 비슷한 생화학적 방법과 도구를 사용하여 미래를 관리하는 방법을 설명한다.

**미생물의
사생활**

눈에 보이지 않을 정도로 작은 생명체가 존재한다는 생각은 몇 세기 전까지만 해도 공상에 가까운 것이었다. 그러나 오늘날에는 누구나 개별 세포가 모든 생명체의 가장 작은 단위이자 기본 구성 요소라고 생각한다. 화학의 가장 기본적인 단위가 원자이듯

생물학에서는 세포가 그런 역할을 한다.

현미경으로 세포를 관찰한 최초의 '자연철학자'는 영국의 과학자 로버트 훅Robert Hooke이었다. 그는 1665년에 코르크 조각의 세포를 관찰한 뒤 이것을 작은 방 또는 칸막이를 뜻하는 라틴어 단어인 'cella(셀라)'라고 부르기로 했다. 그는 세포마다 자신과 주변 세상을 차단하는 벽, 즉 막을 갖추고 있음을 알았다. 그런 세포 하나하나가 별도의 생명체라는 사실을 최초로 발견한 사람은 네덜란드의 렌즈 제작자 안톤 판 레이우엔훅Anton van Leeuwenhoek이었다. 레이우엔훅은 이전까지 아무도 몰랐던 단세포 생물의 존재를 발견했다. 그것은 물방울 하나에도 수백만 마리가 넉넉히 살 정도로 작은 생명체의 세계였다. 그는 그것을 '극미 동물'animalcules이라고 불렀다.[10]

인간처럼 거대한 생명체와 지금까지 아무도 모르던 미생물이 같은 행성에 살고 있다는 사실을 알게 된 것은 확실히 외계 생명체를 발견한 것만큼이나 의미심장한 일이었다. 그러나 세포가 모든 생명체의 구성 요소라는 사실은 1839년이 되어서야 밝혀졌다. 당시 독일의 식물학자 마티아스 슐라이덴Matthias Schleiden과 생리학자 테오도어 슈반Theodor Schwann은 "모든 유기체는 사실상 같은 성질의 구성 요소인 세포들로 이루어졌다."라고 선언했다. 1858년에는 독일의 병리학자 루돌프 피르호Rudolf Virchow가 모든 세포를 독립된 생명체로 볼 수 있다고 주장함으로써 생명체의 세포 이론을 완성했다. 세포는 분자 2개 두께에 불과한 세포막을 기준으로 내부의 살아 있는 세계와 외부 세계로 나뉜다. 그뿐만 아니라 외부 세계와 접촉하여 에너지와 영양소, 정보, 배설물 등을 교환할 수 있다.[11]

단 하나의 세포로 구성된 유기체는 그만큼 단순할 것이라고 누구나 짐작할 것이다. 그러나 오늘날 우리는 그 세포 하나하나가 수십억 개의 원자와 수천 종류의 분자로 구성되어 있음을 알고 있다. 이런 모든 요소는 매우 정교한 구조를 갖추고 있고, 도저히 다 파악할 수 없는 정밀한 화학적 과정을 통해 상호작용한다. 최근 떠오르는 복잡계 연구를 통해 밝혀졌듯이, 이토록 단순해 보이는 구성 요소들이 여러 피드백 회로를 거치면 엄청나게 복잡한 거동을 보여줄 수도 있다.[12]

오늘날 우리는 단세포 생물이 능숙하고 정교하게 미래를 예측할 수 있음을 알고 있다. 단세포는 실수로부터 배우고, 조금 전에 있었던 일을 기억하며, 마치 베이즈 통계학에 통달한 듯이 확률을 계산해낸다. 심지어 온도나 산소 농도 같은 외부 조건에 맞춰 내부의 분자 모델을 수립하고 이를 바탕으로 적합한 행동을 결정한다.[13] 물론 단세포 생물이 실제로 사고 능력을 지닌 것은 아니다. 인간의 생각하는 두뇌는 수십억 개의 세포로 이루어져 있고, 그 세포 하나하나가 모두 박테리아보다 크다. 따라서 박테리아가 두뇌를 갖춘다는 것은 꿈도 못 꿀 일이다. 결국 박테리아는 미래를 관리하기 위해 임박한 현실과 해야 할 일을 신속하게 계산해내는 생화학 반응 체계를 활용할 수밖에 없다.

박테리아가 사용하는 최소한의 미래 관리 방식은 약 40억 년 전 지구에 생명체가 처음 등장한 이래 줄곧 존재해왔을 것이다. 여러 미생물종의 유전자를 비교해보면 미래 관리 방식의 종류가 너무나 광범위하다는 것을 알 수 있고, 따라서 그것이 '현존하는 모든 생명체의 공통조상'the last universal common ancestor, LUCA의 내부에 존재했으리라고 짐작할 수 있다.[14] LUCA는 거의 40억 년 전에 존재했음에도 감각 기능과 자기 보호 능력을 갖추고 있었다. 더구나 분자 스위치로 구성된 연산 체계를 이용해 어떤 일을 의도적으로 선택할 수도 있었다. 말하자면 이런 식이었다. '먹이를 인식하면(A) 그쪽으로 움직인다(B). 단, 이것은 먹이가 풍부할 경우다. 먹이가 부족할 때는(−A) 에너지 절감을 위해 움직이지 않는다(−B).' LUCA는 복잡계의 일반적인 특성을 충실히 따른다. 즉 적극적이고 역동적인 프로세스를 운영하는 포지티브 피드백 회로와 그런 프로세스 사이의 완충 역할과 안정성 유지에 필요한 네거티브 피드백 회로 그리고 시스템의 다른 부분으로부터 오는 피드백에 좀 더 정교하게 반응하는 연결 장치 등을 분명히 갖추고 있었을 것이다. 다시 말해 LUCA는 여느 생명체와 마찬가지로 불확실한 미래에 직면하여 연산을 수행하는 데 필요한 기본 논리 회로를 갖추고 있었다.

이 장의 주인공인 대장균 박테리아는 지금도 엄청난 수가 살고 있고, 그중 수백만 마리는 바로 우리 장기 속에 있다. 녀석들은 인간의 장기를 특히 좋아한다.

최근 수십 년 동안 생물학자들의 노력으로 대장균에 관한 지식이 상당히 증가했고 이제는 여러 변종의 유전자가 해독되었다. 사실 인체를 제외하면 대장균이야말로 그 어떤 생명체 못지않게 자세히 연구된 생물일 것이다.[15] 그렇게 된 데에는 대장균 세포를 일종의 인슐린 생산 공장으로 활용하는 기술이 개발된 것도 크게 작용했다. 그러나 가장 큰 이유는 역시 대장균이 마구 날뛰면 인체에 큰 해를 미친다는 점일 것이다.

대장균의 학명인 *에셰리키아 콜리*Escherichia coli는 이를 처음 발견한 오스트리아의 생화학자 테오도어 에셰리히Theodor Escherich의 이름을 딴 것이다. 이 이름은 박테리아의 어느 한 종이 아니라 약 1억 년에 걸쳐 다양한 경로로 진화해온 몇 가지 연관 종을 아우르는 통칭이다.[16] 박테리아는 생물 분류 체계의 가장 상위를 차지하는 역superkingdom(그 아래로 우리가 교과서에서 배운 계, 문, 강, 목, 과, 속, 종의 단계가 이어진다. — 옮긴이)의 세 범주인 박테리아, 고세균, 진핵생물 중 하나에 해당한다. 박테리아와 고세균은 단세포 생물이며 원핵생물로 분류된다. 원핵생물은 단 하나의 세포로 구성되었으므로 만물박사가 되어야 살아남을 수 있다. 단세포는 생존을 위해 무슨 일이든 해야 하며, 그중에는 미래를 대비하는 것도 포함된다.

막대 모양의 대장균 세포의 길이는 수 마이크론(수백만 분의 1미터)에 불과하다. 이들은 30마리에서 40마리 정도가 죽 늘어서야 겨우 사람 머리카락 하나의 너비(약 80마이크론)에 이른다.[17] 그럼에도 이들은 세포 하나당 무려 10억 개의 원자를 비롯해 여러 가지 흥미로운 생물학적 물질을 포함하고 있다.

대장균은 어떻게
미래를 계획할까?

대장균 세포가 미래를 관리하는 방식을 이해하기 위해 우리가 단백질 분자만큼 작아져서 박테리아 세포질의 이상하고 질퍽질퍽한 세상을 들여다본다고 가정해보자. 물론 다소 겁이 나겠지만, 그렇게 할 수만 있다면 인체를 포함한 모든 세포의 기본적인 미래 관리 방식을 살필 수 있을 것이다. 그곳은 열에너지가 무작위로 이리저리 흔들리는 진흙탕 같은 곳인가 하면, 한편으로는 질서정연한 전자기장이 계속해서 우리를 끌어당기고 밀어대는 아주 이상한 세상이다. 우리 주변에는 수많은 분자가 거대한 진흙탕 씨름 대회를 벌이고 있다. 그곳은 복잡하고 난폭하지만, 동시에 놀랄 정도의 협력과 팀워크가 존재하는 세상이다.

이제 마음을 가라앉히고 이 세상을 찬찬히 살펴보자. 가장 먼저 살펴볼 대상은 대장균 세포를 구성하는 약 4,000개의 분자를 만들고 그들이 미래를 관리하는 데 필요한 정보를 저장하는 유전체다. 유전체가 있는 곳까지 가는 길에는 끈적끈적한 세포질과 땀 흘리며 열심히 일하는 수많은 분자, 즉 단백질 무리가 존재한다. 이윽고 도착해보면 세포 안에서 자유롭게 떠다니는 거대한 알갱이 모양의 디옥시리보 핵산 deoxyribonucleic acid, 즉 DNA 고리를 마주하게 된다. 그곳에 도착하는 느낌은 마치 심하게 두들겨 맞은 나선형 우주 정거장에 우주비행사가 착지하는 것과 같을 것이다.

DNA 고리를 가까이에서 보면 끊임없이 꼬이면서 제자리로 돌아오는 나선형 사다리처럼 보인다. 한 쌍의 분자 사다리가 몇 계단마다 서로 고리로 연결되어 있으며, 각각의 고리에는 수소 결합으로 느슨하게 연결된 2개의 염기가 절반씩 들어 있다. 각 염기는 다시 몇 개의 원자로 구성된다. 염기는 단 네 종류뿐이므로 각각을 빨강, 흰색, 파랑, 검정으로 색칠한다면, 그 네 가지 색상이(고리 하나당 두 가지 색상이 짝을 이룬다.) 무작위로 섞인 패턴이 아주 먼 거리까지 무려 400만 번이나 넘게 반복될 것이다. 단 이 패턴이 무작위라고 한 것은 사실 틀린 말이다. 1960년대에 유전학자들이 밝혀낸 바에 따르면 DNA의 염기 패턴은 사실 네 글자로 된 코드로, 이를 바탕으로 생성된 다양한 분자들이 건강한 모든 대장균의 세포 활동을 유지한다.

이 암호를 읽으려면 먼저 DNA 분자 고리를 반으로 나누어야 하는데, 이는 각 고리의 양쪽을 잇는 수소 결합이 약하기 때문에 그리 어려운 일은 아니다. 그러면 사다리의 양쪽에 붙어 있는 염기를 읽을 수 있다. 3개의 염기로 이루어진 그룹은 모두 특정 아미노산의 암호가 된다. 예를 들어, DNA 사다리의 한쪽을 무시한 채 반대쪽의 염기를 위쪽부터 읽을 때 GAT, 즉 구아닌guanin, 아데닌adenin, 티민tymin의 순서를 만난다면 이것은 아스파르트산aspartate이라는 아미노산의 DNA 암호다. 그다음에 등장하는 3개의 염기도 또 다른 아미노산의 암호가 되는 식으로 계속 이어진다. 물론 언젠가는 "여기서 읽기를 멈출 것"이라는 명령을 전달하는 염기도 만날 것이다. 정확한 염기 순서가 대단히 중요한 이유는 이 암호가 세포의 미래 관리를 책임지는 분자, 즉 단백질의 제조법이며, 단백질은 길고 정확하게 배열된 아미노산 사슬로 이루어져 있기 때문이다.

암호를 구성하는 수십억 개의 염기는 다시 수백 수천 개의 염기 끈으로 구성되며, 여기에 담긴 아미노산 서열은 각각의 유기체가 필요로 하는 특정 분자를 만드는 정보가 된다. 이런 염기 끈을 세포의 유전자gene라고 하며, 모든 유전자의 집합을 그 세포의 유전체라고 한다. 대장균 세포에는 약 3,000개의 유전자가 있다(의외로 인간은 생각만큼 정교하지 않다. 인간의 유전자 수는 약 2만 1,000개에서 2만 5,000개 정도다). 유전자는 대부분 단백질 분자의 암호이지만, 그중에는 리보핵산ribonucleic acid, 즉 RNA 분자의 암호가 되는 유전자도 있다. RNA는

DNA와 비슷하나 한 가닥으로 이루어졌다는 점만 다르다. RNA 분자는 DNA와 마찬가지로 정보를 전달할 뿐 아니라 단백질처럼 중요한 분자적 작업도 수행한다는 점에서 매우 중요한 존재라고 할 수 있다. 생물종마다 유전자 목록이 다른 이유는 각 종의 생존 여부가 일꾼 분자의 고유한 조합에 달려 있기 때문이다.

모든 미래 사고는 목표를 명확하게 정하는 것부터 시작한다. 그런데 이 목표는 세포의 DNA에 저장된다. 물론 이 말도 일종의 은유적인 표현이다. "생존하고 번식하라!"라거나 "먹어야 살 수 있다!"라는 명령어가 존재하는 것은 아니다. 그러나 유전체에는 세포가 정상적인 환경에서 생존하는 데 필요한 단백질과 여러 분자를 생산하는 지침이 담겨 있다. 유전체는 사실상 세포가 생존과 번식이라는 장기 목표를 위해 우선 달성해야 할 단기 목표 관련 정보를 간직하고 있다. 예를 들어, 대장균 세포는 어느 시점이 되면 유당 분자를 분해해야 하는데, 그 작업을 수행할 단백질의 생산 지침이 바로 유전자에 담겨 있다.

지금까지 우리는 DNA가 마치 엔터프라이즈 우주선의 조종사처럼 세포에서 일어나는 모든 일을 결정하는 것으로 설명해왔다. 그러나 최근 수십 년간의 연구를 통해 상황이 그렇게 간단한 것만은 아니라는 것이 밝혀졌다. DNA는 마치 요리책처럼 여러 정보를 담고 있을 뿐 그 자체로는 어떤 일도 할 수 없다. 세포의 행동은 언제나 해당 순간에 사용되는 유전자의 조합으로 형성된다. 그리고 그 조합을 결정하는 주체는 전사인자transcription factor라는 이름의 작업 분자다. 이들은 세포의 내외부 상황을 감지한 다음 그 정보를 바탕으로 어떤 분자를 새로 만들거나 끌어모아야 하는지를 '판단한다.' 전사인자는 DNA 내부에 들어가 상황에 딱 맞는 분자의 생산 지침을 해석하여 제조 과정을 시작한다(또는 더 이상 필요 없는 단백질의 생산을 중단한다). 어떤 순간이든 유기체의 유전체에 포함된 유전자 중 일부만 '발현'된다. 그동안 유전체의 나머지 부분은 꺼졌다가 나중에 다시 읽히고 사용될 때까지(때로는 영원히) 기다린다.

현대 생물학자들은 특정 순간에 사용하기에 적합한 유전자가 정해지는 과정을 후성유전학epigenetic 프로세스라고 한다. 이 프로세스가 유전체를 바꾸지는 않지만, 특정 유전자가 발현되는 시기와 방법에 영향을 미치는 것은 사실이다. 후성유전학은 유전자가 사용되는 과정과 시기를 결정하는 비유전적 요인을 연구하는 학문이다. 후성유전학 프로세스는 세포에게 현재 상황과 준비해야 할 일을 알려준다는 점에서 세포의 미래 사고를 이해하는 데 결정적인 중요성을 띤다.

DNA 고리를 바로 옆에서 지켜보면 단백질과 RNA 분자들이 미래를 관리하는 후성유전학적 활동을 생생하게 관찰할 수 있을 것이다. 그들은 임박한 위협과 기회에 관한 새로운 정보로 무장한 채 분자 렌치와 지렛대를 이용해 DNA의 특정 고리를 잘라내 그 부분의 유전자 코드를 읽어내거나 그 발현을 차단하곤 한다. 새로운 단백질이 필요하다면, 특수한 분자 전사인자가 DNA 고리를 배회하면서 특정 유전자를 찾아낸다. 마침내 그것을 찾아내면 염기쌍 고리의 일부를 분리하여 나선형 사다리의 해당 부분에 제공한다. 그다음에는 전령 RNAmessenger RNA, mRNA 분자를 불러들인다. RNA 분자는 노출된 유전자에서 염기쌍 서열을 읽고 저장한다. 그러면 분리된 고리는 다시 닫히고, 이제 새로운 단백질 제조법인 염기서열 목록을 지닌 mRNA 분자들은 세포질 속으로 들어가 리보솜ribosome에 도착한다. 리보솜은 3D 프린터처럼 기능하는 거대한 단백질과 RNA 덩어리다. 리보솜은 mRNA를 붙잡은 채 DNA에서 복사한 아미노산 목록을 순서대로 읽은 다음, 세포질을 떠다니던 아미노산 중 필요한 놈을 낚아 특정 단백질을 만드는데 딱 맞는 순서대로 긴 사슬에 집어넣는다. 리보솜은 이 일을 순식간에 처리해낸다. 리보솜은 단 1분 만에 300종류의 아미노산으로 구성된 단백질을 조립할 수 있는데, 세포 내에는 언제나 수백만 개의 리보솜이 일하고 있으므로, 세포 하나는 동시에 수많은 단백질을 만들 수 있다.[18] 이 복잡한 생산 과정은 모든 생물의 모든 세포에서 항상 진행되며 이를 통해 끊임없이 새로운 세포 조합이 등장함으로써 세포가 임박한 위기에 대처하고 다가올 수많은 미래에 대비할 수 있다.

세포는 어떤 단백질을 제조해야 하는지 아니면 멈춰야 하는지를 어떻게 아는 것일까? 이 질문의 대답이 바로 미래 관리의 두 번째 단계다. 세포는 과거 추세를 감지하여 거기에 다가올 미래를 암시하는 내용이 있는지 평가한다. 즉 세포가 하는 일은 바로 추세 분석이다.

세포는 세포막을 관통하는 특수한 센서 분자를 이용해 외부 세계의 추세를 감지한다. 마치 칵테일 스틱처럼 생긴 이 센서의 한쪽은 외부 세계에, 다른 한쪽은 세포 내부에 존재한다. 대장균 세포 하나마다 최대 1만 개의 센서 분자가 막을 관통하는데, 그 끝으로 새로운 외부 환경을 처음으로 마주하게 된다. 대장균 세포는 이 센서를 사용해 50여 종류의 화학 물질을 감지한다. 그리고 수많은 센서의 정보를 조합하여 화학 물질의 농도가 변화하는 추세를 매우 정확하게 측정할 수 있다. 이미 언급했듯이, 추세 변화에 관한 정보가 많이 쌓일수록 추세 분석은 더욱 강력한 위력을 발휘한다.

이제 우리가 세포질 내부를 지나 세포막도 통과하며 센서 분자들이 작동하는 모습을 지켜본다고 생각해보자. 세포막의 분자 터널을 통과하여 센서 분자 외부로 나가면 비로소 폐소공포증이 다소 해소되는 세상을 만나게 된다. 그곳에는 세포의 정찰병, 스파이, 탐지견, 경비대 등이 일하고 있다. 센서 분자는 세포의 일꾼 분자와 같은 단백질이므로, 그 작동 과정을 살펴보면 모든 단백질의 작동 과정을 이해하는 힌트를 얻을 수 있다.

단백질이 세포 부피에서 차지하는 비중은(세포 분자의 70퍼센트에 이르는 물 분자를 제외하면) 거의 절반에 이른다.[19] 대장균 세포 하나는 수백만 개의 단백질로 구성되고, 그 하나하나는 다시 수천 개의 원자로 이루어진다. 그중에는 막 만들어지는 것도 있고 한창 일하는 것도 있지만, 이미 할 일을 마친 분자도 있다. 쓰임새를 다한 분자는 분해되었다가 새로운 일꾼 분자를 만드는 데 재활용된다.

단백질은 어떤 원리로 작동할까? 단백질은 리보솜에 의해 정확한 순서로 연결된 수백 개의 아미노산으로 구성된다. 단백질에 들어 있는 수백 개의 아미노산은 저마다 화학적·전기적 성질이 조금씩 다르므로, 새로 만들어진 사슬이 세포 내부에서 뒤섞인 모습은 비록 철수세미처럼 보이지만, 실제로는 단백질이 특정 분자를 붙잡기 쉽도록 야구 글러브 모양의 특수한 생화학적 포켓이 포함된 매우 특수한 구조를 갖추고 있다.

예를 들어, 인간의 헤모글로빈 분자(최초로 그 구조가 해독된 단백질 중 하나다.)에는 산소 분자를 포획하고 운반하는 포켓이 있다. 단백질은 포획한 분자를 쪼개거나 두드리거나 구부리거나 없애거나 서로 뒤섞는 등의 방식으로 재배열할 수 있다. 단백질이 효소 작용을 통해 그만의 독특한 화학 반응을 일으킬 수 있는 이유가 바로 여기에 있다. 마지막으로 단백질은 분자를 포획하면 양말에 발을 집어넣은 것 같은 모습으로 변한다. 다른 분자는 센서 분자의 변한 모습을 알아차릴 수 있으므로, 이런 형태 변화(이를 앨러스테릭 효과$_{\text{allosteric effect}}$라고 한다.)는 전달할 사건과 추세에 관한 일종의 단기기억을 만들어낸다.

이제 대장균 세포 표면의 센서 분자 하나를 살펴보자. 이 센서에 대장균 세포가 즐겨 먹는 아미노산인 아스파르트산 분자를 포획하는 포켓이 있다고 생각해보자. 이 센서 단백질은 아스파르트산 분자를 찾으면 그것을 붙잡고 스스로 형태가 바뀔 것이다. 그 새로운 모습은 마치 기쁜 소식을 전하는 메시지처럼 단백질 세포의 반대편 끝까지 전달된다. 센서 단백질이 분자를 붙잡은 채로 바뀐 모습을 유지하는 한 아스파르트산 분자에 관한 메시지는 계속 기억될 것이므로, 단백질의 형태 변화는 일종의 기억을 생산하는 셈이다. 세포 내의 다른 분자들은 아스파르트산 분자를 포획했다는 좋은 소식을 접하고 *자기들도* 모습을 바꾼 다음 세포질을 돌아다니며 이 소식을 전파할 것이다. 그들 역시 기억하는 것이다.

전령 단백질들은 원핵세포 내의 다른 분자들과 함께 마치 붐비는 버스 안에서 사람들이 밀려다니듯이 열에너지에 떠밀려 끈적이는 세포질 사이를 마구 돌아다닐 것이다. 이렇게 수백만 개의 전령 단백질은 추세와 흐름에 관한 정보를 외부 세계에 퍼뜨린다. 그들은 아마 '아스파르트산 수치가 높으므로 잔치가 벌어질 것이다'라거나, '아스파르트산 수치가 낮아지므로 기근이 올 수 있다'고 외칠지도 모른다. 생물학자 데니스 브레이Dennis Bray는 이렇게 말한다. "모든 유기체가 저마다 세상의 이미지를 만들고 있는지도 모른다. 단, 그 이미지는 단어나 픽셀이 아니라 화학이라는 언어로 표현된다."[20]

모든 미래 관리의 셋째 단계는 행동이다. 목표를 달성하기 위해 세상에 개입하는 것이다. 센서 세포는 수집한 정보를 어떻게 평가하고, 또 행동에 옮기는 것일까?

세포가 정보를 이용하여 행동을 조정한다는 사실은 1960년대에 프랑스의 프랑수아 자코브François Jacob, 자크 모노Jacques Monod 그리고 그들의 제자 장피에르 샹죄Jean-Pierre Changeux가 최초로 발견했다. 그들은 단백질의 형태 변화가 효소 작용과 정보 전달 기능의 핵심 요인(세포 내 반응을 일으키거나 가속함으로써)임을 최초로 증명했다. 한발 더 나아가 그들은 단백질이 네트워크를 구성하여 서로 협력할 때 위력이 훨씬 배가된다는 사실을 밝혔고, 이를 '오페론'operon이라고 불렀다.

그들이 가장 먼저 연구한 오페론은 세포의 유당 소화 과정을 제어하는 일을 했다.[21] 그중에서도 핵심 역할은 유전자를 차단하는 데 특화된 단백질 전사인자가 맡고 있었다. 그들은 2개의 포켓, 즉 2개의 결합 부위를 가지고 있다. 둘 중 하나는 세포질에 매달린 채 유당 분자를 찾는 일을 한다. 그런데 유당 분자를 끝내 찾지 못하면 나머지 포켓이 유당 소화 단백질을 암호화하는 DNA에 결합하여 그것이 발현되지 못하도록 차단한다. 유당 검출 억제 단백질의 수는 주변에 유당이 얼마나 많은지를 세포에 알려준다. 만약 수많은 억제 단백질이 유당을 하나도 찾지 못한다면, 그들은 유당 소화 단백질의 생산을 어느 정도 멈출 것이다. 반대로 억제 단백질이 유당 분자를 많이 포획하면, 그들은 모습을 바꿔 붙잡고 있던 세포 DNA를 놓아줌으로써 유당 소화 유전자가 발현되도록 할 것이다. 유당 수치가 다시 떨어지면 이 모든 과정이 거꾸로 진행된다. 이것은 유당이 풍부하면 소화하고, 부족하면 에너지와 자원을 아낄 수 있는 완벽한 네거티브 피드백 프로세스다. 이것은 세포가 가까운 미래에 필요한 것이 무엇인지를 확률론에 기초하여 결정하는 정교한 미래 사고다.

모든 세포 안에는 언제나 수백만 개의 오페론이 상상을 초월할 만큼 복잡하게 움직이고 있다. 그중에는 지금까지 우리가 살펴본 것보다 훨씬 더 복잡한 것도 있다. 예를 들면 A, B, C라는 조건이 갖춰져야 새로운 단백질이 형성될 수 있으므로, 세포가 새로운 단백질을 생산하려면 먼저 단백질 스위치를 켜야 하는 경우가 있다. 이 경우 스위치는 'A와 B, C가 갖춰지면 D다'라는 논리 회로인 셈이다. 혹은 'A나 B 또는 C라면 D다'라는 스위치도 존재할 수 있다. 이런 식으로 단백질 사슬과 그 네트워크는 논리 회로처럼 작동한다.

나아가 이런 스위치들이 서로 연결된 네트워크의 규모가 충분히 커진다면 마치 컴퓨터처럼 연산 능력이 엄청나게 증대할 수도 있다. 복잡계 이론가인 멜라니 미첼Melanie Mitchell이 말하듯이, 'AND', 'OR', 'NOT'을 적절히 연결할 수만 있다면 계산할 수 있는 것은 거의 모두 계산할 수 있다.[22] 대장균 세포는 바로 이런 원리에 따라 간단한 생체분자 스위치를 이용해 가능한 미래의 확률과 같은 엄청나게 복잡한 연산을 수행한다. 세포는 수많은 오페론을 동시에 가동하는 병렬식 연산을 수행한다. 그 말은 곧 가장 단순한 세포라도 먹이의 양, 온도, 체내

염도, 이동 여부 등에 관한 수많은 확률을 언제든 계산할 수 있다는 뜻이다.

이런 계산이 촉발하는 활동으로는 어떤 것이 있을까? 운동을 예로 들 수 있을 것이다. 대장균 세포는 하나당 최대 6개 정도의 강하고 날렵한 프로펠러를 갖추고 있어 앞으로 나아가거나 아무 방향으로든 '맴돌' 수도 있다. 이 프로펠러는 센서 분자처럼 세포막을 관통하여 설치되어 있다. 세포 밖에 채찍 같은 모양으로 매달린 프로펠러의 꼬리, 즉 편모는 초당 수백 회의 속도로 회전한다.[23] 프로펠러 분자의 안쪽 끝이 바로 앞에 아스파르트산이 엄청나게 쌓여 있다고 외치는 전령 단백질과 마주친다고 생각해보자. 그러면 프로펠러가 일제히 작동하면서 세포는 앞으로 나아갈 것이다. 그러나 아스파르트산 수치가 떨어지면 방향을 바꾸는 프로펠러가 나오면서 세포에 잠시 '맴돌라!'는 메시지를 전달할 것이다. 그런 다음 무작위 표본조사를 통해 다시 방향을 정한 다음 또 다른 탐색에 나설 것이다.

지금까지 설명한 내용을 어떻게 해석할 수 있을까? 우리는 눈에 보이지도 않을 정도로 작은 유기체가 목표를 수립하고, 현재 상황을 파악하며, 미래에 대비하는 일을 능숙하게 처리하는 과정을 살펴봤다. 그것이 유전체에 저장하는 장기 목표는 바로 먹이 찾기 같은 단기 목표 달성에 필요한 분자 장치 제조법이다. 단백질 센서는 세포가 아스파르트산을 비롯한 여러 먹이를 찾는 데 필요한 정보를 계속 알려준다. 단백질 네트워크는 주변의 상황을 파악한다. 단백질은 성분과 모양이 계속 변화하면서 세포가 해야 할 일을 결정한다. 제자리를 맴돌 것인가, 앞으로 계속 나아갈 것인가? 이 모든 과정은 수백만 년에 걸친 진화의 산물이다. 제자리를 맴돌아야 할 때 그러지 않았던 세포가 그렇게 했던 세포에 비해 생존 가능성이 훨씬 더 낮았고, 그 정보가 유전체에 저장된 결과 이루어진 일이다. 이것이 바로 세포의 미래 사고가 꽤 훌륭하게 작동한 이유이며, 대장균류가 수억 년이나 살아남을 수 있었던 이유이기도 하다.

이 방식은 너무나 똑똑하다! 그렇다면 다음 장에서는 대장균 세포만큼이나 영리한 수십억 개의 세포들이 서로 연결되는 또 다른 방식, 즉 다세포 생물multicellular organism의 미래 관리를 알아보자.

식물은 건기가 시작되면 뿌리를 땅속으로 깊게 내려 새로운 수원을 찾는다. 그러는 동안 물이 말라버린 얕은 땅에 있던 뿌리는 성장을 멈춘다. 식물은 이런 분산 투자 전략을 채택하여 물을 찾을 확률이 가장 높은 곳으로 성장한다.

— 대니얼 샤모비츠 Daniel Chamovitz, 《식물은 알고 있다》.[1]

제4장

동식물의 미래 관리

**다세포 생물이
직면한 과제**

　　　　　　　　인간을 비롯한 거대생명체macrobe는 생존을 위해 서로 협력할 수밖에 없는 수조 개의 세포로 구성되어 있다. 거대생명체가 번성하기 시작한 것은 지금부터 약 6억 년 전이므로, 지구의 전 역사에서 따지면 최근 6분의 1에 해당하는 기간만 존재해온 셈이다. 생명체는 다세포 방식을 채택한 덕분에 존재의 형태와 규모가 완전히 달라졌다.

　거대생명체 세포의 미래 사고도 기본적으로 그 방식은 박테리아와 같다. 그러나 거대생명체의 세포는 자신의 미래를 관리하는 것 외에 해결해야 할 과제가 또 있다. 수십억, 아니 수조 개에 이르는 그들은 자기들의 공동 운명체인 거대생명체의 미래를 관리하기 위해 서로 행동을 조율해야 한다. 수십억 개에 이르는 그 세포들은 과연 어떻게 모두가 공감하는 바람직한 미래를 정하고, 정보를 모으며, 그 정보에 따라 드러난 추세를 파악하고, 그들 모두가 속한 거대생명체의 이익을 위해 집단 행동을 할 수 있는 것일까? 눈앞에 사자가 나타났으니 빨리 도망가야 한다거나 뿌리를 땅속으로 깊이 뻗어야 한다는 결정에 그 수많은 세포가 동의할 수 있는 비결은 과연 무엇일까?

이런 협력 과제는 단세포 생물이 직면한 도전과는 차원이 달라서 집단적 미래 관리에 필요한 별도의 생물학적 장치가 필요하다. 그런 장치를 만드는 데는 수억 년이 걸렸고, 그것이 바로 거대생명체의 세포가 지구 역사에서 비교적 최근에 등장한 이유이기도 하다. 아울러 거대생명체 세포의 유전체가 박테리아의 유전체나 여러 새로운 단백질의 암호보다 더 큰 이유도 여기에서 찾을 수 있다. 예쁜꼬마선충 *Caenorhabditis elegans*(앞으로 또 만나게 된다.)이라는 원시 선충류는 길이가 고작 1밀리미터이며 세포 수는 약 1,000개 정도다. 그러나 그들의 유전자 수는 약 1만 9,000개에 달하며 그중 약 90퍼센트가 세포들 사이에 좋은 관계를 유지하기 위해 전심전력을 다하고 있다.[2] 거대생명체 세포들은 집단으로 생존하기 위해 의사소통, 협상 그리고 협업에 상당한 노력을 기울여야 한다.

인류 전체의 생존과 번영에 개인의 미래가 달려 있음을 막 깨닫기 시작한 우리 인간은, 거대생명체가 이룩한 이런 집단적 미래 관리 시스템으로부터 과연 어떤 것을 배울 수 있을까?

협력, 거대생명체의
생존 비결

거대생명체의 미래 사고를 이해하려면 먼저 수조 개의 세포가 그토록 협력에 능한 이유를 알아야 한다.

거대생명체는 극히 드문 예외를 제외하면 원핵세포가 아니라 진핵세포로 구성되므로 생물 분류 체계의 세 번째 역, 즉 진핵생물에 속한다. 최초의 진핵생물 세포가 등장한 것은 약 20억 년 전으로, 아마도 기존의 원핵생물들이 서로 결합한 진화의 산물로 추정된다(생물학자 린 마굴리스Lynn Margulis가 처음 제안한 이 혁명적인 개념은 오늘날 생물학의 정설로 받아들여지고 있다). 원핵생물이 시골 오두막이라면 진핵생물의 세포는 궁전이라고 할 수 있다. 진핵생물 세포는 원핵생물 세포보다 수백 배나 더 크고, 그 안에는 특수한 용도와 기능을 갖춘 수많은 칸막이, 즉 방들이 마련되어 있다. 그중에서도 가장 중요한 방은 세포의 DNA를 철통같이 보호하는 내부 요새, 즉 핵이다.

거대생명체의 진핵세포가 협력에 능한 데는 두 가지 이유가 있다. 첫째 이유는 거대생명체의 모든 세포가 똑같은 DNA를 공유하고 있다는 점이다. 따라서 각 세포에는 그들이 속한 더 큰 생명체에 대한 충성심이 각인되어 있다. 실제로 거대생명체의 세포는 마치 자살 특공 비행기의 조종사처럼, 더 큰 유기체를 위해 죽으라는 명령에도 기꺼이 복종하곤 한다. 생물학에서는 이런 자기희생적 행동을 일컬어 세포자멸사apoptosis라고 한다. 우리 손에 손가락이 생길 수 있었던 것은 우리 몸이 모태에서 발달하는 동안 손가락 사이에 있던 세포들이 죽으라는 명령을 받고 이에 복종한 덕분이었다.[3] 반면 암세포는 그런 명령에 불

복종한 결과 발생한 것으로, 거대생명체에서 세포의 협업이 결렬될 때 얼마나 위험한 사태가 초래되는지를 잘 보여준다.

거대생명체 세포들이 잘 협력하는 둘째 이유는 각 세포의 역할이 전문화되어 있기 때문이다. 비유하자면 세포의 세계에도 외과 전문의, 배관공, 음악가, 패션 디자이너 등이 존재하는 셈이다. 각 세포의 역할이 이렇게 전문화됨에 따라 그들의 생존은 다른 세포는 물론 자기가 속한 더 큰 유기체의 생존에 종속된 문제가 된다. 이것은 마치 현대인의 생활을 연상시킨다. 농부는 농작물을 재배하고 간호사는 환자를 돌본다. 생존하기 위해서는 협력해야 한다. 농부의 자녀가 아프면 간호사가 돌보지만, 그 간호사가 먹고 살 농작물을 공급하는 사람은 바로 농부다. 한편 농부와 간호사의 생활은 모두 자신이 속한 사회가 질서 있게 작동하느냐에 달려 있다. 마찬가지로, 거대생명체 세포들 역시 침입하는 박테리아와 싸우고, 근육을 움직이며, 미래를 생각하는 등의 모든 일을 서로 분담한다. 세포의 분업은 인간 사회만큼이나 복잡하다. 동물의 경우, 적혈구는 산소 운반을 담당하고, 골격 세포는 신체 강성을 유지하며, 근육세포는 무거운 물건을 들어 올리고, 피부세포는 신체의 경계를 지키며, 신경세포는 정보를 전달하고 그 중요성을 평가하는 일을 한다. 인체에는 약 200종의 세포가 있고 전체 수는 약 30조 개에 달한다.

특정 거대생명체의 모든 세포는 같은 DNA를 공유하지만, 그 DNA에는 다양한 세포를 만드는 데 필요한 지침이 들어 있다. 진핵세포가 기능의 전문화를 달성할 수 있었던 이유도 바로 여기에 있다. 거대생명체는 생애 초기에 모든 세포가 같은 줄기세포로 구성되어 있는데,

이 줄기세포는 향후 다양한 세포로 변화할 잠재력을 갖추고 있다. 그러나 한두 주만 지나면 줄기세포가 성장하여 각 세포가 조금씩 다른 환경에 적응할 수 있을 정도로 커진다.

세포는 줄기세포 내에 존재하는 위치에 따라 압력과 화학 농도, 온도 등의 차이를 다르게 감지한다. 세포 내에서는 전사인자들이 이런 작은 차이에 반응하여 DNA 속으로 파고 들어가 어떤 유전자는 차단하고 어떤 유전자는 발현하는 과정이 진행된다. 이런 후성유전학의 작용으로 각 세포가 발현하는 유전자는 조금씩 달라진다. 이런 차이가 누적됨에 따라 각 세포는 진화 계통상에서 전혀 다른 길을 걷게 된다. 그들의 DNA 중 어떤 영역은 완전히 닫히기도 하고, 어떤 영역은 활성화되기도 한다. 한번 근육세포로 바뀌기 시작하면 그 분야에 완전히 몰입한다. 그렇게 세포의 미래가 결정되는 것이다. 새로운 신호를 감지하여 근육세포 중에서도 조금씩 종류가 달라질 수는 있지만, 신경세포나 혈구가 될 가능성은 완전히 사라지는 것이다.

거대생명체의 거의 모든 세포가 DNA에 있는 유전자 중 절반도 사용하지 않는 이유도 바로 이런 전문화 현상으로 설명된다. 모든 세포는 생존에 꼭 필요한 유전자만 사용하기 때문이다.[4] 또한 후성유전학이 작용한 덕에 모세포의 전문화가 그 자손에도 똑같이 계승된다. DNA의 자가 복제 특성에 따라 DNA의 고유한 전사인자 패턴이 복제 DNA에도 고스란히 옮겨가므로, 자식 세포는 모세포가 발현한 유전자만 발현하게 된다. 뼈세포는 뼈세포만, 신경세포는 신경세포만, 근육세포는 근육세포만 만들어내는 이유가 바로 이것 때문이다.

세포들이 세포막을 통해 전해지는 외부 신호에 민감하게 반응하는 이유도 전문화가 초래한 이런 극단적인 의존성으로 설명할 수 있다. 세포들은 주변 세포를 면밀하게 관찰하면서 자신의 센서 분자를 통과하는 화학물질과 영양분, 에너지, 정보 등을 바탕으로 외부 메시지를 취사선택한다. 이런 메시지는 마치 공지 사항과도 같다. 그런 메시지에는 전기 펄스도 포함되며, 호르몬 같은 특수 분자나 혹은 그저 이웃 세포와의 접촉 자체도 메시지가 될 수 있다.

요컨대 거대생명체 세포는 다른 세포, 나아가 자신이 속한 거대 유기체와 활발히 협력하고 정보를 공유하고자 한다. 이런 협력은 모든 거대생명체 세포가 미래를 생각하는 데 기초가 된다. 이것이 바로 거대생명체 세포가 공동의 목표를 수립하고, 다가올 미래를 함께 파악하며, 최적의 행동 방향을 정한 다음 협력할 수 있는 이유다. 다음 절에서는 식물이 미래를 관리하는 방법을 몇 가지 살펴볼 것이다. 그다음에는 인간을 비롯한 동물이 미래를 계획하는 방법을 살펴보면서 비로소 미래 *사고*라는 주제를 본격적으로 다뤄보고자 한다.

**식물도 정보를 수집하고
확률에 몸을 맡긴다**

식물이라고 하면 누구나 수동적인 존재로 여기므로, 식물이 미래를 관리한다는 생각 자체가 아주 낯설 것이다. 그러나 우리는 그런 선입견 때문에 미래 관리의 의도적이고 정교한 부분을 많이 놓친다.

식물이 동물과 가장 크게 다른 점은 주로 광합성이라는 복잡한 생화학 반응을 이용하여 태양으로부터 직접 에너지를 얻는다는 것이다. 고양이가 우유를 핥듯이 식물도 햇빛을 섭취하지만, 햇빛은 어디에나 있으므로 그것을 취하기 위해 열심히 움직일 필요가 없다는 점이 가장 큰 차이라고 할 수 있다.

식물은 생명 유지에 필수적인 생화학 에너지의 대부분을 광합성으로 조달한다. 광합성은 식물 세포 내의 엽록소가 태양광에 포함된 강력한 광자photon를 동력원으로 삼아 진행하는 과정이다. 태양광 외에 물과 이산화탄소도 필요하지만, 그것 역시 식물이 따로 애쓰지 않아도 저절로 공급된다. 그 외에 질소, 인, 마그네슘 등의 필수 요소는 토양에 존재하므로 식물의 뿌리를 통해 섭취할 수 있다. 식물은 살아가는 데 필요한 에너지와 영양소가 모두 주변에 있으므로 한 곳에서 꼼짝하지 않고 평생을 산다. 즉 식물은 고착固着 생물이다. 물론 어린 식물은 포자나 씨앗의 형태로 이리저리 이동할 수 있다. 그러나 일단 정착하고 나면 평생 그 자리를 떠나지 않는다.

그렇다고 해서 식물이 마냥 편히 쉬는 것은 아니다. 식물도 생존하고 번식하기 위해 여느 유기체와 마찬가지로 정보를 수집하고 확률에 몸을 맡겨야 한다.[5] 단, 식물의 도박은 현금이 아니라 에너지와 영양을 화폐로 사용한다는 점이 다를 뿐이다. 더구나 그들의 도박은 대부분 자기 몸을 관리하는 방식으로 이루어진다. 내가 만약 수양버들이라면 다른 나무들보다 키가 커지기 위해 얼마나 많은 에너지를 걸어야 할까? 지금은 잎을 더 풍성하게 가꿔야 할 시기일까, 꽃을 피워야 할 시기일까? 아니면 딱정벌레의 공격에 대비해야 할까? 수양버들이든 설강화 꽃이든 감자든 모든 식물은 마치 인간 도박꾼처럼 늘 다가올 가능성에 내기를 걸어야 하고, 그 성공 여부에 따라 미래의 운명이 달라진다.

식물의 미래 관리 방식은 다른 모든 생명체와 마찬가지로 세 단계로 나뉜다. 그들은 먼저 크고 작은 목표를 세운다. 그런 다음 주변 환경에서 추세를 찾아내고 분석하여 다가올 미래에 어떤 일이 일어날지를 판단한다. 마지막으로는 결단하고 행동한다.

설강화와 감자도 자신들만의 유토피아를 꿈꾼다. 그러나 구체적으로 살펴보면 각 식물 종마다 성공의 정의가 다르고 성공에 도달하는 단계도 모두 다르다. 따라서 모든 식물에는 각자 미시적인 목표가 있고, 그런 목표는 모두 해당 식물 종이 특정 환경에서 생존하고 번성하며 번식하는 데 필요한 단백질과 세포의 제조법, 즉 유전자의 형태로 유전체에 내장된다. 그런 미시 목표는 과거에 수양버들과 선인장이 수없이 많은 세대를 거치면서 도움이 되었다고 밝혀진 생화학적 기법과 장치를 닮았다.

2단계는 바로 추세 분석이다. 식물 세포는 외부에서 벌어지는 상황을 파악하기 위해 표면에 센서 단백질을 갖추고 주변의 분자와 에너지, 냄새, 심지어 소리의 변화까지 감지한다. 식물은 가히 햇빛 감별사라고 할 정도로 빛의 진동수를 아주 민감한 차이까지 구별해낸다. 십자화과 식물에 속하며 식물 실험에 널리 이용되는 애기장대_{arabidopsis}에는 최소 11종류의 빛 감지기가 있다. "발아할 때와 빛에 반응하여 줄기를 구부려야 할 때, 꽃을 피울 때, 밤이 왔을 때 등을 알려주는 다양한 종류의 감지기가 있다."[6]

세포는 변화 추세에 관한 정보를 감지하면 다른 세포로 이를 전달하는데, 그 과정에서 아주 먼 곳까지 정보가 전달되기도 한다. 이웃 세포와 나누는 의사소통은 아주 간단하다. 어떤 세포는 세포막을 통해 전사인자를 포함한 단백질을 이웃 세포에 직접 전달하기도 한다.[7] 관다발식물은 뿌리로부터 물과 영양분, 정보 전달 분자 등을 잎으로 전달할 때 목질계라는 목재 수로를 사용한다. 식물의 윗부분에서 증발이 일어나 압력이 낮아지는 것도 아래에 있던 액체가 위로 끌려 올라가는 이유 중 하나다. 관다발식물은 또 정보 전달 호르몬을 함유한 수액과 에너지가 풍부한 광합성 부산물을 식물 내 구석구석까지 운반하기도 한다. 수액은 체관이라는 특수 조직을 통해 잎으로부터 아래로 전달된다. 나무에서 체관이 지나가는 자리는 나무껍질 바로 아래다.

식물은 전기적인 방식으로도 정보를 전송할 수 있다. 1990년대에 영국 요크대학교의 생물학 교수 다이애나 볼스Dianna Bowles 연구진은 토마토의 잎 중에 상처를 입은 것들은 그 사실을 전기 신호로 다른 잎들에 알린다는 사실을 밝혀냈다. 그러면 다른 잎들은 자신도 공격당할 경우를 대비하여 보호 단백질을 제조하는 것으로 반응하였다. 이후 스위스의 연구자들은 애기장대 식물을 이용한 실험을 통해 식물들이 주고받는 이런 전기 신호가 거의 모든 세포에 존재하는 화학삼투chemiosmosis 작용에서 생성된 것임을 알아냈다. 세포는 세포막 양쪽에 자리한 특수 펌프를 이용하여 칼륨과 칼슘의 이온(전하를 띤 원자) 농도를 조절할 수 있다. 그렇게 해서 세포막 사이에 전위가 형성되면 이를 전기 신호 발화 장치로 사용할 수 있다.[8] 이런 세포 배터리 장치에 관해서는 이 장의 후반부에서 신경세포를 다룰 때 더 자세히 살펴보기로 한다.

식물 세포는 호르몬 같은 신호 분자와 전기 메시지를 통해 현재 상황과 그 대처 방안에 관한 정보를 폭넓게 공유할 수 있다. 잎과 뿌리는 공기나 토양에 존재하는 화학 물질을 감지하고 그 정보를 다른 세포에 제공할 수 있다. 식물은 자기 몸에 무언가가 닿았다는 것을 분명히 안다(파리지옥이 작은 개구리를 만나면 뾰족한 턱을 닫는 데서 알 수 있다). 최근 연구에 따르면 심지어 식물은 근처를 흐르는 강물 소리를 들을 수도 있다고 한다.

식물은 다른 식물들과 정보를 공유할 수도 있다. 예를 들어 식물은 주변 식물이 방출하는 단백질이나 페로몬pheromones이라는 화학 물질의 강도와 성분이 바뀌면 그 변화를 곧바로 알아차린다. 딱정벌레의 공격을 받은 식물은 딱정벌레를 내쫓는 단백질과 화학 성분을 방출한다. 그러면 주변의 식물들이 그 물질의 냄새를 맡고 그것이 시사하는 위협을 판단한 다음, 나름의 보호 독소를 생산하는 것으로 반응할 것이다. 인간은 식물보다 훨씬 더 효율적인 의사소통 방식을 구사하므로, 페로몬은 그저 보조 도구에 불과하다. 그러나 식물에게는 페로몬이 일종의 화학적 언어가 될 수 있다. 식물들이 페로몬을 통해 생명의 의미나 시간의 철학을 논할 리야 없겠지만, 그것이 다가올 미래에 관한 정보를 주고받는 데 도움이 되는 것은 분명하다. 최근에 캐나다 브리티시컬럼비아대학교 삼림생태학 교수 수잰 시마드Suzanne Simard는 나무들이 뿌리를 통해 정보와 영양분을 서로 주고받는 거대한 균주 네트워크를 형성한 모습이 가히 '우드 와이드 웹'Wood Wide Web이라 부를 만하다고 주장하기도 했다.[9]

그 식물들은 고통받는 이웃이 내뿜은 페로몬 냄새를 맡고 독소를 생산하면서 다가올 미래에 관한 정보를 얻는다. 그 결과 지금까지 그 저 가능성에 불과했던 위협이 이제는 개연성을 띠게 된다. 결국 그들은 그 정보를 믿고 에너지를 투자해 새로운 화학물질을 생산하기로 결단한다.

다가올 미래를 평가한다는 것은 곧 추세를 분석한다는 뜻이다. 그리고 추세를 인식하려면 어떤 식으로든 기억이 필요하다. 추세 분석이란 지금 벌어지는 일과 과거에 일어났던 일을 서로 비교하는 것이기 때문이다. 그렇다면 식물은 과연 어떻게 기억할 수 있을까?[10]

첨단기술이 존재하지 않았던 그 시절에도 이미 뛰어난 생물학자였던 다윈은 파리지옥 같은 육식 식물이 기억을 이용해 턱을 다물어야 할 때가 언제인지 안다는 사실을 증명했다. 다윈은 자신의 온실에서 육식 식물을 키우며 이 주제를 연구했고, 1875년에 그 결과를 토대로 시대를 앞서가는 연구서를 출판했다. 그는 육식 식물이 양분이 부족한 토양에 사느라 질소와 인을 보충해야 했으므로 딱정벌레나 파리, 작은 개구리 등을 먹는다는 사실을 알게 되었다. 그러나 턱처럼 생긴 덫을 열었다가 제자리로 돌려놓는 데는 에너지가 필요했으므로 뭔가 육식 동물과는 다른 방법을 고안해야 했다. 가장 시급한 문제는 어떤 놈이 붙잡을 만한 가치가 있는지 아는 것이었다. 다윈으로서는 물 한 방울이나 너무 작은 생명체처럼 덫을 쉽게 빠져나갈 수 있는 것으로는 육식 식물을 대상으로 실험할 수 없었다.

오늘날 우리가 아는 사실은, 육식 식물이 자기 턱 안에 있는 작은 센서들에 뭔가가 최소한 두 번 이상 닿아야만, 그것도 그 접촉이 아주 빠르게 연달아 일어나야만 덫을 작동한다는 것이다. 첫 번째 접촉은 뭔가 커다란 놈이 닿았을 '가능성'이 있으니 준비하라고 알려준다. 그리고 그 정보는 기억된다. 두 번째 접촉은 그럴 '개연성'이 아주 크다면서 턱을 닫으라고 외친다!

현대 과학은 화학삼투작용이 실재한다는 사실을 보여준다. 첫 번째 접촉은 센서의 세포막을 통해 칼슘 이온의 흐름을 유발하나, 그로 인해 형성되는 전위는 덫을 작동하기에는 조금 못 미친다. 이 정보를 접한 파리지옥은 행동에 나설지 말지 망설인다. 그리고 그 전위가 유지되는 한 첫 번째 접촉을 기억한다. 그러나 두 번째 전기 펄스를 통해 추가 정보를 얻지 못한다면 전위가 약해지면서 행동에 나설 의욕도 점차 시들해진다. 그러다가 두 번째 접촉이 일어나면 비로소 의욕이 샘솟는다. 두 번의 전류가 합쳐져서 전기 펄스를 생성하면 충분히 덫을 작동할 수 있다. 그 기억은 짧은 시간 내에 두 번의 전류가 더해져서 이루어진 것이므로, 마치 경마 도박꾼이 힌트를 두 번이나 받고 마권을 사는 것과 비슷하다. 연산 용어로 표현하면 일종의 'A와 B이므로 C다'라는 논리가 갖춰진 셈이다. 곧이어 두 번째 접촉이 일어난다면 덫이 작동한다! 파리지옥은 턱을 꽉 다물고 소화액을 분비한다. 다윈의 표현을 빌리면 그 턱은 '임시 위장'으로 바뀌는 것이다.[11]

식물이 단기기억과 장기기억을 창조하고 저장하는 메커니즘은 서로 다르다. 방금 살펴본 것은 파리지옥이 단기기억을 사용하는 방법이었다. 식물에는 이것 외에 장기기억 능력도 있다. 식물은 몇 시간이나 수개월, 심지어 몇 년 동안 기억을 유지할 수 있다. 그들은 주로 낮과 밤의 길이 차이를 인식하여 계절의 변화를 알아챈다.[12] 그러나 낮과 밤의 길이가 거의 같을 때는 식물도 어떤 계절인지 좀처럼 알 수 없다.

여기에 기온의 상승과 하락 추세도 알아야 한다. 추세를 파악하려면 데이터 포인트가 최소한 2개 필요한데, 그중 하나는 기억에 저장해야 한다. 일부 식물은 최근에 추위를 겪었는지 더위를 겪었는지 기억해서 가을(잎을 떨어뜨려야 할 때)과 봄(생장해야 할 때)을 구별하기도 한다.

식물의 장기기억에 관한 연구 중 가장 중요한 것은 애기장대를 대상으로 한 연구다. 식물 종 중에는 먼저 추운 날씨를 견딘 후에야 꽃을 피우는 것이 있기 때문이다. 여기서 후성유전학이 다시 작용한다. 진핵세포의 DNA 분자는 세포핵 안에 갇힌 채 히스톤histone이라는 단백질을 중심으로 단단하게 효율적으로 뭉쳐져 있다. 즉 히스톤은 마치 실타래를 붙잡는 실패와 같은 역할을 한다. 각 다발은 더 큰 다발로 묶인 채 촘촘한 염색질chromatin 덩어리를 형성한다. 유전자가 발현될 때가 되면 전사인자가 염색질 층을 뚫고 들어가 적합한 DNA 띠를 찾아내고 이것을 풀어주어야 유전자 암호가 해독되고 발현될 수 있다. 따라서 DNA가 어떻게 묶여 있는지에 따라 특정 유전자를 얼마나 쉽게 찾아내고 발현하느냐가 결정된다. 애기장대 같은 식물에서는 추운 날씨가 충분히 지속되어야 염색질이 제대로 접혀서 발아에 필요한 유전자를 쉽게 찾아낼 수 있는 듯하다.[13] 그러나 발아 이후에는 히스톤이 다시 닫혀서 그해 말까지는 유전자가 다시 발현되지 않도록 한다. 이런 식의 장기기억은 세포의 DNA가 저장된 염색질 조직의 변화에서 비롯된 것이다.

식물을 비롯한 모든 유기체는 체내에 있는 생체 시계를 이용해 외부 세계의 변화 가능성을 예측하는 것처럼 보인다.[14] 지구에서 밤낮이 바뀌는 주기는 기온의 변화에서부터 포식자의 행동에 이르는 수많은 주기의 바탕이 되므로 너무나 중요한 의미가 있다. 산호초에 서식하는 자리돔과 물고기의 눈은 햇빛에 적응하는 데 걸리는 시간이 무려 20분에 달한다. 그래서 그 물고기의 생체 시계는 동이 트기 약 20분 전에 이렇게 말한다. "지금 비록 깜깜한 밤인 것 같지만 약 20분 후면 날이 밝아오고, 한번 날이 밝으면 사나운 물고기가 나를 잡아먹으러 올 가능성이 아주 크므로 지금 당장 깨는 편이 좋아!"[15]

식물에도 생체 주기가 존재한다는 증거를 최초로 규명한 사람은 18세기 초 프랑스의 천문학자 장자크 도르투 드 메랑 Jean-Jacques d'Ortous de Mairan 이었다. 그는 미모사 잎이 태양의 위치에 따라 오르내릴 뿐 아니라, 어두운 찬장 속에 두었을 때도 움직임을 계속 반복한다는 사실을 발견했다. 비록 그 주기는 시간이 지날수록 태양과 달라졌지만 말이다. 미모사의 이런 주기적인 움직임은 분명히 생체 시계와 관련이 있었다. 남세균 cyanobacteria 중에는 단 3개의 단백질만으로 이런 주기적인 거동을 만드는 것도 있다.

더 복잡한 유기체는 다양한 생체 시계를 갖추고 있어서 이른바 동조 entrainment 과정을 통해 스스로 갱신하고 조정하는 능력을 발휘한다. 포유류의 두뇌에는 시교차상핵 suprachiasmatic nucleus, SCN 이라는 멋진 이름의 표준 시계가 있다. 이것은 마치 그리니치 표준시처럼 체내 여러 시계의 기준 역할을 한다.[16] 그러나 그 어떤 생체 시계도 완벽한 것은 없다. 식물은 잔인한 과학자들이 밤낮의 주기를 억지로 바꿔놓으면 시차에 시달린다. 그들은 인공 햇빛에 속아 한밤중에도 잎을 편다. 그러나 사악한 과학자들이 계속해서 시간을 바꿔대지 않는 한, 새로운 주기에 곧바로 적응한다. 오늘날 국제우주정거장에서는 상추, 완두콩, 백일

초, 해바라기 등이 인공으로 낮과 밤이 조성되는 특수한 환경에서 자라고 있으며, 그들의 생체 시계도 그런 환경에 맞춰 조정된다.

다윈은 식물이 정보를 수집하고 분석하는 솜씨에 너무나 큰 인상을 받은 나머지, 어쩌면 식물의 '작은 뿌리'나 새싹 끝부분에 일종의 뇌가 달린 것은 아닌가 하고 의심하기도 했다. 실제로 그의 책에는 이런 구절이 있다. "작은 뿌리의 끝부분은 마치 하등 동물의 뇌처럼 인접부의 움직임을 조종하는 능력이 있다고 해도 과언이 아니다."[17] 오늘날 이 구절은 다윈이 한 말 중에는 흔치 않게 과장된 표현으로 받아들여진다. 식물이 다가올 미래를 예측하고 계획하는 능력에는 중앙 통제 시스템이 필요 없는 듯하다. 그런 능력은 조직 전체에 분산되어 있다. 식물의 연산 능력은 박테리아의 그것처럼, 수십억 회에 이르는 생화학 반응이 어우러져 발생한 새로운 특성인 것 같다. 그러나 식물이 감각과 연산 능력을 발휘해 불확실한 미래에 대처하는 능력은 결코 과소평가할 수 없다. 인체가 미래를 관리하기 위해 내리는 수많은 결정도 식물과 아주 비슷한 방식으로 이루어지기 때문이다.

마지막으로, 식물은 행동에 나선다. 해바라기나 미모사 같은 식물은 태양을 향해 잎을 편다. 뿌리는 흙에서 물과 영양분의 냄새를 맡고 그것을 찾고자 더 깊이 파고든다. 식물의 여러 부분은 자라거나 줄어들고, 색을 바꾸며, 싹을 내거나 독특한 향기를 풍기기도 한다. 식물의 이런 행동은 자기 몸을 바꾸는 식이지만, 놀랍게도 그중 상당 부분은 운동과 관련된다. 다윈은 식물의 운동에 매료되어 《식물의 운동 능력》The Power of Movement in Plants이라는 책을 쓰기도 했다. 이 책은 식물이 발레 동작처럼 정교한 움직임으로 미래를 관리한다는 것을 보여주었다. 다윈은 식물의 독특한 움직임을 '회선운동'circumnutation이라고 불렀다. 그것은 무언가를 찾아 나서는 순환 운동으로, 마치 '식물 줄기가 등산이라도 하듯이 한 지점만 바라보며 오르기를 반복해 결국 끝이 동그랗게 말리는' 과정이다. 다윈은 이렇게 결론지었다. "모든 식물의 생장부는 비록 그 규모가 크지는 않더라도 회선운동을 계속 반복한다. 심지어 아직 땅을 뚫고 나오지 않은 묘목 줄기나 땅속에 묻힌 잔뿌리마저도 주변 토압을 이겨낼 정도만 되면 회선운동을 멈추지 않는다."[18]

회선운동은 미래 관리의 모든 단계가 서로 연결되어 있음을 보여준다. 뿌리, 가지, 잎사귀 등 식물의 모든 부분은 회선운동을 통해 주변을 살피면서 사건의 추세를 수시로 파악하고, 앞으로 벌어질 일과 관련된 기회와 동향, 단서 등을 찾는다. 회선운동은 직접적인 행동으로 발전하기도 한다. 새삼속 식물인 쿠스쿠타Cuscuta는 나팔꽃과 같은 덩굴 식물의 한 종류다. 이 녀석은 마치 흡혈귀처럼 주변 식물의 수액을 빨아먹는다. 쿠스쿠타의 묘목은 무작위의 나선형을 그리며 위쪽으로 자라는 동안 공기를 들이마시며 먹이가 될 만한 놈을 찾는다. 디켄터에서 좋은 포도주의 분자가 퍼져나오면 인간의 코가 금방 알아채듯이, 쿠스쿠타도 센서 단백질이 공기 중의 특정 화학물질을 포착하는 순간 먹이를 찾아낸다. 만약 쿠스쿠타 묘목이 토마토 냄새를 맡는다면 토마토 쪽으로 구부러져서 줄기를 휘감은 다음 거기에 조그마한 드릴로 구멍을 뚫을 것이다. 이윽고 드릴이 토마토의 수액을 운반하는 체관부에 도달하면 먹이로부터 영양분을 빨아들이기 시작한다. 토마토가 시드는 동안 쿠스쿠타는 번성한다.[19]

쿠스쿠타의 행동이 비록 사악하게 보일 수도 있겠지만, 우아하게 빙글빙글 도는 이런 회선운동은 식물을 비롯한 모든 생명체가 깜깜한 미래를 조심스레 더듬는 모습을 훌륭하게 상징한다. 그것은 언제 만날지 모를 기회를 찾는 과정인 동시에, 그들의 유전자에 각인된 규칙과 과거로부터 얻은 실마리 그리고 뿌리와 잎에서 얻는 새로운 정보를 사용하여 다가올 미래에 내기를 거는 행동이다.

동물의 신경계와 두뇌 작동법

동물은 식물과 비교할 수 없을 정도로 많이 움직이므로 그만큼 일상에서 마주치는 문제도 훨씬 더 복잡하다. 그들이 움직일 수밖에 없는 이유는 다른 유기체를 먹어서 영양분을 얻어야 하기 때문이다. 식물은 햇빛, 비, 영양분 등이 바로 자기 앞에 올 때까지 기다리기만 하면 된다. 곰팡이도 조금씩 움직이기는 한다. 곰팡이도 다른 유기체를 먹지만, 동물과 달리 그들은 먹이가 죽을 때까지 기다리는 것이 보통이다(곰팡이 중에도 어떤 종류는 먹잇감에 환각제를 집어넣어 좀비로 만든 다음 산 채로 먹기도 한다).[20] 다른 동물의 사체를 먹고 사는 것의 장점은 그것이 도망갈 수도, 반격할 수도, 포식자를 속일 수도 없다는 점이다. 그리고 지구상에는 대체로 사체의 잔해가 풍부하게 널려 있으므로 식물과 마찬가지로 곰팡이도 너무 많이 움직이거나 열심히 생각하지 않아도 쉽게 영양분을 구할 수 있다. 그러므로 거의 모든 곰팡이는 식물과 마찬가지로 한곳에 정착한 채, 동물이라면 꼭 있어야 할 특별한 연산 체계 없이도 잘 살 수 있다.

동물이 직면한 가장 큰 문제는 다른 동물을 비롯한 거대생명체가 대부분 고분고분하게 먹이가 되지 않는다는 것이다(드물게 풀과 일부 식물의 열매를 예외로 들 수 있다. 아마 그래서 초식동물의 뇌가 육식 동물보다 작은 것일지도 모른다). 더글러스 애덤스Douglas Adams의 《은하수를 여행하는 히치하이커를 위한 안내서 2 - 우주의 끝에 있는 레스토랑》에는 굳이 도축하지 않아도 언제든지 부드러운 살점을 바칠 준비가 된 유전자 조작 쇠고기가 등장하지만, 현실의 모든 동물은 내가 잡아먹으려고 하면 쏜살같이 도망치거나 몸을 숨길 것이다. 오히려 식물은 자기 방어책으로 나를 독침으로 찌르거나 쏘겠지만 말이다. 그래서 동물은 대개 자기 몸이 압도적으로 더 크거나 재빠르거나 힘이 셀 때만 다른 동물을 잡아먹는다. 그들은 먹이를 사냥하기 위해 온 세상을 미끄러지고 기어오르고 헤엄치고 날아야 하며, 때로는 아주 멀고 험한 길을 떠나야 한다. 천신만고 끝에 먹잇감을 찾았다고 해도 그놈과 목숨을 걸고 싸우거나 방어책을 돌파할 묘수를 생각해내야 한다.

요컨대 동물의 삶은 너무 피곤하고, 그들의 미래는 데이지나 버섯의 미래보다 훨씬 더 다양하고 예측하기 어렵다. 동물도 식물이나 곰팡이처럼 명확한 목표와 많은 정보 그리고 급변하는 상황에 대응할 다양한 방안이 필요하다. 그러나 그것은 세 갈래로 나뉘는 미래 사고의 중간 단계, 즉 주변 환경의 추세를 파악하고 분석하는 일일 뿐이다. 그리고 이것은 동물이 직면한 큰 도전이기도 하다. 따라서 이 장의 후반부에서는 동물이 다가올 미래를 훌륭하게 모델링하는 능력의 원천, 즉 신경계를 중점적으로 살펴본다. 어린 영양은 물웅덩이에서 물을 마셔도 되겠다고 판단하기 전에 머릿속으로 어떤 미래를 상상했을까? 그리고 그 이미지는 어떻게 만들어졌을까?

신경계의 진화

동물의 신경계는 신경세포들이 네트워크를 이룬 형태로, 효율적인 원거리 통신 능력을 갖추고 있다. 신경세포는 크게 세 종류로 나뉜다. 감각신경세포는 정보를 감지하고, 운동신경세포는 근육에 해야 할 일을 알려준다. 감각신경세포와 운동신경세포 사이에는 사이신경세포interneuron가 있다. 사이신경세포 네트워크는 감각신경세포가 수집한 정보를 분석하고, 다가올 미래를 계산하며, 할 일을 판단하고, 그 결과를 운동신경세포에 전달하는 일을 한다. 간단한 상황이나 깊이 생각할 시간이 없을 때, 감각신경세포는 사이신경세포를 생략한 채 운동신경세포에 직접 명령한다. 이것은 뜨거운 다리미를 만졌을 때 몸이 어떻게 반응하는지 지켜보면 곧바로 알 수 있다. 그리 많은 생각이 필요치 않다는 것을 알게 될 것이다. 그러나 복잡한 상황에서는 사이신경세포 네트워크가 여러 정보를 분석한 후 결정이 내려진다.

크고 복잡한 동물일수록 사이신경세포가 중요한 역할을 한다는 사실만 봐도 미래를 신중히 생각하는 일이 동물에게 점점 더 중요해지고 있음을 알 수 있다. 예쁜꼬마선충의 신경세포는 단 302개이며, 그중 감각신경세포, 운동신경세포, 사이신경세포가 차지하는 비중은 대략 비슷하다.[21] 그러나 신경계가 좀 더 정교하게 발달함에 따라 사이신경세포의 비율이 증가했고, 우리가 뇌라고 부르는 연산 기관에 점점 더 많은 신경세포가 집중하게 되었다. 뇌의 주요 임무는 정확성과 보편성 사이에 적절한 균형을 유지하며 다가올 미래를 생각하고 그에 관한 모델을 수립하는 것이다. 철학자 퍼트리샤 처칠랜드Patricia Churchland는 이렇게 말했다. "예측은 뇌의 가장 궁극적이고 보편적인 기능이다."[22]

기초적인 신경계의 존재를 보여주는 최초의 증거는 약 6억 년 전, 즉 최초의 동물이 번성했던 에디아카라기Ediacaran era에 등장한다. 그 이후 신경세포에 큰 변화는 없었으나, 점점 더 많은 신경세포가 정교한 네트워크에 통합됨에 따라 신경계의 연산 능력은 수십 배나 증가했다.

해면동물 같은 가장 단순한 동물에는 신경세포나 신경계가 없다. 그들은 식물과 마찬가지로 평생 한곳에서만 지내므로 신경계가 필요 없다. 해파리를 비롯한 강장동물은 신경세포가 있지만, 대개 중앙 통제 기관이 없는 분산형 네트워크로 존재한다.[23] 그러나 히드라 같은 경우는 여러 사건이 발생하는 신체 부위, 예컨대 입이나 촉수 주변에 신경세포가 집중되어 고리를 형성하기도 한다.

전후, 상하, 좌우가 대칭을 이루는 동물에서는 좀 더 복잡한 신경계와 뇌가 발달했다. 오늘날 대칭형 동물은 벌레에서 물고기, 바닷가재, 곤충, 악어, 나아가 인간에 이르는 대부분의 동물 종을 아우른다.[24] 편충 같은 동물에서도 신경세포가 몸의 앞쪽에 동그란 모양으로 모여 신경절ganglia을 형성하는 것을 볼 수 있다. 몸의 앞부분이야말로 새로운 추세를 가장 먼저 접하는 곳이기 때문이다. 무척추동물 중에는 여러 개의 신경절을 두고 신체의 다양한 부위를 각각 따로 관리하는 종도 있다. 무척추동물 중에서 가장 똑똑한 문어는 거의 모든 신경세포가 촉수에 집중되어 있다. 곤충과 갑각류까지 포괄하는 폭넓은 동물 범주인 절지동물에는 2~3개의 신경절이 합쳐진 복합형 두뇌가 있다.[25] 그들이 하는 일은 대부분 눈, 더듬이 그리고 입을 관리하는 것이다.

신경계와 뇌는 척추동물에서 가장 화려하게 발달해왔다. 그런 변화 과정은 현존하는 동물 종의 신경세포 수만 살펴봐도 쉽게 이해할 수 있다. 이미 언급했듯이, 예쁜꼬마선충의 신경계는 단 302개의 신경세포로 구성되어 있으므로 연구자들은 이미 신경세포 사이의 모든 연결 관계를 지도로 작성했다. 갯민숭달팽이의 일종인 군소_Aplysia_는 약 2만 개의 신경세포를 가지고 있다. 초파리는 뇌에 약 20만 개의 신경세포를, 곤충류에서 가장 똑똑한 꿀벌은 약 100만 개의 신경세포를 가지고 있다. 문어는 최대 5억 5,000만 개의 신경세포를 가지고 있다.[26] 포유류의 두뇌는 유별나게 거대하다. 인간의 두뇌에 있는 약 1,000억 개의 신경세포들이 서로 맺고 있는 연결 관계의 수는 무려 1,000조에 이른다고 한다. 각각의 신경세포는 초당 최대 50회의 신호를 보낼 수 있다. 즉 인간의 두뇌는 초당 10^{15}회의 논리 연산을 수행할 수 있다는 뜻이다.[27]

뇌가 클수록 눈앞의 현실과 가능한 미래를 아주 상세하게 모델링할 수 있다. 목마른 어린 영양의 두뇌에 들어 있는 신경세포 덩어리는 물웅덩이를 향해 걸어가면서 감지하는 수백만 개의 신호를 3차원 동영상 이미지로 바꿀 수 있다. 바람에 나부끼는 달콤한 풀, 윙윙거리는 곤충, 수많은 다른 영양 그리고 물웅덩이를 순찰하는 사자 무리의 냄새와 모습도 떠오른다! 물론 이 모든 계산이 뇌에서만 이루어지는 것은 아니다. 그중 상당수가 척추와 몸 전체에 퍼져 있는 신경세포 네트워크에서 이루어지며, 영양의 다리가 언제든 달릴 준비가 되어 있는 이유도 바로 여기에 있다.

척추동물의 뇌는 크게 전뇌, 중뇌 그리고 척수와 직접 연결된 후뇌로 나뉜다. 중뇌와 후뇌는 우리가 무의식적으로 하는 행동, 예컨대 걷기나 호흡 등을 관리한다. 다시 말해 거의 모든 미래 사고를 담당하는 것이 바로 중뇌와 후뇌라는 뜻이다. 전뇌는 좀 더 복잡한 정보를 처리할 수 있고 특히 가능한 미래에 관한 모델을 수립하는 능력이 뛰어나므로, 다른 신경계가 제공하는 정보를 최종 판단하고 실행하는 역할을 맡는다.[28] 전뇌는 포유류 중에서도 영장류를 중심으로 빠르게 발달했다. 전뇌에서도 신피질이라는 영역은 인간 진화의 역사에서 불과 200만 년 만에 눈부시게 성장했다. 그동안 신피질의 부피는 거의 3배로 커졌고, 그중에서도 가장 빨리 성장한 영역은 '작업기억과 행동계획, 지능'에 가장 중요한 역할을 하는 것으로 보이는 전두피질frontal cortex이었다. 신경생물학자 게르하르트 로스Gerhard Roth에 따르면 인간의 대뇌 피질 신경세포는 약 150억 개, 이 분야에서 인간의 가장 강력한 경쟁자인 고래와 코끼리는 약 110억 개 그리고 우리와 가장 가까운 친척인 침팬지는 약 60억 개를 지닌 것으로 추정된다.[29]

신경계는 어떻게 작동할까?

컴퓨터의 본질이 전자 트랜지스터가 서로 연결된 것이듯이, 신경계도 신경세포가 서로 연결되어 거대한 네트워크를 형성한 것이다. 더구나 신경계도 컴퓨터처럼 전기 신호를 의사소통 수단으로 사용한다. 신경세포는 트랜지스터처럼 수많은 전기 신호를 수신하고 평가한 다음에 그 전달 여부를 결정한다. 거대하고 정교한 네트워크를 통해 서로 연결된 신경세포들은 엄청나게 복잡한 연산을 수행하여 이 세상에 관한 방대한 모델을 수립할 수 있다. 그뿐만 아니라 신경세포는 몇 시간, 며칠, 심지어 몇 년이나 유지되는 네트워크에 기억을 저장할 수 있다.

신경세포의 작동 원리를 이해하기 위해 다시 단백질만큼 작아져서 끈적거리는 세포질 속으로 들어가보자. 그러면 다시 한번 세포질의 힘에 이리저리 끌려다니며 여러 가지 일로 분주한 단백질이나 다른 분자들과 부딪히게 된다. 그러나 여기는 대장균 세포에서보다 훨씬 더 큰 판이 벌어지고 있다. 원핵생물이 마을이라면 진핵생물은 큰 도시에 비유할 수 있을 정도로 이곳에는 훨씬 더 다양한 개체들이 더 먼 거리를 돌아다닌다.

20세기에 들어 스페인의 신경생물학자인 산티아고 라몬 이 카할 Santiago Ramón y Cajal은 신경세포의 기본 구조에 관한 지도를 작성했다. 그는 현미경으로 신경세포의 구조를 연구한 뒤, 이를 아름다운 과학적 모식도로 표현했다.[30]

카할은 모든 신경세포에는 세 가지 요소가 있다는 사실을 발견했다. 신경세포의 첫 번째 요소인 본체에는 세포핵과 기본적인 작동 기구는 물론, 에너지를 공급하는 미토콘드리아 등의 세포 기관이 있다. 그러나 각 신경세포의 차이를 만들어내는 요소는 두 번째와 세 번째, 즉 수상돌기dendrite와 축삭돌기axon이다. 이들은 신경세포의 본체에서 뻗어 나와 다른 세포와 접촉하는 2개의 실처럼 생겼다. 정보는 여러 수상돌기상의 신경 접합부, 즉 시냅스synapse를 거쳐 신경세포로 들어가 세포 본체에 도착한 다음, 단 하나의 축삭돌기를 통해 빠져나간다. 축삭돌기는 몇 개의 갈래로 나뉘기도 하고, 대체로 세포에 비하면 길이가 매우 길다. 인간의 좌골신경에서 나오는 축삭돌기는 척추의 아래

<그림 4-1> 인간 대뇌 피질의 큰피라미드신경세포 모식도(1899년)

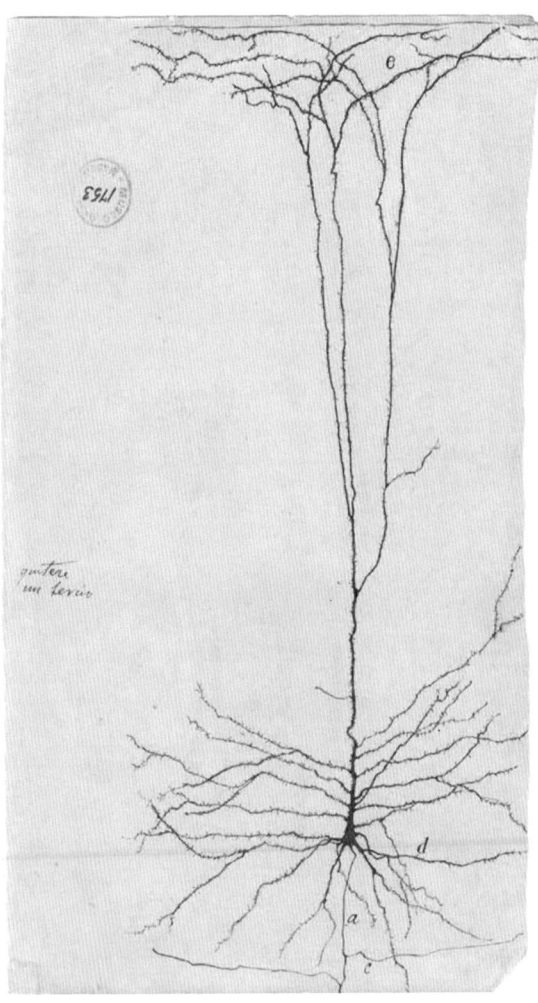

가운데 검은 덩어리는 세포체다. 위쪽에 보이는 긴 수상돌기의 길이는 1밀리미터가 넘고 그 끝은 뇌 표면(e)에까지 이른다. 다른 수상돌기(d)는 세포체를 감싸고 있다. 수상돌기를 자세히 보면 털처럼 보이는 시냅스를 확인할 수 있다. 이 신경세포의 축삭돌기(a)는 여러 갈래(c)로 나뉜다.

쪽을 지나 엄지발가락까지 도달할 정도다.

  1920년대에 생물학자 에드거 에이드리언Edgar Adrian은 신경세포들이 활동전위action potential라는 전기 펄스를 통해 메시지를 주고받는다는 사실을 발견했다. 지속 시간이 수천 분의 1초에 불과한 이 활동전위는 축삭돌기를 통해 특정 지점으로 전달되며 아주 먼 거리를 이동하기도 한다. 모든 활동전위는 강도와 지속 시간이 대체로 비슷하며, 오직 그 수와 반복 속도에 따라서만 달라진다. 에이드리언은 이렇게 말했다. "메시지가 초래하는 감각이 빛이든 촉각이든 고통이든 모든 자극은 서로 매우 비슷하다. 여러 메시지가 한데 뭉치면 감각이 강렬해지고, 조금이라도 서로 떨어지면 그만큼 약해진다."[31]

  활동전위를 생성하는 데는 많은 에너지가 필요하다. 이 에너지를 화학삼투작용이라는 오래된 생화학적 기법으로 공급할 수 있다는 사실은 1960년대 초에 피터 미첼Peter Mitchell이라는 생화학자가 처음으로 발견했다. 앞에서 소개한 바 있는 이 현상은 지구에 생명체가 처음 등장했을 때부터 존재했고, 지금도 우리 몸의 모든 세포에서 일어나고 있다. 모든 세포는 칼슘이나 칼륨 같은 양이온을 뿜어내 내부에 음전하를 형성하고, 이를 통해 세포막의 양쪽에서 약간의 전압 차이를 유지한다.[32] 그러면 세포는 작은 배터리가 된다. 그러다가 갑자기 양전하를 다시 되돌리면 활동전위라는 전기 자극이 발생한다. 그러나 세포막 사이의 전압 차이를 유지하기 위해 끊임없이 양이온을 뿜어내는 작업은 인간 두뇌가 사용하는 에너지 양의 80퍼센트를 차지할 만큼 고된 일이다. 머릿속을 스쳐 지나가는 생각, 기발한 아이디어나 아픈 기억, 다음 데이트나 취직 면접에 관한 모델 수립 등은 모두 화학삼투작용에

따라 전하를 띤 분자가 수백만 개의 신경세포 막 사이로 관통하는 덕분에 가능한 일이다.[33]

축삭돌기 끝에는 다른 신경세포의 수상돌기와 만나 정보를 건네는 시냅스가 있다. 시냅스를 통해 정보가 전달되는 방식은 두 가지다. 우선 정확한 의도보다 속도가 더 중요할 때 전기 펄스를 통해 빠르게 전달하는 방법이다. 예를 들면 뜨겁게 달궈진 부지깽이에 손이 닿았을 때와 같은 상황이다. 그러나 신경전달물질neurotransmitter이라고 알려진 분자의 운동을 통해 신호가 좀 더 천천히 신중하게 전달되는 방법도 있다. 이럴 때는 분자들이 마치 첩보 영화에 등장하는 인질 교환 장면처럼 시냅스의 작은 틈을 통해 눈에 띄지 않게 천천히 퍼져 나간다. 시냅스의 틈을 통과한 신경전달물질은 작은 펄스를 생성한다.[34] 그 펄스의 전하가 음극이라면 수신하는 신경세포 내부에 음전하가 증가하여 신경세포가 발사될 확률이 줄어든다. 만약 양극이면 신경세포가 발화될 확률은 증가한다. 그러나 신경세포가 발화되어 다른 신경세포에 신호를 전달하려면 일정한 조건을 충족해야 한다. 즉 수십, 수백 개의 다른 신경세포에서 나오는 억제 펄스와 자극 펄스를 합한 결과가 특정 임계치를 넘어서야 한다.[35] 이것은 마치 파리지옥이 턱을 닫을지 말지 결정하는 것과 비슷하다. 신경세포도 파리지옥처럼 여러 정보를 취합해서 검토한 후에야 비로소 발화 여부를 결정한다.

활동전위는 초속 27미터 정도의 속도로 정보를 전달할 수 있다. 이것은 오늘날의 컴퓨터보다 훨씬 느린 속도다. 그러나 활동전위는 마치 전화 신호가 지하 케이블을 통해 전달되듯이 먼 거리까지 강도를 유지하는 릴레이로 전달되므로 신호가 약해지지 않는다. 발가락이 무언가에 부딪혔을 때, 그 고통이 발가락에서 뇌에 도달하기까지 전혀 줄어들지 않는 이유가 여기에 있다.³⁶ 아울러 신경계는 병렬로 작동한다. 활동전위는 언제나 엄청난 양이 함께 발화되어 수백만 번의 계산을 동시에 수행한다. 이런 병렬 연산 방식이야말로 어떤 면에서 아직도 최고 성능의 컴퓨터보다 두뇌가 더 낫다고 말하는 이유일지도 모른다.

동물의 신경계와 미래 사고의 관계

그렇다면 이런 활동전위의 발화 과정은 다가올 미래에 대한 동물의 창의적이고 생산적인 사고를 어떻게 지원하는 것일까? 컴퓨터의 트랜지스터처럼 방대한 네트워크를 구성하는 신경세포는 감각 기관으로부터 정보를 수집하고, 그것을 분석하며, 기억에 저장하고, 다른 기억과 비교하며, 빠진 정보를 보충하기도 하면서 변화하는 세상의 모델을 수립한다. 날아오는 공을 받는 상황을 예로 들어보자. 우리는 공이 던져진 시간과 속도를 기억할 수 있다. 그리고 그 공의 무게와 운동량, 바람의 영향을 고려하여 향후 궤적의 모델을 수립한 후 정확히 어느 지점에 손을 뻗어야 하는지 머릿속으로 계산한다.

과거 추세에 관한 기억은 가능한 미래의 모델을 수립하는 데 결정적인 요소가 된다. 신경계는 안정적인 신경세포 네트워크에 기억을 저장한다. 생물학자 에릭 캔들Eric Kandel은 갯민숭달팽이의 일종인 군소의 신경세포가 서로 밀집되는 현상을 연구하여 기억의 형성 원리를 밝혀냈다. 그의 연구 이후, 양전자단층촬영PET이나 자기공명영상MRI 또는 기능적 자기공명영상fMRI 등의 최신 영상 기술이 등장한 덕분에 연구자들은 인간이 여러 가지 생각을 할 때 두뇌에서 밝아지는 부분을 관찰함으로써 신경세포의 연결이 생성되고 소멸하는 과정을 실시간으로 지켜볼 수 있게 되었다.

시냅스 연결이 강화되면서 학습과 기억은 신경세포들이 서로 결합하여 형성된 네트워크 속에 갇히게 된다. 단기기억은 마치 우연한 만남처럼 빠르고 쉽게 형성되었다가 사라지지만, 여러 차례 마주친 신경세포들 사이의 관계는 훨씬 더 오래 지속될 수 있다. 장기기억은 마치 결혼처럼 더 많은 투자가 필요하지만, 그만큼 지속 기간도 늘어난다.

둘 사이의 이런 차이는 이미 식물에서 확인한 바 있다. 누구나 단 몇 초의 기억만 필요한 일에는 굳이 에너지를 낭비하고 싶지 않을 것이다. 그래서 단기기억에는 값싸고 가역적인 프로세스가 동원된다. 예컨대 대장균 단백질에서 보였던 형태 변화나, 파리지옥이 턱을 닫을지를 결정할 때의 전하량 신호가 시간이 갈수록 급격하게 쇠약해졌던 것처럼 말이다. 신경세포가 장기기억을 저장하려면 새로운 시냅스가 추가되거나 서로 통합하는 등 좀 더 영구적인 변화를 겪어야 한다. 반면 기억을 많이 잃는다는 것은 시냅스가 위축되도록 내버려둔다는 뜻이다.[37] 세포의 구조를 이렇게 바꾸려면 새로운 활성 단백질이 필요한데, 그것은 곧 전사인자가 세포의 DNA에 파고 들어가 또 다른 단백질을 생산하는 유전자를 활성화하면, 이 단백질이 새롭고 견고한 시냅스 연결을 만들어냄으로써 장기기억을 가능케 한다는 뜻이다.[38]

학습(어떤 동물은 이 부분에 대단한 재능이 있다.)의 정의는 가능한 미래에 관한 새로운 정보를 접하고 이에 반응하여 새로운 장기기억을 만들어내거나 기존의 기억을 조정하는 것이다. 에릭 캔들은 신경세포가 네트워크상에서 연결되고 끊어지는 방식에 따라 학습의 세 가지 기본적인 형태가 결정된다는 사실을 밝혔다. 그 세 가지는 모두 일종의 귀납적 예측으로 생각할 수 있다. 그것은 기본적으로 기억에 저장된 과거의 어떤 추세를 근거로 다가올 미래에 내기를 거는 행동이기 때문이다.

학습의 첫 번째 형태는 습관화habituation다. 또는 마이너스 학습이라고 할 수 있다. 즉 어떤 것이 사실이 아님을 깨닫게 되는 과정이다. A라는 신호가 반드시 미래의 B라는 사건과 관련되지는 않는다는 사실을 알게 되는 것이다. 예컨대 우리가 공항 주변의 집으로 이사할 경우, "갑자기 엄청나게 시끄러워졌군! 위험하네, 조심해야겠다!"라는 알고리즘 반응으로 마음이 불안해질지도 모른다. 그러나 얼마 지나지 않아 제트 엔진의 굉음이 들린다고 해서 내가 공격받는 것이 아니라는 사실을 곧 알게 된다.

두 번째 형태인 민감화sensitization는 첫 번째와 정반대, 즉 A라는 신호(뜨겁게 달궈진 부지깽이를 건드리는 것)와 B라는 사건(엄청난 고통과 화상)이 서로 관계가 있음을 알려준다. 여기에는 분명히 추세가 있으며, 아마 미래에도 그럴 것이다.

마지막은 전통적인 파블로프식 조건화conditioning다. 생명체는 임의의 신호를 반복적으로 접하면서 새로운 상관관계와 추세를 익힌 후에는 그것이 다가올 미래의 결과로 이어진다는 사실을 알게 된다. 러시아의 생리학자 이반 파블로프Ivan Pavlov는 개에게 먹이를 줄 때마다 꼭 종을 울리기를 반복했다. 결국 개들은 종이 울릴 때마다 먹이를 기대하며 침을 흘렸다(나는 학생 시절에 1년간 레닌그라드[지금의 상트페테르부르크]에 산 적이 있었다. 당시 레닌그라드대학교의 생물학과 건물을 지나면서 개 짖는 소리를 자주 들었다. 나중에 알고 보니 그곳이 하필 파블로프의 실험실이 있던 연구동이었고, 그 실험이 그때까지도 진행되었던 것이다). 다가올 미래를 학습하는 이 세 가지 방법은 단세포 박테리아를 비롯해 세상의 모든 생명체에 어떤 형태로든 존재하는 듯하다.[39]

습관화는 시냅스 연결을 감쇄하며, 민감화와 파블로프식 학습은 그것을 증대하고 강화한다. 바이올린 연주자의 왼손을 담당하는 전두피질(손가락 운동을 관장한다.)의 면적이 일반인의 그것에 비해 5배나 더 큰 이유도 여기에서 찾을 수 있다. 런던 택시 운전사의 두뇌 중 공간지각을 담당하는 영역에서도 비슷한 변화가 관찰되었다.[40] 바이올린 연주자와 택시 운전사의 두뇌는 미래와 관련된 일에 도움이 된다고 신경계가 판단하면 특정 부위에 새로운 시냅스를 성장시킨다. 두뇌는 그에 필요한 생화학적 변화에 투자하여 새로운 정보를 학습하고 그 결과를 장기기억에 저장할 것이다.

기억은 끊임없이 갱신되면서 세상에 관한 모델을 정교하고 그럴듯하며 가변적으로 만드는 일에 쓰인다. 그러나 마치 직소 퍼즐에서 몇 조각이 사라지는 것처럼 공백이 발생하는 경우가 있는데, 바로 여기서 보충이 위력을 발휘한다.

우리는 앞서 소개한 네커 입방체의 예를 통해 인간의 마음이 한정된 정보로도 충분히 모델을 수립할 수 있다는 것을 알았다. 인간의 시각 체계를 관찰하면 두뇌가 기억과 보충, 추측을 총동원하여 새로운 정보로부터 세상에 관한 정교한 모델을 수립한다는 것을 알 수 있다. 인간의 한쪽 눈에는 약 1억 개의 광수용체 세포가 있다. 이 세포에서 얻은 정보는 뇌로 전달되고, 뇌는 색상·형태·선·각도 등 다양한 인지 수단을 동원하여 이 정보를 처리한다. 그러면 인간의 정신은 이 정보를 종합하여 기억의 힘을 빌려 수정하고 정리한 후, 비슷한 장면을 본 기억의 정보를 활용하여 시야의 사각지대를 보충한다. 그 결과 과거에 일어났을 법한 일이 풍부하고 생생한 모델로 수립되고, 그 추세를 사용하여 다가올 미래를 예측할 수 있다.

이렇게 수립된 모델 중에는 장기기억에 저장되어 몇 번이고 다시 소환되는 것도 있다. 그러나 기억은 사진이나 기록 문서와 달리 단순한 복제물이 아니다. 기억은 다시 떠올려질 때마다 재구성되므로 최근에 발생한 사건에 따라 계속 바뀌고 각색된다. 돌이켜보면 과거의 기억이 예측에 의해 쉽게 재해석되는 이유도 바로 여기에 있다. 2,000년 전에 플루타르코스Plutarchos는 카이사르의 암살을 예측한 내용을 많이 기록했다. 한 예언자가 카이사르를 향해 3월 15일에 '큰 위험'이 닥치리라고 경고했다. 어느 날 카이사르는 원로원으로 향하면서 그 예언자에게 농담조로 이렇게 말했다. "이제 3월 15일이 되었군." 그러자 예언자는 이렇게 그를 타일렀다. "그렇지요, 그러나 오늘은 아직 끝나지 않았습니다."(카이사르는 그날 사망했다 — 옮긴이) 고대 그리스의 역사가 스트라보Strabo의 기록에는 또 다른 기이한 전조가 등장한다. 카이사르 자신이 희생제물로 바친 동물이 알고 보니 심장이 없었다는 것이나 그의 아내 칼푸르니아가 카이사르의 시체를 품에 안는 꿈을 꾸었다는 것 등은 모두 불길한 내용이 아닐 수 없다.[41]

우리가 마치 미래를 예측한다고 기억할 때가 있는 것은 그리 놀라운 일이 아니다. 인간은 끊임없이 가능한 미래의 모델을 수립해놓고 그중 하나가 미래에 실제로 구현되기를 바라기 때문이다. 예언가들이

제4장 동식물의 미래 관리

미래를 예측하는 것처럼 보이는 이유는 바로 이런 '추측 편향' 때문이다.[42] 특히 기억을 되돌아보는 과정에서 조금씩 왜곡이 발생한다! 그러니, 미국을 향한 9/11 테러 공격이나 2008년 세계 금융 위기와 같은 현대의 여러 사건이 과거를 되돌아보는 예측으로 '기억'되는 것은 너무나 당연한 일이다.

우리에게 기억과 모델은 마음이 만들어낸 세상이다. 그것은 색상과 극적 구조를 갖추고 있으며 현실감을 자아낸다. 사실 우리는 기억과 모델을 현실과 거의 구분할 수 없다. 사회심리학자 대니얼 길버트Daniel Gilbert는 인간의 뇌를 이렇게 설명한다.

> 정보를 모으고, 명석한 판단을 내리며, 그보다 더 뛰어난 추측을 덧붙여 우리에게 주변 상황에 대한 최상의 해석을 제공한다. 그러한 해석이 너무나 훌륭한 데다 현실과 너무나 흡사한 나머지 우리는 *그것이 단지 해석에 불과하다는 사실조차 깨닫지 못한다.* 우리는 그저 머릿속에 편안히 머문 채, 마치 투명한 망막 너머로 펼쳐진 현실을 있는 그대로 보는 것처럼 느낀다. 우리는 기억과 인식을 서로 정교하게 엮어내 설마 가짜라고는 생각지도 못할 정도로 진짜처럼 보이게 만드는 탁월한 위조범이 바로 우리 두뇌라는 사실을 자꾸 잊는다.[43]

인지과학자 아닐 세스Anil Seth가 말했듯이, 우리 마음이 만들어내는 모델은 그야말로 '통제된 환각'controlled hallucination 이다.[44] 그것은 마음이 수신한 신호를 바탕으로 최선을 다해 현실의 가능성을 예측한 내용이다. 그것이 현실과 가장 가깝다고 할 수 있는 이유는, 우리가 현실에 관해서 직간접적으로 얻은 수많은 정보에 바탕을 두고 있기 때문이다. 이런 모델은 세상과 미래를 바라보는 우리의 창으로서, 우리가 생각하는 미래의 모든 측면을 형성한다.

물론 우리의 미래 예측 장치는 단순히 수많은 신경세포가 모인 컴퓨터가 아니다. 포유류처럼 두뇌를 갖춘 생물체에서 과거에 작동했던 알고리즘이나 경험 법칙은 감정으로 강화된다. 어린 영양의 두뇌와 몸은 사자 떼를 만나면 단순히 도망쳐야 한다고 말하는 것이 아니라 마치 화재경보기처럼 강력한 공포와 당혹감을 자아내는 호르몬을 분비해 영양에게 당장 달아날 에너지를 제공한다. 다시 말해 미래 원뿔 3의 적색 지대로 안내하는 것이다. 인간도 마찬가지다. 우리의 감정 체계는 깊이 생각할 필요는 없으나 재빨리 반응해야 하는 익숙한 상황에 반자율적으로 반응하는 방대한 작동 체계 중 한 부분이다. 숨을 쉴 수 없을 때의 그 공포감을 생각해보라. 우리가 좋은 미래와 나쁜 미래의 차이를 생각할 때마다 반드시 강력한 감정이 동반되는 이유는 바로 신경과 감정이 서로 밀접한 관계가 있기 때문이다. 우리는 자신과 다른 사람이 하는 여러 일에 대해 강력한 감정을 품으며, 적어도 인간에게 그런 감정은 윤리적·도덕적 사고의 토대를 마련해준다.

감정은 현실에 대한 엄밀한 사고보다는 익숙한 추세를 근거로 다가올 미래를 제시하는 신속한 알고리즘과 밀접한 관련이 있다. 이런 간편 알고리즘은 심리학자 대니얼 카너먼Daniel Kahneman이 말하는 '빠른 사고,'fast thinking에 해당한다.[45] 빠른 사고는 직관적이고, 무의식으로 작동하며, 의도적인 노력이 거의 필요 없다. 우리가 미래에 관해 내리는 결정의 대부분은 바로 이 빠른 사고가 담당한다. 어떤 문제를 깊이 생각할 시간이나 정보, 에너지가 충분하지 않을 때는 이 방식에 의존할 수밖에 없다. 그리고 간단한 상황에서는 쉽고 값싸게 사용할 수 있다. 더구나 빠른 사고는 대체로 올바른 방향을 제시하는 경우가 많다. 그러나 항상 그런 것은 아니다. 카너먼과 아모스 트버스키 Amos Tversky 의 연구에서도 드러났듯이, 빠른 사고는 그야말로 너무 빠른 경우가 많다. 예를 들어 빠른 사고의 근거는 대개 손쉽게 얻을 수 있는 정보이며, 따라서 성급한 결론으로 이어지는 경우가 많다. 카너먼과 트버스키는 이런 현상을 다소 장난삼아 '소수의 법칙'law of small number이라고 불렀다.[46] 어린 영양은 어쩌면 어미에게 이렇게 말할지도 모른다. "물웅덩이에 네 번이나 갔고 그때마다 사자가 있었는데, 나를 죽이려 들지 않던데요? 거기 가도 괜찮은 거 아니에요?" 우리는 모두 과거의 경험을 일반화하며, 그 근거도 터무니없이 적은 표본일 경우가 많다. 내가 좋아하는 야구팀이 겨우 두 시즌 망쳤다고 감독을 서슴없이 교체하는 것처럼 말이다. 빠른 사고는 정교한 신경 체계로 작동되는 우리의 미래 사고가 왜 그토록 임시방편으로 흐르는 경우가 많은지를 설명해준다.

그러나 빠른 사고는 난처한 상황을 초래할 때가 많은 데 비해, 인간처럼 두뇌가 커서 시간과 정신적 에너지를 충분히 발휘할 수 있는 종은 카너먼이 '느린 사고'slow thinking라고 명명한 두 번째 체계를 동원할 수 있다. 그것은 바로 어린 영양의 질문에 어미가 떠올릴 법한 생각이다. "*그렇게 일반화하기에는 표본이 너무 적단다. 내가 너보다 더 오래 살았어. 그러다가 네 아빠가 어떻게 됐는지 아니? 물웅덩이는 근처에도 가지 마라, 알겠니?*" 느린 사고에는 일정 수준의 의식이 필요하므로, 이제야 비로소 미래 사고를 본격적으로 다룰 때가 되었다. 느린 사고는 빠른 사고보다 노력과 집중이 더 많이 들지만, 그만큼 더 엄밀하게 문제를 해결하고, 더 많은 정보를 사용하며, 더욱 신중하게 결론을 확인한다. 따라서 인간처럼 두뇌가 큰 생명체는 주로 느리고 의식적인 사고를 동원하여 미래에 관한 중대한 결정을 내리게 된다. 빠른 사고와 느린 사고가 서로 분업 체계를 구성하면 대체로 효과를 발휘한다. 카너먼이 말했듯이, "그렇게 되면 최소의 노력으로 최적의 성과를 올릴 수 있다."[47]

마지막으로, 미래 사고의 생물학에는 여전히 미지의 영역이 많이 남아 있다. 컴퓨터과학자 스튜어트 러셀Stuart Russell은 신경세포가 "학습, 지각, 기억, 추론, 계획, 결정을 어떻게 수행하는지는 여전히 추측의 영역일 뿐이다."라고 말했다.[48] 수조 개의 신경세포 연결망이 우리가 미래를 대비할 때 머릿속에 떠오르는 생생한 현실감을 과연 어떻게 만들어내는지는 아직 아무도 모른다. 우리는 지각이나 의식의 근원에 대해 전혀 아는 바가 없다(그래서 심리학자이자 철학자인 앨리슨 고프닉Alison Gopnik조차 이것을 '마취제가 제거하는 어떤 것'으로 정의할 뿐이다).[49] 우리는 의식이 진화 단계의 어느 시점에서 처음 등장했는지도 모른다. 목마른 어린 영양은 장차 자신이 맞이할 운명을 의식할까? 철학에서는 의식의 문제를 1995년에 철학자 데이비드 차머스David Chalmers가 처음 규정한 이래 이른바 '어려운 문제'hard problem로 일컫는다. 철학과 심리학에서 의식이란 물리학 분야의 암흑물질이나 암흑에너지만큼이나 어려운 문제다. 그러나 의식을 어떻게 정의하든 우리가 깨어 있는 거의 모든 시간에 미래를 생각할 수 있는 것은 모두 그것 덕분이다.

제 3 부

미래를 대비하는 법

그러나 생쥐야, 너만 그런 게 아니야.
앞날을 내다보려고 해도 아무 소용 없어.
최선을 다해 계획을 세워도
허사로 돌아가고
남은 것이라고는 슬픔과 고통,
그리고 미래에 약속된 즐거움뿐이야!
그래도 너는 다행인 셈이야!
네가 달아나는 건 오직 현재의 위험 때문이잖아.
이런, 세상에! 난 뒤도 돌아봐야 하거든.
거기엔 온통 암울한 기대뿐이야!
물론 미래를 내다볼 수도 있지만,
그래봤자 추측과 두려움뿐인 걸!

— 로버트 번스Robert Burns, 〈생쥐에게〉To a Mouse, 1785년.[1]

인류의 도구들

 인간 그리고 어쩌면 로버트 번스의 '겁에 질린 채 웅크린 작고 매끄러운 짐승'을 비롯하여 두뇌가 발달한 수많은 동물 종의 경우, 실행 차원의 미래 사고는 대부분 의식적인 생각일 것이다. 그러나 인간의 미래 사고가 두뇌가 발달한 어떤 생물종에 비해서도 유례없을 정도의 위력과 중요성을 획득한 것은 두 가지 서로 연관된 변화 덕분이었다.

 인간은 수백만 년에 걸친 진화 과정에서 획득한 신경학적·생물학적 변화 덕분에 가능한 미래를 생각하고 상상하며 계획하고, 그 모델을 수립하는 일에 탁월한 능력을 갖출 수 있었다. 그러나 인간이 자신의 이런 능력보다 몇 배나 더 큰 영향력을 발휘할 수 있었던 것은 두 번째 변화, 즉 언어의 발달 덕분이었다. 인간은 언어를 통해 생각을 공유하고 정보를 집합적으로 축적할 수 있었다. 수많은 사람이 정보를 공유한다는 것은 인간의 미래 사고와 그 관리, 나아가 기술과 문화 전체가 과거 그 어느 때보다 빨리 진화했고, 수십만 년에 걸쳐 다음 세대로 이어지면서 더욱 강력한 모습으로 탈바꿈했음을 의미한다. 이런 변화가 축적되면서 인류와 미래, 더 나아가 인류와 지구의 관계에 일대 혁명이 일어났다. 그 결과 인간의 행동 양식은 갑자기 전혀 다른 모습으로 바뀌게 되었다. 프랑스의 복잡계 연구자 디디에 소네트Didier Sornette의 표현을 빌리면 인간은 '용왕'dragonking이 된 셈이다.[2]

두뇌를 키운 인간

우리는 수백만 년에 걸친 진화의 산물인 두뇌가 대단히 발달한 이족보행 영장류 집단, 즉 호미닌hominin에 속한다. 호미닌의 두뇌 크기는 지난 200만 년 동안 진화를 거치며 급격히 성장했다. 오늘날 침팬지의 두뇌 크기는 약 300~480시시 정도다. 200만 년 전에 존재했던 호모 에렉투스/에르가스테르Homo erectus/ergaster라는 호미닌의 두뇌는 약 900~1,000시시 정도였다.[3] 현생 인류의 두뇌는 약 1,300~1,400시시 정도이며, 우리와 가까운 네안데르탈인의 두뇌는 오히려 더 커서 1,500시시를 초과하기도 했다.

물론 뇌의 크기만 중요한 것은 아니다. 지금까지 알려진 가장 큰 두뇌를 지닌 동물은 향유고래로, 부피가 무려 8,000시시에 이른다. 더 중요한 것은 두뇌와 신체의 부피 비율인데, 큰 생명체일수록 관리해야 할 신경 네트워크의 범위가 더 크기 때문이다. 진화의 역사를 보더라도 뇌의 크기는 몸집의 크기와 비례하는 경향이 있다. 그러나 호미닌의 두뇌는 이런 법칙에 비해서도 훨씬 더 빠르게 성장했다. 인간의 두뇌는 인간의 몸에 비해 유난히 크다.[4] 앞 장에서 살펴보았듯이 인간은 연산과 계획을 전문적으로 담당하는 전두피질에 유독 신경세포가 집중되어 있다.

이런 변화의 원동력은 무엇일까? 이것은 진화생물학자라면 마땅히 던져야 할 질문이다. 수십억 개의 신경세포가 다른 일에 충분히 사용될 수 있었을 에너지를 소비해가며 끊임없이 활동전위를 발산하고 있기 때문이다. 즉 큰 두뇌를 유지하려면 값비싼 대가를 치러야 한다는 뜻이며, 진화의 역사를 보더라도 이런 일이 매우 드문 이유가 바로 여기에 있다. 진화를 통해 큰 뇌가 등장한 데는 그럴 만한 강력한 이유가 있었을 것이다. 엄청난 변화 속도(진화의 시간 척도에서 볼 때)는 포지티브 피드백 회로가 작동했음을 시사한다. 그중 하나는 뇌의 크기와 사회성의 관계이다.

포유류는 온혈동물이므로 체온을 유지하려면 파충류보다 체중 1그램당 최대 10배나 더 많은 먹이가 필요하다. 그 목표를 달성하는 한 가지 방법은 더 교활해지는 것이고, 다른 하나는 협력하는 것이다.[5] 그러므로 포유류가 대체로 두뇌가 크고, 생존 기술과 근력을 한데 모으기 위해 무리를 지어 사는 동물이 많은 것은 어쩌면 놀랄 일도 아니다. 그러나 군집 생활은 지능 면에서 부담이 되기도 한다. 개체는 자신의 미래만이 아니라 무리 내 다른 개체의 미래까지 생각해야 하기 때문이다.[6] 일종의 부채와 의무를 져야 하고 그것을 계속 관리해야 한다. 우두머리 암컷이 무슨 생각을 하는지, 천적은 또 무슨 모의를 꾸미고 있는지도 추측해야 한다.[7] 따라서 사회성은 두뇌가 커지는 데 한몫했고, 큰 두뇌는 다시 사회성을 갖추는 바탕이 된 것으로 보인다. 이렇게 강력한 피드백 회로가 형성된 것이다.

호미닌의 두뇌가 그토록 급속히 커진 이유가 무엇이든 그것은 인간의 미래 사고에 혁명을 일으켰다. 전두피질은 두뇌에서도 가장 빨리 성장한 영역으로, 작업기억과 시간의 흐름, 감정, 목적 그리고 계획을 관장하는 곳으로 알려져 있다. 시각을 비롯한 여러 감각 정보를 통합하여 주변 환경의 모델을 수립하고 가상의 사건을 가상의 시간대에 따라 배열하는 것도 이 영역이 하는 일이다. 이것은 미래에 관한 다양한 모델을 수립하는 데 필요한 기술이다. 퍼트리샤 처칠랜드에 따르면 전두피질이 커질수록 "사회적·물리적 영역에서의 예측 능력이 증가한다."[8]

그러고 보면 인간은 복잡한 석기를 만들거나 불을 관리할 때처럼, 다가올 미래에 발생할 사건의 순서를 모형화하는 솜씨가 뛰어나다. 인간은 미래를 장대한 시간 단위로 상상하는 데 탁월한 능력을 발휘한다. 마지막 장에서는 인간의 이런 장엄한 특징을 살펴보기로 한다. 사고 능력이 확충되었다는 것은 신중한 사고, 즉 사물을 깊이 집중해서 생각하는 능력이 증대되어 사고방식이 '빠른' 사고에서 '느린' 사고로 바뀌었다는 뜻이다.[9]

두뇌는 서두르지 않을 때, 눈앞에 흘러가는 정보 중에서도 집중할 부분을 선택할 수 있다. 인간은 산만한 상황에서도 주의를 집중하는 능력이 유독 뛰어난 것 같다. 명상가들이 수련하는 것도 바로 이런 기술이다. 집중력과 의식적인 사고는 복잡한 추론을 동원하거나 여러 가능한 미래를 비교하는 능력을 증대한다. 요컨대 인간의 두뇌는 인류가 여러 가능한 미래를 상상하고, 숙고하며, 서로 비교하는 능력을 증대하는 과정을 통해 그렇게 커진 것 같다.

언어와 집단 학습이라는 혁명

그런 능력이 향상됨에 따라 인류는 진화 과정에서 예상치 못한 보너스를 받았다. 두뇌가 커지면서 그전보다 훨씬 더 혁명적인 두 번째 변화, 즉 집단 학습(또는 문화적 진화)이 가능해졌다. 문화라는 것이 언어를 바탕으로 정보와 생각을 공유하는 것이라면, 인간 외에도 문화를 누리는 생물종이 더러 있다. 그러나 인간의 정보 공유 방식이 독특한 점은 그것이 너무나 정확하고 방대한 나머지, 집단 차원에서 축적된 지식이 다음 세대로 계승되면서 성장하고 발전하여 마침내 인간이 이 세상에서 차지하는 지위마저 바꿔놓았다는 점에 있다. 이것이 바로 내가 말하는 '집단 학습'의 정의다.[10] 집단 학습은 인류의 역사가 존재하는 이유이기도 하다. 지식이 더 많이 축적될수록 인간은 주변 환경과 생명체에 대한 지배력을 강화할 수 있기 때문이다.

인간이 집단 학습을 시작하자 변화는 더욱 가속되었다. 지구의 역사를 이끌어온 주요 동인, 예컨대 판 구조, 태양과 달의 움직임 그리고 자연선택에 의한 진화 등은 대개 수천 년 혹은 수백만 년에 걸쳐 이루어진다. 그러나 집단 학습은 사람들이 서로 자기 생각을 주고받는 과정을 통해 거의 실시간으로 진행된다. 물론 자연선택도 인류 역사에 영향을 미치는 것이 사실이다. 목축민의 후손이 성인이 되어서도 우유를 소화할 수 있는 이유 역시 자연선택 이론으로 설명할 수 있다. 그러나 인류가 자연선택의 시간표를 훨씬 뛰어넘는 속도로 지구상의 다른 모든 생물종과 차별화할 수 있었던 것은 바로 집단 학습 덕분이었다. 문화진화론 전문가 앨릭스 메수디Alex Mesoudi는 여러 세대에 걸친 지식의 축적을 '인류 문화의 결정적인 특징'이라고 한다.[11]

인간에게 집단 학습과 문화적 진화가 가능했던 이유는 언어가 발달했기 때문이다. 언어학자 스티븐 핑커Steven Pinker는 언어 덕분에 인류가 '엄청난 집단적 위력을 발휘하는 정보 공유 네트워크'를 형성할 수 있었다고 말한다.[12] 물론 여러 가설이 존재하지만, 인간의 언어가 진화해 온 전체 과정은 아직 밝혀지지 않았다. 두뇌 크기와 사회성 사이에 작동한 바로 그 피드백 회로가 언어를 발달시킨 원동력이었을 수도 있다. 사회성이 증가한다는 것은 곧 사람들이 서로의 생각과 계획을 더 알기 위해 의사소통 능력을 키웠다는 뜻이기도 하기 때문이다.[13] 따라서 새, 고래, 영장류를 비롯해 사회성을 갖춘 모든 생물종이 어떤 형태로든 언어를 가지고 있는 것도 당연한 일이라고 할 수 있다. 개코원숭이는 서로 "독수리가 오고 있으니 조심해!" 따위의 간단한 메시지를 보내며 위험을 경고할 수 있다. 그러나 인간의 언어는 그것과는 비교도 할 수 없을 정도로 강력하다. 인간의 전두피질을 구성하는 신경망은 방대한 양의 이름과 단어, 개념을 저장할 만큼 넉넉할 뿐 아니라 단어와 개념을 현실과 가상 세계의 이야기로 바꿀 수 있는 문법적 작업대와 선반까지 갖추고 있다.[14]

그 기원이 무엇이든 인간의 언어는 우리가 개인으로나 인류 전체의 차원에서 근본적인 임계점을 한 차례 넘어설 수 있는 원동력이 되었다. 심리학자 레프 비고츠키Lev Vygotsky는 단어는 많은 정보를 압축한다는 점에서 우리에게 사물의 모델을 수립하는 새로운 수단을 제공했다고 말한다.[15] 누군가가 '분홍색 코끼리다!'라고 말하는 것을 들었을 때 우리 머릿속에 얼마나 많은 생각이 떠오르는지 생각해보라. 그 두 단어는 신경세포 네트워크를 거치며 우리 마음속에 생생하고 복잡한 생각을 불러일으키는 신호가 된다. 게다가 그 생각은 적어도 현실에서는 볼 수 없는 어떤 것이다. 문법이 단어와 구절로 이루어진 생각 꾸러미를 복잡한 이야기로 만들면, 우리는 그 이야기를 이리저리 끼워 맞춰 다가올 미래에 관한 여러 모델을 수립할 수 있다. 더구나 우리는 이 모든 일을 현실 세계가 아니라 마음속에 있는 안전한 가상 작업실에서 할 수 있다. 어린아이들이 말을 배우는 것은 가능한 미래의 모델을 수립함으로써 그들 나름의 미래 사고에 박차를 가하는 과정이다.[16]

그러나 언어의 가장 극적인 효과는 개인이 아니라 집단 차원의 학습 및 사고에서 발휘되었다. 언어는 인류 전체가 유구한 세대를 이어 축적해온 방대한 지식 풀에 모든 개인이 깊숙이 공헌할 수 있게 해주었다. 인류는 충분히 검증된 지식 저장고를 활용해 주변 환경과 다른 동식물에 대한 지배력을 확보할 수 있었다. 모든 인류 사회가 전통적인 지식을 소중히 가꾸어온 이유도 바로 그것 때문이다. 지식은 인류 역사의 거의 전 기간에 걸쳐 구전과 노래, 이야기, 건축물, 주변 환경 등에 풍성하게 저장되었다.

전통적인 지식은 의례 등을 통해 세심하게 전수되었고 그것을 완전히 터득하는 데 수십 년이 필요한 경우도 허다했다. 자연선택이 생물종의 가능성을 검증하듯이, 집단 학습은 개념을 테스트하는 역할을 하기도 했다. 효과가 없거나 구식이 된 개념은 과학철학자 칼 포퍼Karl Popper가 말하듯이 조만간 '반증'에 직면할 가능성이 크기 때문이다.[17] 18세기 초, 애덤 스미스Adam Smith와 데이비드 흄의 친구였던 애덤 퍼거슨Adam Ferguson은 이런 변화가 얼마나 혁신적인 것이었는지 이해했다. "다른 동물의 진화는 개체가 유아기에서 출발하여 나이를 먹으면서 성숙기로 발전하는 것이 전부다. 그러나 인류의 진화는 개체 차원뿐만 아니라 이전 세대가 마련한 기초를 다음 세대가 물려받아 그 위에 차곡차곡 쌓아가는 식으로 진행된다."[18]

집단 학습이 촉발한 강력한 추세는 인류 역사를 새로운 방향으로 이끌었다. 이런 추세는 인류 역사의 전 기간에 걸쳐 너무나 느리게 진행되었으므로 거의 눈에 띄지 않았다. 눈에 띄는 것이라고는 개별 가문이나 공동체, 제국 등이 흥망성쇠를 거듭하는 패턴뿐이었다. 그러나 과거에 관한 지식이 풍부하게 축적된 오늘의 시각으로 보면 집단 학습이 촉발한 추세 중에는 인류 역사 전체를 형성한 것도 있음을 쉽게 알 수 있다. 그중에서 가장 뚜렷한 추세로 다음 세 가지를 들 수 있다.

첫째, 집단 학습으로 인간은 점점 더 강력한 존재가 되었다. 인류는 끝없이 샘솟는 아이디어와 기술을 바탕으로 주변 환경을 통제하고 미래를 관리할 힘을 갖출 수 있었다. 둘째, 집단 학습은 인류가 서로의 생각을 공유하는 네트워크를 확장하게 함으로써 오늘날 전 세계가 아이디어와 상품, 사람들이 오가는 하나의 생활권을 형성하기에 이르렀다. 인적 네트워크가 확장함에 따라 인간의 '관심 범위'도 점점 더 넓어져서 각 개인이 소속감을 느끼는 범위가 부족이나 국가 등으로 점점 확대되었다. 셋째, 집단 학습은 수많은 피드백 회로를 생성하며 변화를 가속했고, 그에 따라 더 많은 혁신이 일어났다.

인류 역사의 대부분에서 일어난 변화는 그 속도가 너무 느려서 거의 눈에 띄지 않을 정도였다. 그러다가 최근 1,000년 사이, 특히 최근 몇 백년 사이에 도저히 피할 수 없을 정도의 변화가 급격히 진행되었다. 철학자 앨프리드 노스 화이트헤드Alfred North Whitehead는 이렇게 말한다. "과거에는 중요한 변화가 진행되려면 한 사람의 생애보다 훨씬 더 긴 시간이 필요했다. 따라서 인류는 주로 정해진 조건에 적응하도록 배우며 살았다. 오늘날에는 이 변화의 주기가 평균적인 개인의 생애보다 오히려 더 짧으며, 따라서 현대 사회의 교육도 개인이 늘 새로운 조건에 대처할 수 있게 도와주는 것이어야 한다."[19] 오늘날의 시간 감각이 B계열 시간의 평온함보다 A계열 시간의 역동성에 좀 더 가까운 이유가 바로 여기에 있다.

기술력의 증대, 교류 네트워크의 확대, 변화의 가속화라는 이 3대 추세는 인류 역사에서 시간과 미래에 대한 인식이 그토록 심오한 변화를 겪어온 이유를 설명하는 데 도움이 된다.

시간의 변천사

인류의 미래 사고가 역사 전체에 걸쳐 어떻게 바뀌어왔는지를 추적하기가 대단히 어려운 이유는, 인류가 세상에 등장한 이래 수십만 년이 흐르는 동안에도 그런 사고 활동의 흔적이라고는 거의 남아있지 않기 때문이다. 인류학 연구진이 기록장치와 카메라 그리고 모든 언어를 번역해주는 장치(아마 더글러스 애덤스의 《은하수를 여행하는 히치하이커를 위한 안내서》에 등장하는 귀에 꽂는 바벨 피시 같은 것)를 갖춘 채 아득한 옛날로 돌아가 조상들을 인터뷰할 수 있다면 너무나 멋질 것이다. 그러나 그런 일이 실현될 가능성은 없다. 그저 5만 년 전에 작성된 일기장이나 노트, 철학 소책자만 발견되어도 대단한 일일 것이다. 그러나 안타깝게도 현존하는 가장 오래된 문서 기록조차 5,000년을 채 넘기지 않는다.

이렇게 증거가 부족하다 보니 우리는 나스레딘 호자가 말하는 '빛이 있는 곳에서 찾는' 탐구 전략에 귀를 기울일 수밖에 없다. 즉 현대의 수렵·채집 사회를 연구함으로써 고대 사회를 기술하고자 했던 인류학 문헌을 살펴보며 혹시나 당시 사람들이 시간과 미래를 생각했던 흔적이 남아 있지 않을까 기대하는 방식 말이다. 그러나 오늘날 남아프리카의 칼라하리사막이나 호주의 원주민 또는 현대 북극 주민의 생각에 고대인의 미래 사고와 유사한 흔적이 과연 얼마나 남아 있을까? 사실 우리로서는 그것을 알 방법이 전혀 없고, 인류학자들의 태도 또한 회의적이기는 마찬가지다.[20] 그럼에도 현대 인류학 연구에서 드러난 시간에 대한 다양한 관점은 고대의 미래 사고를 엿볼 수 있는 근거가 되기에 충분하다.

시간의 인류학

1940년대에 미국의 언어학자 벤저민 워프Benjamin Whorf는 시간 감각이 없는 사회가 존재한다고 주장했다. 그는 북미 호피족Hopi의 언어에는 '시간'을 지칭하는 단어나 문법 형식, 구문 또는 표현이 전혀 없다는 사실을 발견했다.[21] 비슷한 시기, 루마니아의 종교철학자 미르체아 엘리아데Mircea Eliade는 전통 사회에 관한 고고학 및 현대의 증거를 조합한 결과, 과거 소규모 사회에서 살았던 사람들의 시간 개념이 오늘날과 전혀 달랐음을 알 수 있다고 주장했다.[22] 그들은 현대인이 시계를 중심으로 생각하는 것처럼 시간을 역동적이고 선형적인 것으로 여기지 않았다.

엘리아데에 따르면 그들은 시간을 '세속의 시간'과 '신성한 시간'이 서로 연결된 것으로 인식했다고 한다. 세속의 시간이란 변화를 피상적으로 경험하는 것으로, 해가 지고 겨울이 찾아오거나 태어나고 죽는 삶의 주기 등에서처럼 대부분의 변화가 반복되고 순환한다는 점만 제외하면 A계열 시간과 약간 비슷한 점이 있다. 반면 신성한 시간은 의례나 꿈, 신성한 지식, 무아지경 등을 통해 접할 수 있는 영원하고 안정적인 시간이라는 점에서 B계열 시간과 다소 유사하다. 엘리아데는 고대인이 신성한 시간을 잠깐 엿보면서 변화란 환상에 불과하다고 믿었을 것이라고 본다. 장엄한 시간의 흐름에 비하면 혹시 변화가 있다고 해봐야 대단치 않다고 생각했다는 것이다.

20세기에 인류학자들은 미래를 향해 역동적으로 진행하는 단 하나의 시간이 존재한다는 오늘날의 개념이 비교적 최근에 형성되었음을 깨달았는데, 그래서인지 워프를 비롯한 일부 학자들은 시간 개념을 인간의 근본적인 사고의 범주에서 제외하기도 했다. 그러나 오늘날 인류학자들은 시간을 보는 다양한 관점의 이면에 중요한 공통점이 있다는 데 대부분 동의한다. 호피족의 언어에 시간 개념이 없다는 워프의 주장은 오늘날에는 대체로 인정되지 않는다. 이후 문법적 시제가 존재하지 않는 언어도 다른 방식으로 과거와 미래를 다룰 수 있다는 연구 결과가 발표되었기 때문이다.[23] 인류학자 에드워드 에번스프리처드Edward Evans-Pritchard에 따르면 나이지리아 북부에 사는 티브족Tiv의 경우 현대적인 시간 개념과 정확히 일치하는 말은 없지만, 그럼에도 "티브인의 생각과 말 속에는 여전히 시간이 내포되어 있다."고 한다.[24]

마찬가지로, 오늘날 많은 인류학자는 세속적인 시간과 신성한 시간의 구분이 고대인의 독특한 경험이었다는 미르체아 엘리아데의 주장이 다소 과장이라고 지적하기도 한다. 1장에서 살펴보았듯이, 현대의 시간 개념에도 역동성만 있는 것이 아니라 영속성이 어느 정도 포함된다. 현대인의 생활 방식은 변화가 반복되고 순환되는 패턴에 익숙하지만, 겉으로 드러난 변화 아래 깊이 숨은 영속성의 감각은 현대 물리학의 법칙과 시간 철학에 여전히 살아 숨 쉬고 있다.

1992년에 영국의 인류학자 앨프리드 겔Alfred Gell은 여러 인류학 문헌을 검토한 끝에 이렇게 말한 바 있다.

> 과거 사람들이 오늘날 우리가 생각하는 시간 개념과 완전히 다른 방식으로 시간을 경험한 상상의 시대는 존재하지 않았다. 과거와 현재, 미래가 구분되지 않고, 시간은 언제나 정지해 있거나, 제자리를 맴돌거나, 시계추처럼 앞뒤로 왔다 갔다 할 뿐이라고 여겨졌던 때는 없었다는 뜻이다. 그저 지금과는 달랐던 시계와 지켜야 할 다른 일정, 짜증을 유발하는 다른 종류의 지연, 행복한 기대, 예상치 못한 반전, 오랫동안 이어진 단조로운 일상 등이 있었을 뿐이다.[25]

인류학자 잭 구디Jack Goody는 인간은 누구나 시간의 연속성(여러 사건이 순서대로 발생한다.)과 지속성(어떤 사건은 천천히, 어떤 사건은 빨리 일어난다.)을 경험한다고 말한다.[26]

그렇다면 왜 인류학자들은 인류사의 수많은 공동체가 시간과 과거, 미래를 경험하고 기술한 방식이 그토록 다양하다는 것을 발견할 수 있었을까?

자연적·심리적·사회적 시간

이런 다양성을 설명하는 한 가지 방법은 인간의 시간 경험에 세 가지 리듬, 즉 자연적 시간, 심리적 시간 그리고 사회적 시간의 리듬이 섞여 있다고 보는 것이다. 인간은 이 리듬에 맞춰 행동해야만 살아남을 수 있었다. 그러나 사회와 기술이 변화함에 따라 세 가지 리듬 사이의 상대적 중요성이 바뀌면서 다양한 공동체마다 시간과 미래를 경험하고 이해하는 방식이 달라진 것이다.

자연적 시간은 낮과 밤, 우기와 건기 그리고 태양과 별, 행성 등의 움직임에 맞춰 흘러간다. 이런 리듬, 특히 밤낮을 주기로 삼는 리듬은 모든 생명체가 살아가는 바탕이 된다. 자연적 시간이 일상생활에서 특히 두드러지는 점은 낮과 밤, 여름과 겨울, 만조와 간조 사이를 오가는 반복적인 특징이다. 인류는 불과 몇 세기 전에 이르러서야 장기적인 기후변화나 대륙과 해양의 지각 운동처럼 수천 년 혹은 수백만 년에 걸쳐 진행되는 자연적 시간의 장기적이고 선형적인 리듬을 파악할 수 있게 되었다. 인류 역사의 전 기간에서 자연적 시간은 엘리아데가 말한 세속적 시간, 즉 끝없이 반복되는 주기로 이루어진 것처럼 보였다.

심리적 시간은 변덕스럽다. 그것은 호르몬의 분비와 흐름, 숨결, 심장 박동, 허기와 포만감, 기상과 수면, 흥분과 지루함, 공포와 만족 등의 생체 리듬에 따라 달라진다. 이런 리듬은 직접적인 경험에 좌우된다. 심장 박동처럼 규칙적인 펄스를 따르다가도 공황 상태에 빠지면 순식간에 바뀌는 것이 심리적 시간이다. 점점 빨라지기도 하고 느려지기도 한다. 지루할 때는 시간이 좀처럼 흐르지 않는 것처럼 느껴진다(시계의 초침을 5분만 지켜보면 직접 확인할 수 있다). 나이를 먹을수록 시간이 점점 빨라져서 생일과 세금 납부 기한은 매년 더 빨리 다가오는 것 같다. 우리가 이렇게 느끼는 이유는 아마도 시간에 관한 내적 경험의 총체가 우리의 수명을 척도로 삼고 있기 때문일 것이다. 1년은 첫돌을 맞이한 아기에게는 시간의 전부지만, 100세가 넘은 노인에게는 전체의 100분의 1에 불과하다. 우리는 심리적 시간을 어느 정도 통제할 수 있다. 도취, 오래 계속되는 춤, 무아지경, 흥분, 정적 등을 경험하면 조금씩 바뀌기도 한다. 명상가들은 깊은 정적에 빠질 때 시간의 흐름이 멈춘 듯한 느낌을 경험한다. 제임스 조이스, 버지니아 울프, 마르셀 프루스트 같은 현대 문학가들의 내적 독백에는 심리적 시간의 변화무쌍한 리듬이 잘 나타나 있다.[27]

사회적 시간은 다른 사람이 만든 시간의 리듬에 우리의 행동을 일치시키는 과정에서 형성된다. 이것은 이른바 사회적 동물이라 일컬어지는 어떤 종에게나 존재한다. 그러나 인간 사회에서 이것이 유독 강력한 힘을 발휘하게 된 것은, 아무리 고립된 사회라도 역사 발전 과정에서 조금씩 갖춰지는 기구와 제도로 인해 결국 사회적 교류가 점점 확대될 수밖에 없기 때문이다. 오늘날, 우리는 자연적·심리적 시간보다 사회적 시간에 더 얽매이는 경우가 많다. 시드니에서 비행기로 출발하여 아침 8시에 런던에 도착하면(나는 여러 차례 경험했다.) 내 몸은 분명히 잠자리에 들 시간이라고 말하겠지만, 이미 그날 일정이 빡빡이 잡혀 있다면 사회적 시간은 하루가 이제 막 시작되었다고 할 것이고, 우리는 어쩔 수 없이 사회적 시간에 맞춰 행동할 것이 틀림없다. 복잡한 현대 사회를 사는 우리는 수백만의 다른 사람들과 행동을 일치하며 살아갈 수밖에 없다. 이슬람교도의 기도 시간, 납세 기한, 학교 종소리, 달력 등은 모두 우리 마음속에 사회적 시간을 각인하는 장치들이다. 사회적 시간 감각은 사람들 사이의 대화와 시간표, 각종 의례와 일정 그리고 수많은 사회적·법적 의무들로 인해 더욱 강화된다.

시간 경험의 변천사에 관한 선구자인 사회학자 노르베르트 엘리아스는 인적 교류 네트워크가 확대되어 사회적 시간의 위력이 증가한 것이야말로 현대적 시간 감각이 형성되는 데 가장 큰 요인이었다고 주장한다. 네트워크가 확대되면서 개인은 수백만 명이 형성한 시간 리듬에 갇히게 되었다. 그리고 이런 시간 리듬이 규모를 확장함에 따라 우리가 과거와 미래를 생각하는 방식도 그에 맞춰 형성되기에 이르렀다.

> 국가가 존재하기 이전의 사회에서는 상호 의존 관계의 폭이 넓지 않았으므로 과거와 미래를 현재와 뚜렷이 구분해서 인식하는 습관이 형성되지 않았다. 사람들은 과거나 미래보다는 당장 눈앞에 펼쳐진 현재를 더 뚜렷하게 인식한다. 반면, 오늘날에 가까워질수록 과거와 현재, 미래는 점점 더 뚜렷이 구분된다. 비교적 먼 미래를 예측하고 고려해야 할 필요와 그런 능력이, 지금 여기에서 해야 할 모든 활동에

점점 더 큰 영향을 미치게 된다.[28]

인간의 시간 경험을 지배하는 주요인이 사회라는 주장을 처음 내놓은 사람은 사회학자 에밀 뒤르켐Emile Durkheim이었다.[29] 그는 칸트와 마찬가지로 인간이 인식하는 시간을 우주의 속성이 아니라 세상을 향한 일종의 투영으로 보았다. 그러나 뒤르켐이 말하는 투영은 개인이 아니라 사회적 차원에서 이루어진다. 그것은 한 사회의 독특한 리듬으로 개인에게 각인되어 있으며, 오늘날에는 심지어 자연이나 개인의 심리적 리듬을 압도하기도 한다.[30]

기초 시대의
미래 사고

인류의 시간 감각이 이렇게 변화해온 요인을 간단히 살펴봤으니 이제 인류 사회 초기의 미래 사고에 관한 추측 모델을 수립해보자.

인류 역사의 초기, 즉 수십만 년 전에 호모 *사피엔스*Homo sapiens가 등장한 이후 약 1만 년 전 마지막 빙하기가 끝날 때까지를 흔히 '석기 시대' 또는 '구석기 시대'라고 한다. 그러나 이 시기는 인류 역사의 전 기간을 위한 사회적·문화적·기술적·도덕적 토대가 마련된 때였으므로 이 책에서는 '기초 시대'foundational era라는 용어로 지칭하고자 한다. 고고학과 인류학 분야의 연구에 따르면 기초 시대의 사회는 주로 대가족 규모의 소규모 집단들로 구성되어 있었다. 사람들은 친밀한 가족 집단을 중심으로 이리저리 떠돌았으며, 수 세대에 걸쳐 전승되고 환경에 맞게 발전시킨 기술을 이용한 수렵과 군집 생활을 통해 살아남았다. 기술 혁신과 기후변화는 이런 소규모 집단이 열대 우림에서 북극 툰드라에 이르는 낯선 환경으로 진입하는 압력으로 작용했다. 그 결과 인류는 수십만 년에 걸쳐 남극을 제외한 지구상의 모든 대륙으로 천천히 퍼져나갔다.

기초 시대가 끝날 무렵인 1만 년 전에 지구상의 전체 인구는 600만 명도 채 되지 않았을 것으로 추정되지만, 이들의 흔적은 남아프리카와 시베리아, 아메리카 대륙 전역에서도 찾아볼 수 있다.[31] 200여 개 국가에 80억 명의 인구가 존재하는 오늘날의 세계와 달리, 기초 시대의 세계는 각각 고유의 영토와 전통, 기술을 지닌 수만 개의 소규모 공동체로 구성되어 있었으며, 각 공동체가 이웃한 공동체의 수도 불과 몇 개에 지나지 않았다.

고대의 공동체는 오늘날의 수렵·채집인처럼 아마도 이웃 공동체와 1년에 한두 번 정도 만나 선물과 생각, 의례, 이야기, 지식, 사람, 심지어 유전자 등을 교환했을 것이다. 고대인은 마치 현대의 올림픽 경기와 비슷한 이런 만남을 통해 평생 수백 명 정도의 사람들을 만나 다양한 문화와 의례, 기술 그리고 언어와 관련된 전통을 접할 수 있었을 것이다. 그러나 대규모 회합은 그리 넓지 않은 지역에서도 많은 사람이 음식을 구할 수 있는 풍요로운 시기에만 가능했다. 예컨대 북미 지역 북서부에서 연어가 이동하던 시기나 빙하기 말엽 프랑스 남부의 사슴 이동기 등을 들 수 있다.

물론 이웃 공동체 간에 정보가 교환된 것이 사실이나, 가장 중요한 것은 공동체의 내부 지식이었고, 그것이 바로 기초 시대에 매우 다양한 사회가 존재했던 이유다. 이런 내부 지식은 여러 세대에 걸쳐 축적되고 검증되며, 이야기와 노래, 의식의 형태로 반복되고, 때로는 이웃 공동체와 공유되기도 하면서 실용성과 실험성, 구체성, 정확성 등과 같은 과학적 요소를 갖추게 되었다. 인류학자 데버라 버드 로즈Deborah Bird Rose는 유럽 식민 지배 이전 시기의 호주에서 "생존의 기본 요건은 기술도 노동도 아닌 지식이었다."고 말했다. 그런 지식은 바로 "자원의 위치, 수원, 생태계의 변화, 지형, 계절 변화 그리고 기술적 품목, 식품, 의약품 및 '담배' 등의 용도에 적합한 동식물 유형과 같은 것들이었다. 그런 지식은 주로 노래나 이야기 등의 형태로 전달되었다."[32]

기초 시대에는 아마도 지식이 사회적 권력의 주요 원천이었을 것이다. 고대 소규모 사회에는 비록 부와 강제 권력의 격차는 없었지만, 특정 개인만 활용할 수 있는 신비로운 지식 체계는 존재했고 그로 인해 권위와 권력의 격차가 점차 커진 것이 사실이었다.[33] 미래에 관한 특별한 지식도 똑같은 방식으로 제한되었을 가능성이 크다.

시간과 미래에 관한 기초 시대의 사고

이 책에서는 다음의 네 가지 특징을 중심으로 기초 시대의 미래 사고를 재구성하고자 한다. 첫째, 공동체의 규모가 작고 교류의 성격도 개인적이었으므로 미래 사고도 개인적인 성격을 띠었다. 둘째, 고대인은 자신을 세상의 한 부분으로 인식했고 그에 따라 세상의 법칙을 당연히 따라야 한다고 생각했다. 오늘날까지 남아 있는 수렵·채집인 사회만 보더라도 미래를 인간의 욕구를 충족시키기 위한 조작의 대상으로 보는 오만한 현대적 감각은 찾아볼 수 없다. 셋째, 인간은 겉으로 보이는 변화에도 불구하고 기본적으로 세상을 안정적인 존재로 여겼던 것 같다. 변화는 분명히 있었고, 그중에는 파괴적인 것도 있었다. 그러나 그들은 변화를 대부분 개별적이고 순환적인 것으로 보았으며, 그 바탕에는 미래가 과거와 별로 다르지 않다는 영속성 개념이 깊이 자리하고 있었다. 그런 의미에서 그들의 생각은 그리스 철학자 파르메니데스의 세계관과 닮았다. 넷째, 사람들은 이 세상을 현재와 미래를 모두 만들어내는 영적 존재와 힘이 가득 차 있는 곳으로 여겼다. 세상은 목적을 지닌 모든 존재가 그러하듯 협상과 투쟁의 대상이었고, 이런 인식은 고대인이 미래를 생각하고 계획하는 여러 측면에 지대한 영향을 미쳤다.

첫째, 소규모 공동체에게 가장 중요한 미래는 그들이 거주하는 곳의 사람과 동물 그리고 식물의 미래였다. 중요한 것은 그 지역의 날씨와 바다표범 사냥, 참마나 뿌리식물의 채집, 이웃과의 관계, 건강과 질병, 사냥감이 되는 동물이나 식용 식물의 번성, 주변 사람들의 수명 등이었다. 8장에서 다룰 지구 차원의 보편적 미래와 달리 그 당시의 미래는 개인적이었다.

둘째, 기초 시대에는 변변한 기술이 없었으므로 사람들이 세상을 지배하거나 변화시키기보다는 세상과 '더불어' '그 안에서' 산다는 인식이 정착했다. 오늘날의 모든 수렵·채집 사회도 인간이 이 땅을 지키고 가꾸어야 한다는 보편적이고 생태학적인 도덕법의 존재를 강력하게 인식하는 것 같다. 인간은 자신이 사는 곳의 동식물 생태에 영향을 미칠 수 있었고, 실제로 땅을 불태우거나 지나친 수렵 활동으로 일부

동물을 멸종시키기도 했다. 기초 시대에 대부분의 자연환경은 인간의 활동으로 조성되었다. 그러나 사람들은 인간의 활동이 지닌 한계를 잘 알고 있었고, 그 '법'을 무시하거나 존중하지 않는 행위는 처벌받는다는 내용의 수많은 이야기가 전승되었다.

자연을 존중하는 의례를 게을리하는 것은 어리석은 태도로 인식되었다. 사냥감이 될 만한 어린 동물을 죽이거나 함부로 땅을 불태우는 것도 어리석은 행동이었다. 1950년대 초, 인류학자 엘리자베스 마셜Elizabeth Marshall은 칼라하리사막에서 수렵과 채집으로 살아가는 주와시족Ju'wasi을 찾아가 그들과 함께 살았다. 주와시족은 농경 민족과 달리 세상을 조종하거나 통제하려는 태도를 전혀 보이지 않았다. "그들은 자연에 어떠한 영향력도 미치려 하지 않았다. 그들은 비가 오게 하거나, 동물을 살찌우거나, 식물을 자라게 하려는 그 어떤 노력도 기울이지 않았다. 이따금 마른 풀을 태워 푸른 초원을 유지할 때를 제외하고는 자연에 그 어떤 시도도 하지 않았다."[34] 수렵·채집인의 신화에서, 자연계와 동떨어진 인간이 그 자연 세계를 지배한다는 오늘날의 보편적인 개념과 일치하는 생각은 도무지 찾아볼 수 없다.[35] 그들은 자신을 세계의 일부라고 생각했기 때문에, 자신의 리듬을 주변 환경에 강요하기보다는 거꾸로 자연적·심리적 시간의 리듬에 자기 행동을 맞추려고 했다.

물론 사회적 시간은 중요할 뿐 아니라 자연적·심리적 시간을 압도하는 경우가 많았다. 아마 모든 공동체가 천문 현상이나 환경의 변화를 이용하여 사회적 활동과 의례에 필요한 달력을 제작했을 것이다. 실제로 미국의 고고학자 알렉산더 마색Alexander Marshack은 3만 년 전의 물건을 두고 그것이 초기 형태의 달력일 수도 있다고 지목한 적이 있다.[36] 그러나 당시 사회 주기는 오늘날처럼 시간 감각을 지배하는 정도는 아니었다. 다음은 인류학자 리처드 리Richard Lee가 1960년대에 칼라하리사막에서 여러 공동체의 생활 리듬을 연구하여 설명한 내용이다.

> 한 여성은 가족이 사흘간 먹을 음식을 하루에 모아놓고, 나머지 시간은 천막에서 쉬거나 자수를 하거나 다른 천막에 들르거나 또는 다른 천막에서 온 방문객을 접대하며 보낸다. 집에서 보내는 시간 중에는 요리하거나 견과류를 깨거나 장작을 모으거나 물을 긷는 등의 주방 일과가 매일 1~3시간을 차지한다. 밖에 나가 사냥하는 남성은 여성보다 더 분주히 움직이지만, 일정이 고르지는 않다. 남성은 1주일을 꼬박 사냥에 바친 뒤 2~3주 동안은 아예 꼼짝도 하지 않기도 한다. 사냥은 예측 불가하고 종잡을 수 없는 일이므로 운이 나쁘면 한 달 넘게 한 마리도 못 잡는 경우가 허다하다. 이 기간에 남성들은 주로 나들이, 오락, 춤추기 등으로 시간을 보낸다.[37]

고대의 수렵·채집인은 주변의 다양한 리듬에 잘 적응하며 살았던 것 같다. 예를 들면 꿈과 생체의 리듬, 군집 생활과 수렵의 리듬, 태양과 달, 조수의 리듬 그리고 동물의 이동과 공동체의 의례 등이었다. 그런 세상은 단 하나의 시계로 주변 세상의 모든 시간적 주기가 규정되는 오늘날의 세계와는 전혀 달랐다.

셋째, 고대인은 우리처럼 A계열 시간에 살았음에도, 마치 B계열 시간을 대하듯이 기본적으로 시간을 안정적인 것으로 여겼다는 증거가 많다. 사람들은 일상생활을 통해 개인이 경험하는 변화의 이면에는 안정적이고 변함없는 파르메니데스의 세계가 있다고 보았다. 그렇게 생각하면 소규모 공동체들이 역사의 구체적인 연대표에 거의 관심을 기울이지 않는 이유도 충분히 이해된다. 구전문화 연구자인 린 켈리Lynne Kelly는 호주 북부 아넘랜드에 사는 욜누족Yolngu의 시간 개념에 관해 이렇게 설명한다. "시간은 순차적이지 않다. 신화적인 사건은 먼 과거에 발생했지만, 동시에 연속적인 현재의 일부로도 존재하는 것으로 인식된다."[38]

그들이 과거를 단 하나의 연대표상에서 현재로부터 점점 멀어져가는 시제로 인식하지 않았음은 인류학적 증거로 뒷받침된다. 그들은 과거를 태초의 흐릿했던 때로 재빨리 사라져버린 시기로 인식했다. 호주 원주민의 표현을 빌리면 과거는 '꿈꾸던' 시대였다. 여기서 꿈꾸기dreaming라는 단어는 앨리스스프링스 인근에 사는 아렌테족Arrente의 언어를 번역한 것이다. 그러나 이렇게 번역하면 오해의 소지가 발생한다. 인류학자 로슬린 헤인즈Roslyn Haynes에 따르면 원래 용어가 가리키는 뜻은 '그저 우연히 잠깐 존재할 뿐인 물리적 세계보다 더 실제적이고 근본적인 차원에서 항상 존재하는 현실'이라고 한다.[39]

호주의 인류학자 윌리엄 에드워드 핸리 스태너William Edward Hanley Stanner는 그것을 '언제나'everywhen라고 표현한다. '꿈꾸기'로 번역되는 아렌테어 단어에는 사물의 본질과 당위, 항상성 등을 내포하는 '법'law이라는 의미도 포함되어 있다. 이것은 인도의 전통에서 만물의 근본적인 도리나 법을 뜻하는 다르마dharma 개념과도 닮았다. 역사학자 앤 맥그래스Ann McGrath는 이렇게 말한다. "호주 원주민 언어에는 '아주 먼 옛날'이라는 개념을 전달하는 표현이 자주 등장하는데, 이 영역은 사실 어느 특정 시간이 아니라 계속 진행 중인 과정을 의미하는 '꿈꾸기', 즉 태초의 시기로 수렴된다."[40] 과거는 하나의 연속체가 아니라 현재를 위한 지식과 진실의 저장소로 간주된다.

파르메니데스 세계관에서 과거와 미래는 현대인의 생각처럼 고유의 의미를 지닌 대상이 아니다. 중요한 것은 현재다. 호주 지역의 고대 전통에서 정말로 알아야 했던 지식은 내가 언제 존재했는가가 아니라, 어디에 존재하는가 하는 것이었다.[41] 여러분은 어느 나라에 살고 있는가? 여러 사물과 충성심, 이야기, 지식 등은 시간이 아니라 장소에서 유래했다. 그런 세상에서는 지도가 연대표보다 더 중요하다. 잭 구디는 이렇게 말한다.

> 문자가 아직 존재하지 않던 문화권에서 과거를 향한 생각과 태도에는 현재에 벌어지는 일이 반영되는 경우가 많았다. 이런 현상은 어느 사회에서나 발생하며, 특히 기억에 의존해야 하는 상황에서는 더욱 두드러진다. 그러나 오직 구전으로만 문화가 전달되는 사회에서는 과거가 어쩔 수 없이 현재에 흡수되고 만다. 문자가 보편화되기 이전에 (심지어 그 후에도 어느 정도) 과거란 현재가 고스란히 투영된 것으로, 인류가 현재의 삶의 방식대로 존재하기 시작했던 신화의 시대를 의미하는 것이었다.[42]

이런 파르메니데스식 시간 감각은 구약 《전도서》의 아름다운 구절을 비롯한 여러 문학적 전통을 거쳐 지금까지 전해 내려오고 있다.

한 세대는 가고 한 세대는 오되 땅은 영원히 있도다

(중략)

이미 있던 것이 후에 다시 있겠고 이미 한 일을 후에 다시 할지라 해 아래는 새것이 없나니

무엇을 가리켜 이르기를 보라 이것이 새것이라 할 것이 있으랴 우리가 있기 오래전 세대들에도 이미 있었느니라

이전 세대들이 기억됨이 없으니 장래 세대도 그 후 세대들과 함께 기억됨이 없으리라[43]

파르메니데스 세계관에서 미래란 겉으로 보이는 현상 아래에서 물결치는 작은 변화가 구현되는 것일 뿐이므로 그리 신비하지도 않고, 위협을 느낄 필요도 없다. 이 점을 이해하면 20세기 후반 인류학자들을 당혹하게 했던 문제가 해결될지도 모른다. 즉 오늘날의 수렵·채집 공동체는 미래를 걱정하는 데 시간을 쓰는 일이 거의 없는 것처럼 보인다는 것이다. 일부 학자들의 눈에 게으름이나 무책임한 태도로 보였던 것이 사실은 너무나 잘 알고 익숙한 세상에서 살아온 결과임이 현대 인류학을 통해 밝혀졌다. 그들은 생존에 필요한 모든 것은 과거에 그랬듯이 미래에도 틀림없이 충족될 것을 알고 있다.[44] 칼라하리사막의 코이산족 사람들은 인류학자 리처드 리에게 이렇게 반문했다. "사방에 널린 게 몽곤고Mongongo 열매인데 우리가 왜 그걸 또 심어야 합니까?"[45]

물론 몇 주, 몇 달 또는 몇 년 단위의 단기적 미래는 항상 중요했다. 아기가 태어나는 시기, 사슴이나 캥거루의 이동기, 몽고고 열매의 수

확 시기 등은 예측해야 기본적으로 살아남을 수 있었기 때문이다. 이런 수준의 예측은 여느 사회에서나 마찬가지로 추세를 바탕으로 이루어지는 실증적인 것이었다. 천문 지식은 어디에서나 1년의 주기를 알 수 있는 믿을 만한 척도로서 특히 항해에서 중요한 역할을 했다. 따라서 우리가 아는 모든 사회는 천문 지식을 대단히 중요하게 여겼다. 19세기에 호주에 도착한 유럽인들은 이곳의 천문 지식을 이렇게 평가했다. "이곳 사람들의 하늘에 관한 지식은 백인을 훨씬 앞선다. 호주 원주민은 야간에 이동할 때나 연중 계절을 가늠할 때나 별자리를 아는 것이 너무나 중요하므로, 천문 지식은 그들의 교육에서 가장 중요한 분야가 되어 있다."[46] 물론 천문 지식은 기초 시대의 모든 사회에서 중요했지만, 가장 중요한 것은 겉으로 드러난 현상의 이면에는 크게 달라지는 것이 없다는 가르침이었다.

넷째, 기초 시대의 미래 사고는 아마도 이 세상이 영적 존재와 신비한 힘으로 가득 차 있다는 강한 믿음으로부터 큰 영향을 받았을 것이다. 오늘날의 주요 종교는 대부분 영혼과 신의 존재를 당연한 것으로 가정한다. 2,000년 전에 키케로는 이렇게 말했다. "거의 모든 사상가는 신의 존재를 굳게 믿었고, 이것은 우리도 자연스럽게 동의할 수 있는 가장 타당한 견해다."[47] 이런 믿음은 우리가 마치 다른 사람에게 묻듯이 영적 존재에게 미래에 관해 질문하고 그들과 협상할 수 있다고 생각하는 독특한 미래 사고가 거의 모든 인간 사회에 존재하는 이유를 설명해준다.

그런 믿음이 보편화된 데는 신경학적인 이유도 있을 것이다. 인간은 물론, 아마도 두뇌를 지닌 동물이라면 움직이는 생명체와 그렇지 않은 무생물을 구분할 수 있다. 그 둘을 구별하는 것은 너무나 중요한 일이기 때문이다. 어스름한 갈대밭에서 언뜻 눈에 띈 물체가 통나무인지 악어인지에 따라 해야 할 행동에는 엄청난 차이가 난다. 아이들은 사물의 움직임과 소리(개와 자동차는 움직임과 소리가 모두 다르다.) 그리고 그것이 다른 물체와 상호작용하는 모습을 보고 그것이 생물인지 무생물인지 구별할 줄 안다.[48] 그러나 이런 차이를 파악하는 신경 구조가 완벽하지는 않으므로, 이른바 자연계와 초자연적 영역을 구분하는 일이 꼭 쉬운 것만은 아니다.[49]

우리 뇌는 움직이는 사물을 항상 경계하므로, 밤길을 걷다가 뒤에서 속삭이는 소리를 들으면 쉽게 착각을 일으키곤 한다. 쇳가루는 왜 자석을 향해 기어갈까? 강이 범람한 모습은 왜 화가 난 것처럼 보일까? 우리는 꿈과 환청을 통해 목적을 지닌 여러 존재의 가능성을 믿게 된다. 그 점은 언어도 마찬가지다. 인간이 사용하는 언어의 문법 구조는 행동에는 반드시 행위자가 따르도록 규정하고 있기 때문이다. 문법에 따르면 항상 바람은 불어야 하고, 태양은 빛나며, 세상은 돌아야 하고, 전염병은 퍼지게 되어 있다. 우리 마음은 항상 행위자를 지나치게 쫓아다닌다. 그러는 편이 혹 실수가 나오더라도 덜 위험하기 때문이다.[50] 통나무를 악어로 착각해봐야 잠깐 웃고 넘어갈 수 있지만, 거꾸로 악어를 통나무로 오인했다가는 목숨이 위태로워진다.

요컨대 목적과 힘을 지닌 존재에 대한 믿음이 보편화된 현상(19세기 인류학자들은 이를 물활론animism 또는 정령신앙이라고 불렀다.)은 우리의 정신 구조에 그 원인이 있을지도 모른다. 그것이야말로 거의 모든 인류 공동체가 영혼의 존재를 자명한 것으로 여겨온 이유일 것이다. 대표적인 회의론자인 키케로마저도 영적 세계를 경험의 영역으로 간주했다. 그래서 엘리자베스 로슨Elizabeth Rawson이 쓴 그의 전기에는 그가 점술을 '물리학'의 한 갈래, 즉 자연에 대한 분야로 인정했다는 기록이 나온다.[51]

엘리자베스 마셜이 1950년대 주와시족의 영적 세계를 설명한 내용을 보면 기초 시대의 미래 사고와 관리를 형성했을 법한 영적 믿음의 흔적이 나타나 있다. 주와시족은 여러 종류의 신을 알았고 그중에는 심지어 창조주 신도 포함되어 있었지만, 그들의 마음속에 있던 신은 수렵·채집인이었다. 그들의 신은 비록 강력하기는 했지만, 그 신들에서 이후의 세계적 종교에 등장하는 황제와 같은 신들의 웅장함과 자부심을 찾아볼 수는 없다. 그 신들은 "평범한 인간의 모습이었고 몸집도 비슷했다. 그들은 여느 사람들처럼 사냥했고, 불과 움집이 있는 야영지에서 부인과 아이들을 데리고 살았다는 점에서도 사람과 닮았다."[52] 신은 인간의 멘토도, 스승도 아니었던 반면, 예측 불가하고 위험한 존재일 수도 있었다. 그러나 한편으로는 어리석은 존재이기도 했다.

주와시족에게 영적 세계와 마주하는 의식은 여느 소규모 공동체와 마찬가지로 불확실한 미래, 특히 건강에 관한 문제를 해결하는 중요한 방법이었다. 엘리자베스 마셜은 저녁에 해가 지고 동쪽으로 보름달이 떠오르면서 무아지경의 춤이 시작되는 것을 목격한 바 있었다.[53] 여성들은 야영지 한가운데 불을 피웠다. 그런 다음 한 명씩 차례차례 불 근처에 발뒤꿈치를 든 채 앉았다. 별이 보이기 시작하면서 노래와 박수 소리가 들렸고, 여기에 다른 사람들이 하나둘 동참하여 복잡한 대위법 리듬을 구성하며 '심장이 멎을 듯이 아름다운' 노래가 만들어졌다.

다리에 방울을 매단 남성들이 여성들을 둥그렇게 둘러싼 채 춤을 추기 시작했다. 마침내 남성들이 무아지경에 빠져들어 불길에 '몸을 정화하기' 시작했다. 그들은 한 여성에게 다가가 그녀의 가슴과 등에 손을 얹었다. 그러다가 갑자기 비명을 지르며 일어섰다. 그들은 여성에게서 뭔가를 끄집어내는 것 같더니 그것을 죽은 자들의 영혼을 향해 던졌다. 그것은 바로 질병이었다.

춤은 새벽까지 이어지다가 절정에 이른 뒤 해가 뜰 무렵에 갑자기 끝나는 것이 보통이었다. "여성들은 거의 12시간 동안 발뒤꿈치를 든 채 앉아 있느라 지치고 뻣뻣해진 몸을 일으켰다. (중략) 그녀들은 서로 웃으며 대화하고, 기지개를 켠 다음, 주위를 찾아다니며 타고 남은 장작을 거두기도 했다." 칼라하리사막에 남아 있는 수천 년 전의 고대 암각화를 보더라도 이런 전통과 세계관의 뿌리가 기초 시대까지 거슬러 올라간다는 점을 알 수 있다.[54]

나는 여러 가지 점술(만티케Mantiké)을 고안해냈고, 꿈에서 어떤 것이 진리인지 처음으로 판단했으며, 길에서 우연히 마주치는 어려운 말이나 징조의 의미를 인간에게 처음으로 알려주었다. 나는 발톱이 굽은 새가 날아가는 길을 보고 상서로움과 불길함을 세세히 안내하기도 했다. 나는 인간에게 신을 기쁘게 하려면 내장이 얼마나 부드러워야 하고, 담은 어떤 색을 띠어야 하며, 간엽의 무늬는 얼마나 아름다워야 하는지도 가르쳤다. 살점 속의 넓적다리뼈와 긴 정강이뼈를 불태운 것도 바로 나였다.

– 아이스킬로스, 《결박된 프로메테우스》 중에서 프로메테우스의 대사.[1]

제6장

점술, 주술, 신탁

**농경 시대의
미래 사고**

인류 역사에서 농경 시대는 약 1만 년 전(기원전 약 8000년)에 시작되어, 화석연료 시대의 새로운 기술과 사고방식으로 현대 세계의 기초가 마련된 약 두 세기 전까지 이어졌다.

수십만 년 동안 인류 사회의 변화는 극도로 느리게 진행되었으나, 그 후에 찾아온 농경 시대에는 그야말로 눈부신 변화를 겪었다.[2] 그 기간은 인류가 진화하기 시작한 이후 지금까지의 20분의 1도 되지 않는다. 그러나 그 시기에 농업을 비롯한 여러 신기술은 집단 학습의 급격한 발전 속도와 규모에 힘입어 인류 사회와 사고방식에 혁명을 불러왔다. 마지막 빙하기(지질학자들이 약 1만 1,500년 전에 시작된 홀로세 시대라고 부르는 시기) 이후 이 시기 전체에 걸쳐 이례적으로 기후가 안정된 덕분에 농업이 전 세계로 확산하면서 현대 세계의 훨씬 더 심오한 변화를 위한 기술적·인구학적 기반이 마련되었다.[3]

농업은 수렵·채집에 비해 단위 면적당 식량 생산량을 대폭 증대했고, 그에 따른 잉여 식량 덕분에 인구는 빙하기 말의 약 600만 명에서 서기 1800년까지 약 9억 명으로 증가하여 연평균 0.05퍼센트의 성장률을 보였다. 1800년이 되자 사람들은 이동형 야영에서 벗어나 한 곳에 정착하여 마을을 형성했고, 그 결과 인구의 약 7퍼센트가 도시에 살게 되었다. 가장 큰 정착지의 인구는 기초 시대의 100명 미만 수준에서 이 시기에 이르면 100만 명 이상으로 증가했다. 같은 기간 연간 1,500만 기가줄 수준이던 인류의 에너지 소비 총량은 20억 기가줄 이상으로 늘어났고, 1인당 에너지 소비량은 연간 약 3기가줄에서 약 23기가줄로 늘어나 7배 이상 증가했다.

한편, 집단 학습을 기반으로 한 세 가지 주요 추세도 더욱 가속화되었다. 신기술은 환경에 대한 인간의 통제력을 강화했고, 교류 네트워크의 확대로 다시 집단 학습이 촉진되어 사회적 시간의 상대적 중요성이 커졌으며, 변화가 가속되면서 시간의 역동성이 증가하자 미래는 예측하기 어려운 대상이 되어버렸다.

인간은 농업이라는 획기적인 기술을 통해 환경과 세계, 나아가 미래에 대한 지배력을 강화했다. 농부들은 땅을 가꾸고 동식물을 사육, 재배함으로써 미래의 수확량을 극대화할 수 있음을 알게 되었다. 그리하여 최고의 신이 인간에게 다른 생물을 지배할 힘을 부여했다고 가르치는 전통도 생겨났다. 전 세계 규모의 홍수로 지구상의 거의 모든 생명체가 휩쓸려 간 사건이 일어난 후, 유대인의 신은 살아남은 노아와 그 가족에게 이렇게 말한다. "땅의 모든 짐승과 공중의 모든 새와 땅에 기는 모든 것과 바다의 모든 물고기가 너희를 두려워하며 너희를 무서워하리니 이들은 너희의 손에 붙였음이니라."[4] 농업은 의무가 되었다. 이제 농사를 짓지 않는 공동체는 미래의 언젠가 더 많은 인력과 자원을 보유한 이웃 농경 공동체로부터 압박을 받게 될 것이 분명해졌다. 농경 공동체 간의 경쟁으로 도자기와 야금, 새로운 건축 기술, 새로운 형태의 교통 및 의사소통 방법 등 수많은 신기술이 출현했다.

항해와 말, 소, 낙타의 이용과 같은 새로운 교통 기술은 인적 교류 네트워크를 확대했고, 문자가 바탕이 된 새로운 통신 기술로 공동체와 세대 간의 의사소통이 증폭되었다. 교류 네트워크의 확대로 늘어난 정보 수집량은 다시 혁신을 촉진했다. 이렇게 되자 시간 자체도 변모했다. 사람들이 변화하는 무역과 의례, 전쟁, 통치의 틀 안에서 수백만에 이르는 다른 사람과 같은 사회적 리듬으로 행동해야 한다는 것을 깨달았기 때문이다. 가장 외딴 지역의 농가조차 농작물을 판매하고 세금을 납부해야 했으므로 멀리 떨어진 도시와 통치자들의 행동을 따라 할 수밖에 없었다.

변화가 급격히 가속하면서 안정된 우주에 대한 믿음이 흔들리게 되었다. 지금부터 약 5,000년 전에 출현한 도시와 국가는 사회적 관계에 일대 혁명을 초래했다. 소수의 강력하고 부유한 엘리트가 지배하는 거대한 계층사회가 형성되었다. 국가의 출현은 엄청난 정치적 혁신이었다. 국가는 그 속성상 대규모의 미래 관리를 목표로 삼았기 때문이다.

문자나 피라미드와 궁전 등의 튼튼한 공적 기념물이 건설되면서 먼 과거에 일어난 사건의 증거가 보존되자 변화에 대한 인식이 고취되었다. 문자는 엘리트 계층이 양과 노예, 금괴 등의 자산을 관리할 필요에 맞춰 진화했다. 그러나 얼마 안 가 문자는 보편적인 미래 계획이라는 목적을 위해서도 없어서는 안 될 수단이 되었다. 기록된 문서는 인간의 기억에 비해 지식을 더 많이 안정적으로 담을 수 있었고, 그 덕에 더욱 먼 과거로부터의 추세를 파악할 수 있었다. 문서로 남아 있는 가장 오래된 이야기인 《길가메시 서사시》에 따르면 그 시에 등장하는 영웅이 '홍수 이전 (당시의) 정보'를 우리에게 알려준다고 한다.[5]

주술과 예언의 시대

농경 시대의 미래 사고도 인류 역사의 모든 시대와 마찬가지로 대부분 상식과 추세에 기반을 둔 것으로, 직관적이고 경험적이며 실용적인 지식이 존중받았을 것이다. 2,000년 전에 회의론자 키케로는 이렇게 질문했다. "여러분은 예언자가 폭풍우의 임박 여부를 '추측하는' 능력이 수로 안내자보다 더 뛰어나다고 생각하는가? 혹은 예언자가 '추측'을 통해 의사보다 더 정확하게 진단하거나, 장군보다 전쟁을 더 능숙하게 지휘하리라고 보는가?" 비록 모든 사람이 점술(영적 존재와 교감하고 협상하려는 시도)을 사용했지만, 키케로는 "감각을 통해 지식을 얻는 그 어떤 분야에도 점술은 소용이 없다."고 주장했다.[6]

농경 시대에도 미래 사고의 바탕은 대부분 '감각을 통해 얻은 지식'이었을 것이다. 그러나 이 장에서는 농경 시대의 미래 사고에서 현대와 다소 다른 측면을 살펴보기로 한다. 그것은 주로 아르주나 왕자를 비롯해 현대 이전 사람들이 당연히 여겼던 영적 존재와 힘이 인간의 미래를 잘 알 뿐 아니라 거기에 영향을 미칠 수 있다는 가정에서 비롯된 생각이다. 사도 요한은 밧모섬에서 "나팔 소리 같은 그 음성"을 통해 "이리로 올라오라 이후에 마땅히 일어날 일들을 내가 네게 보이리라."라는 말을 듣는다.[7] 점술에는 여러 형태가 있다(개신교가 인정하는 것을 제외한 모든 형태의 점술을 경멸했던 토머스 홉스Thomas Hobbes의 《리바이어던》에 그 종류가 일목요연하게 제시되어 있다).[8] 당시에는 누구나 점술을 대단히 중요하게 여겼으므로 키케로가 말한 경험적 지식과 예언적 지식의 미묘한 차이를 진지하게 받아들인 사람은 거의 없었다. 따라서 사람들은 예언자와 점술가의 전문성을 의사, 조종사, 장군의 그것과 같은 수준으로 대우했다.

누구나 점술에 기댔다. 그러나 계층, 권력, 문화 그리고 부가 분열되며 형성되는 사회에서 교육받은 엘리트와 평범한 대다수의 미래 사고 사이에는 점점 중대한 차이가 나기 시작했다. 외딴 마을 사람들과 도시 공동 주택에 거주하는 노동자 계층은 개인의 미래를 걱정하고, 해당 지역의 추세를 파악하며, 그곳의 신과 정령, 마녀에게 조언을 구하고, 해당 지역의 영적 전통을 신뢰했다. 그러나 권력층은 수십만 또는 수백만 명의 미래를 생각해야 했다. 그들은 지역의 전통을 넘어 더 크고 본질적인 추세와 더 강력한 영적 권위에 대해 생각해야 했다. 예컨대 '메뚜기가 보리밭을 온통 파헤치는 것은 이웃 부족이 우리에게 마법을 걸어서 그런 걸까?'라는 수준이 아니라 '메뚜기 떼의 극성으로 나라에 기근이 몰아닥칠까? 어떻게 하면 그런 사태를 막을 수 있을까?'라고 생각해야 했다. '내가 아픈 것은 친척이 저주를 걸었기 때문일까?'에 머물기보다는 '페스트로 백성들이 모두 목숨을 잃기 전에 어떤 대책을 세워야 할까?'에 생각이 미쳐야 했다는 뜻이다.

큰 범위의 미래 사고를 위해서는 수백만 명의 삶에 영향을 미칠 대규모 추세를 바탕으로 미래에 관한 새로운 지식과 사고방식을 개발해야 했다. 그러다 보니 점술에 관한 키케로의 질문에서 볼 수 있는, 전통적인 미래 사고에 의문을 제기하는 용기도 필요했다. 또한 이 시기에 엘리트의 미래 사고는 더욱 야심 찬 성격을 띠게 되었다. 이 시기에 황제와 왕들은 먼 땅에 군대를 보내거나, 새로운 도시를 건설하거나, 강을 건너거나 숲을 개간함으로써 수백만 명의 미래에 영향을 미칠 수 있었기 때문이다. 마지막으로, 엘리트의 미래 사고와 관련된 정교한 의례와 신념 체계는 대중의 미래 사고가 갖추지 못했던 권위와 위신을 그들에게 부여하는 역할을 했다.

엘리트의 미래 사고에서 보이는 몇 가지 독특한 특징은 카를 야스퍼스Karl Jaspers가 '축軸의 시대'라고 불렀던 중요한 정치적·문화적 변화의 시기, 즉 기원전 1000년대를 서술한 역사 문헌에 잘 나타나 있다.[9] 교류 네트워크가 확장되면서 유라시아를 횡단하는 최초의 무역 네트워크, 나아가 당시 알려진 세계 전체를 아우르는 제국이 출현함에 따라 그 지배자는 자신과 그들의 신을 전 세계의 통치자로 여기게 되었다. 기원전 6세기 중반에 형성된 페르시아의 아케메네스 제국이나 기원전 3세기 말에 등장한 중국 최초의 통일 제국 등이 여기에 해당한다. 이 방대하고 다양한 제국의 통치자들은 그들이 통치하던 지역의 신과 전통을 넘어 좀 더 깊고 보편적인 추세와 원칙을 찾아 나섰다. 그것이 보편적인 창조주에 기반한 것이든 현실적인 구조 위에 세워진 것이든 말이다.

야스퍼스의 주장에 따르면 현대적인 철학과 과학이 그렇듯이, 지역적 차원을 뛰어넘는 보편적 진리를 추구하는 최초의 종교적·철학적 전통이 바로 이런 과정을 거쳐 등장했다고 한다. 역사학자 아르날도 모밀리아노 Arnaldo Momigliano는 축의 시대의 주요 특징 중 하나가 "사물에 대한 좀 더 보편적인 설명"을 찾는 것이라고 했다.[10] 이 시기는 또 유라시아 전역에 걸친 권력 및 교류 네트워크를 통해 수립된 보편적 종교라는 '관심의 원'circle of concern이 수백만 명에 이르는 '상상된 공동체'로 확대되면서 종교적·정치적 정체성과 충성심이 형성되기 시작한 시기이기도 하다.[11]

축의 시대의 보편적 세계관을 공식화한 예언자와 학자들은 대부분 문자를 터득하고, 여러 곳을 여행하며, 두터운 인맥을 쌓고, 엘리트의 든든한 후원을 누리던 사람들이었다. 페르시아의 예언자 조로아스터는 우주 전체를 다스리는 신의 존재를 상상한 최초의 인물이었고, 결국 그의 가르침은 아케메네스 제국에서 국교로 채택되었다. 보편적 질서가 존재한다는 가르침은 유대교의 유일신 사상, 인도의 우파니샤드 철학 및 불교 사상, 공자나 노자를 비롯한 중국의 성인들 그리고 고대 그리스의 종교 및 철학 체계에서도 찾아볼 수 있다.

축의 시대의 보편주의적 사고는 교육받은 권력층에 깊이 결부되어 있었다. 그리고 이 엘리트들은 그들과 대중의 사고방식이 서로 다르다는 점을 잘 알고 있었다. 성직자와 귀족, 철학자 들은 대중적 미래 사고의 특징인 편협성과 그들의 눈에 기이해 보이는 미신을 경멸하면서도 영혼과 신의 세계를 완전히 거부하지는 않았다. 심지어 키케로처럼 가장 회의적인 사람조차 점술을 어느 정도 존중했다. 그는 인간이 신의 존재를 인정하는 한, 그들이 점술을 통해 인간과 소통할 가능성을 완전히 부정할 수는 없다고 생각했다. 그럼에도 키케로와 같은 사상가들은 그들의 생각이 대중과 다르다는 것을 알고 있었다. 그는 이렇게 말했다. "우리 같은 로마의 예언자들은 새가 날아다니는 모습이나 다른 징후를 읽고 미래를 예언하는 사람이 아니다. 그럼에도 대중의 의견을 존중하고 국가에 충성을 다하기 위해 점술의 관습과 규율, 종교적 의식과 법, 아울러 점술 교육 기관의 권위를 지키고자 한다."[12]

미래를 둘러싼 지배층과 민중의 갈등

대중과 엘리트 사이의 미래 사고 차이는 두 세계가 충돌할 때 뚜렷이 드러났다. 그런 경향은 지배층이 스스로 부여한 미래 관리자로서의 권위와 충돌하거나 이를 위협하는 대중의 미래 사고를 억제하고자 할 때 특히 두드러졌다.

유라시아 초원 지대의 유목민 사회에서는 수많은 제국이 너무나 빨리 흥망성쇠의 과정을 거치며 이런 충돌이 장엄한 형태로 드러나기도 했다. 13세기 초, 칭기즈칸Genghis Khan(테무친Temüjin)이 이끄는 몽골인들은 불과 한 세대 만에 전통 종교의 관행과 믿음을 유지했던 소규모 유목 부족에서 유라시아 전역을 포괄하는 글로벌 제국으로 이행하여 축의 시대의 보편적 종교의 영향권에 편입되었다. 몽골 전통 사회의 무속인들은 대중의 미래 사고에 강력한 지배력을 행사하는 추장인 경우가 많았다.[13] 그들은 아픈 사람을 치료하고, 무아지경에 빠지며, 하늘을 관찰하고, 일식을 예측했다. 그들은 불에 탄 양 뼈의 갈라진 흔적을 읽어 미래를 예측하고, 마녀를 식별하며, 전쟁을 시작하거나 유목을 떠나기 좋은 날을 점지했고, 때로는 특별한 돌을 이용해 눈보라를 일으키는 등 날씨를 다스리기도 했다. 칭기즈칸은 스스로 무속의 힘을 발휘한다고 자처했다. 페르시아 역사가 후즈자니Juzjani에 따르면 그는 "마법과 속임수에 능했고, 악마들과 친구가 되기도 했다. 무아지경에 빠진 채 온갖 말을 쏟아내는 일도 잦았다."[14]

칭기즈칸이 최고 권력에 올랐을 때 그의 수하에서 가장 중요한 역할을 했던 무당은 텝텡게리Teb Tenggeri(코케추Kokechu)였다. 그는 회색 말을 타고 하늘나라에 가고, 가장 추운 겨울에 벌거벗은 채 걸으며, 물을 증기로 바꾸기도 한다고 널리 알려졌다. 두 사람은 젊은 시절부터 친구였다. 텝텡게리는 하늘이 테무친을 장차 세상의 주인이 될 사람으로 선택했다고 선언했다. 따라서 그에게 칭기즈칸, 즉 '온 세상의 통치자'라는 칭호를 처음 부여한 사람도 텝텡게리일 가능성이 크다.[15] 그러나 칭기즈칸은 권력이 강해질수록 자신이 불교, 도교, 이슬람교 등의 다양한 문화적·종교적 전통을 이어받은 사람을 포용하고 통치하게 되었음을 깨달았고, 자신의 철학적·종교적 시야도 넓어지기 시작했다. 마침내 그는 축의 시대의 보편주의 정신을 습득하기에 이르렀다. 칭기즈칸의 후계자 휘하에서 활동했던 이슬람 역사가 주바이니Juvaini는 칭기즈칸을 이렇게 묘사했다. "특정 신앙에 대한 편견이나 선호를 피했고, 모든 종파의 학식 있고 경건한 이들을 존경했으며, 그런 태도가 신의 궁정으로 나아가는 올바른 길이라고 믿었다."[16]

칭기즈칸의 관점에 변화가 발생하면서 두 무당 사이에 갈등이 벌어지기 시작했다. 1210년에 이르자 텝텡게리 가문은 칭기즈칸의 권위를 허물기 시작했다. 텝텡게리 측은 칭기즈칸의 동생 외티긴Otcigin(테무게Temuge)을 비롯한 가족 구성원을 위협하고, 그의 수하 중 일부를 회유했으며, 칭기즈칸이 하늘로부터 부여받은 권한을 잃게 되리라고 예측하기도 했다.[17]

《원조비사元朝秘史》에 따르면 칭기즈칸은 텝텡게리와 그의 형제들이 자신을 찾아온다는 소식을 듣고 평소에 무속인을 불신하던 동생 외티긴에게 이렇게 말했다고 한다. "지금 텝텡게리가 오고 있다. 무슨 일이든 네가 하고 싶은 대로 하라." 외티긴은 세 명의 장수를 대동한 채 기다리다가 텝텡게리가 도착하자 그에게 씨름을 하자고 제안했다. "외티긴은 텝텡게리의 멱살을 쥐고 이렇게 말했다. '어제 당신이 시비를 가리자고 나에게 요구했지. 어디 한번 겨뤄보자고!'" 외티긴은 그를 칭기즈칸의 텐트 밖으로 끌고 나가 기다리고 있던 세 명의 장수에게 넘겨주었다. 그들은 텝텡게리의 허리를 부러뜨린 뒤 몸을 내려놓았다. 그것은 신분이 높은 사람이 피를 흘리지 않도록 배려하는 처형 방식이었다. 그가 죽은 지 사흘째 되던 밤, 텝텡게리의 시신이 원래 머물렀던 천막에서 종적을 감췄다. 칭기즈칸은 이를 두고 하늘이 그를 거부한 증거라고 주장했다. 역사학자 크리스토퍼 애트우드Christopher Atwood는 이렇게 말했다. "칭기즈칸은 텝텡게리를 대신하여 하늘의 뜻을 제국에 알리는 목소리가 되었다."[18]

이 결투의 이면에는 여러 가지 정치적·종교적 맥락이 교차한다. 그러나 거기에는 지역적이고 개인적인 관점을 지닌 전통적 무속인과 더 크고 보편적인 비전을 추구하는 신흥 황제가 미래를 결정할 권위를 둘러싸고 펼친 경쟁이라는 측면이 분명히 있었다. 그리고 그 비전은 칭기즈칸이 죽은 뒤에도 살아남았다. 1254년, 칭기즈칸의 손자인 몽케Mongke(원나라 헌종憲宗) 칸은 플랑드르의 프란치스코회 선교사 빌럼 판 루브뢱Willem van Rubroeck이 예방한 자리에서 여러 종교의 신봉자들이 하는 말에 귀를 기울인 후 이렇게 선언했다. "우리 몽골인은 유일신의 존재를 믿습니다. (중략) 그러나 신께서는 우리 손에 다양한 손가락을 주셨듯이 사람마다 제각각 다른 길을 주셨을 것입니다."[19]

항상 이 정도로 폭력적이지는 않았으나, 농경 시대에는 세상과 미래를 보는 다양한 관점 사이의 갈등이 어디에나 존재하는 보편적 현상이었다.[20]

권력층의 미래 사고

교육받은 권력층의 미래 사고를 엿볼 수 있는 문서 기록은 지금도 많이 남아 있다. 특히 그리스, 로마, 메소포타미아, 중국 등에서 많이 발견된다. 지금부터 소개하는 내용은 이런 증거 중 대표적으로 몇 가지를 선택하여 정리한 것이다.

고대 그리스와 로마의 미래 사고

2,000년 전의 지중해 세계에는 외딴 마을에서부터 식민화된 도시 국가, 광대한 제국에 이르는 다양한 공동체와 정치 체제가 혼재했던 만큼 다양한 수준의 미래 사고가 중첩되어 있었다는 증거를 많이 찾아볼 수 있다.

점술은 매우 흔한 일이어서 너무나 당연하고 평범한 상식으로 여겨졌다. 고전 연구가 세라 존스턴Sarah Johnston은 그리스 점술에 관한 최근 연구에서 다음과 같이 말한다.

> 고대인은 적어도 며칠에 한 번은 어떤 형태로든 점술을 행하거나 목격했을 가능성이 크다. 점술은 신에게 제물을 바칠 때나 전투의 수행 여부를 결정할 때, 알 수 없는 꿈을 해석할 때, 질병을 진단하고 치료하거나 신부를 간택할 때, 심지어 몸에 경련이 일어나거나 아이들이 재채기하는 이유가 궁금할 때도 빠질 수 없는 중요한 요소였다. 고대의 장터에서는 몸속에 예언의 영을 지녔다는 점쟁이와 족제비가 내 앞을 가로질러 간 일이 무슨 뜻이냐고 물어봐도 알려줄 수 있는 밀교 사제 그리고 아폴론 신전에 나아가 신의 뜻을 여쭐 수 있는 국가 공인 예언자를 쉽게 만날 수 있었다.[21]

고대 그리스 크세노폰Xenophon의 멀고 먼 페르시아 원정 기록인《아나바시스》Anabasis를 읽어보면 점술이 전투 전략과 사기 진작에 중요한 요소였음을 알 수 있다. "사마귀(점쟁이)들이 강물에 희생 제사(동물 제물)를 바치고 있었다. 적군이 화살과 새총을 쏘고 있었으나 아직 사정권에 들어오지는 않은 상태였다. 그러나 이 희생 제사가 길운을 알리자마자 군인들은 일제히 승리의 찬가를 부르며 사기를 드높였다."[22] 고대 그리스와 로마의 가장 박식한 사상가조차 신과 영적 존재를 단지 믿기만 한 것이 아니라 공식적인 신학으로까지 인정했다면, 그 누구라도 점술을 가벼이 여기기는 어려웠을 것이다. 아우구스티누스는 인간과 영적 세계 사이에서 메시지를 전달하는 다이몬daimon의 존재를 믿었다. 그리고 앞에서 언급했듯이, 회의론자 키케로조차 점술을 일부 옹호했다. 실제로 역사학자 메리 비어드Mary Beard도 아우구스티누스가 점술을 매우 진지하게 여겼다고 주장한 바 있다. 단, 그는 점술이 미래를 엿보는 수단이 아니라 신의 허락을 구하는 절차라고 보았다.[23]

그리스의 점술 중에는 바빌로니아와 아시리아의 전통에서 온 것들이 많았다.[24] 그리스 점술가는 새가 하늘을 나는 모습을 신에게 가까이 가는 것으로 해석하고, 희생 제물로 바쳐진 동물의 장기를 살피며, 꿈에 귀 기울이고, 기이한 사건을 살피며, 제비를 뽑고, 징조를 해석했다. 이런 요소는 모두 메소포타미아의 점술을 차용한 것이었다.

그리스의 성직자와 귀족에게 델포이를 비롯한 사원이나 특정 장소의 신탁에서 나오는 예언을 듣는 것은 매우 엄숙한 의식이었다. 델포이 신탁에 귀 기울이는 것은 극적인 경외심을 불러일으키는 매우 중요한 일인 만큼 돈과 시간도 많이 들었다. 델포이에 올라서는 순간 누구나 신이 주재하는 곳에 가까워졌음을 알 수 있었다. 그 주변은 영적 기운이 흘러넘쳤다. 파르나소스산 위 코린토스만을 내려다보는 곳에 자리한 델포이는 그 장엄한 경치만으로 이미 매혹적이었다. 외딴 지역에 있는 그곳은 도착하는 데 시간이 걸렸고 그런 만큼 그곳에 도착한 사람은 공동체 전체가 자신과 신탁을 섬긴다는 것을 느낄 수 있었다. 그곳에는 여관과 행상 그리고 희생 제물로 사용할 동물을 파는 상점이 있었다.[25] 그곳을 방문한 사람은 매년 몇 번만 거행되는 특별한 의식에서 아폴론 신의 메시지를 전하는 무녀, 즉 피티아pythia에게 자문을 구하는 대가로 돈을 바쳤다.

델포이에서 거행되는 신성한 의식에는 무속의 요소들이 포함되어 있었다. 피티아는 무아지경 가운데 동굴에 존재하는 '기운'에 힘입어 기이한 말을 내뱉었다. 현대 지질학 연구에 따르면 델포이의 동굴에서는 실제로 에틸렌, 에탄, 메탄 등의 가스가 누출된다고 하는데, 에틸렌의 달콤한 냄새는 플루타르코스를 비롯한 여러 작가가 남긴 문헌의 내용을 현대적으로 해석한 것과도 일치한다.[26] 피티아의 모호한 말은 사제들이 해석했으므로, 그곳을 찾은 사람은 그 모든 비용과 노력에도 불구하고 언제나 아폴론 신과는 간접적으로만 만날 수 있었다. 거의 모든 점술을 비웃었던 토머스 홉스는 고대 신탁의 메시지가 "고의로 모호하게 조작되었거나, 그곳의 유독 가스로 인해 벌어진 우스꽝스러운 일일 뿐이며, 이런 일은 유황 동굴에서 아주 흔한 편이다."라고 주장했다.

미래학자 오나 스트래던Oona Strathern은 점술의 진정한 주체는 사제들이었다고 주장한다. 사제들이 "자신의 지능을 활용한 것은 물론, 인맥과 소문, 정보원 등으로 구성된 폭넓은 네트워크를 통해 정보를 수집하여 적절하고 '쓸모 있는' 답으로 고객 만족을 유지했다."는 것이다.[27]

오늘날 신탁에 호소한 질문을 담은 기록이 많이 남아 있는 이유는 당시의 점술이 이런 질문과 대답을 자세하게 기록하는 제도였기 때문이다. 그리고 그 질문이 대부분 미래 원뿔 3의 적색 지대, 즉 근심의 영역에 속한다는 사실은 그리 놀라운 일도 아닐 것이다. 대부분은 개인과 가족 그리고 가까운 미래에 관한 질문이었다. 우리는 건강하고 행복하게 살 것인가? 나는 왜 질병을 앓고 있을까? 그것은 누구 때문일까? 우리는 아이를 가질 수 있을까, 그 아이들은 잘살 수 있을까?

내가 이 일을 해야 할까? 혹시 누가 나를 속이고 있지는 않을까? 그리스의 도도나Dodona 신탁에는 기원전 6세기부터 3세기까지의 질문과 해답이 기록된 납 서판이 남아 있다. 다음은 그 내용의 일부를 발췌한 것이다.

> 제리스가 아내를 맞이하는 편이 좋을지 제우스 신에게 묻는다.
> 헤라클레이다스가 아내 아이글과 혹시 불화할지 제우스와 디오네 신에게 묻는다.
> 리사니아스가 아닐라가 임신한 아이가 그의 아이가 맞는지 제우스 나이오스와 데오나 신에게 묻는다.
> 클레오타스가 양을 키우는 편이 이익이 되는지 제우스와 디오네 신에게 묻는다.[28]

이보다 더 공식적이고 보편적인 질문은 여러 도시 국가의 사절이 그리스 신탁에 제기한 것들이었다. 기원전 426년, 스파르타의 사절단이 트라키아에 식민지를 건설해야 하는지 델포이 신탁에 물어보았다. 그리고 그렇게 해도 좋다는 답을 얻었다. 기원전 432년 또는 431년에는 스파르타의 사절단이 아테네를 공격해야 하는지 물어보았다. 투키디데스Thucydides에 따르면 신탁은 이렇게 답했다고 한다. "만약 그대가 전심전력으로 전쟁에 임한다면 승리를 거둘 것이고, 나 아폴론은 그대가 나의 도움을 원하든 거부하든 그대의 희망대로 해주겠노라."[29] 이 마지막 대답을 보면 그토록 저명한 델포이 신탁조차 오늘날의 포춘 쿠키만큼이나 약삭빠르고 무책임하며, 아무 도움이 되지 않는 답변을 내놓았음을 알 수 있다. 그러나 한편으로는 아주 애매모호한 예측조차 미래에 영향을 미칠 수 있음을 알려주기도 한다. 결국 스파르타는 공격을 감행하여 펠로폰네소스 전쟁을 일으켰고, 그 전쟁이 거의 30년 동안 지속되었기 때문이다. 만약 신탁이 다른 답변을 했다면 그들이 과연 전쟁에 나섰을까?

메소포타미아와 고대 중국의 미래 사고

기원전 2000년대와 1000년대에 메소포타미아와 중국에서 출현한 거대 관료 제국의 상층부에서는 개인이나 가족을 넘어 사회 전체의 운명을 생각하는 보편적 미래 사고가 시작되었다. 역사가 리사 라팔스Lisa Raphals가 그리스와 중국의 점술을 비교한 연구를 보면, 상대적으로 규모가 작았던 고대 그리스 사회에서는 질문이 주로 특정한 신을 향했고, 중국 제국의 점술은 '다양하고 기계적이며 자연주의적인 성격이 뚜렷했다'는 점을 알 수 있다.[30] 강력한 통치자와 고위 관리의 전유물이었던 미래 사고는 그 정치적 중요성 때문에 더욱 엄격하게 통제된 측면도 분명히 있었다. 그 결과, 미래 사고가 정권의 선전 수단으로 전락하는 경우가 많았다.

메소포타미아의 전통: 아마도 공식적인 점술이 존재했음을 보여주는 가장 오래된 증거는 기원전 18세기에 메소포타미아의 마리라는 도시에서 작성된 서한 모음일 것이다. 물론 그중에는 이 서한이 묘사하는 사건의 특정한 해석을 뒷받침하고자 사후에 윤색된 2차 예언도 포함되어 있을 수 있다. 그것은 대부분 신이 통치자에게 보내는 메시지

다. 예를 들어, 한 편지에는 사마스Samas 신의 예언자가 마리의 왕 짐리림Zimri-Lim에게 전하는 메시지가 수록되어 있다(기원전 1774~기원전 1760경). 다음은 그중 한 단락이다.

> 사마스 신이 가라사대, "쿠르다의 왕 함무라비가 그대를 짐짓 속이고자 말하였으니, 이는 그가 계략을 꾸미고 있음이라. 그대는 그를 사로잡을 것이요, 그의 땅에서 권세를 회복하리라. 이제 그 땅 전체가 그대의 손에 넘어갔도다. 그대가 그 도시를 장악하고 회복을 선포할 때, 비로소 그대의 왕권이 영원함이 밝히 드러나리라."[31]

이것은 가장 단순하고 공식적인 점술, 즉 권세 있는 인간이 신에게 조언을 구하는 과정으로 보인다. 그러나 다른 한편으로는 정치적 선전의 일종일 가능성도 있다. 다시 말해 이 서한은 짐리림 왕이 신과 강력한 동맹을 맺고 있음을 백성과 적에게 과시하는 수단일 수도 있다.

그로부터 천 년이 지난 7세기에 아시리아의 공식 점술가들이 작성한 정교한 기록이 니네베의 아슈르바니팔 도서관에 남아 있었다. 그것은 300장이 넘는 점토판으로, 오늘날의 인쇄본 수천 페이지 분량에 해당하는 것이었다.[32] 이 기록에 나타난 신의 목소리는 더 조용하며 마치 로봇 같은 느낌을 자아낸다. 니네베에서 발견된 점술 기록은 신과의 직접적인 접촉이 줄어들고 암시에 대한 해석이 더 풍부해졌다는 점에서 미래 사고가 좀 더 실험적이고 보편적인 방향으로 진화했음을 엿볼 수 있다. 예를 들어, 이 기록물에는 제물로 바쳐진 동물의 내장을 해석하는 방법을 기계적으로 자세히 설명한 내용이 보인다. 희생 제물인 양의 간을 살펴볼 때 "덩어리의 아래쪽이 길게 통로의 오른쪽 자리까지 내려가 있다면 적군이 왕자의 땅을 빼앗았다는 의미다. 따라서 이런 경우 전쟁을 치르면 아군이 패배하고 적에게 진영을 내어주게 된다. 반대로 덩어리의 아래쪽이 길어서 통로의 왼쪽 자리까지 뻗어 있다면 아군이 적군을 물리치고 적진을 점령하게 된다." 이 서판은 근동 지역에서 다량 출토된 동물 간 모양의 점토 및 청동제 유물과 함께 공식 점술가들의 교육 목적으로 사용되었을 것이다.[33]

7세기 아시리아 점술가들이 동물의 내장에서 읽은 징조를 신이 직접 내린 메시지로 인식했는지, 전 우주적 추세와 규칙성에 따른 보편적인 암시로 생각했는지는 확실하지 않다. 메소포타미아의 천문학과 점성술은 이미 기원전 1000년에 번성했으므로, 당시 그런 규칙성은 특별히 세심한 주의를 기울여야 할 천상의 원리로 여겨졌다. 천문학은 원래 전쟁 등의 활동에 상서롭거나 불길한 시기를 판단하는 방법으로 여겨졌던 만큼, 나중에는 우주적 법칙이 제국 신의 의지를 반영하는 보편적인 규칙과 추세 또는 우주의 보편적인 합리성과 통한다는 축의 시대의 통찰과 융합되기에 이르렀다.[34]

중국의 전통: 중국에서 점술과 관련된 최초의 증거는 상商 나라 고종高宗(본명은 무정武丁, 기원전 1200~기원전 1181경) 시대에서 발견된다. 메소포타미아와 마찬가지로 점술의 초기 사례를 보면 신, 그중에서도 특히 조상신과의 직접적인 의사소통이 있었음을 알 수 있다. 그러나 중국의 경우 가장 초기의 기록에서도 델포이 신탁에서와 같은 황홀한 무아지경의 특징은 별로 찾아볼 수 없다. 중국의 점술은 냉철하

고 실증적이며 개인의 차원을 넘어서는 색채를 띤다. 상나라의 점술사들은 조상신을 마치 정부 관리처럼 각자 계급과 관직, 전문성 등을 갖춘 존재로 묘사한다. 그래서 계급이 낮은 조상신에게는 혹 사소한 내용을 물을 수도 있었을 것이다. 그러나 전쟁과 평화 또는 수확과 관련된 중요한 질문은 가장 높은 조상신, 즉 영적 세계의 황제에 해당하고 바람과 비를 관장하는 유일신인 상제上帝에게 바쳐졌다.[35]

19세기 후반 이래 중국의 고고학자들은 소의 어깨뼈나 거북이 등껍질에 새겨진 갑골문자를 대량으로 발견했다. 그것은 1898년 허난성 북부 안양 인근 마을 사람들이 '용의 뼈'라며 사고파는 바람에 처음 세상에 알려지게 되었다. 학자들은 거기에 새겨진 문양이 초기 형태의 한자라는 사실을 금세 알아차렸다. 이후 중국에서는 약 20만 개의 갑골문이 발견되었고, 그중 약 5만 개가 일반에 공개되었다.[36]

동물의 뼈에 새겨진 문양을 읽는 점술을 견갑술scapulimancy이라고 한다. 이 관습은 어디서나 흔히 볼 수 있지만, 특히 기원전 2000년대 후반부터 중국의 공식 점술에서 그 중요성이 커지며 정형화했다. 상나라의 왕과 점술가는 거북이의 복부판(배 쪽의 껍질)이나 소의 어깨뼈(견갑골)에 질문을 새겼고, 뼈를 불에 가열할 때 갈라지는 형상을 보고 대답을 해석했다. 질문은 주로 국가 정책과 관련된 것이었으므로 점술은 상나라의 왕들이 상당한 돈과 인력, 시간을 바칠 정도로 중요한 문제였다.[37] 시간이 지나면서 점술과 관련된 관직 체계도 점점 더 정교하게 발달했다. 기원전 3세기 주周 나라에는 세 명의 왕실 직속 제사장이 있었고, 그 아래 다시 점술, 주문, 천문을 담당하는 세 명의 부속 관리가 따로 있었다. 첫 번째 관리는 점술(갑골문, 꿈 그리고 수세미 줄기 던지기)을 담당했고, 두 번째 관리는 영매 역할, 세 번째 관리는 결과를 기록하는 일을 했다. 천문을 담당하는 태사 太史(한漢 나라의 유명한 역사가 사마천이 이 벼슬을 지냈다.)는 달력을 계산하거나, 국가의 주요 행사나 결정 사항이 있을 때 길일을 찾는 일도 했다.[38]

상나라 왕들은 엄청난 양의 소뼈와 거북이 등껍질을 수집하여 공물로 바치곤 했다. 그들은 그것을 깨끗하게 청소하고 정성스럽게 성물 의식을 치른 후 다시 거기에 질문과 대답을 새겨넣은 다음에야 제물로 바쳤다. 다 쓰고 난 뼈는 기록물을 저장하는 특별한 장소에 보관되었다.[39] 중국 점술 전문가 데이비드 키틀리David Keightley는 제국의 점술 의식이 얼마나 정교한 절차에 따라 진행되었는지를 이렇게 설명한다.

> 견갑골과 복부판의 뒷면에 엄청난 주의와 노력을 기울여 끌로 속을 파내거나 구멍을 뚫어, 점술가가 구멍을 불태울 때 표면에 형성되는 균열이 가지런한 무늬를 드러내도록 미리 준비했다. 다른 문화권에서 흔히 보이는 자유로운 형식의 '불점'은 그냥 뼈를 불 속에 집어넣거나 사전에 가공되지 않은 뼈 표면의 아무 데나 열을 가하기도 하지만, 상나라 말기의 불점에서는 무작위적인 요소라고는 전혀 찾아볼 수 없다. (중략) 상나라 점술가가 원하지 않는 곳에서는 어떤 균열도 나타날 수 없었다. 신의 권세는 결코 예상치 못한 방식으로 자신을 드러내는 법이 없었다. 초자연적 존재는 엄격하게 통제된 방식으로 인간의 질문에 응답했다.[40]

뼈를 준비하는 과정뿐만 아니라 질문의 간결한 형식도 응답의 범위

<그림 6-1> 상나라 고종 시대의 점술이 기록된 갑골문

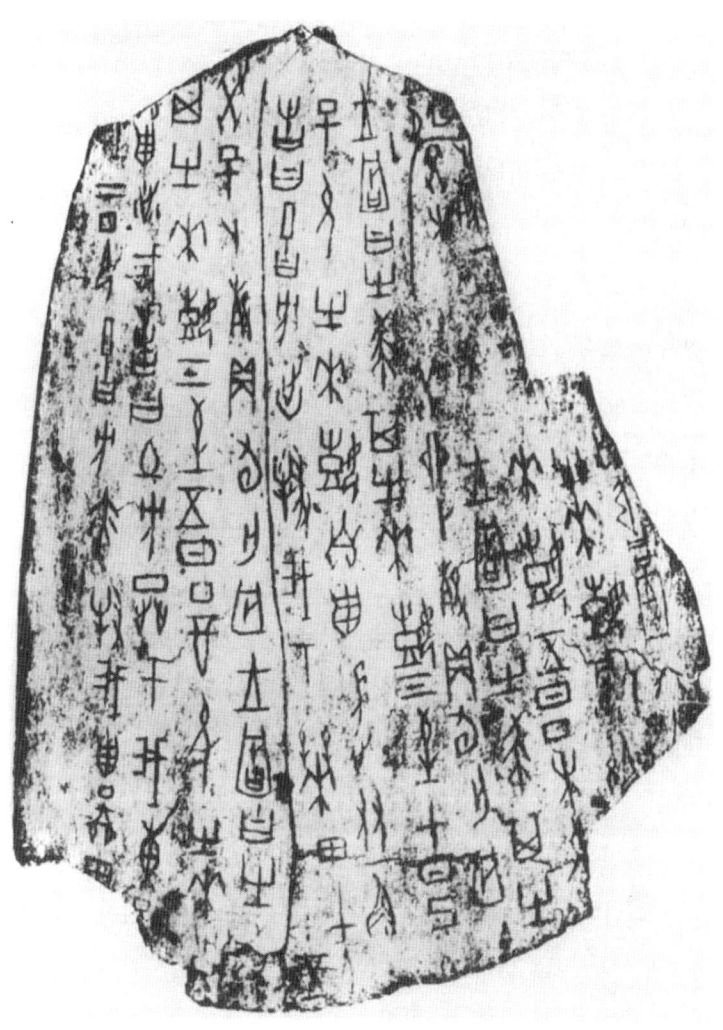

출처: Keightley, *The Shang*, 243.

를 엄격하게 제한하는 역할을 했다. 예를 들면 이런 식이었다.

> "풍년이 들 것이다/그렇지 않을 것이다."
> "비가 올 것이다/안 올 것이다."
> "왕이 이 부족과 동맹을 맺어야 한다/맺으면 안 된다."
> "왕이 그 부족을 공격해야 한다/그러면 안 된다."
> "아무개가 아이를 가지는 것은 좋은 일이다/나쁜 일이다."

점술을 관장하는 제사장은 예측에 상당한 재량권을 발휘했다. 그 말은 곧 질문이 실제로 미래에 관한 *정보*를 구하는 것이 아니라 미래를 *관리*하거나 통제력을 *과시*하려는 목적을 띠고 있었다는 뜻이다. 데이비드 키틀리에 따르면 '미래에 적용되는 주문'을 행하는 점술 의식이 실제로 존재했다고 한다. 그의 견해가 옳다면 풍년이 오리라는 예측을 뼈나 등껍질에 새겨넣는 행위는 마치 마법을 부리듯이 미래를 관리하는 방법이었던 셈이다.[41] 풍년이 온다는 것은 미래에 농부의 수익이 증대되고 풍요를 누릴 수 있어 결국 신의 축복이 통치자에게 내린다는 의미이므로 이것은 아주 중요한 문제였다. 관제 점술의 극적이고 선전적인 측면은 키틀리가 말하는 '전시 비문'display inscription에 더욱 뚜렷하게 드러난다. 여기에는 왕실의 미래에 관한 예측과 그것이 정확하게 들어맞았다는 후속 증거가 기록되어 있었다. 그것은 통치자에게 미래를 관리하는 권세가 있음을 과시하는 증거였으므로 예언의 기능과 함께 정권의 정당성을 입증하는 수단이기도 했다.[42]

중국의 왕과 황제들이 제기한 질문은 날씨와 수확, 각종 계획의 성공 여부, 중요한 자리에 임명할 사람, 기이한 사건이나 꿈의 의미 등에 관한 것이었다. 물론 왕실, 결혼, 출산, 왕위 계승 그리고 통치자의 건강과 같은 개인적인 질문도 포함되었다. 그러나 제국의 맥락에서 보면 이런 질문은 그 대답이 정치적으로 중요한 의미를 띠고 있었기에 결코 개인적이라고만은 할 수 없었다.[43] 이런 질문은 주로 보편적인 형식을 취하고 있었다. '나의 행동이 좋은 결과를 낳을 수 있습니까?' '지금이 행동하기에 적절한 때입니까?' 같은 식으로 말이다. 기원전 3세기 말 경부터 시작된 한나라 시대에 이르면 다양한 활동별로 길하거나 불길한 날을 알려주는 일지가 활발하게 사용되었다. 특히 먼 길을 나서는 데 필요한 조언이 많았다.

> 귀향: 봄철의 제 삼월 중 기축己丑 일에는 동쪽으로 가면 안 된다. 여름철 제 삼월의 무진戊辰 일에는 남쪽으로 갈 수 없다. 가을의 제 삼월 기미己未 일에는 서쪽으로 가지 말라. 겨울철 제 삼월의 무술戊戌 일에는 북쪽으로 갈 수 없다. 백 리에 못 미치는 여행길은 매우 불길하다. 이 백 리를 넘어서는 길을 나서면 큰일 난다.[44]

야스퍼스가 분류한 '축의 시대'에 해당하는 기원전 1000년대에, 중국의 관제 점술은 조상신의 조언을 듣기보다는 우주의 심오한 추세와 규칙성에 더 많은 관심을 기울이기 시작했다. 역사가 리사 라팔스는 이렇게 말한다. "중국의 점술은 인간과 신의 직접적인 의사소통으로부터 점차 멀어졌다. 전국시대 후기(기원전 5세기에서 3세기)에 형성된 중국식 점술의 체계적인 관점은 자연주의에 입각한 탐구 정신과 전적으로 부합하는 것이었다."⁴⁵ 데이비드 키틀리는 이런 변화를 우주의 보편적인 법칙이 하늘과 땅에 모두 적용된다는 믿음이 커졌음을 보여주는 징후로 해석한다. 이 시기에 중국의 관제 종교와 점술이 획득한 '세속주의'는 이후 중국 철학의 보편적인 특징이 되었다.⁴⁶

 기원전 1000년대 중반에 형성된 유교와 도교의 철학 체계는 주로 윤리와 존재의 보편적인 원칙에 관심을 기울였다. 좀 더 보편적인 우주론을 향한 이런 변화는 천문학의 중요성이 증가하고 있었음을 보여주는 징후이기도 하다. 천문학은 신의 의지와 보편적 법칙의 힘이 미래에 대한 통제권을 놓고 서로 겨루는 존재론적 경계선에 놓인 학문이었다. 혜성이나 신성과 같은 예기치 못한 천문 현상은 과연 신이 보여준 징조일까, 아니면 우주의 보편적인 법칙이 작용한 결과일까? 고대 중국을 비롯한 여러 농경 문명의 천문학에는 언제나 신의 개입이 없어도 하늘의 뜻이 얼마든지 우리 삶에 영향을 미칠 수 있다는 개념이 존재했다.⁴⁷ 그런 믿음은 예언은 물론 운명론을 조장하기도 했다. 셰익스피어의 《리어왕》에서 악당 에드먼드는 이렇게 말한다. "이것은 세상의 장난이다. 우리가 운이 나쁠 때(주로 우리 자신의 지나친 행동 때문이다.) 하늘의 변덕에 속아 마치 어쩔 수 없이 악당이 된 것처럼, 태양과 달과 별에 죄를 짓고, 천상의 원리에 따라 악당과 도둑과 배신자가 되는 것이 말이다."⁴⁸

 중국의 천문 점술사들이 사용하던 천문의는 크게 두 부분으로 나뉘었다. 하나는 현재 날짜와 시간에 맞출 수 있는 원형의 천판天板이었고, 또 하나는 4개의 방위에 정렬된 지판地板이었다.⁴⁹ 기원전 3세기의 문헌인《주례》周禮에는 왕실 천문학자가 천체와 별자리의 움직임을 관측하여 '천상의 추세를 읽고 길흉을 분별[예언]했다'는 기록이 남아 있다. 제국의 각 지역은 저마다 다른 천체를 사용하여 '길흉'을 예측했다. 서양 천문학과 달리 중국에서는 북쪽 하늘이 특히 중요해서 큰곰자리(북두칠성)가 천상에 있는 일종의 시곗바늘인 셈이었다.[50]

사마천이 쓴 다음의 글은 관제 점술에서 천문 관측이 어떤 역할을 했는지를 보여준다. 송宋나라 원왕元王은 불길한 꿈을 꾼 어느 날 점술사인 위평衛平에게 해몽을 명했다.

> 위평은 일어서서 점술용 천문의를 손으로 조정했다(아마도 정확한 날짜와 시간에 맞추기 위해서였을 것이다). 그러고는 눈을 들어 달빛을 바라본 다음 북두칠성이 가리키는 곳을 따라가서 태양이 있는 자리를 확인했다. 그가 사용한 도구는 나침반과 사각형, 무게추, 눈금자였다. 그는 네 점을 고정하여 팔괘가 서로 마주 보게 한 뒤 길흉의 징조를 읽기 시작했다.[51]

《역경》易經의 변천사를 살펴보면 엘리트층의 점술에서 신과 영의 역할이 점차 퇴조하고 객관적이고 철학적인 미래 사고가 점점 더 중요해지는 추세가 눈에 띈다.[52] 현존하는 가장 오래된 《역경》은 주나라(기원전 1050~기원전 771, 기원전 770년 이후를 동주東周로 본다면 이 책에서 말하는 주나라는 서주西周에 해당한다. ― 옮긴이) 초기에 점술의 공식을 집대성한 문헌인 《주역》周易이다.

그 공식은 두 괘卦가 한 쌍을 이루어 형성된 육효六爻가 64개 모인 것으로, 각 괘를 구성하는 3개의 선에는 실선과 파선이 섞여 있었다.

시간이 지나면서 원래의 공식에 마치 이끼가 끼듯이 수많은 해설과 해석이 덧붙은 결과 매우 풍부하고 복잡하며 때로는 추상적이기까지 한 점술 체계가 수립되었다. 한나라에 이르자 이런 해설은 이른바 《십익》十翼이라는 열 권의 해설집으로 완성되어 육효를 해석하는 표준이 되었다. 육효를 둘러싼 풍부한 해석 문헌은 중국의 사상과 철학에 깊이 자리 잡아, 음(파선)과 양(실선)으로 이루어진 고대 중국의 이원적 우주론이 확립되고 풍성해지는 데 크게 기여했다.

육효와 이를 둘러싼 해석은 세상만사와 모든 가능한 미래를 예언의 전형적인 특징인 모호한 언어로 기술해둔 일종의 백과사전이라고 볼 수 있다. 《역경》을 사용하여 점술을 행하는 과정에는 육효를 무작위로 선택하는 단계가 꼭 필요하다. 즉 육효의 맨 아래부터 맨 위까지 배치할 선의 종류를 선택해야 하는데, 이때 수세미 줄기를 던져서 정하는 방법이 자주 동원되었다. 그런데 여기까지는 오히려 쉬운 작업이다. 각 육효에 대한 현명한 '판단'이 무엇인지 해석하는 과정은 너무나 복잡해서, 《역경》의 매력에 빠진 카를 융 Karl Jung은 한때 "《역경》 이론을 생각하지 않는 편이 숙면에 더 이롭다."고 말하기까지 했다.[53]

6개의 실선으로 구성된 첫 번째 육효의 이름은 '건'乾, 즉 '하늘'이며 '창조'를 상징한다. 두 번째 육효는 '곤'坤, 즉 '땅'이라는 이름으로 '포용'의 뜻을 담고 있다. 첫 번째 육효 건에 관한 '판단'에는 여러 가지 문장이 포함된다. 예를 들면 다음과 같다. "먼저 남에게 베푼다. 신성에 이롭다. 잠룡은 행동하지 않는다. 용이 세상에 나선다. 강자를 보는 것은 좋은 일이다. 의인은 종일 애쓰고 밤낮 일하여 비난을 면한다. 불현듯 혼란에 뛰어들어 비난을 피한다."[54] 그런 공식이 무엇을 뜻하는지는

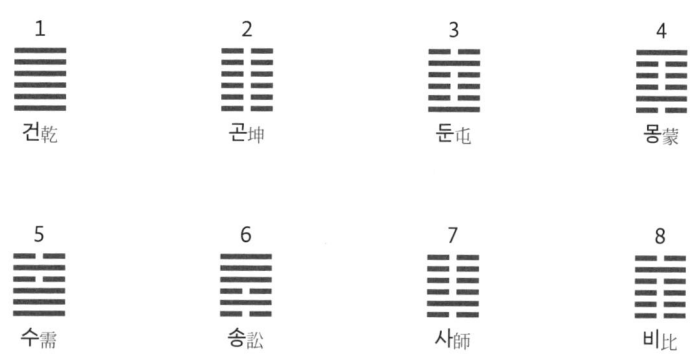

<그림 6-2> 《역경》에 등장하는 64 육효 중 앞의 8개

출처: 위키피디아 표제어 'I Ching'(역경) 검색 결과. 2021년 10월 29일, 20시. https://en.wikipedia.org/wiki/I_Ching.

현대인이 봐도 모호하기 그지없다. 그러나 점술은 원래 모호성을 지니기 마련이다. 어떤 의미에서는 예측이 어긋났음을 뚜렷이 증명하지 못하는 이유도 바로 이런 모호성 때문이었다. 그러나 또 다른 면에서 생각하면 점술에 의지하는 사람은 이런 모호성 때문에라도 예측에 관한 여러 가지 해석은 물론, 자기 자신의 통찰을 활용하여 그 숨은 의미를 깊이 생각할 수밖에 없었다.

지금까지 중국의 관제 점술이 영감을 주는 성격에서 출발하여 점차 객관적인 형태의 미래 사고로 발전했다고 설명했지만, 사실 그 변화는 아주 미세하며 실제 효과도 결코 과장되어서는 안 된다. 엘리트층에도 제사 의식은 보편적이고 근본적인 성격을 띠었고, 희생 제물을 바치는 행위 자체가 단지 어떤 힘이 아니라 *존재*와의 관계를 암시하는 것이었다.⁵⁵ 물론 중국 사회의 낮은 계층에서는 점술이 개인적인 성격을 띠고 있었음이 분명하다. 이른바 방사方士라는 점술가는 돈이나 인맥만 있으면 누구나 찾을 수 있었고, 그들은 마법을 부려 멀리서도 아픈 사람을 치료하고 죽은 자도 살릴 수 있었다. 그들은 일식을 예측했을 뿐 아니라 심지어 자신이 언제 숨을 거둘지도 내다보았다.

그들의 기술에서 더욱 의미심장한 부분은 무巫라는 수행자들이 마치 시베리아의 샤먼처럼 마법과 퇴마술을 행하고, 날씨를 다스리며, 신령과 이야기를 나누는 것이었다. 그러나 그들은 공식 의례에 참여할 기회를 얻기도 했다. "그들은 기우제에서 춤을 추었고, 국가적 재앙이 발생했을 때는 왕비가 애도를 표하기에 앞서 통곡하고, 애가를 부르며, 기도를 올렸다."⁵⁶ 중국 사회의 최상층에서 그런 영감 어린 점술이 행해진 것만 봐도 전통적인 점술이 중국의 방방곡곡에 널리 퍼져 있었음을 분명히 알 수 있다.

민중의
미래 사고

농업 시대에 민중의 미래 사고를 알려주는 증거는 많지 않다. 지금까지 살펴본 개념과 방법, 의식 등을 사회 전체가 공유했음은 틀림없다. 계층 간의 문화적 장벽이 그리 뚜렷하지 않았으므로 특히 영주와 노동자, 하인, 노예 등이 늘 만나며 살던 마을이나 농촌 지역에서는 여러 사상과 생활 양식이 그들 사이에 쉽게 전파될 수 있었기 때문이다. 그럼에도 교육받은 엘리트는 미신을 가장 신봉하는 사람조차 그들이 속한 지적 풍토가 나머지 민중과는 다르다는 것을 알고 있었다.

민중의 미래 사고와 점술을 이해하기 위해서는 다시 한번 나스레딘 호자의 방식을 빌려올 필요가 있다. 그런데 이번에는 전통적인 사고방식을 유지하면서도 현대 사회에 적응한 듯한 오늘날의 공동체를 살펴보자. 페루의 인류학자 아나 마리엘라 바치갈루포Ana Mariella Bacigalupo는 오늘날 칠레 남부 지역에 남아 있는 샤먼과 마녀를 연구한 뒤 이렇게 주장했다. "마치machi(샤먼 치유사)가 치르는 의식은 고대에 뿌리를 둔 것이지만, 그들은 현대적 사안에 적극 참여하고 가톨릭교회의 지식과 상징 그리고 국가의 의료와 정치 체제를 그들의 영적 의식에 접목하여 변형하고 재해석하면서 지금도 번성하고 있다."[57] 우리는 이런 연구를 통해 다양한 영적 존재와 힘으로 말미암아 형성된 민중적 미래 사고가 존재했음을 알 수 있다. 고대의 민중은 미래에 대처하기 위해 그런 영적 존재와 접촉하고 협상하며, 심지어 싸워야 했다. 엘리트의 미래 사고에서 점점 더 뚜렷하게 관찰되던 객관적이고 보편적인 원칙을 추구하는 태도를 농경 시대에서는 거의 찾아볼 수 없다.

민중의 미래 사고에는 물론 공통점도 있으나 구체적인 내용에서는 매우 다양한 특징을 보여준다. 그것은 어디까지나 지역별 전통에 뿌리를 둔 것이었기 때문이다. 20세기 초 철저한 무신론으로 무장한 소련 관리들의 눈에는 러시아의 각 마을에서 눈에 띄는 미래 사고가 수 세기 동안이나 거의 변함이 없다는 사실은 당혹스러운 일이 아닐 수 없었다. 역사학자 모셰 르윈Moshe Lewin은 이렇게 말한다.

농가에서 필요한 모든 것은 마법, 공식, 물약, 약초 등으로 해결되었다. 이런 방식으로 집에 든 도둑과 도둑맞은 물건을 찾았고, 출산(가축도 포함된다.)에 도움이 되었으며, 신혼부부(그 외 모든 사람)를 '악한 눈'으로부터 지켜냈고, 집안에 상을 만났을 때 장례를 치를 때까지 불길한 일이 닥치지 않도록 막을 수도 있었다. 세상만사가 다 지키고 보호해야 할 대상이었다.[58]

러시아 농부들에게 미래를 대비하는 일은 예측 불가능하고 위험하며, 눈에 보이지 않는 영적 존재 및 세력과 끝없이 벌여야 하는 성가신 대결이었다. 모든 집안에는 늘 곁에서 후손을 돌보는 조상신이 있었다. 이런 영적 존재를 도모비키Domoviki라고 했다. 마당이나 마을 목욕탕처럼 밤이 되면 마법이 가득 차는 곳을 지키는 영혼도 따로 존재했다.[59] 그 외에 위험해서 피해야 하는 영혼도 많았다. 유난히 섬뜩한 영혼이 많이 사는 곳은 호수와 강이었다. 그중에는 죽었으면서도 살아 돌아다니며(눈동자가 움직이지 않았으므로 분명히 생명체는 아니었다.) 무고한 사람을 끔찍한 죽음으로 몰아넣는 루살키rusalki라는 물의 요정도 있었다. 세례받지 않은 채 죽은 유아나 자살한 자는 반사half dead 혹은 죽지 않은 영혼으로 불렸다. 그런 꼬마 악령들은 교차로나 어두운 곳에 모여들었다. 그중에는 꼬리가 달린 것도 있었고, 심지어 가족과 수행원을 거느리고 가정을 꾸리기도 했다. 그들은 그들의 주인인 악마만큼이나 위험한 존재였다. 아이를 납치하거나 사람에게 치명적인 질병을 안겼기 때문이다. 그러나 똑똑한 사람은 그들에게 뇌물을 주거나 속일 수도 있었다. 나무 요정을 속이는 방법은 옷의 안팎을 뒤집어 입

거나 앞뒤를 거꾸로 입는 것이었다.[60]

　러시아에는 마을마다 고유한 점술이 있었다. 사람들은 마을 점술가에게 자신이 얼마나 오래 살지, 수확은 얼마나 좋을지, 도둑은 어디서 찾을 수 있는지 등을 물었다. 특히 장래의 배우자를 어떻게 만날 수 있는가 하는 질문이 압도적으로 많았다. 농민의 삶에서 그보다 더 중요한 일은 없었기 때문이다. 오랫동안 소련 외무상을 지낸 안드레이 그로미코Andrei Gromyko의 회고록에는 과거 고향의 젊은이들이 목욕탕에서 거울과 횃불을 든 채 자정까지 기다리며 장래의 배우자 형상이 나타날 때까지 기다리곤 했다는 내용이 나온다. 어떤 마을의 처녀들은 바닥에 거울과 물 한 그릇 그리고 보리 몇 알을 뿌려놓은 다음 그 옆에 닭을 한 마리 데려다 놓았다. 닭이 거울을 들여다보면 멋진 남자, 물을 마시면 술주정뱅이, 보리를 쪼면 부자를 남편으로 맞이하게 된다는 것이었다.[61]

　인류학자들은 세계 여러 곳에서 이것과 유사한 일들을 발견했다. 영국의 인류학자 에번스프리처드는 1920년대에 나일강 상류에서 아잔디족Azande과 함께 살면서 '독 신탁' 방법이 널리 사용되는 것을 목격했다. 원하는 질문을 던진 후에 일정한 양의 독을 닭에게 투여하면 닭이 죽느냐 사느냐에 따라 대답이 결정되는 방식이었다. 여느 점술과 마찬가지로 이 방법 역시 점술가들이 점술의 결과에 상당한 재량권을 지니고 있었다. 에번스프리처드가 직접 참석한 사례를 하나 살펴보자. "X의 어머니가 큰 병으로 누워 있다. 그분이 아픈 것이 바사 때문인가? 만약 그렇다면 닭은 독으로 죽을 것이다. 바사가 결백하다면 닭은 *살아남는다*. 즉 대답은 '아니오'인 셈이다." 그러면 다음 질문이 이어진다. "그의 아내를 괴롭히는 악한 기운이 만약 메카나 집안 때문이라면 닭은 독으로 죽을 것이다. 그렇지 않고 악의 기운이 그의 아내의 할아버지의 아내들, 즉 외조모로부터 온 것이라면, 닭은 독을 맞고도 살아남을 것이다. 닭이 *살아남는다면* 그것은 여인의 할아버지 댁에 악한 기운이 있다는 뜻이다."[62] 이렇게 질문을 거듭하여 문제의 원인을 좁히고 무엇을 해야 할지를 알아내는 과정이 이어졌다.

전통적인 방법이 소용없거나 불충분해 보일 경우, 의술이나 퇴마술에 용하거나 영적 세계를 내다보고 협상하는 데 능하다고 알려진 전문가를 찾아가기도 했다. 마을마다 미래를 내다보고 대비하는 것으로 명성이 높은 사람이 꼭 있었다. 1925년, 러시아 트베리의 한 지역 신문에는 마법과 퇴마술에 용하다고 알려진 아니시아 이바노브나Anisia Ivanovna라는 치유자(즈나하르카znakharka, '모든 것을 아는 사람'이라는 뜻이다.)에 관한 기사가 실렸다.

남편이 아내와 다투거나, 소가 임신하지 못하거나, 사람이나 동물이 병에 걸리거나, 젊은이가 여자친구와 헤어지는 등 사람들은 뭔가 곤란한 일이 발생할 때마다 아니시우시카Anisiushka 아주머니에게 도움을 청했다. 그녀는 사람들이 집에 들어서기도 전에 이렇게 말하며 그들을 맞이했다. "당신은 악마에 사로잡혔군! 빨리 기도를 올리도록 해!" 그녀는 치마를 머리 위까지 뒤집어쓴 채 오븐 위에 올라가거나 테이블 아래 숨어 있다가 방문객이 장황한 기도문을 낭송하고 난 뒤에 나타나곤 했다. 그런 다음에야 찾아온 이유를 물었다. 그녀는 방문객에게 악마를 쫓는 데 효험이 있다는 진한 맥주를 마시게 하거나, 당사자나 불임을 겪는 소가 차에 타서 마실 묘약을 처방했다. 마을 사람들은 아니시아에게 '신성한' 뭔가가 있음이 틀림없다고 생각했으므로 무슨 일이 있으면 그녀에게 도움을 구하기 위해 15~20킬로미터 거리를 기꺼이 찾아갔다.[63]

농경 시대의 기록물을 살펴본 사람이라면 누구나 아니시아 이바노브나의 우주적 세계관이 당시 민중 종교의 바탕이었다고 생각할 것이다. 아닌 게 아니라 고대의 미래 사고와 관련된 모든 증거물에는 항상 그녀와 같은 인물이 등장하는 것을 볼 수 있다.

정말 심각한 문제가 발생했을 때는 영적 세계와 협상하는 능력으로만 생계를 유지하는 전문가를 찾아갈 수도 있었다. 1660년대 러시아의 반체제 사제였던 아바쿰Avvakum의 자서전에는 그가 시베리아로 압송되던 당시 호송대의 장교 중 한 명이 퉁구스 지역의 마법사에게 샤마닛shamanit, 즉 자신의 운을 풀이해달라고 강요하던 장면이 나온다.

저녁에 마법사가 살아 있는 양을 가져다 놓고 마법을 부리기 시작했다. 그는 아주 먼 거리에 걸쳐 양을 이리저리 굴리고는 목을 비틀어 던져 놓았다. 그런 다음 뛰고 춤추며 악마를 불러내기 시작했다. 그는 엄청난 비명을 지르며 땅에 몸을 던지더니 입에 거품을 물었다. 악마가 그의 몸을 짓누르자 그가 이렇게 물었다. "원정대가 임무를 완수하겠나이까?" 그러자 악마가 말했다. "큰 승리를 거두어 많은 전리품을 가지고 돌아올 것이다."[64]

아바쿰은 샤먼이 악마의 대리인이라고 보았다. 그 샤먼은 아바쿰이 포함된 포로 호송대가 괴멸되기를 기도했으며, 실제로 나중에 원정대원 대부분이 전사하자 기뻐했다.

아바쿰의 자서전이 발표된 후 샤머니즘shamanism이라는 단어는 전문 무속인이 무아지경에서 영혼과 만나는 일종의 최면 점술trance divination을 가리키는 학술 용어가 되었다.⁶⁵ 최면 점술에 관한 기록은 세계 여러 지역에서 찾아볼 수 있다. 그 수행자들은 대부분 고도의 훈련을 받은 사람이었다. 그중에는 선대로부터 기술을 전수한 사람도 있었고, 인생에서 큰 위기를 겪고 난 후 혹은 자신의 의지와 상관없이 이 일에 부름받은 사람도 있었다. 아나 바치갈루포는 오늘날 칠레 남부 지역의 어느 마치, 즉 샤먼이 처음 영혼의 세계에 발을 들여놓은 기억을 이렇게 기록했다.

> 아아아! 그들은 나에게 약초로 사람을 치료하는 마치가 된다고 했어요. 각양각색의 약초가 모여 있었죠. 그것들은 거품을 내며 꽃을 피웠어요. 언제나 나와 함께 할 장치가 갑자기 내 손에 들어왔죠. 그들이 말했어요. "너는 이 땅의 모든 곳을 지나갈 것이다. 너는 말을 타고 다닐 것이다. 너는 어디에나 갈 것이다."⁶⁶

농경 시대의 일부 식자층은 모든 사람이 무속이나 점술 같은 재능을 지니고 있지만, 그것을 실제로 부리는 방법은 오로지 꿈에서만 얻을 수 있다고 생각했다. 키케로는 《예언에 관하여》에서 형 퀸투스의 입을 통해 신은 모든 사람에게 점술 능력을 부여했으나 그것이 이상한 형태로 발현된 사람도 있다고 설명했다. 격렬한 영적 충동으로 인해 영혼이 몸에서 빠져나갈 때 이런 '광란' 또는 '영감'이 발생한다는 것이었다. 일반인은 "광란이 일어나거나 꿈을 꿀 때처럼 영혼이 너무나 불안하고 자유로워 육체를 떠날 정도"가 아니고서는 이런 능력을 발휘할 수 없다. 소크라테스조차 최면 상태에서 점술을 행하는 사람의 존재를 인정했다. 그는 그들이 신과 직접 대면하기 때문에 '열정적 광란'을 일으킨다고 해석했다.[67]

무당들은 춤추고 북을 치거나 약물을 복용하는 등의 방법으로 최면 상태에 빠진 채 영적 세계에 들어갔다. 그들은 영적 존재가 자신을 알아볼 수 있도록 특별한 의상을 입었고, 그렇게 영적 세계에 들어간 다음에는 여느 공동체에서나 통용되는 호혜의 원칙과 협상의 방식을 그대로 따랐다. 그중에는 고객을 대신하여 마법의 결투를 벌이는 이도 있었다. 인류학자 피어스 비텝스키Piers Vitebsky는 퉁구스 집단을 대상으로 한 연구에서, 한 씨족의 샤먼이 벌레를 이용해 다른 씨족의 구성원을 죽이려다가 시작된 복수전을 설명한다.[68] 그 샤먼은 이웃 씨족의 영적 수호자에 해당하는 순록에게 벌레를 몰래 먹여 내장 속에 숨겨두었다. 그러자 그 씨족의 샤먼은 벌레를 뽑아내기 위해 거위와 도요새의 영혼을 보냈고, 그 벌레를 저승에서 안전하게 처리하기 위해 올빼미의 영혼도 보냈다. 샤먼은 다산과 전쟁에서의 승리, 질병 예방 등을 놓고 영적 세계와 거래하기도 했다. 거래 수단으로는 영적 세계에 있는 이들에게 바치는 선물이나 희생 제물도 물론 있었으나 그들을 위협하거나 간청하는 것도 포함되었다.

에번스프리처드는 아잔디족에서 성행하던 최면 점술을 설명했다.

그가 직접 목격한 강령회에서 한 농부는 그해 심은 조의 작황이 어떨지를 물었다. 그 질문에 대한 대답은 어떤 위험한 영혼이 아니라, 가족 구성원 중에 누군가가 마법을 사용하여 작황에 해를 끼칠 수도 있다는 경고였다. 여기에서 우리는 주술사가 질문을 조정했음을 알 수 있다.

> 주술사가 춤을 춘다. 약의 효험을 살리고 숨겨진 것들을 보여주는 춤이다. 춤은 약 기운을 끌어내어 섞는 효능이 있으므로, 그들은 질문을 받으면 곰곰이 답을 궁리하기보다는 항상 춤을 춘다. 그는 춤을 끝내고 북소리를 가라앉힌 후, 방문객이 앉은 곳으로 다가간다. "그대가 심은 조가 올해 풍작을 거둘지 물었지? 그것을 어디에 심었는가?" 그가 대답한다. "예, 바고모로라는 작은 개울 너머에 심었습니다." 주술사가 독백한다. "바고모로 개울 너머에 심었다고? 어디 보자! 그대의 아내는 몇 명인가?" "셋입니다." "눈앞에 마술이 보인다, 마술이 보인다, 마술이 보여. 조심하게, 아내들이 조에 마술을 걸지 몰라. 자네 본처는 아니야, 본처가 아니야, 본처는 아니야. 듣고 있는가? 본처 때문은 아니야." 주술사는 이제 최면에 빠져 한두 마디 외에는 말도 하기 어려운 상태에 빠진다. "낭패야 낭패. 다른 두 아내가 본처를 질투하고 있어. 들었는가? 질투는 나쁜 일이야. 다들 굶게 생겼어. 조 농사는 망쳤어. 자네는 곤란에 빠질 거야. 알아들었어? 굶게 생겼다고!"[69]

이 극적인 설명을 보면 연기술과 정교한 의상, 음향 효과, 거기에 의도적으로 모호한 언어를 구사함으로써 주술의 권위를 높이는 관행이 있었음을 알 수 있다. 아잔디족 주술사가 새의 깃털로 장식한 밀짚

모자와 동물 가죽, 방울 등이 포함된 의상을 입고 발목에 종을 단 채 나무 호루라기까지 불며 춤추는 모습은 에번스프리처드의 표현에 의하면 그야말로 '완벽한 오케스트라'였다.[70] 에번스프리처드는 전문 주술사가 강령회를 준비하기 위해 미리 지역의 소문을 잘 살핀다는 것을 알게 되었다. 그는 평소 말다툼을 벌이는 사람은 누구인지, 누군가의 침실로 몰래 들어가는 사람은 누구인지 등을 모두 파악하고 있었다. 강령회의 주체에게 원한을 품을 만한 사람을 미리 안다면, 그들에게 마법을 걸 수 있는 적이 누구인지도 훨씬 쉽게 파악할 수 있다.

에번스프리처드는 두 명의 주술사가 '수술'하던 신체에서 물건을 빼내는 것을 적발한 적도 있었지만, 주술사들은 속임수를 인정하면서도 자신들의 약효는 틀림없으며 중요한 것은 바로 그 점이라고 했다.[71] 전문적인 주술사들은 대부분 이런 속임수를 자신들의 기술에서 필수적인 부분 중 하나라고 생각했을 것이다. 그러나 완전한 사기꾼이 많이 있었다는 것도 분명한 사실이다. 기원전 2세기 로마의 시인 퀸투스 엔니우스Quintus Ennius는 이렇게 주장했다. "서커스장에 나타나는 사기꾼이나 점성술사 그리고 해몽가를 자처하는 자들은 무슨 지식이나 기술이 있는 점술가가 아니라 그저 미신을 믿는 돌팔이일 뿐이다."[72] 고대에 사기꾼 예언가들이 살아남을 수 있었던 이유는 오늘날에도 여전히 적용되는 성 아우구스티누스의 원칙 때문이기도 했다. 즉 예측 횟수가 충분히 많으면 그중에 맞는 것도 더러 나오기 마련이다.[73]

교육을 받았든 그렇지 않든 점술가라고 해서 모두 믿을 수 있는 것은 아님을 사람들은 다 알고 있었다. 그러나 그렇다고 해서 점술에 대한 보편적인 믿음이 훼손되지는 않았다. 예언을 믿는 편이 좋다고 여겨진 이유는 능력이 보잘것없는 점술가조차 그럭저럭 쓸 만한 예언을 내놓았던 데다 농경 시대에는 마법과 영적 존재 그리고 그 힘이 어디에나 미친다는 믿음이 있었기 때문이다. 게다가 점술가들에게 호소하거나 점술에 종사하는 사람들은 대개 권위적으로 보이는 어떤 대답이라도 잡도록 부추기는 깊은 불안감에 이끌렸다.

그러나 점술에 대한 믿음에는 언제나 회의적인 시각이 따를 수밖에 없었다. 아잔디족에도 점술이 소용없거나 사기라는 사실을 아는 사람이 있었으나 그럼에도 여전히 마법에 대한 믿음은 변함이 없었다. 에번스프리처드가 지적했듯이, 아잔디족 마법사는 현대의 의사와 마찬가지로 민중의 신뢰를 받았다. 그들이 늘 정직하거나 모든 예언이 다 들어맞아서가 아니라 오랜 훈련을 거친 데다 그들의 처방이 그럭저럭 효험이 있었기 때문이다. "현대인이 의사의 진료가 마음에 들지 않으면 다른 의사를 찾아가듯이, 아잔디족도 주술사의 치료가 듣지 않으면 다른 주술사를 찾았다."[74]

농경 시대 민중의 미래 사고는 현대인의 눈에 기이하고 순진하게 비칠 만한 측면이 많다. 그러나 우리는 당시 사람들이 점술에 의지할 수밖에 없었던 그 깊은 불안감을 이해해야 한다. 사람들의 삶은 너무나도 위태롭고 불안했다. 당시에는 현대인의 삶을 떠받치는 기술적·의학적·법적 보호막이 존재하지 않았다. 당시에는 세상이 영적 존재로 가득하다는 믿음이 상식이었다. 그리고 마지막으로, 현대 과학이 존재하지 않던 당시에, 사람들이 도무지 설명할 수 없는 위협과 위험을 일상적으로 직면해야 했던 상황을 떠올려볼 필요가 있다. 그런 시대와 장소에서 민중의 미래 사고는 허약하기 그지없는 사람들에게 믿을 만한 위로와 든든한 힘이 되었다. 그 점은 미래 원뿔의 적색 지대, 즉 근심의 영역을 생각하는 현대인도 마찬가지다.

92개의 질문과 답변

마지막으로 《아스트람프시쿠스의 신탁》Astrampsychi Oraculorum이라는 책에 소개된 점술의 내용을 살펴보는 것으로 이 장을 마무리하고자 한다.[75] 이 책의 그리스어 초판이 만들어진 시기는 서기 2세기로 추정된다. 현재 우리가 알고 있는 내용은 그보다 몇 세기 후에 나온 두 권의 파피루스 판본을 통해서다. 거기에는 오늘날에도 쉽게 따라 할 수 있을 정도로 자세한 설명이 수록되어 있다. 사실 최소한의 연기력과 뻔뻔함을 갖춘 사람이라면 누구나 이 내용을 참고하여 점쟁이가 될 수 있었을 것이다. 두 가지 재능을 모두 갖춘 사람이라면 이 신탁을 맨 처음 작성한 사람이 피타고라스이고, 현자 아스트람프시쿠스Astrampsychus(페르시아 출신의 마법사였을 것이다.)를 통해 프톨레마이오스 왕에게 전달되었으며, 후세에 알렉산드로스 대왕에 이르러 대성공을 거두었다는 주장을 얼마든지 되풀이할 수 있을 것이다. 아주 그럴듯한 이야기다! 그러나 우리가 이 이야기를 진지하게 생각해야 하는 이유는, 신탁이 그토록 오랫동안 살아남았다는 사실은 많은 사람이 그 서비스에 기꺼이 비용을 지불할 정도로 실질적인 필요를 충족시켰다는 뜻이기 때문이다. 그러나 한편으로는, 점술 기법이 실용적인 경험과 직관에 기초한 미래 사고를 더 아름답게 꾸미고 거기에 권위를 덧씌우는 수단이기도 했음을 알 수 있다.

이 신탁 모음집의 핵심은 92개의 일반적인 질문이다. 과거부터 신탁이 널리 사용되었다는 점을 생각하면, 우리는 이 92개의 질문이 오랜 세월 동안 걸러져서 점술가들에게 가장 돈이 되는 상식적인 질문만 남은 결과임을 미루어 짐작할 수 있다. 질문의 내용을 보면 신탁의 주요 고객이 엘리트 계층에서도 비공식 분야에 종사하는 사람임을 알 수 있다. 그들은 도시에 사는 남성으로, 아마 문해력을 갖추고 생활도 비교적 넉넉했을 것이다. 그들 중에는 (부유한?) 노예도 있었던 것으로 보인다. 노예 신분에서 벗어날 수 있는지를 묻는 내용의 질문도 있기 때문이다.[76]

각각의 질문에는 모두 10개의 대답이 나올 수 있는데, 이것 역시 질문과 마찬가지로 오랜 세월에 걸친 이 분야의 자연선택에 따라 걸러진 결과다. 사실 그것은 일상에서 흔히 접할 수 있는 결과를 보여주는 일종의 사회통계학이라고 할 수 있다.[77] 의뢰인은 1에서 10 사이의 숫자를 무작위로 선택한 다음 그 숫자를 자신의 질문 수에 추가하여 해답을 찾았다. 그 합계 숫자는 특수한 암호에 따라 해석된 후 질문에 대한 10개의 답변 후보를 도출하는 데 사용되었다. 무작위 선택은 신이 개입할 수 있는 장치였다. 신탁에 따르면 의뢰인이 선택한 숫자는 '질문자가 입을 여는 순간 신이 그에게 주는 숫자'였기 때문이다. '추첨을 이용한 점술'은 고대의 모든 점술에서 보이는 관행이었다. 대개 의뢰인은 먼저 질문하고 주사위나 동물 발가락뼈를 몇 개 던진 다음 그 총계에 따라 답을 얻었다.[78] 무작위 선택은 신이 개입할 여지를 열어줄 뿐만 아니라 의뢰인의 상상력을 다른 방향으로 전환할 수 있다는 점에서 점술에서 가장 효과적으로 사용되는 수단이었다.

이제 신탁이 어떤 식으로 진행되는지 구체적인 예를 들어보자. 나는 이 글을 쓰면서 "내가 오래 살 수 있습니까?"라는 내용의 44번째 질문을 선택했다. 그런 다음 무작위로 5라는 숫자를 골랐다(그냥 머리에 떠오른 숫자다). 두 숫자를 합하면 49다. 그래서 49에 해당하는 암호를 찾아보니 10개의 답이 들어 있는 45번째 집합이 나왔다. 거기서 내가 무작위로 고른 5에 해당하는 답을 확인했더니 이렇게 기록되어 있었다. "당신은 오래 살지 못한다. 하던 일을 정리하라." 이런!

92개의 질문은 사람들이 점술에 의지할 수밖에 없었던 불안감에 관해 많은 것을 말해준다. 그중 대부분은 제2장에 소개한 미래 원뿔에서 근심의 영역에 해당하는 적색 지대에 속한 것이다. 이 영역에서 우리는 깊이 근심할 수밖에 없는 여러 문제를 만나고(따라서 우리는 그 문제를 해결하기 위해 노력과 시간, 돈을 기꺼이 바친다), 한편으로는 예언이 효과를 발휘하리라고 믿게 된다(그러므로 조언을 구할 가치가 있다). 설령 문제가 있다고 해도 전혀 걱정할 필요가 없을 정도라면, 혹은 그것을 예측하기가 쉽거나 아예 불가능하다면 굳이 신탁에 돈을 바쳐가며 물어볼 이유가 없을 것이다. 적색 지대는 정확히 신탁에 호소해야 할 이유를 만들어낸다고 볼 수 있다.

질문은 여러 범주로 나눌 수 있다. 먼저 먼 길을 나서는 것과 관련된 질문이 있다. '이번에 나서는 길이 안전할까?' '나는 과연 이곳을 떠날 수 있을까?' 좀 더 심각한 질문은 이런 것이다. '떠난 사람이 과연 돌아올까?' '그는 지금 살아 있을까?' 두 번째는 직업에 관한 것이다. '내가 혹시 군인이 될까, 된다면 장군이 될 수 있을까, 아니면 성직자나, 공직자, 어쩌면 의회 의원이 될까?' 같은 것들이다. 사업에 관한 질문도 있다. '이 사업으로 돈을 벌 수 있을까?' '보증금을 돌려받을 수 있을까?' '재고를 과연 팔 수 있을까?' 등이다. 또 다른 범주로 사법 절차에 관한 질문이 있다. '나는 기소를 피할 수 있을까?' '구금에서 풀려날 수 있을까?' '상대방과의 법적 다툼에서 이길 수 있을까?' '내가 간음죄로 구속될까?' 같은 질문이 여기에 해당한다.

가족과 개인사, 건강도 중요한 범주다. 고대 사회에서 유산은 새롭게 취득하는 부의 주요 원천이었으므로 상당히 중대한 문제였다. '아버지, 어머니, 친구 또는 아내로부터 상속이나 지참금을 받을 수 있을까?' 여기에는 '누군가로부터 받을 유산이 과연 있을까?' 하는 쓸쓸한 질문도 포함된다. 결혼과 가족에 관한 질문도 있다. '나는 결혼할 수 있을까, 그리고 그것이 나에게 이익이 될까?' '아내는 아이를 가질 수 있을까?' '아내는 계속 나와 함께 살 것인가?' '내가 아이를 기르게 될 것인가?' 하는 질문도 있는데, 이것은 아마도 아이가 태어난 사실 자체를 공개할지 고민하는 사람이 모종의 추문을 감추거나 원치 않는 아이를 양육하는 데 따른 대가를 헤아리기 위해 내놓은 것으로 보인다. '혹시 내가 독에 중독되었는가?' 하는 건강 관련 질문도 더러 보인다.

신탁의 답변은 대부분 2장에서 말한 구체성과 일반성 사이에서 절묘하게 균형을 취하는 모습을 보인다. 그 내용은 흥미를 유발하고 설득력을 발휘할 정도로 구체적인 한편, 공허할 정도로 일반적이지는 않다. 내가 얼마나 오래 살 수 있느냐는 질문에는 다음과 같은 답변이 나올 수 있다. '당신은 오래 살 수 없다. 하던 일을 정리하라.'(사소한 차이가 있지만, 10분의 4 정도의 빈도로 반복된다.) '평균 정도의 수명을 누린다. 화를 내지 말고 기도를 많이 하라.' '오래 살겠지만 다리가 아플 것이다.' '언젠가 성공한 채 나이 들 것이다.' '장수와 부를 누리면서도 계속 더 많은 것을 원하게 된다.' '훌륭한 인생이 오래도록 이어질 것이다.' 답변을 종합하면 모두 그럴듯한 미래를 제시하고 있다. 그러나 한편으로는 정확히 흥미를 유발할 정도의 구체성을 띠고 있으며, 그런 만큼 사실이 아닐 위험도 충분히 안고 있다. '내 다리가 정말로 아프게 될까?' 노인들의 다리가 아픈 것은 흔한 일이었지만, 확실히 그럴 것이라고 말할 근거는 어디에도 없었다.

고대사학자 제리 토너Jerry Toner는 신탁의 답변이 세월을 통해 충분히 검증된 덕분에 단순한 사회통계학적 형식을 취하게 되었다고 설명한다. 예컨대 '내가 아이를 키우게 될까?'라는 질문에 대한 답변의 3분의 1 정도는 아기가 죽거나 '키우지 않을 것이다'였다고 한다(아이의 존재가 드러나거나 버려질 것이라는 말을 완곡하게 표현한 것이다). 오늘날의 학자들에 따르면 로마제국 시대에는 아기가 태어난 지 1년이 채 안 되어 사망하는 비율이 3분의 1에 이르렀다고 하니 그의 견해가 옳은 것 같다. 만약 토너의 말이 옳다면 그것은 오랫동안 살아남은 신탁이 고대 세계의 사회통계학을 보여주는 훌륭한 실험적 증거가 될 수 있다는 흥미로운 가능성을 시사한다. 열두 번째 질문인 '내가 안전하게 항해를 마칠 수 있을까?'에 대한 10개의 답변을 종합해보면 항해가 지연될 확률은 50퍼센트이고 난파를 비롯한 심각한 위험이 발생할 확률은 20퍼센트임을 알 수 있다. 심각한 위험에 대한 이런 암묵적인 추정치는 다른 신탁에서 관찰되는 것과 대체로 비슷하다는 점에서 대체로 그 시대의 현실적인 수치였다고 볼 수 있다.[79] 따라서 이것은 일종의 고대

판 보험계리학 계산을 위한 추정지였던 셈이다. 나아가 이런 사실은 마치 점술처럼 보이는 미래 사고가, 실제로는 현실의 추세와 미래에 관한 상식적인 직관을 바탕으로 실용적으로 형성되는 경우도 많다는 사실을 일깨워주기도 한다.

《아스트람프시쿠스의 신탁》에는 대체로 권장할 만한 내용이 많다. 그 예측 체계의 상당 부분은 설득력과 합리성을 갖추고 있다. 질문은 대체로 진지한 내용이다. 해답은 현실적이며, 정확성과 구체성 사이에서 절묘한 균형을 맞추고 있다. 심지어 통계적 타당성마저 어느 정도 갖추고 있을지도 모른다. 마지막으로, 무작위 선택은 예측에 필요한 타당성을 완벽하게 갖춘 도구가 될 수 있음은 이미 살펴본 바와 같다. 점술은 비록 현대 과학의 관점에서는 합리적이라고 볼 수 없으나, 당시 사람들은 여기에서 위로는 물론, 강력할 뿐 아니라 합리적이기까지 한 지침을 얻으며 살았다.

인간이 어떤 법칙에 따라 현상을 거의 완벽한 확신 아래 예측할 수 있고, 그렇지 않더라도 과거의 경험을 바탕으로 미래의 사건을 높은 확률로 예측할 수 있다면, 인간의 역사를 바탕으로 미래의 운명을 어느 정도 진실처럼 그려내는 일은 왜 환상에 불과한 것으로 여겨져야 하는가?

— 마르키 드 콩도르세 Marquis de Condorcet, 《인간 정신의 진보에 관한 역사적 개요》, 1794년.[1]

제7장

기술, 확률, 데이터

**현대의
미래 사고**

인류가 진화한 전체 기간의 약 1,000분의 1에 지나지 않는 현대의 몇 세기 동안, 농경 시대보다 훨씬 더 극적인 변화가 진행되었다. 1500년 이후에 등장한 전 세계적 교류 네트워크는 이런 변화를 촉발하는 도화선 역할을 했다. 그러나 가장 놀라운 변화는 1800년 이후에 일어났다. 화석연료를 기반으로 하는 값싼 에너지 덕분에 수많은 실험이 연쇄반응을 일으키면서 기술 및 과학 분야의 혁신이 이루어졌고, 세계적 교류 네트워크 덕분에 사람들은 새로운 기술과 세계관에 점점 더 눈뜨게 되었다. 결국 변화의 속도는 과거 어느 때보다 빨라졌다. 이 짧은 기간 동안 인간의 미래 사고는 인류 기초 시대 이후 그 어느 시대보다 더 근본적인 변화를 겪었다.

이런 변화로 인해 지구의 역사는 이른바 인류세Anthropocene라는 새로운 국면으로 진입했다. 인류세란 인간이 의도치 않게 지구의 미래를 결정짓는 주체가 되는 지질학적 시대를 말한다.[2] 현대의 미래 사고가 인간과 다른 생물종을 포괄하는 생물권 전체의 미래에 점점 더 큰 관심을 기울이는 이유가 바로 여기에 있다.

다음의 통계 수치는 이런 변화의 규모가 얼마나 막대한지를 보여준다. 1800년에 약 9억 명 정도였던 지구의 인구는 2020년에 약 80억 명에 달하여 고작 220년 만에 거의 9배나 증가했다.[3] 이를 연평균 성장률로 환산하면 약 1퍼센트가 되는데, 농경 시대의 무려 20배에 달하는 수치다. 더욱 놀라운 것은 관개 시설과 경작 토지의 증가, 거기에 유전공학과 인공 비료 같은 기술이 급증하는 인구를 따라가기에 충분할 정도로 빨리 발달한 덕분에 현대인은 대체로 식량 확보에 큰 문제를 겪지 않게 되었다는 사실이다.

다른 분야에서도 생산성이 (대체로) 증대한 덕분에 현대인은 주거와 의복, 기타 필수 시설 면에서 과거 어느 때보다 높은 생활 수준을 누리고 있다. 약 7퍼센트였던 도시 거주 인구가 거의 55퍼센트로 증가하여 도시는 이제 인류의 가장 대표적인 주거 장소가 되었다. 약 100만 명이었던 거대 도시의 인구는 거의 3,000만 명에 가까운 수준으로 증가했다.

인간의 에너지 총소비량은 연간 2,000만 기가줄이 조금 넘던 수준에서 약 5억 기가줄로, 거의 25배나 증가했다. 1인당 에너지 사용량은 연평균 25기가줄에서 약 75기가줄로 3배 증가했다. 증가량의 대부분은 새로운 에너지원인 화석연료의 연소에서 온 것인데, 이것이 바로 이산화탄소 배출량이 연간 3,000만 톤에서 360억 톤으로 1,000배 이상 증가한 이유다. 한 가지 더 주목할 만한 통계는 인간의 수명이 연장되었다는 것이다. 인류 역사의 전 기간에 걸쳐 인간의 기대수명은 30세에 못 미쳤지만, 1800년에 이르자 식량 증산과 의료 서비스 개선으로 이 수치가 약 35세까지 늘어났다. 그런데 그때로부터 220년 후인 2020년에 이르면 신생아의 기대수명이 그 2배에 달하는 70세로 증가한다.

신기술과 네트워크 확대가 이끄는 변화

현대 기술은 인류가 자신의 미래를 결정하고 변화시킬 전례 없는 힘을 얻게 된 원동력이었다. 그 미래가 좋은 것이든 나쁜 것이든 말이다. 우리는 그 기술을 통해 수천 킬로미터 밖의 사람들과 즉각적으로 의사소통하고, 먼지보다 작은 물체나 수십억 광년 거리의 천체를 연구하며, 하루도 안 되어 지구 반대편까지 이동할 수 있는 기계를 만들었다. 그리고 그것은 새로운 위험을 만들어냈다. 우리는 지금 대기와 해양을 변화시킬 정도로 화석연료를 태우고 있으며, 우리가 보유한 전쟁 무기는, 만약 우리가 그것을 사용할 만큼 어리석다면, 단 몇 시간 만에 생물권 전체를 파괴할 정도의 위력을 지니고 있다. 인간의 이런 미래 관리 능력이 변화해온 과정은 기술의 역사를 다룬 다수의 문헌에서 여러 차례 설명된 바 있다.[4] 따라서 5장과 6장에 이어 이번 장의 주요 관심사도 현대인의 미래 *사고*가 어떻게 변화했는지가 될 것이다.

엄청난 규모의 혁신은 현대인의 미래 사고에 유례없는 집단적 자만심을 불러일으켰다. 우리는 현대에 와서 탄생한 '진보' 개념 때문에 우리 자신의 목적을 위해 지구를 재창조할 수 있다고 믿게 되었고, 현대 기술이 창출한 엄청난 부는 그 개념에 더 큰 신뢰를 안겨주는 역할을 했다. 오늘날은 인류 역사상 처음으로 대다수 인구가 더 이상 생존을 위해 서로 치열하게 싸울 필요가 없는 시대가 되었다. 그러나 한편으로는 우리가 획득한 새로운 힘이 인류의 파멸을 초래할 만큼 위험하고 예측 불가한 부작용을 안고 있다는 사실도 밝혀졌다. 인간의 힘이 너무나 강력해진 나머지 우리의 미래 사고에서는 이 행성 전체와 수많은 거주자의 운명에 관한 내용이 점점 더 큰 비중을 차지하게 되었다.

전 세계적 교류 네트워크가 형성되자 미래 사고의 범위도 전 세계로 확대되었다.[5] 16세기 이전에 인간의 가장 큰 네트워크는 아프리카와 유라시아 대륙에 걸쳐 있었다. 그 이후, 무역 상인과 항해가들은 온건하거나 폭력적인 방법을 모두 동원하여 약 80억 명에 달하는 인류 공동체를 단 하나의 전 지구적 네트워크로 엮었다. 오늘날 우리가 아는 한, 다른 어떤 생물종도 인간처럼 전 세계적인 네트워크를 구축하지는 못했다. 그러나 우리가 깜짝 놀라는 이유는, 이런 현상이 개별 세포들이 점점 긴밀하게 연결되어 마침내 최초의 다세포 '거대생명체'로 진화한 과정과 너무나도 유사하다는 데 있다.

세계화는 그것이 형성된 과정과 똑같이 파괴되었다. 시베리아에서 중앙아메리카, 태평양에서 아프리카에 이르는 세계화는 유럽의 군대와 질병을 전 세계로 확산하여 생명과 사회, 경제를 파괴하고 고대로부터 이어져온 문화적 안정성을 훼손했다. 물론 세계화는 유럽에서도 낡은 지식을 뒤흔들었으나, 유럽의 엘리트는 세계화가 새로운 부와 권력 그리고 지식을 안겨준다는 점 때문에 대체로 이를 환영하는 편이었다. 세계화로 인해 오랫동안 세계 무대의 뒷전에 밀려나 있던 지역이 지구상에서 가장 역동적으로 번창하는 강력한 곳으로 탈바꿈한 시기가 있었다. 유럽 각국의 정부와 무역 상인, 학자 등이 최초로 출현한 이 세계적 네트워크를 통해 이익을 누린 이유는 몇 세기 동안 그 지역이 세계적인 부와 권력, 정보 흐름의 중심에 있다는 것을 깨달았기 때문이었다. 이 과정은 현대성을 규정하는 새로운 기술과 경제 체제, 미래 사고 등의 변화가 유럽에서 먼저 나타난 다음 '서양'이라는 이름으로 나머지 세계에서 수용되고 채택된 이유를 설명해준다.

세계화는 시간과 미래의 개념을 바꿔놓았다. 전통적 생활 리듬을 밀어내고 그 자리를 차지한 세계적 일정에 따라 삶이 결정된다는 것을 전 세계 모든 공동체가 깨달았다. 시베리아에서 순록을 기르던 사람과 태평양 섬 지역의 주민들은 갑자기 머나먼 제국의 중심지에서 진행되는 전쟁과 무역, 세금 따위에 자신의 생활을 맞추어야 했고, 현대 산업은 일과 여가, 오락, 학습과 같은 새로운 리듬을 만들어냈다. 시계는 더욱 정밀해졌고, 사람들은 각자 시계를 차고 다니기 시작했다. 18세기의 시계에는 분침까지만 있었으나 19세기에 들어와서는 거기에 초침이 추가되었다.[6]

마침내 세계 공통 단일 시간대가 등장했다. 19세기에 각국 정부와 기업들은 시계와 달력의 동기화 작업에 나섰다. 영국 철도는 1840년대에 그리니치 표준시를 기준으로 하는 시간표를 발표했고, 20세기 초에는 거의 모든 국가가 그리니치 표준시에 시간대를 맞추었다. 그레

고리우스력을 채택하는 국가가 많아지면서 역법 체계도 조정되었다. 지금도 이슬람력이나 동아시아의 음력 같은 전통 역법을 따르는 사람이 수십억 명에 이르지만, 오늘날 세계 주요 도시에서 거행되는 새해 불꽃놀이는 모두 그레고리우스력에 맞춰져 있다. 2020년대를 지나는 현재 거의 모든 사람은 전 세계를 아우르는 단 하나의 사회적 시간 그물망에 포섭되었다.

마침내 거의 모든 사람이 끊임없이 변화하는 헤라클레이토스의 세계에 끌려들 정도로 변화가 가속되었다. 이제 안정적인 것이란 세상 어디에도 없는 듯하다. 모든 사람이 A계열 시간의 격동을 대면하고 있다. 1920년대에 철학자 화이트헤드는 이 중대한 변화를 한마디로 표현했다. "우리는 인류 역사 최초로 우주의 안정성이라는 기본적 믿음이 사라진 시대에 살고 있다."[7]

우리는 변화에 너무나 익숙해진 나머지 현대 기술이 얼마나 낯선 것인지 쉽게 잊곤 한다. 1829년 당시 21세였던 영국 여배우 패니 켐블Fanny Kemble은 조지 스티븐슨George Stephenson의 안내를 받아 그가 발명한 열차라는 혁명적인 신기술을 처음 접했다.[8] 말이 끄는 마차만 알던 그녀의 눈에 비친 열차는, 비록 그것이 아무리 빠르더라도 그저 기계로 된 말에 지나지 않았다.

> 쓰다듬어 주고 싶은 기분마저 드는 이 킁킁대는 작은 동물이 (중략) 우리가 탄 마차를 끄는 모양이었는데, 스티븐슨 씨의 안내로 내가 자리에 앉았더니 시속 10마일 정도의 속도로 달리기 시작했다. (나중에) 이 열차는 한 번 더 물을 공급받은 후 하늘을 나는 새보다 더 빠른 시속

35마일의 최고 속도에 도달했다(마침 그들이 이 열차의 시범 운행과 비교한 대상이 도요새였다).

내가 어렸을 때는 우주 로켓과 개인용 컴퓨터, 인터넷, 스마트폰 등이 존재하지도 않았지만, 나는 이제 이런 혁신을 당연한 것으로 여긴다. 우리는 너무나 급격한 기술 변화 탓에 새로운 것에 무감각한 사람이 되고 말았다.

우리는 변화가 선조들이 상상도 할 수 없던 먼 과거에 미칠 수도 있고, 마찬가지로 아득히 먼 미래까지도 이어질 수 있음을 알게 되었다. 근대 이전의 학자들은 인간 사회가 비록 변하고 진화하는 것처럼 보이더라도 이 우주와 지구 그리고 여기에 사는 수많은 생물종은 태초 이래 거의 변하지 않았다고 생각했다. 그러나 17세기부터 화석을 비롯해 기이하게 뒤틀리거나 교차하는 지질학적 구성물이 발견된 것에 깊은 인상을 받은 생물학자와 지질학자 들은 지구와 여기에 사는 모든 생물(인간들을 포함하여)이 수억 년에 걸쳐 근본적인 변화를 겪어왔음을 깨닫기 시작했다.[9]

그래도 최소한 하늘만큼은 변함이 없으리라고 생각했으나, 이런 믿음마저도 20세기 중반에 이르면 우주에도 역사가 있다는 천문학적 증거가 발견되면서 무너지고 만다. 우주는 빅뱅의 불덩이 속에서 태어나 130억 년이 넘도록 팽창과 진화를 거듭했다. 20세기 중반에는 새로운 연대 측정법이 개발되어 빅뱅까지 거슬러 올라가는 우주의 역사마저 놀랍도록 정확한 연대표로 정리할 수 있게 되었다.[10] 고대 사회의 안정된 세계관은 역동적으로 진화하는 우주로 바뀌었고, 그로 인해 이제 우리는 미래가 과거와 다를 것이라고 확신하게 되었다.

과학과 계몽이 이끈 새로운 현실

현대적 미래 사고는 새롭게 등장한 현대 과학으로부터 깊은 영향을 받기도 했다.

17세기의 이른바 '과학 혁명'이 초래한 변화를 과장해서는 안 될 것이다. 오늘날에도 여전히 점술이 건재하다는 것은 각종 신문과 웹사이트의 점성술 코너만 봐도 알 수 있다. 내 아내가 자라난 발칸반도 지역의 오랜 전통에 따르면, 맞은편에서 오던 두 사람이 가로등이나 기둥을 지나칠 때는 누구든 '빵과 버터'라고 말해야 불운을 피할 수 있다. 물론 두 사람 모두 '빵과 버터'라고 외치면 더 좋다. 말이 난 김에 나 역시 이따금 나쁜 결과를 피한다는 뜻으로 장난삼아 나무를 만지곤 하는데, 그럴 때마다 그 행동이 실제로 효험이 있었으면 하는 마음이 없다고는 할 수 없다. 이 모든 사실에도 불구하고, 현대 과학에 내재한 미래 사고의 방식은 이전과는 전혀 다른 것으로, 현대 생활의 많은 영역의 미래 사고를 완전히 바꾸어놓았다.

현대 과학은 몇 가지 독특한 특징을 갖추고 있다. 그러나 역사학자 스티븐 샤핀Steven Shapin 의 주장에 따르면 변화의 핵심은 역시 기계론적 세계관으로의 이행에 있다고 한다. 이제 세상에는 예측 불가한 영적 존재와 세력이 미래에 미칠 영향은 거의 남아 있지 않다.

> 자연을 기계로 보는 태도는 전통적인 자연철학에서 만물을 의인화하는 정령신앙의 관점과 뚜렷이 대비된다. (중략) 17세기에 나타난 모든

기계적 세계관은 목적과 의도, 감각과 관련된 역량을 자연과 그 구성 요소에 귀속시키는 전통을 정면으로 반박한다.[11]

뉴턴의 운동 법칙을 모델로 삼는 현대 과학의 창시자들은 최고의 유일신이 규정하는 보편적·기계적·비인격적 '과학 법칙'의 지배를 받는 세계를 상상했다. 그들은 이 새로운 세계에서 영혼이나 악마, 수많은 신, 마법 등 예측을 방해하던 과거의 변덕스러운 존재들을 모두 추방해버렸다. 그들은 법칙이 지배하는 이 질서정연한 세계에서는 새로운 지식을 통해 미래를 예측하고 통제하는 강력한 방법을 찾을 수 있으리라고 기대했다.

독일의 사회학자 막스 베버Max Weber는 이런 상전벽해와 같은 지적 변화를 두고 시인이자 철학자인 프리드리히 실러Friedrich Schiller의 말을 빌려 '세계의 계몽'이라고 불렀다(실러가 사용한 독일어 단어 엔차우버룽Entzauberung을 굳이 직역하자면 탈마법demagification 정도가 될 것이다).[12] 베버는 현대적 사고의 중심에는 "헤아릴 수 없는 신비한 힘이 작용하는 것이 아니라, 기본적으로 계산을 통해 만물을 파악할 수 있는 합리적인 세상이라는 개념이 자리 잡고 있었다. 마침내 세상이 미몽에서 깨어났다. 이제 그 누구도 마술적 수단에 의지할 필요가 없어졌다."고 했다.[13] 새롭게 부상한 기계적 세계관은 앞서 축의 시대의 종교와 철학적 사고에서 확인했듯이, 점차 객관화하던 점술 기법과 보편적이고 객관적인 변화의 법칙을 추구하던 고대의 미래 사고에 그 뿌리를 두고 있었다.

세상이 계몽되었다고 해서 그것이 곧바로 무신론으로 이어진 것은 아니었다. 물론 그렇게 되리라고 두려워한 이들은 많았지만 말이다. 현대 과학의 선구자들은 한결같이 우주의 근본 법칙을 다스리는 창조주 신을 믿었다. 철학자이자 과학자인 로버트 보일Robert Boyle을 비롯한 많은 사람은 심지어 '헤아릴 수 없이 많은 영적 존재'를 인정하기도 했다. 그러나 그들은 영적 존재가 우주의 근본 법칙을 제멋대로 어지럽힐 수 있다는 개념은 거부했다. 예를 들어 천문학자 요하네스 케플러Johannes Kepler는 행성에 영혼과 목적이 있다는 개념을 포기하고 '우주는 신성한 생명체보다는 시계에 더 가깝다'라고 생각하게 되었다.¹⁴ 시계는 고대의 수많은 신들과 달리 변덕스럽게 행동하거나 짜증 내는 일이 없을 것이다. 시계의 작동 방식은 누구나 알고 있으므로 미래에 어떻게 될지도 충분히 예측할 수 있다.

　기계적 '자연철학'natural philosophy이 일찌감치 성공하면서 명성과 대담한 확신을 얻은 이 새로운 사고방식은 인쇄술이라는 신기술을 통해 유럽의 엘리트층으로 빠르게 확산했다. 역사가 데이비드 우튼David Wooton에 따르면 셰익스피어 시대에는 교육 수준이 높은 유럽인조차 마법과 점술을 진지하게 생각했다고 한다. 그들은 늑대인간과 유니콘이 실재하며, 하늘은 지구를 중심으로 돌고, 혜성은 나쁜 징조이며, 《오디세이아》와 《아이네이스》를 실제 역사라고 생각했다. 그로부터 불과 한 세기 반이 지나 볼테르Voltaire의 시대가 되자 유럽의 식자층은 자연철학에 매료되었다. 많은 사람이 망원경이나 현미경을 사용했고, 뉴턴을 역사상 가장 뛰어난 과학자로 생각했으며, 지구가 태양을 중심으로 공전한다는 것을 알게 되었다. 여전히 미신을 믿는 사람이 많았지만, 그들은 마법이나 악령을 진지하게 여기지 않았고 유니콘과 기적이 없다는 것을 알았다. 심지어 신의 존재를 의심하기도 했고, 과학 지식의 발전으로 진보가 거듭되면 인류가 더 나은 미래를 맞이하리라고 믿는 사람이 많아졌다.[15]

오늘날에도 여전히 영혼과 신들로 가득 찬 세상을 믿는 사람이 많지만, 대중 교육과 여러 과학 분야의 성공에 힘입어 확산하는 현대 과학의 계몽적 세계관은 거의 모든 기술적 변화에 영향을 미치며 미래 사고를 지배하고 있다.

과학이 만드는 세상

현대의 미래 사고와 과거의 미래 사고가 다른 점은 크게 네 가지로 나눌 수 있다.

1. 인과관계: 인과관계를 이해하는 능력이 향상되면 물리학, 화학, 의학 등의 분야에서 좀 더 정확하고 확신에 찬 예측을 할 수 있다.
2. 확률: 확률 이론을 통하면 구체적인 사건을 예측하지는 못하더라도 사건의 결과를 대략 예측할 수 있는 과정이 어떤 것인지를 정확히 이해할 수 있다.
3. 데이터 수집과 통계: 활용할 수 있는 통계 정보가 방대하게 증가하고 여기에 새로운 확률론적 방법이 결합함에 따라 다가올 미래를 보여주는 확률적 추세를 감지하고 분석하며 이해하고 측정하는 능력이 향상되었다.

4. 정보 기술과 컴퓨팅: 현대의 컴퓨터 기술 덕분에 이전에는 상상할 수 없었던 규모와 속도 그리고 정밀도로 통계 정보를 저장하고 분석할 수 있게 되었다.

이런 변화로 인해 의학에서 인구통계학, 기후변화에 이르는 다양한 영역에서 인간의 예측 능력이 향상되었다. 그러나 인간이 기계적으로 행동한다고는 전혀 생각되지 않는 영역, 예컨대 정치 같은 분야에서는 아직도 고대의 그것과 별로 다를 바 없는 미래 사고가 횡행하고 있다.

인과관계의 과학

2장에서 확인했듯이, 어떤 일이 일어나는 *이유*를 알면 미래 사고에서 추세를 파악하고 활용하는 능력이 향상된다. 파블로프의 개가 종이 울리면 곧 먹이가 생긴다는 것을 알았듯이, 추세를 파악하는 능력은 살아가는 데 큰 도움이 된다. 그러나 그런 추세의 *원인*을 이해하는 것은 훨씬 더 좋은 일이다! A라는 사건이 일어날 때마다 꼭 B라는 사건이 발생하는 이유를 안다면, 다음에 A가 일어날 때는 어떤 결과가 발생할지 훨씬 더 정확하게 예측할 수 있을 것이다.

현대 의학은 19세기에 존 스노John Snow와 루이 파스퇴르Louis Pasteur 같은 학자들이 발견한 세균 이론germ theory, 즉 질병은 대부분 미생물 때문에 발생한다는 개념에 기초를 두고 있다. 따라서 무균 상태의 의료 환경을 유지하고, 백신을 접종하고, 미생물을 공격하는 항생제를 복용하면 많은 질병을 치료할 수 있다는 결론이 나온다. 역사학자 로이 포터Roy Porter는 이렇게 말한다. "파스퇴르에서 페니실린에 이르는 시기에 고대로부터 이어져온 의학계의 꿈이 실현되었다. 심각한 질병의 원인을 알려주는 믿을 만한 지식이 드디어 확보되었고, 이를 기초로 하는 예방 및 치료 방법이 모두 개발되었다."[16]

만약 우리가 A가 B에 미치는 영향력의 정도까지 측정할 수 있다면, 인과관계에 관해 더욱 강력한 지식을 얻을 수 있을 것이다. 현대 과학이 무슨 일이든 자세하게 측정하기를 좋아하는 이유가 바로 여기에 있다. 버드나무 잎을 씹는 것은 고대로부터 이어져온 두통 치료법이다. 그것은 두통을 사라지게 하는 *원인*이었다. 19세기에 화학자들이 그 이유를 알아냈다. 버드나무 잎의 유효성분은 살리실산이었다. 그 사실을 이해하자 살리실산이 함유된 알약을 만들 수 있게 되었고, 이 약은 매우 저렴하고 사용이 간편했다. 그뿐만 아니라 알약 하나의 효능을 측정할 수 있어서 두 알을 먹을 때와 100알을 먹을 때 어떤 차이가 있는지도 알게 되었다. 두 알을 먹으면 두통이 사라질 것이다. 그러나 100알을 삼키면 죽을지도 모른다. 이 알약은 1899년에 '아스피린'이라는 이름이 붙은 이래 지금까지 그렇게 불리고 있다.

과학의 발전은 인과관계를 얼마나 더 이해하느냐에 달린 경우가 많다. 1644년 이탈리아의 수학자 에반젤리스타 토리첼리Evangelista Torricelli는 수은으로 가득 찬 수직형 관의 위쪽을 막고 아래는 열어둔 채 수은이 담긴 대야에 담가 두어도 액체가 모두 빠져나가지 않는 신기한 현상을 기계적 원리에 따라 설명한 바 있다. 그 관의 위쪽에 진공이 형성되어 내부에는 항상 일정량의 수은이 남게 된다. 이런 신기한 현상에 대한 전통적인 설명은 자연이 진공을 '싫어하므로' 가능한 한 부피를 작게 유지하고자 한다는 것이었다. 이것은 일종의 목적론적 설명이라고 할 수 있다. 그런데 토리첼리는 그 대안으로 기계적 설명을 제시한 것이다. 그는 관 내부에서 위쪽으로 향하는 수은의 힘을 '공기 압력' 때문으로 설명했다. 즉 수 킬로미터 높이의 공기 기둥이 대야에 담긴 수은을 누르는 힘 때문에 이런 현상이 일어난다는 것이었다.

1648년에 프랑스의 수학자이자 철학자인 블레즈 파스칼Blaise Pascal이 토리첼리의 설명을 실험해보았다. 그는 처남에게 부탁해서 프랑스 중부의 퓌드돔이라는 산 위에 비슷한 장치를 마련했다. 파스칼의 추론은 고도가 높을수록 공기가 희박하므로 토리첼리의 설명이 옳다면 산 정상에서 관 속 수은 높이는 지상에 비해 낮으리라는 것이었다. 실험 결과는 파스칼이 예상한 그대로였다. 토리첼리의 장치는 사실 기압을 측정하는 장치, 즉 기압계였던 셈이다. 이 실험을 계기로 파스칼은 기압에 대한 토리첼리의 기계적 설명을 지지하게 되었다.[17] 측정 가능한 기계적 원리로 기압의 발생 원인을 이해한 것은 나중에 화석연료 혁명의 기초 기술인 증기기관의 발명으로 이어지게 된다.

인과관계를 과학적으로 설명하기 위해서는 만물이 규칙적이고, 기계적이며, 측정 가능한 절차에 따라 진행된다는 가정이 필요했다. 뉴턴의 운동 법칙은 대포알과 행성 그리고 떨어지는 사과의 운동을 사상 유례없는 정밀도로 예측할 수 있는 근거가 되었다. 현대 과학은 바로 이 모델을 바탕으로 수많은 인과법칙을 새롭게 밝혀냈고, 그 덕분에 의학, 화학, 전기 그리고 마침내 핵물리학 같은 분야에서 정확하고 측정 가능한 예측들이 쏟아지기 시작했다. 스마트폰에서 터빈, 제트기, 인공 심장과 폐에 이르는 현대 과학기술의 빛나는 결과물은 결국 인과관계에 대한 이해가 점점 더 정밀해진 결과였다. 미국의 통계학자 네이트 실버는 이렇게 말했다. "예측은 현상의 근본 원인에 대한 탄탄한 이해로 뒷받침될 때 훨씬 더 강력한 힘을 발휘할 수 있다."[18] 인과관계를 현대적 관점으로 연구한 선구자인 주디아 펄에 따르면, 훌륭한 인과관계 모델을 수립할 수 있다면 "어떤 일이 과거에 어떻게 진행되었는지뿐만 아니라 새로운 가상의 상황에서 어떻게 움직일지도" 알 수 있다고 말했다.[19]

인과관계에 대한 과학적 이해가 그토록 많은 영역에서 확실한 예측의 바탕이 되었다면, 그 예측을 모든 영역으로 확대하면 어떻게 될까? 애덤 스미스와 오귀스트 콩트Auguste Comte, 카를 마르크스와 같은 사회 이론가들은 인류 사회의 진화 과정에도 혹시 뉴턴의 운동 법칙과 유사한 인과법칙이 있지 않은지 찾아 나섰다. 그러나 결국, 인과법칙 같은 정밀성이 모든 영역에 적용되지는 않는다는 사실이 밝혀졌다. 그것은 2장에서 소개한 미래 원뿔 중 예측성 영역의 한 부분이다. 인류 사회의 작동 방식을 비롯한 많은 영역에는 느슨한 인과법칙이 적용된다. 제1차 세계대전의 원인을 묻는 것은 행성이 타원 궤도로 공전하는 이유를 묻는 것과는 전혀 다른 질문이다.

현대 확률론의 탄생

현대 확률론은 뉴턴의 천문학과 물리학에 비해 인과관계와 기계적 성격이 뚜렷하지 않은 영역에서 예측 능력을 향상하고자 한 시도에서 출발했다. 데카르트는 이렇게 말한 바 있다. "무엇이 진실인지 분명하게 알 수 없을 때는 개연성이 가장 큰 것을 찾아볼 수밖에 없다."[20]

출산 중 사망 가능성이나 항해 선박의 귀환 여부를 직감에 의존하는 태도는 고대의 보편적인 관행이었다. 현대 확률 이론은 그런 직감을 수학 모델이라는 좀 더 정확한 기반 위에 놓는 작업이다. 포커 게임을 하는 사람이나 보험 회사들이 모두 알고 있듯이, 확률에 대한 이해가 정밀해지면 다가올 미래에 대한 이해가 증진되는 것은 물론이고 엄청난 돈을 벌 수도 있다. 확률 모델은 다가올 미래를 놀라울 정도로 잘 예측하기 때문에 강력한 위력을 발휘할 때가 많다.

현대 확률 이론의 뿌리는 도박에 관한 연구에서 찾을 수 있다. 도박은 고대에도 존재했다. 지중해 동부의 청동기 시대 유적지에서는 주사위로 사용된 것으로 보이는 발가락뼈가 출토되기도 했다.[21] 그러나 현대 과학의 기계적이고 수학적인 관점에 따라 도박의 확률 법칙을 연구한 것은 불과 몇 세기 전에 시작된 일이다.

도박에 관한 최초의 상세한 연구서는 이탈리아의 수학자, 의사 그리고 도박꾼인 지롤라모 카르다노Girolamo Cardano가 1564년에 썼다. 그러나 이 책은 1663년이 되어서야 출간되었다. 그의 책에는 영국의 수학자 이언 스튜어트Ian Stewart가 말한 대로 "확률을 체계적으로 다룬 최초의 내용"이 포함되어 있었다. 사실 그 책이 집필된 것 자체가 기적과 같은 일이었다.[22] 카르다노의 어머니는 그를 낙태하려고 했다. 비록 병약한 몸으로나마 그는 태어났고, 심지어 흑사병이 창궐하여 그를 돌보던 간호사와 형제들이 목숨을 잃는 와중에도 그만은 살아남았다. 어떤 면에서 그의 미래 사고는 전혀 현대적이지 않았다. 그는 곤경에 처할 때마다 "온갖 문제를 해결하고자 점술가와 마법사를" 기꺼이 찾았고, 도박할 때마다 이상하게 돈을 잃으면 '운이 나빠서' 그랬다고 생각했다.[23] 그러나 그의 도박 실력은 뛰어났고, 비록 미신을 믿었음에도 도박만큼은 기계처럼 정확한 논리로 접근해서, 그가 다가올 미래를 생각할 때는 마치 그 어떤 요정이나 도깨비, 마법사도 범접할 수 없는 것 같았다.

카르다노가 기계처럼 정확한 논리로 풀었던 오래된 문제를 하나 예로 들어보자. 경험 많은 도박꾼은 주사위를 3개 던지면 숫자 합계가 9보다는 10이 되는 경우가 조금 더 많다는 것을 알고 있었다. 도박꾼은 이런 조그만 차이에 주목한다. 그것은 직관에 반하는 개념이므로 이 점을 이용하면 초보자를 상대로 이길 때가 많다. 그러나 이것은 엄밀한 인과법칙이 아니라 그저 확률적인 경험일 뿐이다. 한 번 던질 때 나올 숫자가 9보다는 10일 가능성이 더 크다는 것일 뿐, 횟수를 계속 반복하는 경우 10에 거는 사람이 9에 거는 사람을 이기려면 결국 실력이 더 뛰어나야 한다.[24]

왜 그럴까? 카르다노는 '표본 공간'sample space이라는 현대적 개념을 사용해 가장 이해하기 쉽게 설명했다.[25] 표본 공간이란 동전 던지기 같은 상황에서 나올 수 있는 모든 결과의 집합을 말한다. 그러나 표본 공간은 수십억 개의 신경세포가 발산하여 형성하는 우리 머릿속의 모형 세계나 현실 세계에 모두 존재할 수 있다. 그리고 이런 차이는 확률에 관한 모든 사고에서 매우 중요하다. 모형 세계에서의 표본 공간은 완벽히 파악할 수 있고, 그 거동을 수학적으로 정확하게 설명할 수 있다. 그에 비해 현실 세계의 표본 공간은 훨씬 더 파악하기 어렵다. 상상 속의 모형 세계에서 동전을 던지는 경우 표본 공간은 간단하다. 동전의 앞면과 뒷면이 각각 50퍼센트의 확률로 나타난다. 그런데 현실 세계에서는 예컨대 동전이 낡고 망가져서 앞면이 나올 가능성이 조금 더

클 수도 있다.[26] 현실의 표본 공간은 훨씬 더 무질서해서 우리는 그 안에 무엇이 있는지 결코 정확하게 파악할 수 없다. 그러나 현실의 표본이 머릿속의 모형과 아주 비슷해 보인다면 우리는 행운을 빌며 모형이 현실 세계의 훌륭한 지침이 될 수 있기를 바란다. 그런데 놀랍게도 그런 도박이 성공할 때가 많다.

카르다노는 주사위를 여러 번 던질 때 10과 9가 나오는 확률의 문제를 해결하기 위해, 주사위 3개를 던져서 나올 수 있는 숫자의 모든 경우의 수를 모형 표본 공간으로 만들었다. 현실 세계에서는 한 번만 던질 수 있지만, 모형 세계에서는 같은 게임을 여러 번 할 수 있고 가능한 모든 결과를 볼 수 있다. 주사위를 3개 던질 때 나올 수 있는 숫자 합계는 총 $6 \times 6 \times 6$, 즉 216가지이고, 주사위가 공평해서(아직은 현실 세계가 아니라 모형 세계다.) 각 숫자가 나올 가능성이 모두 같다고 가정한다. 주사위를 216번 던질 때, 숫자 합계가 9가 되는 방법과 10이 되는 방법은 각각 6가지이다. 예를 들어 9가 나오는 조합은 6,2,1이나 5,3,1, 5,2,2, 4,4,1, 4,3,2 또는 3,3,3 등이다. 그렇다면 숫자 합계가 9와 10이 될 확률이 서로 같다는 뜻일까? 그렇지 않다. 여섯 가지 조합을 자세히 살펴보면 각각의 확률이 모두 같지 않음을 알 수 있다. 3개의 주사위에서 모두 3이 나와 9가 되는 방법은 하나뿐이지만, 6과 2, 1은 서로 순서를 바꿔가며(6,2,1 또는 6,1,2 등) 모두 여섯 가지 조합으로 9를 만들 수 있다.[27] 카르다노가 한 것처럼 가능성을 모두 따져보면 숫자 합계가 10이 되는 방법은 모두 27가지(216분의 27, 즉 12.5퍼센트 확률)이지만, 9가 나오는 방법은 25가지(216분의 25, 즉 11.6퍼센트의 확률)뿐임을 알 수 있다. 뚜렷한 차이가 있다! 이 점을 염두에 두면 분명히 돈을 벌 수 있다. 물론, 현실에서 주사위를 던질 때 운이 나쁘지 않아야 하고, 다른 모든 면에서도 현실 세계가 모델 세계와 비슷하다는 가정이 필요하다.

카르다노의 생각은 도박 외의 다른 분야에서는 별다른 영향을 미치지 못했다. 그러나 17세기 중반에 블레즈 파스칼을 비롯한 여러 사람은 카르다노처럼 확률을 진지하게 다루는 태도가 도박뿐만 아니라 미래 사고의 여러 영역에 도움이 될 수 있다는 강력한 아이디어를 떠올렸다. 과거 경험을 바탕으로 구축한 모형 표본 공간이 무역 회사가 선박의 좌초 확률을 계산하는 데 이용될 수 있을까? 그런 모형은 과연 신의 존재 여부와 같은 형이상학적 문제를 해결하는 데에도 도움이 될까? 이런 흥미로운 생각은 17세기 중반에 선보인 뒤 유럽의 주요 사상가들 사이에 빠르게 퍼져나갔다.

1654년, 귀족 출신의 도박꾼 슈발리에 드 메레Chevalier de Méré는 파스칼과 동료 수학자 피에르 드 페르마Pierre de Fermat에게 도박에 참여한 두 사람이 일정한 점수를 획득한 상황에서 도박판이 중단된 경우라면 판돈을 어떻게 나누면 좋겠는가 하는 문제를 제시했다. 이른바 '점수 문제'라는 것이었다. 물론 카르다노도 이 문제를 풀었지만, 파스칼과 페르마는 확률 계산의 정교함을 새로운 차원으로 끌어올린 해법을 내놓았다.

파스칼의 해법은 가상의 표본 공간에서 '가능한 모든 결과를 얼마나 완벽하게 구현하느냐'에 달려 있었다.[28] 수학은 아름답고 우아하나 현실 세계의 무질서를 포착할 수 없다는 점에서 파스칼의 연구는 확률적 사고의 위험성을 잘 보여준다. 예를 들어, 파스칼은 각 참여자가 음주나 피로, 긴장감 등의 영향 없이, 이미 진행된 게임과 정확히 같은 수준의 기량을 발휘하며 경기를 계속할 것이라고 가정할 수밖에 없었다. 현실의 우연성을 배제한 파스칼에게 남은 것은 순수한 기계적 모델이었으며, 여기에는 그 어떤 변덕도 존재할 수 없었다. 더구나 모델 세계에서는 그것이 카드 게임이든 경마든 전쟁이든 기후변화든 가장 보편적이고 가능성이 큰 결과를 찾기 위해 몇 번이고 재현할 수 있다. 그러나 현실은 이렇게 깔끔하지 않으며 실제 카드 게임은 단 한 번만 진행된다.

미국의 과학자이자 수학자인 워런 위버Warren Weaver는 이렇게 말했다. "확률론에서 실제로 하는 일은 수학적 모델을 창안하여 완전히 명확하고 깔끔하게 계산한 후에 이 모델이 현실의 어떤 현상에 유용하게 해당하기를 바라는 것이다."[29] 확률론은 모든 미래 사고에 존재하는 우아하지 못하고 귀납적인 믿음의 도약과 마주칠 수밖에 없다(2장에서도 다룬 바 있다). 그러나 한편으로는 그런 도약의 이면에 있는 논리를 더 투명하게, 심지어 측정할 수 있게 해주며, 우리가 만든 모델이 현실 세계의 중요한 측면을 포착한다고 확신하는 한 미래 사고를 더욱 정교하게 가다듬을 수 있다.

파스칼의 유명한 '신의 존재를 건 도박' 사례는 비현실적인 모델의 위험성을 훨씬 더 뚜렷하게 보여준다. 파스칼은 1654년에 심각한 종교적 위기를 겪은 후 확률적 계산을 신학과 형이상학의 문제에까지 확장한 여러 권의 노트를 남겼다(그 내용이 《팡세》, 즉 '사색'이라는 제목으로 출간되었다). 신의 존재를 건 도박이란 그가 신학적 난제를 내기 형식의 논증으로 바꾼 것을 말한다. 파스칼은 단 두 가지 가능성만 담고 있는 표본 공간을 구상했다. 그 공간에는 신이 없거나 혹은 의인에게는 영생을, 악인에게는 영벌을 약속하는 기독교의 신이 존재할 뿐이다.[30] 파스칼의 또 다른 의심스러운 가정은 양쪽의 가능성이 옳을 확률이 각각 50퍼센트라는 추정이다. 한마디로 '게임은 이미 시작되었으니 앞면이나 뒷면이 나올 것'이라는 것이다. 가능성은 둘 다 똑같으므로 우리는 내기를 걸기 전에 각각의 결과에 대한 보상을 살펴봐야 한다.

신이 존재하지 않는 것처럼 행동하면 짧은 일생을 즐기다 갈 수 있지만, 만약 내기에 진다면 영원한 불행을 감수해야 한다. 신이 존재하는 것처럼 행동하면 최악의 경우 한 번뿐인 인생에서 재미를 잃어버릴 수 있지만, 얻을 수 있는 이익은 사후 세계에서의 무한한 행복이다. "신의 존재에 내기를 걸 때 얻는 것과 잃는 것을 따져보자. 만약 내기에서 이기면 모든 것을 얻고, 지더라도 잃는 것은 아무것도 없다. 그렇다면 주저 없이 신의 존재에 걸어야 한다." 논리는 흠잡을 데 없고 충격적이기까지 하다. 그러나 파스칼이 상상한 표본 공간은 과연 개연성이 크다고 할 수 있을까? 별로 그렇지 않다!

1662년에 파스칼의 동료들은 《논리학 및 사고법》La logique, ou l'art de penser이라는 책의 마지막 장에서 확률 이론에 관한 더욱 현실적인 방어 논리를 제시했다. 이후 이 책은 논리학의 새로운 기준이 되어, 19세기까지 유럽의 모든 대학에서 아리스토텔레스의 논리학을 대체하게 된다. 그들은 확률 논리가 현실 세계에서 결과의 가능성을 추론하는 데 명료성을 더해줄 수 있다고 주장했다.

사람들은 천둥소리를 들으면 극도로 겁에 질린다. 그러나 그들의 이런 기이한 불안이 벼락에 맞아 죽을 위험에만 기인한다면, 그런 불안이 합리적이지 않다는 사실은 쉽게 증명할 수 있다. 이런 이유로 죽는 사람은 200만 명 중에 기껏해야 한 명 정도다. 그렇다면, 우리가 어떤 해악에 대해 느끼는 두려움은 그 해악의 크기뿐만 아니라 그런 사건이 발생할 확률에도 비례해야 한다. 벼락에 맞는 것이 사망 원인 중에서도 가장 드문 것이라면 그만큼 우리에게 공포를 초래할 이유도 될 수 없으며, 특히 이런 두려움이 그것을 피하는 데 아무런 도움이 되지 않는다는 점을 생각하면 더욱 그렇다.[31]

나는 어렸을 적에 천둥소리를 듣자마자 화장실에 틀어박히던 증조모를 보며 자란 터라 이런 두려움을 충분히 이해한다. 그러나 한편으로는 신중한 확률론적 사고가 그들에게 안겨줄 수 있는 명료함에 찬사를 보내기도 한다. 위의 단락에서 죽음의 원인으로 제시된 표본 공간은 과거의 경험을 바탕으로 하고 있으며, 미래에도 사람이 벼락에 맞아 죽을 확률이 200만 분의 1에 불과하리라는 가정은 개연성과 계몽의 효과를 모두 갖추고 있다. 다시 말해 과거 추세는 벼락으로 인한 죽음이 미래 원뿔에서 근심의 영역, 즉 적색 지대에 속할 가능성이 극히 희박하다는 것을 보여준다. 그로부터 두 세기 후에 라플라스가 말했듯이, 확률 이론은 그야말로 확률에 관한 '계산법'이지만, 우리가 그 계산 결과를 현실에 적용할 때는 항상 믿음의 도약을 거쳐야 한다는 사실을 기억해야 한다.

이후 3세기에 걸쳐 확률적 사고의 바탕이 되는 수학은 점점 더 정교하게 가다듬어졌다. 스위스의 수학자 야코프 베르누이 Jacob Bernoulli는 사후 8년이 지난 1713년에 출간된 《추측술》Ars Conjectandi이라는 책에서 확률적 사고의 논리가 얼마든지 뒤집힐 수 있음을 보여주었다. 우리는 어떤 결과가 발생할 확률이 얼마인가 하는 질문 대신, 여러 결과를 검토한 후 이렇게 물을 수 있다: 이런 결과를 통해 그것이 도출된 표본 공간에 관해 알 수 있는 것은 무엇인가? 이런 접근법을 '간접귀납확률'inverse probability이라고 하는데, 이는 제한된 정보로부터 다가올 미래에 관해 풍부한 통찰을 얻을 수 있는 매우 효과적인 방법이다. 간접귀납확률이란 한마디로, 표본을 기초로 모집단 전체에 관한 추론을 끌어내는 방식이다. 대표적인 예로 제한된 횟수의 인터뷰만으로 선거 결과 전체를 예측하는 정치 여론조사를 들 수 있다.

베르누이는 항아리에 검은색과 흰색 동전이 수백 개 들어 있는 모형 세계를 상상했다. 그중에서 무작위로 10개를 골랐더니 6개가 흰색이었다고 해보자. 이런 결과로부터 항아리 속에서 흰색과 검은색 동전이 차지하는 비율에 대해 알 수 있는 것은 무엇일까? 다시 말해 항아리에서 동전을 계속 꺼낸다면 흰색과 검은색의 비율이 어떻게 될까? 흰색이 대략 60퍼센트를 차지한다고 생각해도 될까? 베르누이는 표본이 커질수록 모집단 전체의 실제 분포도, 즉 기본 확률 분포에 더 가까워진다는 사실을 수학적으로 증명했다. '대수大數의 법칙'이라는 이 원리는 직관적으로도 타당하다. 표본을 계속 추출하다 보면 언젠가는 항아리 속의 동전을 모두 포괄하여, 표본 자체가 기본 분포와 같아지는 시점이 올 것이기 때문이다. 그러나 직관에 어긋나는 부분은 항아리 속의 모든 동전을 확인해보기 훨씬 전에 이미 흰색과 검은색 동전의 기본 비율을 정확하게 추정할 수 있다는 사실이다. 실제로 표본이 모집단과 얼마나 일치하느냐 여부는 모집단의 크기(만약 그렇다면 모집단이 매우 큰 경우에는 표본의 크기도 아주 커져야 한다.)가 아니라 표본의 크기에 달려 있다. 이런 놀라운 결론은 제한된 표본으로 거대한 모집단에 관한 결론을 도출해야 하는 거의 모든 통계학적 상황에 정당성을 부여해준다.[32]

간접귀납확률은 고대의 무작위 선택 개념의 바탕이 되는 수학적 논리를 찾아낸다. 무작위 표본은 세상에 관해 제한된 지식을 제공하지만, 여론조사 전문가들은 사실 수백 또는 수천 개의 표본만으로도 충분히 정확한 예측이 가능하다는 것을 알고 있다. 단 표본이 가능한 한 무작위로 추출되어야만 수학 모델과 같은 역할을 할 수 있다(특정 정당의 상징색으로 된 옷을 입은 사람만 인터뷰하면 안 된다!). 오늘날 간접귀납확률 개념이 가장 널리 사용되는 분야는 베이즈 통계학이다. 3장에서 설명했듯이 이 기법은 가능한 표본 공간의 형태를 매우 주관적인 형태로 먼저 추정한 다음, 새로운 정보가 확보되는 대로 초기 추정치를 고쳐가는 방식이다.[33]

18세기에 라플라스를 비롯한 수학자들은 표본 해답이 실제 분포와 얼마나 가까운지를 알려주는 수학적 추정치를 구할 수도 있음을 보여주었다. 무작위 표본의 거동을 보여주는 수학적 모형을 수립할 수 있고, 이를 통해 표본이 기본 분포와 얼마나 가까운지를 추정할 수 있다. 예를 들어, 현실 세계의 표본 중에는 정규분포곡선(종처럼 생겼다고 해서 종곡선이라고도 한다.)에 따라 움직이는 것들이 많다. 동전 던지기 게임에서 앞면과 뒷면이 나오는 수, 육군 신병들의 키 또는 극심한 더위와 추위가 발생하는 날 수의 변화 등을 나열할 때 나타나는 패턴이 바로 정규분포곡선이다.

정규분포에서는 거의 모든 결과가 중간값이나 평균을 중심으로 모인다. 평균에서 멀어질수록 결과치가 감소하며, 그 곡선은 수학 모델을 수립할 수 있는 형태를 띤다. 정규분포에서 모집단 중간값 대비 표본 중간값의 변동 평균을 구한 값을 표준편차라고 한다. 모형 세계에서는 표본 중간값이 정규분포곡선을 따른다면 그중 68.2퍼센트는 모집단 중간값의 표준편차를 벗어나지 않고, 95.4퍼센트는 표준편차의 2배를 넘지 않는다. 이런 지식을 바탕으로 우리가 선택한 표본 중간값이 모집단 중간값의 표준편차 내에 있을 확률은 68.7퍼센트라고 말할 수 있다.

현실 세계는 모형 세계의 이런 깔끔한 분포 곡선과 얼마나 일치할까? 답은 다음과 같다. 〈그림 7-1〉은 1880년에서 1884년 사이에 영국 육군에 복무한 18세 신병 3만 6,658명의 신장을 측정한 결과다.[34] 원래 65인치(165.1센티미터) 미만의 신병은 입대 자격이 없다는 점 때문에 분포 곡선이 일부 왜곡되었으나, 그림에 보이듯이 이런 규정이 제대로 적용되지 않은 사례도 많았던 듯하다. 그런 편향이 없었다면 그림은 표준 정규분포와 더 가까워졌을 것이다. 이 집단의 신장 중간값은 64.7인치(164.34센티미터), 표준편차는 2.34인치(5.94센티미터)였다. 이를 바탕으로 68퍼센트가 조금 넘는 신병의 신장은 중간값과 2.34인치, 95퍼센트 이상은 4.68인치(11.89센티미터)를 벗어나지 않았으리라고 말할 수 있다. 그림을 보면 현실 세계의 분포가 이상하리만치 모형 세계의 그것과 닮아있음을 알 수 있다. 이것은 정규분포를 미래로 투영하여, 예컨대 몇 년 후 신병의 신장 범위를 예측하는 것도

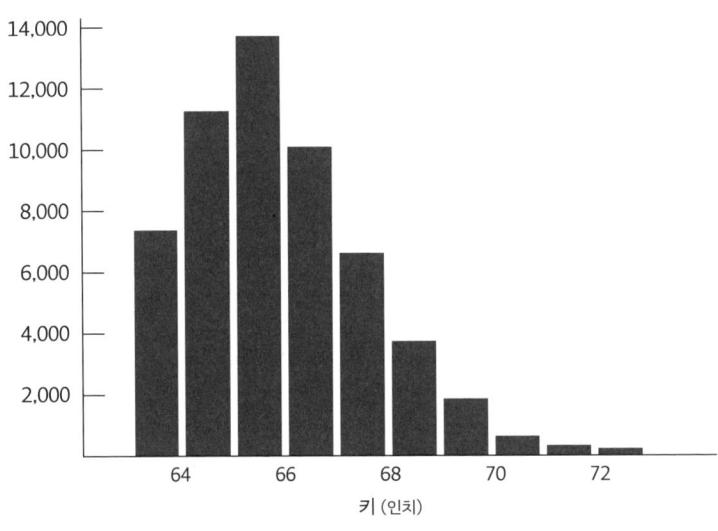

<그림 7-1> 1880년부터 1884년까지 영국 육군 신병의 신장 분포

출처: Rosenbaum, *100 Years of Heights and Weights*, 281.

가능하리라고 보이는 이유이기도 하다.

  확률 수학은 19세기와 20세기를 거치면서 더욱 정교해졌다. 그러나 가장 근본적인 변화는 확률 이론을 해석하는 방법에서 일어났다. 17세기에서 19세기까지의 '고전' 확률론자들은 세계의 작동 방식을 당시로서는 아직 대부분 발견되지 않은 과학 법칙에 따른다는 결정론으로 설명했다. 그래서 그들은 확률 이론을 무지에 대처하는 하나의 수단으로밖에 보지 않았다. 19세기 이전에는 어떤 사건이 무작위로 일어날 수 있다는 생각을 진지하게 받아들인 과학자는 거의 없었다. 흄은 이렇게 말했다. "사람들이 아무 생각 없이 우연이라고 부르는 것은 아직 원인이 밝혀지지 않은 사건에 불과하다는 것이 철학자들의 상식이었다."[35]

그러나 1장에서 언급했듯이 현대 과학은 라플라스식 결정론을 대체로 포기했다. 방사성 원자의 붕괴를 비롯해 실제로 무작위 사건이 존재한다는 것이 현대 과학의 태도다. 그런 사건에 '감춰진' 원인 따위는 존재하지 않으며, 따라서 원칙상으로도 예측 불가능하다. 다시 말해 확률 이론은 그저 무지에 대처하는 하나의 방편이 아니라 우리가 아는 한, 현실의 많은 측면을 묘사하는 가장 정확한 방식이라는 뜻이다. 일반 법칙은 거시적인 우주의 작동 방식을 지배할 수 있지만, 순간순간 우주의 한 부분으로서 우리의 미래를 결정하는 요소는 어디까지나 확률로만 설명할 수 있다. 아인슈타인은 결정론적 우주의 마지막 옹호자로 알려져 있다. 그가 물리학자 닐스 보어Niels Bohr에게 신은 우주를 상대로 주사위 놀이를 하지 않는다고 말했다는 일화는 유명하다. 그랬더니 보어는 "더 이상 신에게 이래라저래라 간섭하지 마세요!"라고 대꾸했다고 한다.[36]

데이터 수집과 통계

확률 이론은 다가올 미래를 예측하는 능력을 향상하는 데 도움이 되는 경우가 많다. 그러나 이것은 수만 명에 이르는 신병의 신장 목록처럼 현실 세계에 관한 정보가 충분할 때만 가능하다. 그리고 정보는 많을수록 좋다. 베르누이의 대수 법칙은 많은 정보를 수집할 가치가 있음을 말해준다. 정보가 많다는 것은 좋은 미래 사고의 핵심이라 할 장기적 추세의 변화 과정과 형태를 더욱 상세하고 정확하게 알 수 있다는 것을 의미한다. 그것은 더욱 훌륭한 확률 모델을 사용할 수 있다는 뜻이기도 하다. 따라서 현대적 미래 사고의 세 번째 특징은 오늘날 다양한 통계학 분야에서 방대한 정보가 수집된다는 점이다. 통계적 사고는 어디에나 존재하며, 정부, 기업, 과학자의 신규 기반시설과 스타트업, 연구 프로젝트 등에 대한 투자를 결정할 때 큰 영향을 미친다.

현대 통계학의 뿌리는 17세기로 거슬러 올라간다. 인구통계학의 선구자 존 그랜트John Graunt는 1662년 런던에서 출간한 책에서 과거 60년간 매주 거행된 세례와 장례 목록을 근거로 최초의 사망률 통계를 선보였다. 그랜트와 그의 동료 경제학자 윌리엄 페티William Petty는 이처럼 풍부한 정보로부터 다소 아쉬우나마 중요한 확률적 결론을 몇 가지 끌어냈다. 그 책에는 런던의 실제 인구, 성비, 연령대별 사망자 수, 징집 대상자 수, 런던을 드나드는 인구 그리고 각종 질병의 영향에 관한 추정치 등이 수록되어 있었다.[37] 미래를 거시적으로 예측하고 통제하는 것이 본연의 역할인 정부에게 이런 추정치는 완전히 새로울 뿐만 아니라 지대한 관심을 기울일 만한 것이었다.

18세기에는 통계학이 대유행했는데, 여기에는 인류 사회에서 예기치 못한 규칙성이 발견된 것도 원인으로 작용했다. 철학자 이언 해킹Ian Hacking은 1710년에 존 아버스넛John Arbuthnot이 약 13 대 12의 남녀 출생비를 밝혀낸 일을 현대 사회통계학의 제1 법칙으로 제시했다.[38] 그것은 통계 자료에 기초한 예상치 못한 새로운 지식이었다. 출산을 앞둔 사람의 경우, 남자아이와 여자아이를 낳을 확률이 서로 같지 않다는 것이다. 분명히 무질서한 듯한 인간의 사회적·생물학적 행동의 이면에 숨은 이런 패턴을 이용하여 과거에는 전혀 예측할 수 없다고 생각했던 대상을 예측하는 일이 과연 가능할까? 인간 행동의 여러 측면이 어쩌면 가능성의 영역에서 타당성의 영역으로, 혹은 심지어 개연성의 영역까지도 옮겨갈 수 있을까? 물론 그럴 수도 있겠지만, 상당한 정보가 수집되어야만 가능할 것이다. 1796년에 마담 드 스탈Madame de Staël(프랑스 낭만주의 소설가이자 비평가 — 옮긴이)은 이렇게 말했다.

> 베른주에서는 10년 단위로 이혼 건수가 거의 같다는 사실이 밝혀졌고, 이탈리아에는 연간 살인 사건 발생률을 거의 정확히 계산해내는 도시도 있다. 따라서, 다양한 조합에 따라 발생하는 사건은 그것이 관찰되는 횟수가 아주 크다면 고정된 비율로 계속해서 재발한다.[39]

정부, 기업가, 경제학자와 사회학자 등은 사회와 관련된 막대한 정보에 확률 수학을 적용하면 인류 사회의 미래를 예측하는 능력이 증대되리라는 희망에 부풀었다.

19세기 초가 되자 이언 해킹의 표현대로 '숫자의 눈사태'가 시작되었다.[40] 정부 당국과 학자들은 인구 증가, 범죄, 전염병의 확산, 날씨, 경제 변화를 비롯해 주로 거대하고 복잡한 시스템의 변화 패턴을 조사하며 막대한 데이터를 축적하기 시작했다. 물론 고대 제국들도 수확량 데이터를 수집하고 인구 조사를 실시했다. 그러나 19세기에 들어와 달라진 점은 수집되고 발표되는 정보의 양과 질문의 범위 그리고 그 정보를 분석하는 수학적 기법의 수준이었다. 점점 더 많은 '법칙'이 발견되었다. 현대적 통계 사고방식의 선구자인 아돌프 케틀레Adolphe

Quetelet는 이렇게 발견된 법칙들 사이에 놀라운 규칙성이 존재한다는 것을 알았다. "출생률과 사망률을 예측할 수 있는 것처럼, 앞으로 얼마나 많은 사람이 살인자와 위조지폐범, 독살범이 될지도 미리 아는 시대가 되었다."[41] 인류 사회에도 과연 천문학에 적용되는 것과 같은 규칙적인 법칙이 지배하는 것일까?

20세기에 들어 콩트나 마르크스 등이 제창한 거시적 사회 발전 이론은 그 한계를 명백히 드러냈다. 그러나 범위를 조금 좁힌다면, 예컨대 범죄 패턴이나 다양한 질병 발생률, 각종 사회 기반시설의 잠재 수요처럼 중요한 의미가 있는 사안에서는 사회적 통계가 어느 정도 지침을 제공할 수도 있다. 그 결과 사회, 경제, 의학, 범죄 등 사회 전반에 대한 통계 수집이 활발하게 진행되어 현재에 이르렀다. 통계 정보는 투자, 전염병 대비, 경제 관리 그리고 전 지구적 기후 체제와 같은 복잡한 체계의 이해를 돕기 위해 전 세계에서 사용되고 있다.

20세기 후반에 IT 혁명이 일어나고 인터넷이 출현하자 수집, 저장, 분석의 대상이 되는 데이터의 양이 대폭 증가했다. 중요한 추세를 파악하는 일이 표본만이 아니라 데이터 집합 전체를 대상으로 삼을 수 있게 되었다. 21세기에 이른바 '빅데이터' 시대가 열리자, 개별 소비자의 취향과 소비 패턴 그리고 그들이 소셜 미디어에서 하는 행동(사람들이 '좋아요'를 누를 때마다 모두 정보로 기록된다.) 등에 관한 모든 정보는 소비자의 수요를 놀랍도록 정확히 예측할 수 있으므로 이 정보를 이용해서 엄청난 이익을 창출하는 것이 가능해졌다.

빅데이터라는 단어는 주로 마케팅 분야에서 많이 사용되지만, 원래는 천문학과 유전공학에서 유래한 용어다. 방대하게 수집된 데이터가 지식과 예측 능력에 얼마나 큰 변화를 초래할 수 있는지 처음으로 밝혀진 것도 바로 이 분야에서였다. 2000년에 시작된 슬론디지털전천탐사The Sloan Digital Sky Survey 프로젝트는 천문학이라는 학문 분야가 생긴 이래 축적된 모든 정보보다 더 많은 데이터를 불과 몇 주 만에 수집했다.[42] 빅데이터의 위력은 방대한 정보와 그 정보를 사용하여 숨은 패턴과 추세를 알아내는 새로운 분석 기술이 서로 시너지를 창출하는 데서 비롯된다. "빅데이터는 방대한 데이터에 수학 기법을 적용하여 확률을 추론하는 기법이다. 예컨대 이메일 메시지가 스팸일 가능성이나 'teh'라고 표시된 문자가 'the'의 오타일 가능성 등을 추정하는 것이다."[43] 마치 고대의 신들이 점술가에게 자기 뜻을 속삭였듯이, 오늘날 우리는 방대한 데이터 속에 묻힌 힌트를 찾아 추세를 파악하고 그것을 타당성 있는 예측으로, 나아가 부와 권력으로까지 바꿀 수 있다.

컴퓨터와 정보 혁명

20세기 후반의 정보 혁명 덕에 이제 우리는 방대한 데이터를 수집하고 이용하며 저장할 수 있게 되었다.

현대적인 전자 계산 기술이 본격적으로 시작된 것은 제2차 세계대전 기간부터였다. 그러나 그 후에도 오랫동안 컴퓨터는 정부와 군대, 대기업만 이용할 수 있는 값비싸고 희귀한 장치일 뿐이었다. 현대에 와서 빗나간 예측으로 가장 유명한 사례는 아마도 1943년에 IBM 사장이 한 말일 것이다. "전 세계 컴퓨터 시장은 아마도 다섯 대 정도라고 생각합니다."[44]

정보 저장 및 처리 용량을 어디서나 저렴하게 이용하게 된 것은 기술의 발달로 컴퓨터 칩 가격이 내려가고 컴퓨터끼리 상호 대화가 가능해진 덕분이었다.

1965년 반도체 제조업체 인텔의 공동 창업자 고든 무어Gordon Moore는 반도체 소자의 집적 효율이 매년 두 배씩 증가하며, 이것이 컴퓨터 가격과 정보 처리 비용 인하의 원동력이라는 사실을 발견했다. 1975년에 그가 효율이 2배로 증가하는 기간을 2년으로 연장하기는 했지만, 이 추세는 그 이후로도 계속 유지되면서 마침내 무어의 법칙으로 알려지게 되었다. 2020년 현재 평균적인 스마트폰은 1970년에 제조된 최고 성능의 컴퓨터에 비해 연산 능력은 1,000배, 저장 용량은 80배나 더 크면서도 가격은 45분의 1 수준에 지나지 않는다.[45]

컴퓨터의 가격이 내려가고, 성능이 강력해지며, 연결성이 강화됨에 따라 방대한 정보를 저장하고 분석할 수 있게 되자 가능한 미래를 모델로 수립하는 일이 사상 유례없는 정밀도를 갖출 수 있게 되었다. 1972년에 MIT의 환경과학자 도넬라 메도스Donella Meadows와 동료 학자들이 출간한 《성장의 한계》는 지구의 가능한 미래를 예측하는 분야의 선구적 연구서였다. 이 책은 지구 생태계 전체에 최초로 컴퓨터 모델을 활용한 결과였던 만큼, 이런 기술이 지구에 관한 미래 사고에 얼마나 놀라운 영향을 미칠 수 있는지를 보여주었다. 미래학자 웬들 벨에 따르면 그 이전의 어떤 연구에서도 "먼 미래에 인류의 생존과 직결되는 핵심 변수와 그들의 상호 관계 그리고 그 결과가 그토록 많이, 전체적이고 포괄적으로, 그러면서도 단순하고 설득력 있게 다뤄진 적은 없었다."[46]

《성장의 한계》를 집필하는 데 사용된 컴퓨터 모델은 MIT의 공학자 제이 포레스터Jay Forrester가 설계한 월드3 World3라는 모델이었다. 그것은 육지와 해양, 대기, 자연환경, 인류 사회 등을 지구라는 복잡계에 종속된 하위 요소로 보고 그들 사이의 관계를 모형화한 것이었다. 이 모델은 인구, 1인당 산업 생산량, 1인당 식량 생산, 재생 불가능한 자원의 매장량, 온실가스를 비롯한 오염 영향 등의 다섯 가지 추세를 주요 변수로 사용했다. 이 다섯 가지 추세와 각각의 하위 추세는 다양한 인과관계와 피드백 회로를 통해 연결되었고, 그 모두는 원칙상 기존 데이터를 바탕으로 정량화하거나 타당성 있게 추정할 수 있었다. 원모델에는 100개 이상의 인과관계가 포함되었다.

책의 저자들은 인구 증가율이나 재생 불가능한 자원의 가용성 등의 주요 매개 변수를 조정하면서 모델을 여러 차례 실행했다. 그들은 모델의 현실성을 검증하기 위해 출발 연도인 1900년부터 발표 시점(1972년)까지의 변화 과정이 이 모델에 얼마나 잘 반영되었는지 확인한 후 2100년의 미래를 예측했다. 발표 당시의 모델은 '정상적인' 경우를 포함한 모든 실행 결과가 성장이 둔화하다가 21세기에 이르면 붕괴하는 시나리오였다. 다만 그 시기와 규모, 잠재적인 쇠퇴 요인 등에 차이가 있었을 뿐이다.

저자들이 20년 후에 출간한 《한계를 넘어》 Beyond the Limits에는 붕괴를 모면하는 시나리오가 제시되었다. 단, 여기에는 생산과 인구 증가, 오염을 제한하는 대규모의 단호하고 체계적인 결정이 도입된다는 조건이 붙어 있었다.[47] 이 두 책이 제시하는 시나리오는 오늘날의 기준으로 보면 상식적이지만, 거의 모든 성장이 2100년까지 둔화하고 심지어 어떤 것은 쇠퇴할 수 있다고 지적했다는 점에서 이른바 세월의 검증을

통과했다고 평가할 만하다.[48]

컴퓨터 기술이 발전, 확산하면서 이런 모델링 작업은 더욱 보편화되고 강력해졌다. 오늘날에는 훨씬 더 많은 정보와 연산 능력으로 무장한 컴퓨터 모델이 기후변화에서 경제 동향, 전염병의 변화에 이르는 다양한 분야에서 가능한 미래를 탐색하는 데 사용되고 있다.

현대 미래 사고의 위력과 한계: 날씨와 경제

현대의 미래 사고는 현실의 많은 영역에서 예측 능력이 향상되는 데 크게 공헌했다. 특히 상당히 규칙적인 특성을 보이는 기계적·확률적 프로세스에서 그 효과가 두드러졌다. 그 덕분에 소행성 충돌 예측과 같은 일부 분야에서는 2장에서 소개한 미래 원뿔의 예측성 영역 중 '가능성'의 영역에 있던 문제들이 '타당성'의 영역을 지나 심지어 '개연성'의 영역으로까지 옮겨가기도 한다.

1994년에 미국 NASA는 의회의 명령에 따라 지름 1킬로미터 이상의 모든 지구 근접 천체의 궤도를 예측하는 체계적인 연구에 착수했다.[49] 2020년까지 이 크기에 해당하는 소행성의 약 95퍼센트가 확인되었고, 향후 100년 안에 지구를 강타할 소행성은 하나도 없다는 결론이 나왔다. 이것은 예측적인 지식에서 얻을 수 있는 실질적인 이득이라고 할 수 있다. 이런 종류의 이익은 다른 분야에서도 많이 관찰된다. 대표적으로 예방접종이나 금연, 자동차 탑승 시 안전띠 착용과 같은 공중보건 분야의 권고 성격의 예측을 들 수 있다. 그러나 상대적으로 예측하기 어려운 영역의 미래는 여전히 과거만큼이나 불투명한 채로 남아 있다. 정치인의 행동을 예측하는 분야에서는 카이사르가 다스리던 로마 시대나 지금이나 별로 달라진 것이 없다.

　기상 예측과 경제 예측은 현대적 미래 사고의 장단점을 보여주는 대표적인 분야다. 일기예보는 이 책에서 설명한 모든 발전 성과를 동원한다. 일기예보의 기초는 기압, 습도, 기온 등의 변화가 날씨의 변화로 이어지는 인과관계를 우리가 더욱 잘 이해하게 된 데서 찾을 수 있다. 일기예보 전문가들은 엄밀한 확률 계산을 통해 다양한 날씨 패턴이 발현될 가능성을 추정한다. 그들은 전 세계에서 수집된 방대한 정보와 슈퍼컴퓨터의 엄청난 저장 및 처리 능력을 활용하여 날씨 변화에 관한 모델을 수립한다.

　모든 사회가 날씨 예측을 시도해왔고, 사실 단기 예측은 그리 어렵지도 않다. 하늘에 구름 한 점 없으면 적어도 5분 안에는 비가 오지 않을 것이라고 누구나 자신 있게 예측할 수 있다. 그러나 내일이나 다음 달의 날씨를 예측하는 일은 차원이 다른 문제다. 현대적 일기예보가 시작된 시점은 19세기였다. 19세기 중반에 다윈이 전 세계를 탐험하기 위해 탄 왕립해군 군함 비글호의 로버트 피츠로이Robert FitzRoy 선장이 여러 관측소에서 날씨 데이터를 모으기 시작했고, 1854년에는 영국 기상청이 설립되었다. 1875년에 〈타임스〉는 여러 지역 관측소의 정보를 바탕으로 영국 제도 전역의 날씨 지도를 최초로 발표했다.[50] 미국의 기상학자 클리블랜드 애비Cleveland Abbe는 유체역학을 바탕으로 기상 체계 모델을 수립할 수 있다는 개념을 최초로 제안했고, 노르웨이의 물리학자 빌헬름 비에르크네스Vilhelm Bjerknes는 이런 대기 흐름이 국지적인 기압 차이에서 발생한다고 주장했다. 이는 곧 여러 지역에서 측정한 기압, 기온, 풍속, 습도 등의 데이터를 모아 분석하면 날씨 패턴을 예측할 수 있다는 뜻이었다.⁵¹ 오늘날에는 여기에 비행기와 위성으로부터 수집한 정보도 더해진다. 1950년에 수학자 존 폰 노이만 John von Neumann은 최초로 컴퓨터 기반의 날씨 예측 방법을 개발했고, 곧이어 에드워드 로렌즈는 전 세계의 날씨 패턴을 시뮬레이션하는 프로그램을 개발하는 데 착수했다.

오늘날에는 4,000개가 넘는 관측소와 궤도 위성에서 수집된 기상 정보가 모여 이른바 지구관측망 Global Observing System 을 형성하고 있다. 그 정보는 영국 레딩에 있는 유럽중기예보센터 European Centre for Medium-Range Weather Forecasts, ECMWF 같은 곳에 모여 처리된다. 이런 정보를 바탕으로 날씨를 예측하기 위해서는 정교한 모델과 슈퍼컴퓨터의 엄청난 연산 능력이 필요하다. 이상적인 모형 세계에서는 내일 날씨를 아주 조금씩 바꿔가며 수천 번이라도 다시 예측할 수 있으므로 예를 들어 내일 비가 올 가능성이 50퍼센트라고 말할 수 있다. 날씨 예측은 실제 결과와 끊임없이 대조되며 그 신뢰성을 검증받는다. 1979년에 ECMWF가 설립될 당시 이틀 후 날씨를 예측한 내용은 상당히 중요한 의미가 있었다고 볼 수 있다. 2015년에 이르자 이 센터는 6일 후의 날씨에 대해 당시와 똑같은 신뢰도의 예보를 내놓을 수 있었다. 이 센터는 2025년까지 2주 후의 예보를 같은 수준의 신뢰도로 내놓을 수 있으리라고 내다보고 있다.⁵² 날씨 예측은 비록 소극적이고 확률적인 형식으로 발표되지만, 가볍게는 소풍 계획부터 허리케인이나 홍수 같은 파괴적인 기상 현상의 조기 경고에까지 매우 중요한 역할을 맡고 있다. 지구 온난화는 그런 경고가 점점 더 중요해지는 이유가 될 것이다.

현대적인 예측 방법은 경제 변화에도 적용되었다. 경제 예측은 기상 예측만큼이나 무질서한 요소로 가득 차 있어 대단히 복잡한 과제라고 할 수 있다. 게다가 경제는 인간의 행동이라는 매우 예측하기 어려운 요소에 따라 결정된다. 상당수 경제 이론은 인간의 집단적 경제 행동을 예측할 수 있다고 본다. 그러나 또 한편으로는 그렇지 않은 경제적 행동도 많으며, 기본적인 경제 변수를 정하는 정부의 행동 또한 마찬가지다. 게다가 소위 경제 예측 전문가는 기상 예보관과 달리 자신이 예측하고자 하는 시스템에 속한 존재들이다. 특히 그들이 미래의 경제에 영향을 미치고자 애쓰는 정부와 기업으로부터 돈을 받는다면 말이다. 그렇다면 그들의 예측은 진흙탕 같은 피드백 회로에 갇히고 만다. 고대의 예언가들이 그랬듯이, 현대의 경제 예측 전문가 역시 고객이 원하는 예측이 무엇인지 잘 알고 있다.

20세기 초에 발생한 두 차례의 세계대전을 계기로 모든 정부는 경제 계획을 수립하기 시작했고, 그로 인해 정부와 기업은 점점 더 경제 예측에 의존하게 되었다. 소련의 전체주의 계획이 실패하자 경제 예측의 한계가 어느 정도 드러났지만, 국가 경제를 조종하려는 시도는 모든 현대 정부의 공통된 특징이었다. 경제 예측과 이론에 정치적 압력과 이념 편향적인 경제 모델이 강한 영향을 미쳤다는 사실은 그리 놀랄 일도 아니다. 경제 예측에는 너무나 많은 외부 요소가 개입한 탓에 과도한 확신을 안겨줄수록 우대를 받게 된다. 경제 예측이 너무나 정확해서 일반성과 정밀성 사이의 균형을 달성하는 데 번번이 실패하는 이유가 바로 여기에 있다. '향후 3개월간의 경제 성장률은 0.5퍼센트로 예측된다'는 것과 '향후 12시간 이내에 비가 올 가능성은 40퍼센트다'는 말은 전혀 다르다. 이상을 종합하면, 2008년 세계 금융 위기를 비롯한 경제적 격변 상황을 예측한 경제학자가 거의 없는 이유는 정치적 편향, 무질서한 프로세스 그리고 인간 행동의 예측 불가한 특성 등이 작용한 결과로 설명할 수 있다.

네이트 실버는 1968년부터 2010년까지의 전문가설문조사Survey of Professional Forecasters에 나타난 차기 년도 미국 국내총생산 성장률 예측 데이터를 예로 들어 미국의 경제 예측이 실패했음을 따끔하게 지적한다. 이 데이터는 예측 범위를 90퍼센트로 제시한다. 즉 실제 결과가 90퍼센트의 확률로 예측 범위에 들어야 한다는 뜻이다. 그러나 나중에 확인해본 결과 90퍼센트라는 범위도 이미 너무 넓어서 예측으로서의 가치를 거의 상실할 지경인데, 그 범위조차 벗어나는 예측 수치가 거의 절반에 이르는 것으로 밝혀졌다. 90퍼센트 오차 범위에서 내년도 경제 성장률을 2.5퍼센트로 예측한다는 것은 결국 '내년도 GDP는 5.7퍼센트 성장과 0.7퍼센트 감소 사이 어딘가에 있을 것'이라는 말과 같다.[53] 예측으로서 거의 가치가 없다고 볼 수 있다.

미래학의 쓸모

현대의 미래 사고는 과거와 얼마나 다를까? 2,000년 전에 키케로가 쓴 《예언에 관하여》는 농경 시대의 미래 사고를 여실히 보여주는 이야기였다. 만약 키케로가 이 시대에 부활한다면(카이사르의 암살 이후 도입된 입법에 따라 교수형을 당했으므로 가능할 것 같지는 않지만) 그의 눈에 비친 현대 세계의 미래 사고는 어떤 모습일까?

그는 우선 기이하고 새로운 것들을 많이 발견할 것이다. 그러나 현대적 미래 사고의 많은 측면은 놀라울 정도로 친숙할 것이다. 그가 아무리 대중 종교에 회의적인 사람이었다고 해도 공식적인 미래 사고에서 신의 존재가 추방된 데 대해서는 적지 않게 충격을 받을 것이다. 그러나 그는 현대의 거의 모든 정부가 다양한 신에 대한 숭배를 비롯해 각종 종교적 관습을 여전히 지지하고 존중한다는 점에 주목하며 수긍할 것이다. 그러나 점술과 점성술이 아직도 대중의 미래 사고 어디에나 있다는 사실에는 눈길을 주면서도 그리 탐탁히 여기지는 않을 것 같다. 그의 이성적이고 경험적인 성향을 생각하면 이 장에서 설명한 미래 사고의 경험적이고 기계적인 방법에 매료될 수도 있을 것이다. 물론 그중 어떤 것이나 그 이면에 있는 기술은 이해하기 힘들 수도 있지만 말이다. 그는 정치, 기업, 과학을 비롯해 현대 생활의 많은 분야에서 특정 미래 사고 기술이 지니는 엄청난 중요성에 주목할 것이다. 아울러 의학이나 과학 등의 분야에서 미래 사고가 거둔 놀라운 성공에 깊은 인상을 받았을 것이다. 그러나 정치 분야의 미래 사고가 거둔 저조한 성과에 실망하며 로마 시대의 점술가와 예언자보다도 별로 나을 것이 없다는 점에 주목할 것이다.(어쩌면 조금 의기양양할지도 모른다.)

마지막으로 키케로는 비록 통계학자, 컴퓨터 모델링 전문가, 과학자, 경제 기획자 등 현대판 예언자들이 보여주는 미래 사고 기술이 널리 존경받고는 있지만, 지식 분야 전반의 미래 사고는 그의 시대만큼이나 파편화되고 평판이 좋지 않다는 것을 알고 놀랄지도 모른다. 미래 사고 분야에는 왜 노벨상을 수여하지 않는가? 미래 사상가의 자격을 인증하는 전문 기관은 왜 없을까? 학생들의 미래 사고 능력을 함양하기 위해 별도 강의 계획을 마련한 학교는 어디에 있는가? 특정 분야의 미래 사고 기술이 가르쳐지고 또 권장되기도 하지만, 미래 사고라는 분야는 대체로 키케로의 시대와 마찬가지로 주류 학계에서 소외되어 있다.

존중과 외면의 이 기이한 조합은 현대 미래학의 역사에도 뚜렷이 드러난다.[54] 미래 사고는 냉전 시대의 기획기관과 학계에서 크게 대두되었다. 철의 장막 양 진영의 정부, 기획자, 과학자 등은 모두 '진보' 개념을 철저히 신봉하여 과학이 현실 영역에서 엄밀한 예측이 가능한 분야를 점점 더 확대하리라는 점을 의심치 않았으므로 미래학에 큰 기대를 걸고 있었다. 영어권에서 현대 SF소설의 선구자였던 허버트 조지 웰스는 최초의 미래학 지지자이기도 했다.[55] 1902년에 그는 단호하게 이런 말을 한 적이 있다. "서기 4000년에 벌어질 사건은 1600년의 사건만큼이나 고정적이고 확고하며 변함이 없다." 현대 과학이 발전한다는 것은 곧 "미래에 관한 실무적 지식을 확보하는 것이 가능할 뿐 아니라 현실적인 일"이며, 따라서 조만간 "체계적인 미래 탐구"를 시도해야 한다는 뜻이었다.[56] 소련 정부가 한 사회 전체의 미래를 위한 합리적인 계획을 세우려고 했다는 점에서도 이런 낙관론이 눈에 띈다. 물론 자본주의 진영의 정부도 더 나은 미래를 위한 체계적인 계획을 세우기 시작했다.

20세기 초 두 차례의 세계대전 이후 각국 정부는 미래의 전쟁에 대비해야 했으므로, 공식적인 미래 사고에서 군사 분야가 차지하는 부분이 커질 수밖에 없었다. 핵무기와 그것을 탑재한 미사일은 군사화된 미래 사고의 산물이었다. 1960년대 중반에 컴퓨터가 출현하자 엄격하고 과학적인 미래 모델을 수립할 수 있으리라는 낙관론이 새롭게 피어올랐다. 1964년, 미국 랜드연구소RAND Corporation(여기서 'RAND'는 연구개발research and development의 줄임말이다.)의 구성원들은 사회경제적·정치적 문제를 '물리학과 화학의 문제처럼' 자신 있게 다루는 날이 곧 올 것이라고 주장했다.[57]

미래학의 미래를 향한 낙관론은 1970년대와 1980년대에 최고조에 달했다. 1970년대 중반에 북미 지역에는 수백 개의 미래 강좌가 개설되었고, 1980년대에는 미래 관련 서적이 매년 수백 권씩 출판되었다.[58] 비즈니스계도 미래 연구에 푹 빠졌다. 경영 컨설턴트인 피터 드러커Peter Drucker의 주도로 미래를 위한 체계적인 사업 계획 붐이 일었고, 대기업은 '미래학자'를 고용하여 예측 업무를 맡겼다.[59] 마침내 '미래에 관한 일반 이론'을 꿈꾸는 학자들이 나타났고, 1940년대에는 독일계 미국인 학자 오시프 플레히트하임Ossip K. Flechtheim이 미래학futurology이라는 용어를 창안했다.[60]

1980년대에 들어와 이러한 희망은 수그러들기 시작했다. 1장에서 보았듯이, 20세기 과학의 확률적 성격이 강해지고 결정론적 색채는 덜해지면서 과학의 예측력에 대한 신뢰가 시들해진 한편, 소련의 붕괴로 사회 전체를 대상으로 하는 경제적·기술적 계획의 한계가 드러났다. 새롭게 출현한 미래학은 군사적·정치적 목표와의 밀접한 관련성으로 오염되기도 했다. 따라서 정부와 국책 연구기관으로부터 멀리 떨어진 새로운 미래학이 부상했고, 그들은 미래를 예측하기보다는 대중의 희망과 두려움을 탐구하는 데 더 중점을 두었다. 1953년에 네널

란드의 미래학자 프레드 폴락Fred Polak은《미래의 이미지》The Image of the Future라는 책에서 미래학의 연구 대상은 미래 그 자체가 아니라 가능한 미래가 오늘에 비친 *이미지*가 되어야 한다고 주장했다. 1960년에 베르트랑 드 주브넬Bertrand de Jouvenel과 엘렌 드 주브넬Helene de Jouvenel 부부가 설립한 미래연구기구Organization Futuribles는 미래에 관한 예측보다는 여러 가지 가능한 미래 사이에서 우리가 내릴 수 있는 선택을 분명히 제시하는 일이 미래학의 임무라고 믿었다.[61] 1968년, 터키계 미국인 학자 하산 외즈베칸Hasan Ozbekhan과 이탈리아의 실업가 아우렐리오 페체이Aurelio Peccei는 인류 전체의 미래를 신중하게 생각하는 지원 기관을 표방하며 로마클럽Club of Rome을 설립하여 첫 보고서로《성장의 한계》를 발표했다.[62] 1973년에 유네스코의 지원으로 설립된 세계미래연구연맹World Futures Studies Federation, WFSF의 목적은 인류 전체의 미래 목표를 대변할 수 있는 미래학 분야를 마련하는 것이었다. 그것은 곧 다양한 미래를 탐구한다는 뜻이었고 오늘날 여러 미래 연구가들이 자신의 연구 분야에 항상 '미래학'이라는 말을 붙이는 이유이기도 하다.[63]

그러나 사실 *미래학*은 언제나 예측 작업을 피해갈 수 없었다. 웬든 벨이 지적하듯이, 예측prediction이라는 단어에 거부감을 보이는 사람조차 그들이 하는 일을 설명하기 위해서는 '예견'foresight, '예보'forecast, '투영'projection과 같은, 결국 같은 뜻의 말을 사용할 수밖에 없었다.[64] 이런 이야기는 역사상 모든 미래 연구가가 가능한 미래를 모색할 때 너무 구체적인 내용과 지나치게 일반적인 비전 사이에서 찾고자 했던 균형점을 현대 미래학도 똑같이 고민하고 있음을 보여준다.

미래학은 현대의 연구기관과 대학에서 주류가 되지 못했다. 특정 분야의 미래 사고는 어디에나 존재하지만, 미래학이라는 학문 분야에는 키케로가 당대에 점술가를 향해 품었던 것과 같은 지적 회의론이 늘 따라붙는다. 왜 그럴까? 이 분야에는 웬든 벨의 고전적인 두 권 분량의 연구서와 같은 탁월하고 창의적이며 엄격한 연구가 많이 진행되고 있다. 미래학자와 예측가는 주로 비즈니스계와 기업, 정부 기관에서 일하고 있으며, 그들은 시나리오 계획, 재구성 그리고 전문 예측가들 사이에 합의를 도출하는 델파이 기법 등 다양한 분야의 전문적인 예측 기법을 사용한다.[65] 회의론은 미래학의 주제에 쏠린 호기심과 그 반쪽짜리 존재감에서 오는 것일지도 모른다. 즉 미래는 확실한 증거가 없어 과연 그것이 존재하는지조차 의심받는 형편이기 때문이다. 미래에 관한 기록은 존재하지 않으므로, *증거 기반의 엄밀한 미래 연구*란 도대체 무엇을 의미하는지 이해하기조차 쉽지 않다.

우리는 주어진 상황에서 어떤 미래가 가능한지 결코 실제로 알 수 없으므로, 예측에 성공한들 그것이 정확한 것인지 그저 우연일 뿐인지 결코 알 수 없다. 물론 아직도 미래 사고의 주위에 형이상학과 신비주의, 심지어 두개골 조작 등의 그림자가 어른거리는 것을 보면, 어쩌면 이 분야에서 회의론이 사라질 가능성은 영원히 없는지도 모른다. 또 한 가지, 미래학과 허구 사이의 경계가 그토록 흐린 이유도 바로 확실한 증거가 없기 때문이다. 실제로 현대적 미래 사고의 가장 흥미로운 내용은 미래학이 아니라 SF소설에서 찾아볼 수 있다는 것은 놀라운 일이다.[66] 다가올 미래를 보여주는 단서는 너무 적고 금세 사라지기 때문에, 구체적인 증거에 단단히 묶인 역사학에 비해 미래 사고에는 창의력과 상상력이 훨씬 더 큰 역할을 한다. 이 점 또한 미래학을 하나의 학문 분야로 보는 데 회의론을 불러일으킨다.

가능한 미래를 엄밀하게 사고하는 일이 비록 쉽지 않더라도 우리는 노력해야 한다. 다른 선택의 여지가 없다. 그리고 우리의 노력은 정말 중요하다. 인류의 미래를 놓고 현재 벌어지는 논쟁만 봐도 신중하고 창의적인 미래 사고가 시급한 과제임을 절실히 깨닫게 된다. 다음 장에서는 바로 이 주제를 다루도록 한다.

제4부

미래를 상상하는 법

지구의 역사는 45억 년이다. 그러나 이번 세기에 들어서 급기야 한 생물종, 즉 인류가 지구의 운명을 손에 쥐게 되었다.

— 마틴 리스Martin Rees, 영국 왕립학회 회장 겸 왕실천문관, 2018년.[1]

제8장

100년 후 지구

크리슈나의 신적인 관점으로 미래를 조망한다면 B계열의 그 놀라운 4차원 지도에 과연 무엇이 보일까? 그러나 이미 미몽에서 깨어난 현대 사회에서 우리는 점술을 대부분 포기했다. 그 대신 우리는 7장에서 소개한 어지러운 확률적 추세 분석에 의존한다. 그것은 얼마나 인과관계와 확률을 잘 이해하고, 엄청난 양의 통계 정보를 능숙하게 수집, 처리하여 과거 추세 속에서 다가올 미래를 보여주는 힌트를 찾아낼 수 있느냐에 달려 있다. 우리가 그려내는 가능한 미래의 지도에는 크리슈나의 관점이 지닌 평온함과 정확성, 확실성 등의 요소가 없다. 우리 지도는 잠정적이고 흐릿하며 추측에 의존하고 구체적인 내용이 부족하며, 심지어 미지의 땅을 그린 중세 지도처럼 환상에 불과할 수도 있다.

그러나 우리 손에 있는 미래 지도는 그것뿐이고, 그 사실만으로도 그것이 중요하며 심지어 어느 정도 웅장하다고 볼 이유가 된다. 우리가 가진 수단은 모두 예측가들이 추구하는 과도한 정밀성(따라서 틀릴 것이 거의 분명하다.)과 지나친 일반성(그래서 별로 쓸모없을 수 있다.) 사이의 적절한 균형점을 겨냥한다.

8장에서는 향후 100년 뒤의 '가까운 미래'를 상상해본다. 9장은 '중간 미래'를 다루는 내용으로, 수천 년, 심지어 수백만 년에 걸친 인류의 미래 이야기를 살펴보기로 한다. 10장에서 우리는 지구와 태양계, 은하계 그리고 우주 전체가 맞이할 타당성 있는 미래는 어떤 모습일지 상상해보려고 한다.

복잡계의 운명

미래의 시간대를 이렇게 세 가지로 구분해보면 각각의 독특한 특징이 눈에 띈다. 향후 100년은 비교적 가까운 시간대인 데다 거기에 영향을 미치는 규칙적인 추세가 이미 눈에 보이기도 하므로 어느 정도 자신 있게 예측할 수 있다. 그럼에도 가까운 미래조차 대부분 어둠 속에 놓여 있는 것이 사실이다. 아직 모르는 것들이 너무 많고 가장 예측하기 어려운 생물종, 즉 인간의 선택을 기다리고 있는 중요한 일들이 너무 많다. 100년 후의 미래는 개인적인 성격을 띤다. 왜냐하면 그때는 아직 우리의 지인과 사랑하는 이들이 살아 있을 것이고, 따라서 엘리너 오스트롬 Elinor Ostrom이 말하는 '7세대의 규칙'이 적용되는 시간대이기 때문이다. 이것은 여러 지역의 원주민에게 익숙한 생각이기도 하다. "우리는 정말로 중요한 결정을 내릴 때, 그것이 지금 나에게 어떤 영향을 미칠지뿐만 아니라, 내 아이들과 손주 그리고 그 손주의 아이들에게 장차 어떤 영향을 미칠지까지 염두에 두어야 한다."[2] 인간의 힘은 매우 강력해져서, 우리의 행동은 그 의미를 이해하든 그렇지 않든 가까운 미래에 큰 영향을 미칠 것이다. 오늘 우리가 상상하는 미래는 내일 우리가 내리는 결정에 영향을 미치고, 그 결정은 수백만 년이나 지구를 따라다닐 것이다. 우리가 생각하는 미래는 그것이 옳든 그르든 매우 중요하므로, 다가올 미래를 생각하는 일은 실로 심각한 과제가 아닐 수 없다.

우리가 상당한 수준으로 확신할 수 있는 중요한 예측은, 실존적인 재앙이 닥치지 않는다 하더라도 다음 세기에는 지구가 역사상 처음으로 의식적인 관리의 대상이 됨에 따라 인류와 지구가 근본적인 임계점을 넘어서게 된다는 것이다. 사실 우리는 이미 지구의 미래를 관리하고 있지만, 지금까지는 그 과정이 체계적이지 않고 다소 혼란스러웠다. 지구를 잘 관리하는 것은 우리에게 주어진 도전이다. 이런 변화가 혹시 다른 항성계에서도 있었을까? 우리는 알 수 없다. 그러나 분명한 것은 우리가 상상하는 지구의 미래는 이제 이 지구는 물론, 어쩌면 우리은하에서도 아주 중요한 문제라는 점이다. 왜냐하면 우리가 상상하는 미래는 우리은하에서 막 출현한 새로운 복잡계(관리의 대상이거나 의식을 갖춘 행성)의 운명을 결정할 것이기 때문이다.

그러므로 우리가 가까운 미래를 *상상하는 방식*은 매우 중요하다. 실제로 앞 장에서 보았듯이, 일부 미래학자는 사람들이 가능한 미래를 *상상하는* 방식이야말로 미래학의 주요 연구 대상이 되어야 한다고 주장한다. 미래학자 짐 데이터는 이렇게 말했다. "미래학은 '미래'가 아니라 '미래의 이미지'를 연구하는 학문이다." 그러나 이 말은 분명히 과장된 것이다. 우리가 상상의 미래를 연구하는 것은 사실이지만, 그 과정은 마치 아르주나 왕자처럼, 실제로 어떤 일이 일어날지 아주 열심히 엿보는 일이다. 미래학의 또 다른 선구자인 윌리스 하먼Willis Harman은 이렇게 말했다. "실현 가능한 미래와 그렇지 않은 미래는 무엇인가? 그것이 미래학의 핵심 질문이다."[3]

100년 후의 미래가 이토록 중요하기 때문에 그것은 정치적인 문제가 된다. 인류 역사상 처음으로 우리는 국가나 개인이 해결할 수 없는 기후변화, 핵전쟁의 위협, 새로운 전염병 등과 같은 세계적 문제에 직면해 있다. 이런 문제에 대처하기 위해서는 전 지구적 협력이 필요할 것이다. 우리가 조종하고자 하는 대상은 우리 개인의 미래가 걸린 작은 뗏목이 아니라, 200여 국가에 사는 수십억 명의 인간은 물론 수백만에 이르는 다른 동식물과 박테리아까지 포함하는 행성 크기의 우주선이다.

다세포 생물의 세포들이 일상적으로 수행하는 합의를 인류 사회도 해내리라고 보는 것은 과연 합리적인 기대일까? 우리는 거대생명체의 세포가 협업에 능한 것은 그들이 유전적 유사성을 공유하고 전문화를 통해 극도의 상호 의존성을 획득했기 때문임을 확인했다. 오늘날 우리 인간도 바로 그런 상황에 놓여 있다. 인류 사회는 유전적으로 같으며(그 점에서는 침팬지 사회보다 훨씬 더 심하다.) 상호 의존성도 점점 더 증대하고 있다. 가족, 공동체, 심지어 국가 수준에서도 이미 협업의 의지와 열망이 확인된다. 그런 협업이 전 세계 차원으로 확대되어 인간이 거대생명체의 세포와 같은 수준의 협력을 달성한다면, 과연 이제 막 출현한 지구라는 이름의 의식을 갖춘 거대 유기체가 더 나은 미래를 맞이할 수 있을까?

가까운 미래를 상상하기 위해서는 모든 종류의 미래 관리에 필요한 세 가지 기본적인 질문이 필요하다. 우리가 원하는 미래는 무엇인가? 어떤 미래의 가능성이 가장 선명하게 보이는가? 그리고 원하는 미래를 향해 나아가는 방법은 무엇인가? 구체적인 변화 과정을 소개하는 것은 이 책의 범위가 아니므로 여기서는 앞의 두 질문에 초점을 맞출 것이다. 그러나 목표와 다가올 미래를 분명히 파악하면 올바른 방향이 보일 것이다. 2020년대 초반인 지금, 우리가 올바른 방향으로 나아가지 않고 있음은 분명하다. 올바른 길로 들어서기 위해서는 거대한 방향 전환이 필요하다. 우리가 아직 모르는 커다란 문제는 80억 명의 인구가 적절한 행동을 단호하게 그리고 제시간에 해내기로 동의할 수 있겠는가 하는 것이다. 물론 힘든 과제지만 희망을 품을 이유는 많다.

1단계: 우리가 원하는 미래는 무엇인가?

오늘날 세계의 다양성을 고려하면 인류에게 좋은 미래에 대한 합의를 바라는 것은 순진한 기대로 보일지도 모른다. 대기업의 CEO, 대도시의 무주택자, 외딴 시골 마을의 부모, 군사 기획자 등은 각자 유토피아에 대해 서로 다른 비전을 품고 있을 것이다. 그럼에도 인류의 상호 의존성에 대한 인식이 성장한다면 지구라는 우주선을 위한 좋은 미래에 대해 폭넓은 공감대를 구축할 수 있으리라고 볼 만한 충분한 이유가 있다. 우리는 모두 인류라는 같은 생물종이므로 필요와 희망, 목적을 공유하고 있으며, 우리의 운명이 서로 긴밀하게 얽혀 있다는 사실을 깨닫기 시작했다. 더구나 이제 전 세계에 걸친 교류 네트워크를 통해 수십억 인구가 지구의 미래를 두고 대화를 나눌 수 있으며, 따라서 어쩌면 인류 전체에 대한 충성심을 느낄 수 있을지도 모른다.

좋은 미래에 대한 공통의 전망

최소한 기본적인 욕구에 동의하는 것은 분명히 가능할 것이다. 충분히 먹고 놀고 공동체에 소속감을 느끼며 과도한 스트레스를 피하고자 하는 것. 이것은 모든 인간의 공통된 욕구다. 실제로 이런 욕구 중 어떤 것은 다른 포유동물도 가지고 있다. 돌고래나 고양이들이 노는 모습에서 동료애가 발휘되는 장면을 놓칠 사람이 있을까?

좋은 삶이란 무엇인가에 관한 현대적 논의 중 가장 영향력 있는 것으로는 1943년에 발표된 에이브러햄 매슬로Abraham Maslow의 〈동기이론〉이라는 논문을 들 수 있다.[4] 매슬로는 인간의 욕구가 위계를 형성한다고 생각했다. 그런 위계 구조의 맨 아래에는 음식, 주거 그리고 건강과 같은 생리적인 욕구가 자리한다. 소속감과 같은 사회적 욕구가 그다음 단계에 있다. 맨 위에는 성취감이나 의미 또는 '자아실현' 같은 심리적 욕구가 올라선다. 그는 생리적인 기본 욕구는 그것이 충족될 때까지 인간의 생각과 행동을 지배한다고 보았다. 그러나 일단 기본 욕구가 충족되면, 우리는 그것과 다른 '고차원적 욕구'를 충족하려고 노력한다. 매슬로는 현대 서구 문화가 중시하는 욕구를 주로 다루었다는 비판을 받았고, 그런 비판에는 충분한 근거가 있는 것도 사실이다. 그러나 몇 가지 사소한 오류에도 불구하고 이론의 뼈대는 여전히 유효하다. 우리가 좋은 *삶*이라고 이해하는 것에 대해 인류 사회가 폭넓은 동의에 도달할 수 있다는 믿음 말이다.

우리는 이런 '덕목'을 과연 어떤 사회가 제공하리라고 동의할 수 있을까? 지역적·국가적·문화적·종교적 충성심은 분열의 근본적인 원인이다. 이런 차이를 무시하고 전 세계에 걸친 합의가 이루어지리라고 상상하는 것은 과연 현실적일까? 축의 시대에 네트워크의 확장은 전 대륙이 공유하는 종교적 충성심을 만들어냈다. 세계화를 통해 그 시대와 유사한 공통된 충성심이 전 지구적 차원에서 형성될 수 있을까?[5]

희망을 품을 수 있는 한 가지 이유는 다양한 종교적·윤리적 전통 사이에 공통점이 많다는 사실이다. 1893년, 시카고 만국박람회의 부대 행사로 조직된 세계종교협의회 Parliament of the World's Religions는 인류 공통의 윤리적 개념을 고취하는 것을 목표로 삼았다. 그로부터 한 세기 후인 1993년에 열린 제2차 세계종교협의회에서 스위스 신학자 한스 퀑Hans Küng이 작성한 초안을 기초로 〈세계윤리선언〉이 발표되었다. 그리고 40개가 넘는 종교적 전통을 따르는 200명의 지도자가 그 선언에 서명했다.[6] 그 선언은 "여러 종교의 가르침으로부터 공통된 핵심 가치를 찾을 수 있고, 이것은 세계적 윤리의 기초를 형성한다."고 확언했다. 그 선언은 인류의 통일성은 물론, 인간이 다른 인간과 다른 생물, 나아가 환경과 맺고 있는 상호 의존 관계에 주목했다. "우리의 존재는 지구 환경 전체의 건강한 상태에 의존하고 있으므로, 우리는 살아 있는 모든 공동체와 사람, 동식물 그리고 지구, 공기, 물, 토양 등의 보존을 존중한다." 아울러 다음과 같은 황금률을 재확인했다. "남에게 대접받고자 하는 대로 남을 대접해야 한다." 그리고 가족의 범위를 전 지구적 차원으로 끌어올렸다. "우리는 인류를 우리 가족으로 생각한다." 서명자들은 "이 세계적 윤리 원칙은 종교적 배경과 무관하게 윤리적 신념을 지닌 모든 사람이 동의할 수 있는 것"이라고 결론 내렸다. 2015년에 발표된 교황 회칙 《찬미 받으소서》Laudato Si'가 주창한 '공동의 집을 돌보는 것에 관한 모든 사람의 대화'에도 같은 정신이 드러나 있다.

유토피아적 전통에서 보이는 허구적 상상에도 이것과 같은 윤리적 요소가 중첩되어 있음을 볼 수 있다. 혁명 운동이 일어날 때마다 흔히 보이는 유토피아를 향한 대중의 기대는 주로 물질적 풍요 또는 고된 노동과 무차별한 억압으로부터의 해방과 같은 개인적인 목표에 관심을 기울인다. 중세 유럽인이 이상향으로 그렸던 땅 코테뉴Cockaigne에는 "젖과 꿀, 기름, 와인이 흘러 넓고 아름다운 강을 이루었다."[7] 1920년대에 떠돌이 일꾼 출신의 노조 간부였던 해리 매클린톡Harry McClintock이 작곡한 노래 〈빅 록 캔디 마운틴〉Big Rock Candy Mountain은 덤불에서 공짜 돈이 자라고, 그 누구도 일할 필요가 없으며, 농장의 나무마다 과일이 가득 열리고, "바위틈으로 술이 졸졸 흘러내리는" 세상을 그린다. 19세기 초에 한 가톨릭 선교사는 파데사라는 나무가 자라는 버마 불교의 유토피아를 이렇게 묘사했다.

그 나무에는 과일 대신 여러 가지 색깔의 귀중한 옷이 걸려 있어서 주민들이 그중에서 마음에 드는 것을 얼마든지 가져간다. 그들은 땅을 경작하거나 씨를 뿌리거나 수확할 필요도 없다. 물고기를 잡거나 사냥할 필요도 없다. 그 나무에서 이미 도정된 질 좋은 쌀이 저절로 열리기 때문이다. 그들은 배가 고프면 이 쌀을 어떤 커다란 바위 위에 올려놓기만 하면 된다. 그러면 저절로 불이 지펴지고, 밥이 다 익으면 또 저절로 꺼진다.[8]

어느 정도 교육을 받은 사람들이 꿈꾸는 유토피아는 여느 엘리트의 미래 비전처럼 집단적인 성격을 띠고 있었다. 기독교를 비롯한 이신론적 종교(신이 우주를 창조했으나 우주는 신의 개입 없이 자체 법칙에 따라 운행한다고 본다. — 옮긴이)는 그들의 유토피아가 주로 다른 차원의 현실, 즉 천국이나 낙원에 있다고 본다. 세속적인 유토피아는 전통적인 이미지가 지상 사회에 내려온 모습으로 그려졌고, 거기에는 주로 풍자나 비판의 의도가 포함되어 있었다. 3장에서 언급했듯이 유토피아라는 단어는 토머스 모어가 쓴 책의 제목에서 온 것이며, 그는 이 책을 플라톤의 《국가》에서 영감을 받아 썼다. 유토피아는 원래 '없는 장소' 또는 '좋은 장소'라는 뜻의 그리스어 단어다. 계몽주의 유럽에서 과학의 진보에 대한 낙관주의가 새롭게 일어나자 여러 사상가는 비로소 그들의 유토피아를 이 땅에, 그것도 인간의 행동으로 더욱 가까워질 수 있는 그리 머지않은 미래에 두고자 했다.

콩도르세의 낙관론

지난 두 세기 사이에 일어난 엄청난 변혁 이전에 기록된 현대적 의

미의 유토피아로는 수학자이자 철학자였던 콩도르세 후작의 작품을 들 수 있다. 그의 유토피아는 세속적이다. 그는 현대 과학 지식을 바탕으로, 이 땅에서 건설할 수 있는 유토피아를 꿈꾸었다. 그의 낙관적인 예측 중 많은 것이 놀랍게도 그대로 실현될 수 있었던 것은 그가 동시대의 사상가들과 달리 이후 두 세기에 걸쳐 진행될 놀라운 기술적·사회적·경제적 변화의 조짐을 미리 내다보았기 때문이었다.

콩도르세는 프랑스대혁명에 적극적인 역할을 했으나, 1793년에 자코뱅이 그를 탄핵했다. 이후 은둔에 들어간 그는, 미래가 유토피아적 비전으로 끝나는 보편적 인류 역사를 집필했다. 《인간 정신의 진보에 관한 역사적 개요》라는 제목의 이 책은 원래 더 큰 작품의 초안으로 시작했으나, 1794년 3월에 그가 체포되어 감옥에서 세상을 뜬 후 미완으로 남고 말았다. 이듬해 자코뱅이 몰락하자 제1공화국 수립 국민공회는 이 책을 대형판으로 출간했다. 그 덕분에 이 책은 비록 절망적인 조건에서 집필되었고, 어쩔 수 없이 다소 피상적인 개념을 포함하고 있었음에도 특히 유럽의 사상가들을 중심으로 지대한 영향력을 발휘할 수 있었다. 콩도르세의 유토피아적 비전은 과거에 깊은 뿌리를 두고 있었다. 그는 미래 사고의 기본 원칙, 즉 가능한 미래에 대한 비전은 과거의 강력한 추세에 대한 지식을 기반으로 구축되어야 한다는 점을 잘 알고 있었다.[9]

콩도르세의 유토피아에서 인류가 '더 나은 존재'가 되는 경로는 다음의 세 가지다. 우선 과학적 진보로 생활 수준이 향상된다. 다음으로 도덕적 진보, 즉 '행동의 원칙이나 실질적 도덕성'이 향상되어 평등이 증대되고 인권이 존중된다. 마지막으로 의학이 진보하여 건강이 증진되고, 수명이 연장되며, 사람들의 체력과 정신력이 증대된다. 다양한 종교적·철학적 전통 사이에 합의가 이루어진 영역이 나오면서 콩도르세는 모든 인간이 기쁨과 고통에 대한 보편적인 인식과 공통의 '인간적 정서'에 기초한 '도덕률'을 공유하므로 그런 목표를 중심으로 합의를 이룩하는 것이 그리 어렵지 않다는 점을 확신하게 되었다.[10]

콩도르세의 낙관론은 오랜 역사적 추세로부터 사상의 자유와 과학기술의 급속한 진보를 읽었던 데서 나왔다. 이런 흐름은 현대적인 용어를 빌리자면 일종의 포지티브 피드백 회로를 형성했다. 콩도르세는 사람들의 지적·도덕적 발전을 가로막는 인종, 계급, 성별 등 각종 불평등과 함께 자유로운 사상과 지적인 진보를 향한 장벽이 제거된다면 거대한 창의성이 분출될 수 있다고 주장했다. 마지막으로, 의학의 진보로 인간의 신체가 개선되고 수명이 연장될 것이다. "오직 예기치 못한 사고가 발생하거나 생명력이 쇠퇴하는 등의 이유가 아니면 죽음이 찾아오지 않으므로, 결국 출생에서 사망까지의 평균 수명이 큰 의미가 없어지는 날이 오리라고 가정하는 것은 과연 터무니없는 생각일까?"[11]

현대의 전 지구적 유토피아

콩도르세 시대 이후에 일어난 과학기술의 환상적인 진보 덕에 그가 품었던 가장 사치스러운 희망조차 그저 흔한 일로 보이게 되었다. 그러나 그의 시대에도 미국 〈독립선언문〉이나 프랑스의 〈인간과 시민의 권리선언〉 등 정치와 윤리 분야에서 현대적 사고의 기초가 된 문서에는 유토피아적 희망이 녹아 있었다. 물질적·정치적 억압이 없는 세상에 대한 희망은 〈공산당 선언〉을 비롯해 현대 사회주의의 기초를 형성한 문서에도 나타난다.

20세기에 들어 세계 인구의 상당수를 대변한다고 주장할 수 있는 세계 기구가 처음으로 등장했다. 그 정치적 취약성과 여러 정부의 비민주적인 성격에도 불구하고 국제연합United Nations을 비롯한 여러 기구는 인류 역사상 최초로 전 인류의 열망이 제도적 발언 통로로 공식화된 사례라고 볼 수 있다. 1948년에 국제연합 총회에서 채택된 〈세계인권선언〉은 세계 규모의 유토피아가 처음으로 공식적으로 승인된 사례였다. 이 선언은 제2차 세계대전 초기에 "사람들에게 전의를 심어주려면 전쟁을 통해 얻고자 하는 미래를 보여주어야 한다."는 조지 웰스의 말에서 영감을 얻은 것이기도 했다.[12] 1948년 선언은 과학기술의 혁신이 더욱 공정하고 번영된 세계를 위한 물질적 기반을 마련할 것이라고 보았다는 점에서 콩도르세의 역사서와 일맥상통했다. 이것은 더 나은 미래를 향해 나아가는 '성장' 경로라고 볼 수도 있다. 이 선언은 단기적인 비용과 상관없이 과학적 진보와 신기술 그리고 지속적인 성장이 오랫동안 상승 작용을 일으켜 결국 모두에게 이익이 될 것이라고 내다보았다.

더 나은 미래를 향한 직선 경로가 존재할 것이라는 희망은 20세기 중반 이후 여러 성장 추세에 대한 지구적 규모의 한계를 새롭게 인식하면서 암초에 봉착했다. 따라서 유토피아로 가는 성장 경로뿐만 아니라 '안정화' 경로까지 고려해야 하는 상황이 되었다.

200년 전만 해도 우리가 지금 당연하게 여기는 성장을 상상한 사상가는 거의 없었다. 사람들은 성장이 곧 한계에 다다를 것으로 생각했다. 유달리 낙관적이었던 콩도르세는 인구 증가가 진보를 위협할 수 있다고 우려하면서도 과학과 도덕의 진보로 결국 그 문제도 해결되리라고 보았다. "아직 태어나지 않은 후손에게 무용하고 비참한 존재로나마 그저 생명을 안겨주는 것이 아니라 그들에게 행복을 선사하는 것이야말로 진정한 의무라는 사실을 사람들이 깨닫게 될 것"이라고 생각했기 때문이다.[13] 기술 변화가 느렸던 과거를 돌아보면 사상가들의 태도는 대체로 비관적이었다.

애덤 스미스와 같은 경제학자들은 지구상의 이용 가능한 토지가 모두 경작되고 나면 성장이 정체될 것으로 보았고, 역사상 가장 인색한 사람이었던 토머스 맬서스Thomas Malthus는 끝없는 진보를 향한 희망을 좌절시키는 것은 항상 자원의 한계일 것이라고 주장했다. 1798년에 나온 맬서스의 《인구론》은 콩도르세를 비롯한 낙관론자들을 향한 통렬한 반론이었다.[14] 맬서스는 다음과 같이 말했다. "나는 인간과 사회가 완벽하다고 추측한 글을 기쁜 마음으로 읽었다. 나는 그런 글에 나타난 매혹적인 미래상을 생각하며 마음이 따뜻해지고 즐거웠다. 그런 행복한 진보가 정말로 실현되기를 간절히 바란다. 그러나 내가 아는 한, 그런 미래로 나아가는 길에는 헤아릴 수 없는 어려움이 도사리고 있음을 부정할 수 없다." 이어서 그는 가장 큰 어려움을 이렇게 설명한다. "인구는 억제하지 않으면 기하학적 비율로 증가한다. 반면에 사람들을 먹여 살릴 자원은 산술적 비율로 증가할 뿐이다."[15] 결국, 인구가 너무 빨리 증가하면 농부들이 도저히 그들을 먹여 살릴 수 없다는 결론이 나온다.

수 세기 혹은 수천 년에 걸쳐 천천히 이어져온 기술 변화를 고려하면 그런 주장은 타당한 것이었다. 그러나 맬서스 시대의 비관론자들은 하필 맬서스의 생애에 시작된 놀라운 호황이 이후 200년간 지속되어 마치 성장에 대한 모든 한계가 사라진 듯한 시대를 볼 수 없었다. 1850년경이 되자 공업 국가를 중심으로 맬서스가 상상하지 못한 규모의 경제 성장과 기술 혁신이 도저히 멈출 수 없을 듯한 기세로 지속되었고, 기술, 과학, 경제 심지어 '도덕'에서도 폭발적인 진보가 일어나면서 더 나은 미래는 필연적인 결과로 보이기 시작했다. 증가하는 부의 분배 방법에서 갈등이 있을지는 모르지만, 적어도 산업화 세계에서 더 나은 미래는 곧 다가올 현실로 보이기 시작했다.

그러나 20세기에 들어서면서 지금까지 이어진 그 숨이 멎을 듯한 변화에도 불구하고 성장의 한계를 제거하지는 못했음이 분명해졌다. 인간이 소비하는 에너지 및 자원의 규모가 생물권 전체의 안정성을 위협할 정도가 되면서 오히려 어쩌면 성장의 한계가 더 가까이 다가왔는지도 몰랐다. 우주에서 찍은 최초의 사진은 우리 지구가 얼마나 외롭고 취약한 존재인지 깨닫게 해주었다. 1965년에 일리노이주 주지사 아들라이 스티븐슨Adlai Stevenson은 이렇게 말했다. "우리가 함께 타고 가는 이 작은 우주선에 탑재된 공기와 토양은 언제라도 사라질 수 있을 정도로 취약하다. 그것을 보존하기 위해서는 정성을 다해 이 우주선을 돌보고 사랑할 수밖에 없다."[16]

20세기 중반에 이르자 생태학적 경고가 더욱 크게 울려 퍼졌다. 가장 큰 논란과 영향력을 일으킨 책은 바로 1972년에 출간된 《성장의 한계》였다.[17] 책의 저자들은 오늘날 여러 환경론자의 주장과 같이 더 나은 미래를 건설한다는 것은 곧 성장과 생태적 제한 사이의 균형을 의

미하며, 그것은 과감한 정책 변화와 '코페르니쿠스적인 정신 혁명'이 필요한 일이라고 결론 내렸다.[18] 특히 21세기에 눈에 띄는 재생 불가능한 자원의 소비나 화석연료의 연소 등 생태계 파괴를 동반하는 성장 추세가 멈추거나 역전되어야만 붕괴를 피할 수 있을 것이다. 그러기 위해서는 끝없는 성장에 대한 희망을 포기해야 할지도 모른다. 저자들은 그 대신 우리 세계가 "지구상의 모든 사람의 기본적인 물질적 필요가 충족되는 평형" 상태 내에서 근대성이 안겨주는 이익을 보존하기 위해 애써야만 모든 사람이 각자의 잠재력을 실현할 수 있다고 주장했다.[19] 더 안정적인 미래는 변화와 집단 학습, 인간의 창의력 향상 등이 중단된다는 의미가 아니다. 오히려 그동안 경제 성장에 집중되었던 관심이 해소되면 새로운 행복에 눈뜰 기회가 커질지도 모른다. 저자들은 철학자 존 스튜어트 밀John Stuart Mill이 끝없는 성장에 집착하지 않는 세계를 언급한 내용을 인용하며 그의 말에 적극 동의했다.

> 자본과 인구가 정체된다고 해서 인간의 진보가 정체되는 것은 아니다. 그런 조건에서도 다양한 정신문화와 도덕적·사회적 진보의 여지는 과거와 다름없이 많이 남아 있을 것이다. 사람들이 성공을 향한 집착을 멈춘다면 삶의 기술은 물론 인간 존재 자체가 향상될 여지가 훨씬 더 커질 것이다.[20]

전 지구적인 성장의 한계를 점점 인식함에 따라 그 한계 내에서 유토피아를 설계하려는 움직임이 생겨났다. 1983년 국제연합 환경개발위원회가 처음 사용한 '지속가능한 개발'sustainable development이라는 용어는 "미래 세대의 필요를 충족하는 능력을 훼손하지 않으면서 현재의 필요를 충족할 수 있는 개발"이라는 의미를 지니고 있었다. 그 이후로, 이와 관련된 국제연합의 모든 선언은 성장과 지속가능성의 균형을 이루는 유토피아를 가정한 산물이었다.

20세기 후반에 성장의 한계에 관해 이루어진 논의의 최대 화두는 지구 온난화가 되었다. 1992년 리우데자네이루에서 개최된 제1회 지구정상회의Earth Summit(혹은 리우회의. 정식 명칭은 국제연합 환경개발회의United Nations Conference on Environment and Development)는 이 위험을 공식적으로 인정한 최초의 국제회의였다. 리우회의 결과 도출된 〈기후변화에 관한 국제연합 기본 협약〉은 "인위적인 간섭으로 기후 체계가 위험에 처하지 않을 정도의 대기 중 온실가스 농도 안정화" 달성을 회원국에 당부했다.[21] 이어서 기후변화의 진전 상황을 파악하고 세계 수준의 결정을 내리기 위해 연례당사국회의Annual Conferences of the Parties, COP가 설립되었다. 제21차 연례당사국회의에서 도출된 2015 파리협정은 지구 온난화 수준을 산업화 이전보다 섭씨 2도, 혹은 최소한 섭씨 1.5도 이내로 제한하기로 약속했다.

제1차 리우 지구정상회의가 개최된 1999년에 전체 노벨상 수상자 중 50퍼센트 이상이 포함된 전 세계 1,575명의 과학자는 인간이 환경에 미치는 영향에 대한 엄중한 경고문을 발표했다.

> 인간과 자연계는 충돌의 길로 치닫고 있다. 현재 인간이 수행하는 많은 활동을 억제하지 않는다면 인류 사회와 동식물의 바람직한 미래가 심각한 위험에 처할 뿐 아니라, 우리가 아는 생태계 전체가 완전히 다

른 모습으로 탈바꿈할지도 모른다.²²

이 문서의 결론은 다음과 같았다. "인류에 닥칠 엄청난 비극과 지구의 돌이킬 수 없는 훼손을 피하려면, 이 지구와 생명을 대하는 우리의 청지기 정신에 큰 변화가 필요하다."

그 이후로도 악화 추세가 계속 이어졌고 중대한 변화를 촉구하는 국제 협약의 숫자도 증가했다. 2000년에 국제연합은 8개에 달하는 이른바 새천년개발목표를 채택했고, 2012년에 열린 제2차 리우회의(정식 명칭은 국제연합 지속가능발전 정상회의 United Nations Conference on Sustainable Development)는 〈우리가 원하는 미래〉라는 제목의 문서를 통해 새로운 지속가능 발전 목표를 채택했다.²³ 2015년에 국제연합이 발표한 '지속가능 발전 목표' 성명은 성장과 지속가능성의 균형을 추구하는 현대의 전 지구적 유토피아 비전을 가장 뚜렷이 설명하고 있다.

> 우리는 인류를 가난과 욕망의 횡포로부터 해방하며, 지구를 치유하고 보호할 것을 결의한다. 우리는 세계가 지속가능하고 회복력을 갖추는 길로 들어서는 데 시급히 필요한 대담하고 혁명적인 조치를 실천하기로 결의한다. 우리는 모두 함께 나서는 이 길에 그 누구도 뒤처지지 않을 것을 맹세한다.²⁴

이 성명은 17개의 목표와 169개의 세부 목표 그리고 232개의 '준수 사항'을 담았다. 그 목표는 '모든 구성원에게 지속가능하고 더 나은 미래를 성취하기 위한 청사진'으로 제시되었고, 2030년까지는 대부분 달성될 것이라는 기대가 있었다.[25] 17개의 주요 목표에는 기아 추방, 모든 사람의 기초 생활 및 교육 수준 향상, 불평등 감소, 각국의 안정과 준법 상태 유지, 지속가능성 보장 그리고 지속가능한 성장 지원 등이 포함되었다. 이 목표는 2015년 9월 국제연합 총회에서 193개 회원국의 만장일치로 채택되었다.

이런 선언에는 지속가능성과 성장 사이에 그리고 다양한 지역, 국가, 이해집단의 이익과 목표 사이에 타결되어야 할 수많은 절충안이 개략적으로 언급되어 있다. 물론 오늘날 온갖 정치적·이념적 갈등으로 끊임없는 잡음이 일어나고 있는 것도 사실이다. 그러나 이런 선언은 그런 상황에도 불구하고 이 시대가 이룩한 성과를 보존하는 한편, 생태적 과잉이라는 위기를 피하는 미래를 어떻게 건설할 수 있는지에 관해 광범위한 합의가 이루어지고 있음을 보여준다. 50년 전만 해도 그런 종류의 합의가 가능할 거라고는 그 누구도 상상할 수 없었다.

목표를 정하는 것은 중요한 첫 단계다. 그러나 그 목표를 달성할 가능성은 과연 얼마나 될까?

2단계: 어떤 미래의 가능성이 가장 커 보이는가?

지구라는 이 우주선을 조종하는 두 번째 단계는 미래로 나아가는 복잡한 흐름과 추세를 파악하여 길을 찾는 것이다. 오늘날처럼 변화가 극심한 세상에서 그것은 마치 격렬한 논쟁이 벌어지는 조타실에서 배를 조종하여 폭풍이 몰아치는 항구로 들어서는 일과 같다.

다가올 미래를 보여주는 추세

추세 분석은 현대적 미래 사고의 가장 기초적인 기술이다. 그러나 이것은 매우 미묘하고 섬세한 기술이다. 중요한 것은 일반성과 구체성 사이의 적절한 균형을 찾는 것이다. 우리는 다가올 미래에 가장 큰 영향을 미치는 추세를 파악해야 하지만, 너무 정확하게 예측하지 않도록 조심해야 한다. 그런 예측은 실제로 정확하지 않을 수도 있고, 더 나은 미래로 나아가는 선택의 폭을 좁힐 수도 있기 때문이다.

인류의 미래에 관한 힌트를 제공하는 추세는 어떤 것일까? 전 지구적 미래에 관한 힌트를 줄 만큼 규칙성과 꾸준함을 갖춘 거시적 추세를 찾으려면 수십 년, 심지어 수 세기의 시간이 필요할 것이다. 가장 유용한 추세는 2장에서 소개한 미래 원뿔 2의 '개연성'과 '타당성' 영역에서 찾을 수 있다. 《성장의 한계》의 저자 중 한 명인 요르겐 랜더스Jørgen Randers는 2012년에 2052년의 미래를 예측하면서 이런 전략을 사용했다고 설명한다. "내 예측의 기반은 오랜 세월에 걸쳐 천천히 진화해온 물리적·이념적 현실이다. 이렇게 다소 느린 현실로 구성된 예측을 나는 '결정론의 근간'이라고 부른다."[26]

추세를 잘 파악하려면 마치 쫓기는 여우처럼 이리저리 바뀌는 추세의 변동을 민감하게 감지하는 능력이 필요하다. 예를 들어 다 같은 '성장' 추세라고 해도 선형을 보이는 것도 있고, 점점 가속하다가 지수 곡선을 그리는 형태도 있다. 혹은 인구 통계 추이에서 흔히 보는 것처럼 급격한 파도를 타며 오르다가도 서서히 정체된 후 다시 S자 곡선을 그리는 형태도 존재한다.

추세 분석을 담당하는 전문가는 숨은 변수, 즉 예상치 못한 급증이나 반전으로 이미 알고 있던 추세가 아무 소용이 없어지는 상황에도 조심해야 한다. 2002년 2월, 미국 국방부 장관 도널드 럼즈펠드Donald Rumsfeld가 미국 정부는 사담 후세인의 대량살상무기 비축을 얼마나 확신하는가 하는 질문을 받았다. 그의 대답은 나중에 유명해졌다. "우리가 아는 것은 이렇습니다. 우선 우리가 파악하고 있다는 사실을 잘 아는 것들이 있습니다. 그리고 우리는 우리가 모르는 것이 있다는 사실도 알고 있습니다. 그런데 우리가 모르는 것 중에 아직 밝혀지지 않은 것도 있습니다. 즉 우리는 우리가 무엇을 모르는지 아직 모릅니다."[27]

'모른다는 사실을 아는 대상'은 바로 우리 눈에 보이는 추세다. 그러나 우리는 그것이 언제 어떻게 다른 방향으로 빗나갈지 모른다. 이런 추세는 주로 사람과 관련된 분야에서 많이 발생한다. 아이작 뉴턴은 1720년에 남해회사South Sea Company의 거품이 일 때 거액의 투자금을 잃고 낙심하여 이렇게 말했다. "나는 천체의 운행을 계산할 수 있지만 사람들의 광기는 계산할 수 없다."[28] '미지의 무지'(IT 업계의 유행어로는 '엉크엉크스'unk-unks 라고 한다.)는 우리가 상상조차 할 수 없어 눈에 보이지 않는 추세에 해당한다. 나심 탈레브는 이것을 '블랙 스완'Black Swan이라고 했다. 1697년에 네덜란드 탐험가들이 호주 서부에서 발견하기 전까지 유럽인들이 검은 백조를 존재할 수 없는 신화의 생물로 간주했다는 데서 착안한 명칭이다.[29] 미지의 무지는 이를테면 예측할 수 있는 블랙홀인 셈이다.

오늘날 우리 주위에 소용돌이치는 수많은 추세 중에서 가장 강력하고 예측 가능한 것은 무엇인가? 어떤 것이 유토피아를 가리키는가? 피해야 할 것은 무엇인가? 그리고 우리가 미처 모르는 것들은 또 어떤 변수를 초래할까?

빅 히스토리 관점을 통해 우리는 거대한 추세에 주목하게 된다. 하나의 거대한 추세가 특별히 흥미로운 이유는 그것이 모든 규모와 다양한 영역에서 눈에 띈다는 점 때문이다. 이것은 진화생물학자 나일스 엘드리지Niles Eldredge와 스티븐 제이 굴드Stephen Jay Gould가 '단속평형'punctuated equilibrium이라고 불렀던 패턴이다.[30] 그들은 다윈이 진화의 전형적인 특징이라고 생각했던 꾸준하고 점진적인 변화는 사실 진화생물학에서 극히 드문 일이라고 주장했다. 생물의 진화는 큰 변화 없는 안정기가 이어지다가 새로운 생물종이 갑자기 나타나는 '단속' 현상을 만나 빠르게 증가한 다음, 다시 평형에 도달한 후 새로운 틈새 종으로 정착한다.

그 이후로 개체수는 수천 년에서 길게는 수백만 년까지 변동을 겪다가 마침내 줄어들어 멸종을 맞이한다. 분자에서 두더지쥐, 별 그리고 우리 인간에 이르는 모든 복잡계의 진화 과정은 이렇게 '정상이 평평한 산'과 같은 모양을 하고 있으므로 이것은 단지 생명체만이 아니라 여러 분야에서 폭넓게 관찰되는 패턴임이 밝혀졌다. 모든 복잡한 구조는 '임계' 순간에 갑자기 나타나서 안정적인 평형 상태에 정착했다가 결국 쇠퇴하는 패턴을 따른다.[31] 이런 패턴이 어디에서나 관찰되는 이유는 이것이 다른 두 가지 보편적 추세 사이의 긴장에서 비롯되었기 때문이다. 하나는 복잡계의 출현을 허용하는 상승 추세이고(이상하게도 이 추세를 일컫는 보편적 과학 용어가 없다.) 또 다른 하나는 모든 복잡계가 결국 분해되어 원상태로 돌아간다는 열역학 제2법칙에 의한 하강 추세이다.

단속평형 패턴은 인류와 지구의 미래에 관한 중요한 단서를 제공할 수도 있다. 그러나 관심의 범위를 인류의 역사로 좁혀보면(20만~30만 년밖에 되지 않는다), 대체로 집단 학습이 주도하는 상승 추세가 오랫동안 지속되었음을 알 수 있다. 그중에는 인류가 증가하는 창의성을 통해 주변 환경을 확대·점령·활용함에 따라 거의 인류 역사 내내 지속되어온 추세도 있다. 지난 두 세기 동안 그런 추세가 극적으로 가속되어 성장이 당연해 보이는 현대 세계가 만들어진 것이다. 그러나 우리는 이제 인구 증가나 에너지 소비 등의 상승 추세가 지구적 한계에 도달하여 평형 상태에 들어섰다는 것을 안다. 그리고 그것은 모든 복잡계의 변화 과정에서 나타나는 전형적인 패턴일 뿐이다. 단속평형의 출현 또는 '성장' 단계는 머지않아 고개를 숙이며 평평하고 안정적인 고원을 만나게 된다. 종합하면, 인류 역사의 오랜 상승 추세와 지구적 한계에 도달함에 따라 새롭게 나타나는 안정화 추세 그리고 단속평형의 보편적인 추세는 이 지구에 뭔가 새로운 일이 벌어지고 있음을 암시한다.

지금부터는 다음 세기에 영향을 미칠 세 가지 추세, 즉 성장 추세, 안정화 추세 그리고 불규칙하고 예측 불가한 정치적 추세를 자세히 살펴보면서 힌트를 찾아볼 것이다. 여기서 정치적 추세란 결국 향후 수십 년간 우리 지구라는 우주선의 항로를 결정할 조종실에서 벌어지는 싸움과 토론, 협상 등을 말하는 것이다.

성장 추세와 미래

인류의 역사라는 시간대에는 집단 학습이 주도하는 여러 가지 강력한 상승 추세가 있다. 인구는 증가했고, 인류의 기술이 더욱 강력해졌으며, 인적 교류 네트워크가 확대되었고, 인간의 자원 소비도 증가했다. 그중에는 최근 몇 세기 동안 너무나 급격하게 가속되어 지수 성장 곡선을 그리기 시작한 추세도 있다.

에너지 사용은 그 규모가 얼마나 대단한지를 보여주는 대표적인 사례다. 한 사람이 생산할 수 있는 에너지는 150와트(1와트는 초당 1줄의 일률), 즉 5분의 1마력(1마력 = 약 735와트) 정도다.[32] 불의 사용과 말, 낙타, 소의 가축화와 같은 고대 기술을 통해 한 사람이 동원하는 힘의 최대치는 평균 1마력 정도 증대했다. 지난 2세기 동안 우리가 사용하는 에너지의 양은 그 몇 배로 증가했다. 오늘날 화석연료 소비량은 한 사람당 평균 100마력, 즉 7만 3,500와트를 사용할 정도로 증가했다. 여객기를 예로 들면 1인당 수백만 와트의 에너지를 사용하는 셈이다. 이 정도만 봐도 인류의 힘이 집단 학습을 통해 얼마나 증가했는지 그리고 현대에 들어 그 증가세가 얼마나 가파른 곡선을 그렸는지 대략 감을 잡을 수 있다.

콩도르세는 이런 성장 추세가 인류의 더 나은 미래를 시사한다고 주장했다. 과학적·의학적 지식 그리고 부와 교육의 성장은 대체로 긍정적인 성장 형태로 볼 수 있다. 인류의 삶은 개선되었다. 콩도르세가 상상한 유토피아의 요소는 처음에는 유럽과 북대서양 지역에, 한 세기 후에는 세계의 거의 모든 지역에 퍼졌다. 경제 성장은 고대부터 존재한 추세지만, 현대에 들어 그 중요성이 크게 변화했다. 인류 역사 내내 경제 성장에 따른 이익이 대중의 생활 수준 향상에 도움이 된 일은 거의 없었다. 그들은 인구 증가나 정부와 엘리트의 소비에 시달렸고, 그 결과 오랜 세월 동안 대다수 인구는 거의 기아 상태와 다름없이 겨우 생계를 유지하는 수준에 머물러 있었다. 1800년이 되어서도 세계 인구의 80퍼센트 이상은 현대 기준으로 최저 빈곤선 아래인 하루 약 2~3달러의 수입으로 살았다. 이후 상황은 급격하게 변화했다. 2017년이 되면 급속한 인구 증가와 엘리트 계층을 향한 부의 편중에도 불구하고 그 수준 이하에서 사는 인구는 전체의 10퍼센트 미만이었다.[33]

엘리트 계층을 제외한 인구의 재산 증가는 인류 역사의 새로운 현상으로, 화석연료 혁명의 위대한 업적 중 하나로 인정된다. 같은 기간 평균 기대수명은 약 30세에서 70세 이상으로 2배 이상 증가했고, 40퍼센트가 넘던 5세 미만 유아 사망률은 4퍼센트대로 감소했다. 과학자 바츨라프 스밀Vaclav Smil에 따르면 유아 생존률이야말로 삶의 질이 개선되었는지를 판단하는 가장 훌륭한 지표다. 유아 생존율이 향상되려면 의료, 위생, 경제 및 사회 구조 등 너무나 많은 것들이 바뀌어야 하기 때문이다.[34]

현대적 기계 장치는 고된 육체노동을 상당히 덜어주었고, 성인 문맹률은 약 88퍼센트에서 약 14퍼센트로 하락했으며, 현대 의학에 힘입어 천연두, 소아마비 등의 질병이 거의 사라지고 다른 질병으로 인한 고통도 크게 줄었다. 19세기 중반에 처음 도입된 마취제의 중요성도 과소평가할 수 없다. 1810년에 영국의 소설가 패니 버니Fanny Burney가 마취제 없는 유방 절제 수술을 묘사한 장면에는 그 공포가 생생하게 담겨 있다.[35] 오늘날은 인류 역사상 최초로 고통과 감염을 전혀 걱정할 필요 없이 치아를 뽑고 팔다리를 절단할 수 있는 시대다.

콩도르세가 말한 '도덕적 진보'가 성장하는 추세도 비록 눈에 띄지는 않지만 여전히 충격적인 변화다. 개인이든 정부 차원이든 관심의 영역이 천천히 확대되어온 징후를 여러 곳에서 확인할 수 있다. 현대의 모든 정부는 적어도 문서상으로는 모든 사람의 기본적 인권 존중을 공언하고 있다. 이것 역시 전에 없던 일이다. 수천 년 동안 당연하게 여겨졌던 노예제도나 인종 및 성적 불평등과 같은 관행을 인정하지 않는 현대적 사고방식도 마찬가지다. 비록 언론 보도와 소셜 미디어에 각종 끔찍한 이야기가 넘쳐나기는 하지만('피 냄새 나는 기사가 주목을 받는다'if it bleeds it leads라는 말도 있다.), 현대 사회에서 사법 고문을 비롯한 대인 폭력 사례는 급격히 줄어들었고, 일상생활에서도 폭력이 점점 용인되지 않는 분위기가 형성되고 있다.[36] 물론 아직도 공식적으로 표방하는 가치와 현실이 다른 사회가 여러 곳에 존재하지만, 이제 인류는 물질적 생활 수준이 향상된 덕분에 한정된 자원을 두고 목숨을 건 싸움을 벌일 필요가 없어졌고, 그래서 사람들의 태도가 온화해진 것이 바로 콩도르세가 말하는 '도덕적 진보'에 해당할지도 모른다.

기술 혁신은 콩도르세가 미처 알 수 없던 또 다른 추세의 시작을 알렸다. 인간은 드디어 우주에 조심스럽게 발을 들여놓았다. 1961년 유리 가가린Yuri Gagarin은 지구 궤도를 한 차례 공전함으로써 우주로 간 첫 번째 인간이 되었다. 1969년에는 닐 암스트롱Neil Armstrong이 인류 최초로 달에 발을 디뎠다. 21세기 초에는 우주 로봇이 태양계의 다른 행성과 위성에 도착했고, 1977년에 발사된 2개의 보이저 위성은 태양계의 맨 바깥에 도달했다. 2021년에는 최초의 우주 관광객이 나왔고, 일부 국가는 지구 인근의 소행성과 달, 화성 등으로 유인 탐사를 계획하고 있다.

지구의 한계와 안정화 추세

이상의 결과를 종합해보면 인류는 성장을 통해 많은 것을 얻었다. 그러나 이런 이익에도 불구하고 우리는 새롭게 떠오르는 성장 추세 중 많은 것을 억제해야 한다는 것도 안다.

그중에는 이미 성장세가 저절로 둔화하기 시작한 것도 있다. 중국과 인도가 빠르게 성장했음에도 불구하고 (인류의 자원 소비량을 가늠할 수 있는 지표인) 세계 경제 성장률은 1960년대에 연평균 5.5퍼센트를 기록한 후 50년이 지난 2010년대에는 연간 2퍼센트를 약간 넘는 수준으로 둔화했다.[37] 20세기 중반의 놀라운 세계 국내총생산 성장률은 지금 와서 돌이켜 보면 둔화의 시작이었던 것 같기도 하다.

대략 같은 시기에 진행된 더욱 극적인 변화는 두 세기 동안 인구가 예외적으로 급속하게 증가한 이후 둔화하기 시작한 것이다. 1960년대 후반부터 성장률이 한풀 꺾이면서 그때까지 지수 함수 곡선으로 보이던 상승세가 S자 곡선으로 휘어지기 시작했다. 둔화의 첫 번째 징후는 1968년에 나타났다.

하필이면 그해는 두 명의 현대판 맬서스주의자인 폴 에를리히Paul Ehrlich와 앤 에를리히Ann Ehrlich 부부가 인구 과잉으로 지구의 붕괴가 임박했다는 경고를 담은 베스트셀러 《인구 폭탄》The Population Bomb을 출간한 해였다.[38] 미래학자를 꿈꾸는 사람이라면 이 분야가 얼마나 오류를 범하기 쉬운지 이 사례를 타산지석으로 삼아야 할 것이다! 오늘날 인구통계학 분야에서는 인구가 금세기 말에 90억~120억 명 사이에서 정점을 찍은 후 오랫동안 천천히 감소할 것으로 보는 것이 정설이다.[39] 이런 변화가 중요한 이유는 비록 간헐적인 변동은 있었으나 인구는 지난 1만 년 내내 지속적인 증가세를 보여왔기 때문이다. 증가세가 너무나 오래 지속되다 보니 변동이 없는 것처럼 느껴질 정도다. 인구 증가가 둔화하면 전 세계의 자원과 환경에 미치는 압박도 감소하겠지만, 한편으로는 임금 생활자 수가 안정되고 인구가 고령화하므로 경제 성장도 둔화할 것이다.

에를리히 부부의 예측은 어긋났지만, 그 이유는 맬서스와 달랐다. 인구 증가가 둔화한 이유는 식량과 자원이 고갈됐기 때문이 아니라, 사람들의 생활 양식이 변화함에 따라 행동이 달라졌기 때문이다. 농경 시대에 인구의 절대다수를 차지하던 소작농이 부를 쌓는 가장 좋은 방법은 가능한 한 자녀를 많이 낳아 농장에서 일하게 하고 노년에도 자녀에게 의존하는 것이었다. 그러나 태어난 아이의 절반은 어린 시절을 넘기지 못했다. 그래서 성년에 이른 자녀가 많아지려면 여성들은 가능한 한 아이를 많이 낳아야 했다. 농경 시대 내내 아이를 낳고 기르는 것이 여성의 가장 큰 과제였던 이유가 바로 여기에 있었다.

고대의 이런 인구학적 계산이 현대에 와서 달라진 이유는 우리가 도시에 거주하는 임금 생활자가 되었기 때문이다. 현대의 도시 거주민 자녀가 성년이 될 때까지 생존하는 이유는 임금과 식량, 보건 상태가 과거와는 비교할 수 없을 정도로 개선되었기 때문이다. 그러나 도시에서 자녀를 기르는 데는 비용이 많이 든다. 부모는 자녀의 식비와 교육비를 마련해야 하는 데다 농촌의 자녀처럼 일찌감치 일을 시킬 수도 없다. 결국 현대의 도시 가정은 자녀 수는 적지만 그 아이들을 더 건강하게 키우며 좋은 교육 기회를 주려고 노력한다.

이제 우리는 높은 출산율과 사망률의 시대에서 이 둘이 모두 낮아지는 시대로 접어들었고, 이런 변화는 성 불평등의 중요한 동인을 제거함으로써 전 세계 여성들의 삶의 방식을 바꿔놓았다. 1800년에 여성 1명당 평균 5.8명이던 출산 자녀 수는 1950년에도 여전히 평균 4.8명을 유지했으나 2014년이 되면 2.5명으로 빠르게 감소한 것을 볼 수 있다.[40] 지난 두 세기 동안 인구가 폭발적으로 증가한 것은 식량 생산과 의료 분야의 개선으로 사망률이 감소하는 속도가 출산율 증가 속도를 훨씬 앞질렀기 때문이다. 출산율 감소는 19세기에 부유한 도시 국가에서 먼저 시작되었으나 20세기 후반이 되어서야 전 세계적인 추세로 확대되었고, 1960년대에는 결국 사망률 감소 속도를 따라잡았다.

인구 증가율은 정부의 대규모 개입 없이도 하락하고 있지만, 어린 소녀들의 교육과 직업 기회를 개선하는 등 정부의 체계적인 조치가 뒷받침된다면 더욱 뚜렷하게 둔화할 것이다. 인구 외에도 여러 성장 추세들이 지구의 미래를 위협하고 있는데, 이를 늦추기 위해서는 대규모의 정치적 개입이 불가피한 만큼 매우 어렵고 신중한 접근방식이 필요할 것이다.

가장 위험한 성장 추세는 인간이 지구 기후 체계에 미치는 영향과 관련이 있다. 인간의 기술적 창의성은 언제나 환경에 압력을 가했지만, 현대 이전에는 인간의 활동이 지구 전체의 환경을 바꾸리라고 생각한 사람은 거의 없었다. 인간의 영향력이 오늘날처럼 커지리라고 처음 예견한 사람은 스웨덴의 화학자 스반테 아레니우스 Svante Arrhenius 였다. 1890년대에 그는 인간이 연소하는 화석연료의 양이 지구의 기온 상승을 유발할 정도에 달한다는 계산을 내놓았고, 이를 계기로 '온실효과'greenhouse effect라는 용어가 탄생했다.[41] 1960년대 하와이에서 대기 과학자 찰스 킬링Charles Keeling이 대기 중 이산화탄소 농도를 측정한 결과 이 수치가 빠르게 상승하고 있다는 것을 발견했다. 킬링 곡선으로 불리게 된 이 추세는 그 뒤로도 계속 상승했으며, 아레니우스가 예상했던 것처럼 지구의 평균 기온도 그 곡선을 따라 오르고 있다. 2021년에 지구 평균 기온은 산업화 이전보다 섭씨 1도 정도 더 높게 나타났으며, 기온 상승이 극심한 폭풍, 홍수, 화재 등의 기상 이변을 유발한다는 증거가 점점 늘어나고 있다. 빙핵에 갇힌 기포를 분석하는 방법으로 장기간에 걸친 기후변화를 연구한 결과, 지난 200년간 이산화탄소 농도가 지난 100만 년간 나타난 최고 수치보다 훨씬 더 큰 폭으로 증가했음이 밝혀졌다. 1800년 이후 이산화탄소 배출량이 1,000배 이상 증가한 점을 생각하면 놀랄 일도 아니다.

오늘날 가장 영향력 있는 장기 기후 예측 기관은 1988년에 국제연합과 세계기상기구가 설립한 국제연합 기후변화에 관한 정부간협의체(IPCC)다. 1990년 이후 IPCC는 전 세계 수백 명 과학자들의 연구 결과를 요약하여 여섯 권의 보고서를 발표했다. 2021년 8월에 발표된 여섯 번째 보고서의 첫 부분에는 기존의 기후변화 정책과 기술에 기초한 다섯 가지 기후변화 시나리오(이를 '공통사회경제경로'Shared Socioeconomic Pathways라고 한다.)가 포함되어 있다.[42] IPCC 보고서는 현대적 미래 사고를 가장 정교한 형태로 표현한 것이라고 할 수 있다. 이 보고서는 기후변화의 원인 및 이와 관련된 여러 확률과 불확실성에 대한 풍부한 이해를 바탕으로 지구 기후의 향후 추세에 관한 모델을 수립한다. 아울러 각국의 과학자들이 연구한 막대한 정보를 현대 슈퍼컴퓨터의 연산 능력을 총동원하여 분석한다. 물론 다른 모든 예측과 마찬가지로 이 또한 예측 불가한 미지의 추세나 사건의 출현으로 뒤집힐 가능성이 있지만, 그렇다고 이런 예측을 무시하는 것은 매우 어리석은 일이 될 것이다.

2021년도 IPCC 보고서는 2040년의 지구 기온이 1850~1900년 수준보다 섭씨 1.5도 더 높을 가능성이 다섯 가지 공통사회경제경로 시나리오에서 모두 나타났다고 밝혔다. 2100년까지 지구 기온의 상승 폭이 섭씨 2도 미만으로 유지될 가능성은 가장 낙관적인 시나리오에서만 나타났고, 가장 비관적인 시나리오에서는 상승 폭이 섭씨 5도를 넘어설 가능성도 있다고 했다. 1850~1900년 수준에 비해 섭씨 2.5~3도 이상 높은 지구 평균 기온은 인류 역사에서 경험한 적이 없다.[43] 기온이 그 정도로 올라가면 해안 도시가 바다로 뒤덮이고 사막이 확대될 것이다. 더욱 크고 격렬한 기후 변동이 일어나 가뭄과 기근, 산불, 태풍이 폭증한다. 마침내 식량 생산 기반이 무너지고 새로운 질병의 확산이 가속된다.

온실가스 증가는 마치 우리에 갇힌 동물이 자극받아 울분을 터뜨리듯이 생태학적 연쇄반응을 일으킬지도 모른다. 예를 들어 이산화탄소보다 더 강력한 온실가스인 메탄은 메탄 하이드레이트라는 고체 상태로 바다에 존재한다. 해수 온도의 상승으로 메탄 하이드레이트가 융점을 지나 마침내 기화하면 갑자기 대량의 메탄 가스가 대기로 방출될 것이다. 그렇게 되면 또 다른 임계점인 북대서양 해류 스위치를 건드려

북극 기후가 유럽의 많은 지역으로 전이될지도 모른다(2021 IPCC 보고서는 21세기에 북대서양 해류가 약화할 '가능성이 매우 크지만' 2100년 전까지는 무너지지 않을 것이라고 '중간 정도로 자신한다'고 결론짓는다).[44] 임계점은 바로 '미지의 무지'에 해당하는 것으로, 마치 중세 유럽 지도에 그려진 미지의 땅과 같은 존재다. 그것은 우리에게 '온난화가 섭씨 2도를 넘어서면 괴물이 나타난다'고 외친다. 임계점 괴물은 우리의 후손에게 나쁜 상황을 초래할 수 있다.

이산화탄소는 대기 중에 오래 머물기 때문에 온실가스 배출량이 감소하더라도 지구 온난화는 오랫동안 계속될 것이다. 그러나 지금 배출량을 급격하게 줄인다면 2100년까지 산업화 이전 대비 섭씨 2도 미만으로 온난화를 제한할 수 있다.

또 다른 위험한 추세는 지구상의 생물종 다양성과 관련된 것이다. 인간과 가축이 소비하는 자원과 에너지가 점점 증대함에 따라 그 외의 다른 생물은 고통을 겪고 있다. 2020년을 기준으로 인간과 가축의 생물량biomass(특정 생물종의 체적 혹은 체중의 총량 — 옮긴이)은 다른 육지 포유류의 20배, 사육용 닭의 생물량은 다른 모든 조류의 2배에 달한다고 한다.[45]

2019년 생물다양성과 생태계 서비스에 관한 정부간 과학정책 플랫폼Intergovernmental Science-Policy Platform on Biodiversity and Ecosystem Services, IPBES 보고서는 생물종의 멸종률이 "지난 1,000만 년간의 평균보다 적어도 수십 배에서 수백 배 더 높았고, 지금도 가속화하고 있다."고 밝혔다.[46] 이것은 그 자체로도 비극이지만, 인간의 생존과 안녕은 나무에서 물고기 그리고 벌을 비롯한 수분 곤충에 이르기까지 우리 주변에서 살아가는 모든 생명체에 의존하기 때문에 인간에게도 위험 신호가 된다.[47] 우리의 후손이 생태적으로 빈곤해진 생물권에서도 번성하기를 기대할 수 있을까?

환경을 망치는 행위는 미지의 새로운 추세를 촉발할 수 있다. 우리는 지난 두 세기에 걸쳐 인간이 플라스틱과 비료, 콘크리트, 향정신성 약품 등 수백만 종의 새로운 물질을 제조하면서 조성된 완전히 새로운 생화학적 환경에 살고 있다. 우리는 이것이 생물권 전체에 어떤 영향을 미칠지 아직 잘 모른다. 생물학자 레이철 카슨Rachel Carson이 1962년에 출간한 《침묵의 봄》에는 살충제를 비롯한 농업용 화학물질이 인간과 다른 생물종에 미치는 무서운 영향이 기록되어 있다. 2020년의 팬데믹을 지켜보며 우리는 전염병학자들이 오랫동안 말해온 내용을 떠올렸다. 인간이 생태 환경을 완전히 뒤바꾸는 바람에 질병이 생물종 사이를 돌아다니며 증식하는 방식 자체가 바뀌게 되었다. 바이러스는 단 며칠 만에 전 세계를 옮겨 다닐 수 있는 현대인이라는 운송 수단을 만난 셈이다.

우리는 이제 과학자 제임스 러브록James Lovelock이 '가이아'Gaia라고 불렀던 지구가 복잡한 지질, 생물, 대기 체계로 구성되어 있으면서도 동시에 한계가 있는 존재라는 사실을 알고 있다.[48] 지난 50년간 전 지구적 성장의 한계라는 개념이 발전을 거듭한 결과, 우리는 가까운 미래를 매우 진지하게 생각하게 되었다. 기후과학자 요한 록스트룀Johan Rockström이 이끄는 연구진은 "인간이 과연 얼마나 압박을 가해야 지구 체계가 붕괴의 위험에 처할 것인가?"라는 질문에 대한 답으로, 지구 환경의 붕괴가 시작하는 지점이라고 할 수 있는 이른바 '지구 한계'

를 몇 가지 정의했다. 그 내용은 높은 수준의 대기 중 온실가스, 오존을 파괴하는 화학 물질과 에어로졸, 해양 산성화 및 산림 남획, 생물다양성 감소, 담수 매장량 감소 등이었다.[49] 그들의 연구에 따르면 지구는 이미 생물다양성과 질소 흐름 등에서 경계선을 어느 정도 넘었다고 한다. 록스트룀은 이렇게 말한다. "우리는 지구 체계가 인간의 개발을 뒷받침할 능력을 상실하고 있음을 최초로 깨달은 세대다."[50]

우리가 늦추어야 할 또 다른 성장 추세는 인간이 만든 무기의 파괴력이다. 19세기에 가장 강력한 전쟁 무기는 대포였다. 가장 강력한 대포는 상당히 많은 적군을 죽일 수 있었다. 그로부터 두 세기가 지난 지금, 우리는 엄청나게 파괴적인 무기를 보유하고 있다. 1945년 8월 6일 히로시마에 떨어진 원자폭탄은 거의 6만 명을 즉사시켰고, 몇 년이 지나지 않아 비슷한 인원이 방사능과 부상으로 사망했다. 그 후 수십 년 동안, 미국과 소련은 훨씬 더 강력한 수소폭탄을 개발했고, 그들의 핵무기 보유량과 화력은 기괴한 수준으로 증가했다. 1980년을 기준으로 실전 배치된 핵탄두는 거의 10만 기에 이른다. 만약 그것이 모두 발사된다면 하루 이틀 사이에 생물권 전체를 파괴할 것이다. 가장 큰 파괴력은 핵폭탄 자체가 아니라 먼지구름에서 나온다. 대기 중 먼지 농도가 너무 높아지면 몇 달 또는 몇 년이나 비가 오지 않고 햇빛이 차단된다. 그렇게 되면 핵겨울이 발생하여 하늘이 어두워지고 전 세계의 농업이 엉망이 된다. 우리는 핵 재앙에 매우 가까워졌다. 1962년 쿠바 미사일 위기 직후, 케네디 대통령이 밝힌 전면전 가능성은 2분의 1에서 3분의 1 사이였다.[51] 그 이후로도 끔찍한 실수의 위기가 몇 차례 있었고, 우리는 그 덕분에(?) 허드슨연구소의 허먼 칸 Herman Kahn이 1962년에 만들어낸 상호확증파괴mutually assured destruction라는 말을 알게 되었다.

그나마 지금까지 핵전쟁이라는 아마겟돈을 가까스로 모면하고 1980년대 후반부터 핵탄두 수가 줄어든 것은 우리가 잘나서가 아니라 순전히 운이 좋았기 때문이다. 그러나 2021년에는 9개 나라가 약 1만 3,000기의 핵무기를 보유하고 있고, 그중 약 1,500기가 즉시 대기 상태에 있다고 추정된다. 즉시 대기란 발사 준비가 되어 있다는 뜻이다. 현재 핵무기는 다시 증가하고 있다. 핵무기는 물론, 그 제조 수단까지 모두 파괴하도록 보유국을 설득할 방안이 나오기 전까지, 더 나은 미래를 건설하려는 인간의 모든 노력은 핵전쟁에 의한 붕괴 위협을 늘 의식하지 않을 수 없다.

인류의 미래를 위협하는 또 하나의 성장 추세로 불평등의 심화를 들 수 있다. 농경 시대에 부와 강압적 권력이 대를 이어 세습되며 조직적인 불평등을 초래했던 이유는 농경 사회가 불평등하게 분배될 수 있는 잉여 자원을 생산했기 때문이었다. 인류 사회는 지난 5,000년 내내 소수의 엘리트가 잉여 자산을 지배하고, 인구의 절대다수를 차지하는 소작농은 최저 생계 수준을 벗어나지 못했다. 그런 불평등은 사회적 긴장을 조성할 뿐 아니라 극단으로 치달으면 한 사회가 무너질 수도 있다. 불평등 심화를 이대로 방치하는 것은 마치 샘물을 길게 끌어다 쓰면서 중간에 터지지 않기만을 바라는 것과 같다.

부의 증가, 삶의 방식 변화, 인권 운동 등의 현대적 현상은 인종과 성별의 불평등을 완화하는 데 큰 도움이 되었으나 부와 권력의 근본적인 불평등은 오히려 증가했다. 19세기 말부터 20세기 초까지 서구 선진 공업국이 부와 기술력, 군사력을 이용하여 세계의 다른 지역을 지배하면서 극단적인 형태의 세계적 불평등이 조성되었다. 이런 불평등은 20세기 후반에 탈식민화가 진행되고 일부 지역이 현대적 기술을 흡수하면서 다소 완화되기도 했다. 그러나 심각한 불평등은 여전히 존재하며, 계속해서 대량 이주와 국지적 분쟁의 원인이 되고 있다. 기후 변화의 영향을 가장 심각하게 받을 사람들은 지구 온난화의 책임이 가장 적고 그에 대응할 능력도 가장 부족한 나라의 국민이 될 것이다. 그리고 20세기에 발발한 여러 전쟁의 원인이었던 강대국 간의 이권 다툼은 현대적 불평등에 힘입어, 그리고 제국주의 시대의 깊은 불평등에 대한 기억 때문에 앞으로도 사라지지 않을 것이다. 여기에는 중국과 인도 등 신흥 강대국이 미국과 유럽의 기존 패권국에 도전하는 구도도 큰 몫을 차지한다.

국가 내의 불평등은 현대의 여러 혁명과 내전의 원인이 되었다. 사회주의자들은 그런 불평등 때문에 부유한 '자본주의' 국가들이 무너질 것으로 보았으나 어쩐 일인지 그렇게 되지는 않았다. 프랑스의 경제학자 토마 피케티Thomas Piketty가 설명했듯이 20세기 내내 국가 내 불평등은 오히려 부유한 자본주의 국가에서 더 감소하는 경향을 보였다.[52] 20세기 초의 세계대전 이후 전통적인 토지 자산이 붕괴한 데 비해, 선진 공업국은 증가한 생산량을 토대로 서민을 보호하는 복지 시스템을 구축함으로써 그들의 불만을 덜어주었던 것도 어느 정도 원인이 되었다. 자본주의 국가의 기업과 정부는 마침내 임금 생활자의 임금과 생활 수준을 높임으로써 이익 증대와 사회적 긴장 해소라는 두 가지 목표를 모두 달성할 수 있다는 것을 깨달았다. 근로자의 재산이 증가하면 그들의 불만이 줄어들고 더 많은 상품을 구매할 수 있기 때문이었다. 이런 원인에 힘입어 20세기의 생활 수준은 먼저 서구를 시작으로 1980년대 중국, 인도 및 기타 아시아 '호랑이' 국가들의 놀라운 경제 호황을 거치며 극적으로 상승했다.

  1970년대부터 다시 국내 불평등 수준이 상승했고, 이번에도 그 순서는 서구 자본주의 국가부터 전 세계로 확대되는 패턴을 따랐다. 부유한 자본주의 국가의 정부는 20세기 초에 형성된 재분배 메커니즘이 이익 추구의 자유를 제한하고 모두에게 이익이 되는 성장률을 감소시킨다(이론적으로)는 신자유주의 경제학자들의 가르침에 따라 그것을 해체하기 시작했다. 소련 계획 경제가 무너진 후의 구소련권 국가 그리고 중국과 인도 등 급속한 산업화를 달성한 국가들에서 불평등이 급격히 상승했다. 오늘날 여러 국가에서는 19세기 후반 수준의 극심한 불평등이 다시 고개를 들고 있다. 2018년에는 세계 인구의 1퍼센트가 전 세계 사유 재산의 절반 이상을 소유하고 있는 것으로 추산되었다.[53]

  불평등의 증가 추세도 기후변화 추세처럼 예측할 수 없는 임계점을 넘을 가능성이 있다. 불평등이 언제 혁명적 붕괴를 촉발할지 모를 일이다. 오늘날 이런 임계점이 특히 위험한 이유는 핵무기의 존재로 인해 계급 갈등이 세계적 아마겟돈으로 바뀔지도 모른다는 데 있다. 극단적 불평등을 해소하는 일은 결코 쉽지 않을 것이다. 역사학자 발터 샤이델Walter Scheidel에 따르면, 최근 세계사에서 불평등이 해소된 사례 중에 인간의 노력을 원인으로 꼽을 수 있는 것은 전혀 없으며, 오로지 전쟁, 국가 멸망, 자연적 재해, 전염병 등 재앙의 결과로만 설명할 수 있다고 한다.[54] 미래에는 이런 법칙이 적어도 완화되기를 바랄 뿐이다. 그리고 무한한 경제 성장에 집착하지 않는 안정된 미래가 펼쳐진다면 정치적·사회적 안정을 유지하기 위해 불평등을 해소하는 과제가 지금보다 더 진지하게 인식될 것이다.

미래의 정치

우리가 살펴본 추세 중에는 타당성 있게 예측할 수 있을 정도로 규칙적인 것들이 많다. 우리는 미래 원뿔 2의 '개연성' 및 '타당성' 영역에 놓인 이런 추세를 50년 전보다 훨씬 더 잘 이해하고 있다. 그러나 우리가 이런 추세에 대응하는 방법은 주로 정치적인 문제에 속한다. 그리고 정치적인 일들은 대부분 너무나 불규칙해서 확실하게 예측할 수 없다. 이런 추세는 주로 '가능성' 영역에 놓여 있다. 인류는 과연 지속가능한 유토피아를 건설할 수 있을 정도의 일관되고 현명하며 단호한 행동을 위한 강력한 공감대를 형성할 수 있을까? 아니면 이해관계와 목표 그리고 비용을 둘러싼 이견 때문에 이런 진로 수정은 끝내 불가능한 것일까?

정치 분야에는 규칙적인 추세는 거의 없고 모르는 것이 많으므로 확실한 예측을 할 수 없다. 핵무기나 유전자 조작 바이러스로 무장한 소규모 집단, 나쁜 과학, 정치적 지연 또는 좁은 시야로 미래를 바라보는 지도자들은 더 나은 세상을 향한 희망을 방해하는 존재들이다. 또는 우리가 직면한 문제가 워낙 복잡한 것도 방해 요소가 될 수 있다. 그러나 정치사를 돌이켜보면 비록 취약하지만 희망을 안겨주는 장기적 추세가 몇 가지 있다. 그중에서도 우리가 이미 살펴본 특별히 희망적인 추세로는 다음의 세 가지를 들 수 있다. 첫째는 전 지구적 인적교류 네트워크의 출현으로, 이를 통해 인류 공통의 지구적 과제에 대한 인식이 고취되고 지구촌을 향한 충성심과 헌신이 연약하게나마 태동할 수 있다. 둘째 추세는 국경을 넘어 활동하는 국제연합이나 각종 비정부기구와 같은 글로벌 조정 기관의 출현이다. 그들은 새롭게 떠오르는 전 지구적 관심사에 대해 목소리를 내고 정치적 압력을 가할 수 있으며, 대체로 더 나은 미래에 대한 비전을 폭넓게 공유한다. 다국적 기업들 역시 세상이 생태학적으로 지속가능해야만 자본주의가 번영할 수 있다는 사실을 인정한다면 지속가능한 사회를 건설하는 데 중요한 역할을 맡을 수 있다. 세 번째는 콩도르세가 봤다면 '과학적 진보'라고 말했을 만한 추세다. 우리는 수십 년 전에 비해 지구 시스템에 관해 훨씬 더 많은 지식을 축적했고, 지속가능한 미래를 건설하는 데 필요한 기술을 많이 보유하고 있다. 그리고 현재 준비 중인 기술도 많다.[55]

이상은 희망적인 추세기는 하나, 확실한 것은 아니다. 2021년 11월 글래스고에서 열린 제26차 국제연합 기후변화협약 당사국총회에서 회원국들이 내놓은 약속은 2100년까지 지구 기온이 산업화 이전 수준보다 섭씨 1.5도를 넘어서지 않도록 하겠다고 확실하게 보장하는 내용은 아니었다. 그러나 그 약속은 전 세계가 이 문제를 시급하게 여기고 있음을 시사하는 것이기도 하다. 각국은 과연 이 약속을 이행할 것인가?

가능한 미래의 시나리오를 상상한다

지금까지 살펴본 추세는 앞으로 100년 동안 어떤 일이 일어날지를 희미하게나마 보여준다. 우리는 강력한 성장 추세를 확인했지만, 그중에는 지금부터 둔화하는 것도 있을 수 있다. 그런 패턴은 과거에도 존재했다. 안정적인 추세로 전환하는 단계는 예컨대 항성이 밝게 빛난 후나 새로운 생물종이 급속히 성장한 후 성숙기에 접어드는 시기에 나타난다. 새로운 복잡계가 출현할 때가 바로 이런 시기에 해당한다. 우리 지구에서도 지금 이런 일이 일어나고 있다. 지구가 의식을 갖추기 시작한 것이다.

오래전부터 존재해온 지구와 거기에 존재하는 생명이라는 복잡계가 갑자기 나타난 돌연변이 때문에 변이를 일으키고 있다. 그 돌연변이는 생물권의 미래를 결정할 정도로 강력한 힘을 지닌 생물종, 즉 인간이다. 러시아의 지질학자 블라디미르 베르나츠키Vladimir Vernadsky는 이런 현상을 인간 생활권noosphere이라고 불렀다.[56] 인간이 의식을 갖추고 있으므로 지구에도 의식이 있다고 볼 수 있다. 지구에서 일어나는 일은 과거처럼 계속되겠지만, 지금부터 지구의 미래에 관한 중대한 결정은 주로 인간의 의식적인 결정에 달려 있을 것이다. 그런 변화는 이미 진행 중이다. 우리가 이미 지구의 형태를 바꾸고 있기 때문이다. 남은 문제는 우리가 그 변화 과정을 얼마나 잘 관리하는가 하는 것이다.

우리는 의식을 갖춘 지구로 이행하는 과정을 여러 가지로 상상할 수 있고, 그중에는 성공적이지 않은 시나리오도 있다. 정확성과 일반성 사이에서 균형을 유지하는 것을 목표로 여러 가지 시나리오를 나열해보면 타당성의 정도를 기준으로 일종의 정규분포곡선을 그리는 집합을 얻을 수 있다. 좋은 소식은 최악의 시나리오를 제외한 모든 상황에서 인간이 연습 기간만 충분히 견뎌낸다면 꽤 유능한 지구 관리자가 될 수 있다는 예상이 나왔다는 것이다. 우리는 우리가 할 일을 이미 많이 알고 있다. 우리는 지구의 체계를 50년 전보다 더 잘 이해하고 있고, 대중과 정부의 환경 인식에도 상당한 변화가 있었다. 그리고 성공에 필요한 자원과 도구도 대부분 확보되었다. 요르겐 랜더스는 이렇게 말한다. "풍력, 수력, 태양 에너지로의 100퍼센트 전환은 현존하는 기술로 달성할 수 있다. 자금 부족도 진짜 문제는 아니다. 이미 전쟁 비용이 세계 국내총생산의 2~3퍼센트를 넘는다. 20년 안에 온실가스 배출을 50퍼센트 줄이고 기타 기후변화의 영향에 적응하는 비용을 다 합해도 이보다 훨씬 적을 것이다."[57]

우리에게는 신속하고 단호한 행동에 필요한 정치적·경제적 지렛대도 있다. 제2차 세계대전이 끝난 지 1년 만에 미국과 소련 경제가 극적으로 변모했던 사례는 현대 국가가 일단 정치적 논쟁만 끝내면 신속하게 방향을 전환할 수 있음을 보여준다. 코로나19 팬데믹이 닥쳤을 때 거의 모든 정부가 정책 전환을 이뤄낸 것도 놀라운 일이다. 전 세계적인 합의만 이루어지면 얼마든지 신속한 변화가 일어날 수 있다.

네 가지
미래 시나리오

이 장에서 소개한 개념과 추세를 바탕으로, 지금부터는 더 나은 미래로 나아가는 구체적인 경로를 상상해보자. 단, 제6차 IPCC 보고서에 제시된 공통사회경제경로와 달리 가까운 미래에 근본적인 정책 전환이 가능하다고 보고 좀 더 폭넓게 상상한 내용이 될 것이다.

지금부터 나는 엄격한 예측이 갖춰야 할 자격이나 가정, 예외 사항

등은 생략하고 지금까지 살펴본 내용으로 미루어 짐작되는 가능한 미래만 몇 가지 언급할 것이다. 이런 시나리오 중에는 머지않아 가능성이 줄어들 것도 있고, 지나치게 낙관적이거나 비관적인 것도 있으며, 가상의 정규분포곡선상에서 가능성의 편차가 있는 것도 있다. 그럼에도 가능한 미래를 상상하는 것은 그 자체로 미래 사고의 중요한 도구다. 이런 예측 시나리오는 재미와 진지함을 동시에 안겨준다. 우리는 언제나 가능한 미래를 상상해왔기 때문에 재미있고, 그렇게 상상한 미래가 실제로 벌어질 일을 생각하면 진지할 수밖에 없기 때문이다.

지금부터 설명하는 네 가지 시나리오는 미래학자 짐 데이터가 개발한 시나리오에서 빌려온 것이다. 그의 연구팀은 여러 해 동안 함께 가능한 미래를 상상해왔다.[58] 그의 주장에 따르면 상상의 미래는 대부분 '붕괴', '역경', '변혁', '지속적 경제 성장'(또는 '현행 유지')의 네 가지 범주에 속한다고 한다. 짐 데이터의 분류법은 여러 미래학자에 따라 다른 버전이 존재한다. 그의 원칙은 시나리오에 순위를 매기지 않는다는 것이었으나 우리는 그 규칙을 다소 완화하여 이 장의 앞에서 설명한 세계적 유토피아와 얼마나 가까운가를 기준으로 가능한 미래를 평가하기로 한다. 조지 웰스는 더 나은 미래에 관한 이미지는 희망을 자아내고 희망은 그 자체로 강력한 동기부여가 되므로, 믿을 만한 이미지를 만들어내는 일이 매우 중요하다고 주장했다. 짐 데이터를 계승하여 내가 분류한 네 가지 시나리오는 '붕괴', '축소', '지속가능' 그리고 '성장'이다.

어떤 시나리오가 실현되든 그 길은 파란만장할 것이다. 화석연료 체제에서 지속가능한 기술로 전환하는 과정은 너무나 복잡해서 기술적·경제적 난항은 불을 보듯 뻔하며, 그 과정에서 많은 실수가 발생하리라는 것도 거의 확실한 일이다. 새롭게 부상하는 지구 체제의 여러 요구와 지역, 국가, 이익 집단 차원의 요구가 서로 충돌할 것이므로 정치적인 어려움도 분명히 발생한다. 20세기 후반 세계를 지배했던 미국은 신흥 경쟁국들의 도전을 받고 있다. 소련 붕괴 후 세계를 지배했던 민주적 자본주의 국가들이 자신감을 잃은 것은 성장 둔화와 불평등의 심화로 인해 낙관론이 퇴조하고 과거 번영했던 중산층이 줄어들었기 때문이기도 하다.

한편, 인도, 중국 등의 신흥 강대국은 더욱 자신감과 적극성을 띠게 되었고, 현대적 군사기술로 인해 소규모 반체제 집단이 세계 평화에 심각한 위협이 되었다. 위험한 충돌이 일어날 가능성은 크다. 그러나 우리는 정치 분야의 결정적 임계점에도 주의를 기울여야 한다. 어쩌면 국지적 기후 재앙으로 촉발될지도 모를 이 상황은, 세계 각국의 지도자에게 지속가능한 미래를 달성하기 위한 글로벌 협력이 그들의 필수 불가결한 이익을 달성하기 위해서라도 중요하다는 점을 설득할 기회가 될 것이다.

우리가 지구 관리자로서 완전히 실패하는 상황은 오직 극단적인 '붕괴' 시나리오에서만 가능하다. 최악의 시나리오에서는 인류 사회가 기아와 전쟁, 정치적·경제적 붕괴, 전염병 등의 조합으로 몰락한다. 인류는 멸종의 위험에 처할 것이다. 인간이 사라지면 생물권은 수 세기에 걸쳐 스스로 회복할 것이다. 호주의 철학자 토비 오드는 '실존적 재앙'의 가능성을 예측하는 대담한 시도를 해왔다. 즉 인류의 '장기적 잠재력'이 아예 파괴되어 앞으로 수천 세대 동안 좋은 미래의 가능성이

<표 8-1> '실존적 위기' 가능성

발생 원인	향후 100년 이내 발생할 가능성
소행성 및 혜성 충돌	약 100만 분의 1
초화산 폭발	약 1만 분의 1
태양 폭발	약 10억 분의 1
전체 자연 재해 위험	약 1만 분의 1
핵전쟁	약 1,000분의 1
기후변화	약 1,000분의 1
기타 환경 파괴	약 1,000분의 1
'자연적' 팬데믹	약 1만 분의 1
인위적 팬데믹	약 30분의 1
인공지능의 배신*	약 10분의 1
예측 불가한 인적 위험	약 30분의 1
기타 인적 위험	약 50분의 1
전체 인적 위험	**약 6분의 1**
전체 실존적 위험	**약 6분의 1**

토비 오드는 이렇게 말한다. "이상의 실존적 재앙이 향후 100년 이내에 발생한다는 것이 나의 추정이다(기후변화처럼 재앙의 결과가 서서히 나타나는 경우는 100년 이내에 임계점을 넘어선다는 뜻이다). 제시된 추정치는 상당한 불확실성을 포함하고 있으며, 대략적인 범위를 나타낼 뿐이다. 오차 범위가 세 자릿수에 이를 수도 있다. 각 추정치의 합계도 정확하지 않을 수 있다. 첫째 이유는 합산 수치를 기록하면 정확성과 관련해 오해의 소지가 있기 때문이고, 둘째 좀 더 미묘한 이유는 별도로 설명하기로 한다."

* 인간의 의도에서 벗어난다는 뜻이다.

출처: 토비 오드, 《사피엔스의 멸망》, 6장.

사라지는 상황을 예측해본 것이다.⁵⁹ 그의 잠정적인 추정에 따르면 가능한 미래의 약 16퍼센트(6분의 1)는 '실존적 재앙'으로 이어진다. 물론 이런 추정을 너무 심각하게 생각할 필요는 없지만, 그 범위를 대략 짐작하는 데는 도움이 된다. 〈표 8-1〉은 오드의 추정을 요약한 것이다. 눈에 띄는 것은 우리의 미래를 가장 위협하는 요소가 인간의 기술적·경제적 오만에서 비롯된다는 것이다. 그러나 이는 결국 인간이 그런 위협을 관리할 수 있다는 뜻이므로 오히려 좋은 소식이라고 할 수 있다.

가능한 미래에 관한 표본 공간의 나머지 84퍼센트는 비교적 심각하지 않은, 인간이 생존하는 시나리오다. 그중에는 인류의 장기적 생존에 치명적인 위협을 가하지는 않지만, 여전히 상당한 파괴력이 있는 시나리오가 포함된다. 이런 시나리오에서는 생물권 관리와 관련된 복잡한 도전에 실패하는 사회가 속출하고, 인류 사회는 수 세기나 지속되는 암흑시대로 진입할 수도 있다.⁶⁰ 전쟁으로 지구 전역이 파괴되고, 전염병과 기근으로 수백만 명이 목숨을 잃으며, 생존자들은 간신히 생계를 유지하는 수준에 머물고, 부유한 엘리트들은 보안이 강화된 특수 정착지에서 지낼 것이다. 향상된 인권을 비롯한 현대의 성과가 대부분 사라질 것이고, 자원 부족으로 인한 필사적인 생존 투쟁으로 체벌, 상해, 고문이 일상화하여 노예제도와 가혹한 성적·인종적 불평등이 부활한다. 식량 부족과 의료 수준 저하, 마취제와 기초 의약품의 공급 제한 등으로 기대수명이 전근대 수준으로 돌아갈 수 있다. 그 시대를 기준으로 몇 세기 전을 되돌아보면 지금 살아 있는 사람들은 위기 이전 시대에 화석연료 혁명의 전리품을 누린 최후의 집단처럼 보일 것이다. 우리의 후손들은 영문을 모르겠다는 표정으로 왜 조상들이 이 지경이 되도록 상황을 방치했느냐며 분통을 터뜨릴 것이다.

'축소' 시나리오에서는 각국 정부가 성장 자체가 가장 큰 문제라고 결론 내린 후 지속가능성 목표에 초점을 맞추고 각종 성장 추세를 공격적으로 억제할 것이다. 정부의 중과세와 지속 불가능한 활동에 대한 직접 규제는 성장을 둔화시킬 것이다. 그렇게 되면 사치품과 가족 구성원 수가 엄격히 제한되는 스파르타식 세상이 올지도 모른다. 부유한 엘리트는 보호막 속에서 더 높은 생활 수준을 누릴지도 모르지만, 대중의 평균적인 물질생활 수준은 21세기 초에 비해 낮아질 것이다. 자원이 줄어드는 상황에서는 무슨 일이든 합의를 이뤄내기가 어려우므로 자유 민주주의를 지탱하는 것도 힘겨울 것이다.[61]

결국 축소 사회는 권위주의적인 방법을 많이 사용하게 된다. 이것은 안정화 목표에 초점을 두고 현대적인 자유와 평등의 비중을 낮추는 시나리오다. 우리 후손들은 지구의 지속가능한 관리 방법은 배우겠지만, 정치적·법적 권리는 상당히 잃게 될 것이다. 과학과 기술 혁신은 권위주의적이지 않은 시나리오보다 느리기는 하지만 계속될 것이다. 최악의 경우 축소 시나리오의 미래는 디스토피아나 전체주의 사회, 혹은 아무리 잘해야 어슐러 르 귄Ursula Le Guin의 SF 소설《빼앗긴 자들》에 나오는 아나레스 행성의 무정부주의 세상처럼 보일 것이다. 우주 탐사는 소행성, 위성, 행성의 자원을 놓고 각 정부가 경쟁을 벌인다면 그들의 지원에 힘입어 아마도 대규모로 계속될 것이다.

'지속가능' 시나리오에서는 콩도르세의 낙관론과 지구의 한계에 대한 현실주의가 결합한다. 그런 미래에는 지속가능한 기술 덕분에 높은 생활 수준이 유지되지만 소비 수준의 끝없는 증가에 대한 희망은 포기

된다. 지속가능 시나리오는 앞서 설명한 유토피아적 목표에 가장 가깝다. 폴 래스킨Paul Raskin이 《지구 여행》Journey to Earthland에서 그리는 미래는 전통적 성장 가치를 표방하는 전통적인 정부와 이른바 세계 시민 운동의 지속가능성을 추구하는 가치가 경합하며 수십 년간 격동이 일어나는 모습이다. 생태적·정치적 붕괴 위험이 명백해지는 21세기 중반이 되면 세계적으로 지속가능성의 중요성에 대한 폭넓은 합의가 이루어지고, 지구적 차원의 행동을 조정할 글로벌 기관이 새롭게 출현한다. 거의 모든 사회의 가치는 소비 증가가 아니라 지속가능, 평등, 삶의 질 등을 향상하는 방향으로 바뀐다.[62] 지속가능 시나리오에서 세계 시민권 개념은 오늘날의 국적 개념만큼이나 뚜렷해질 것이다. 그러나 지역적·문화적 다양성은 오늘날 여러 다문화 국가에서와 마찬가지로 계속 번성한다.

기술 혁신은 인류 역사의 가장 강력한 원동력인 집단 학습의 뒷받침을 받아 계속될 것이다. 혁신을 통해 지속가능한 형태의 새로운 에너지 생산 방식, 더 싸고 효율적인 운송 수단과 제조 방법, 새로운 온실가스 제거 및 매장 방식 그리고 각종 스마트 로봇이 등장할 것이다. 여기에는 노화 지연(이미 노화를 필연이 아닌 질병으로 취급하는 의사들이 있다), 수명 연장, 새로운 스마트 보철물과 암 치료법 등도 포함된다.[63] 혁신이 지속되고 군비 지출이나 광고 등의 낭비 요소가 급격히 감소하면서 21세기 초반보다 더 높은 생활 수준이 보장된다. 한편 과소비의 위험성에 대한 인식이 고취되면서 사회 전반에 자족과 평등의 기풍이 진작된다. 진보는 곧 끝없는 성장이라는 공식이 무너지고, 성장과 인구가 《성장의 한계》가 말하는 '통제된 균형'을 이루는 안정 상태에서 각 분야의 진보가 계속된다는 개념이 자리 잡을 것이다.[64] 세계 인구는 80억 명 이하로 안정되고, 보편적인 의료와 교육, 물질적 안전이 보장되며, 일주일에 20시간 이상 일하는 사람은 거의 없을 것이다. 그들은 '시간의 풍요'를 누리면서 '좋은 삶'의 의미를 생태적·현실적으로 새롭게 정의할 것이다. 그런 시나리오에서 인간은 결국 생물권을 잘 관리하는 청지기 정신을 배울 것이다. 국가와 정부는 여전히 존재하지만, 세계 정부의 역할을 하는 기관의 힘이 증가하고, 그들의 권위는 지구의 대부분 지역에서 인정된다.

'성장' 시나리오는 성장에서 한계의 비중을 낮춰 현대의 거대한 추세인 성장이 미래에도 계속되는 모습을 상상한다. 이런 시나리오에서 경제 성장과 혁신은 현대의 성장 추세를 주도해온 정부와 기업이 자본주의적 동맹을 이룬 채 계속 추진할 것이다. 성장 시나리오를 지지하는 사람들은 기술 낙관론자다. 그들은 자본주의가 번성하면 성장과 지속가능성을 결합하는 데 필요한 기술이 자연스럽게 자라나며, 필요하다면 정부가 대규모 친환경 공학 프로젝트로 개입할 것이므로 근본적인 방향 전환은 필요 없다는 입장이다. 가장 낙관적인 성장 시나리오에서는 계속된 경제 성장과 신기술로 위험한 생태적 과제가 해결되고, 사람들의 소비 수준과 물질적 생활 수준은 변함없이 향상된다. 기업들은 지속가능한 기술이 이익을 안겨준다는 것을 깨닫는다. 나날이 치열해지는 경쟁으로 불평등도 심화하여 상당한 사회적 불안정을 초래할 것이다. 다른 시나리오와 마찬가지로 인간의 생물학적·유전적 변형 실험이 시도된다. 그런 시도는 의학적 혜택을 창출하겠지만, 고가의 의료 시술을 감당할 수 있는 부유층에서 유전적·생체공학적으로 조작된 소수의 인구가 등장하면서 새로운 사회 분열이 조성될 수도 있다.[65] 최고 수명이 150세를 넘어서고, 청력, 시력, 지능이 지금보다 훨씬 좋아지며, 두뇌가 직접 통제하거나 심지어 다시 자라는 의족이 나올 것이다. 인구 증가율은 둔화세로 접어드나 지속가능 시나리오나 축소 시나리오에서만큼 급격하지는 않을 것이다.

만약 경제 성장이 계속되는 시나리오가 틀린 것으로 판명된다면 성장 시나리오는 붕괴 시나리오로 바뀔 수도 있다. 지구 온난화가 임계점을 넘어서고, 식량 생산 체계가 붕괴되며, 자원을 둘러싼 갈등이 파괴적인 전쟁으로 이어질 수도 있다.

낙관적인 세 가지 시나리오에서조차 과거는 미래에 큰 부담을 줄 것이다. 핵전쟁이나 유전공학적 팬데믹 같은 실존적 위협이 인류에 드리워지고, 수 세기나 이상 기온이 이어질 것이다. 현존하는 도시 중 상당수가 물에 잠기고, 해양 산성화로 인해 어업과 해양 생물다양성이 감소하며, 사막이 확대되고, 현재 극단적으로 보이는 기상 현상은 일상이 된다.

극단적인 성장 시나리오에서는 다른 종의 멸종 속도가 빨라지지만, 지속가능과 축소 시나리오에서는 느려진다. 그러나 모든 시나리오에서 세계의 생물 환경은 현재 기준보다는 빈곤해진다. 경쟁은 전쟁으로 이어지나, 전쟁으로 지구 시스템이 붕괴하는 상황은 붕괴 시나리오에서만 일어난다. 모든 시나리오에서 상당한 불평등이 조성되지만, 지속가능과 축소 시나리오에서는 그 폭이 제한적이다. 모든 시나리오에서 유구한 역사를 지닌 집단 학습은 기술, 과학, 예술 분야, 나아가 사회 조직에서도 창의성의 동력을 유지한다. 과학 분야에서도 새로운 패러다임이 출현하여 암흑물질 같은 현상이나 상대성 이론, 양자 물리학, 심지어 의식 간의 관계를 이해하는 수준이 혁신적으로 발전한다. 외계 생명체의 존재 여부도 밝혀진다. 마지막으로 거의 모든 미래 시나리오에서, 21세기 말까지는 인류가 태양계 전체에 개척단을 파견하고, 로봇 우주선이 다른 항성계를 향해 출발하게 된다.

〈그림 8-1〉은 시나리오별 차이를 강조하기 위해 인구 추이를 나타낸 결과다. 구체적인 내용은 정확하지 않을 수 있으나 추이의 전체적인 형태로부터 각 시나리오 사이의 중요한 차이를 포착할 수 있다. 물론 이 시나리오 중 어떤 것도 그림에서 제시한 대로 진행되지는 않을 것이다. 실제로 구현될 미래는 지금까지 살펴본 추세들이 오늘날 우리가 상상할 수 없는 추세와 사건들로 인해 서로 복잡하고 모순되게 섞인 모습이 될 것이다. 그것이 좋은 것이든 나쁜 것이든 말이다. 실현된 미래는 분명히 과거만큼 복잡할 것이다.

3단계: 어떤 행동을 취해야 하는가?

이 책은 구체적인 행동 지침서가 아니다. 그러나 붕괴를 피하고 낙관적인 시나리오로 방향을 전환하려면 행동이 필요하다. 지금까지 살펴본 추세는 그 방향을 알려준다. 2019년 세계경제포럼에서 스웨덴 소녀 그레타 툰베리 Greta Thunberg는 이렇게 말했다. "해결책은 어린아이도 알 정도로 간단합니다. 온실가스 배출을 멈춰야 합니다. 그것은 우리의 선택에 달려 있습니다."[66] 낙관적인 시나리

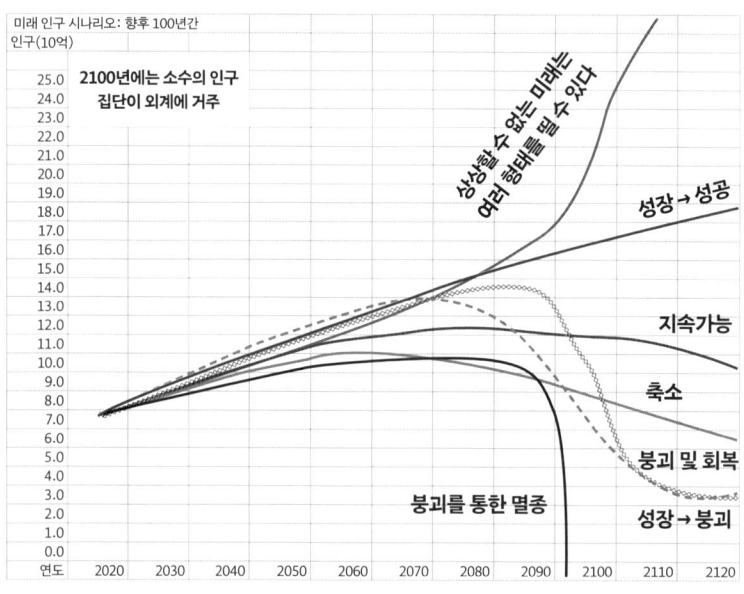

<그림 8-1> 네 가지 미래 시나리오의 2120년까지의 인구 추이

오에서 인간은 유능한 지구 관리자가 된다. 즉 실질적인 환경 비용이 상품과 서비스의 가격에 반영되고 온실가스 배출이 대폭 감소하는 경제가 구현된다. 심지어 성장 시나리오에서도 경제 성장 속도는 둔화한다. 다른 생물종의 멸종 속도를 늦추거나 줄여야 하며 인구와 가축의 수가 천천히 늘어나거나 줄어들어야 한다. 위험한 무기를 통제하고 극심한 불평등을 제한해서 재앙적 갈등을 피해야 한다. 2015년 파리협정이나 국제연합 지속가능목표를 비롯한 각종 세계 조약은 더 나은 미래를 향한 항해도가 될 것이다.

마지막으로, 한 가지 확실한 사실은 많은 것이 정치에 달려 있다는 것이다. 중요한 일은 세부 사항에서 결정되며, 어떤 중요한 조치도 국가, 지역, 기업 그리고 다른 집단 간의 복잡하고 어려운 협상의 벽을 넘어야만 한다. 2100년의 세계는 향후 수십 년 동안 이루어질 수백만 건의 예측 불가한 결정에 크게 의존할 것이다. 바야흐로 인간은 세계를 지배하는 생물종이 되었지만, 우리의 관심 영역이 과연 글로벌 협력을 지속하여 지구를 잘 관리할 정도로 넓어졌는지는 분명하지 않다. 우리가 그렇게 할 수 있느냐에 따라 이제 막 출현한 복잡계, 즉 의식을 갖춘 지구의 운명이 결정될 것이다. 그 새로운 실체의 건강과 운명이 수 세기에 걸친 우리 후손의 미래, 나아가 인류의 생존 기간을 결정할 것이다. 우리는 최초의 거시생물을 구성했던 세포들만큼 협력하는 방법을 배울 수 있을까?

우리가 현명한 선택을 할 수만 있다면, 인류는 아직 생애 초기에 있다. 아직 멋진 성년기를 바라보는 청소년이다.

— 토비 오드, 2020년.[1]

제9장

인간의 미래

가깝지도 멀지도 않은
중간 미래

인류가 앞으로 몇 세기 동안의 위험에서 살아남는다고 가정하자. 수천 혹은 수백만 년 후에 우리 후손이 직면할 미래는 어떤 것일까? 그것이 바로 '중간 미래' middle future 다. 중간 미래는 인간처럼 예측할 수 없고 목적을 지닌 존재에 의해 결정되므로 엄밀한 예상은 불가능하다. 게다가 그것은 너무나 멀리 떨어져 있어서 꽤 규칙적인 추세가 있다고 해도 수백만의 다른 추세의 안개 속에 묻혀버리고 말 것이다. 그러나 희미하나마 꽤 강렬한 암시는 항상 존재하므로 그 속삭임에 귀를 기울이고 싶은 것은 인간이라면 누구나 지닌 욕망일 것이다.

중간 미래는 가까운 미래에 비해 개인적인 성격이 훨씬 더 옅어진다. 사실 우리는 과거로든 미래로든 시간의 범위를 넓혀 생각할수록 인간으로 분류되는 광의의 공동체에 소속감을 느낄 수밖에 없을 것이다. 그리고 그 공동체의 미래가 과거보다 훨씬 더 오래 번영하리라고 생각하는 것도 멋진 일일 것이다. 그러나 향후 100년 이내의 사람을 아끼는 심정과 그보다 훨씬 더 먼 미래의 후손에 대한 마음이 같을 수는 없다. 게다가 우리가 그들의 삶에 미치는 영향도 다를 수밖에 없다. 현재 행동의 결과는 나비의 날갯짓처럼 복잡하게 수 세기, 수천 년을 뛰어넘어 흘러가겠지만, 엄밀히 말해 그것이 먼 미래에 일어날 어떤 사건의 원인이라고 보기는 어렵다.

물론 매우 중요한 예외가 하나 있기는 하다. 향후 수 세기 안에 인류가 멸종한다면 우리 후손이 맞이할 미래란 애초에 존재하지 않는다는 점이다! 따라서 우리가 인류의 혈통을 위해 할 수 있는 일은 앞으로 몇 세기 동안의 이 병목 구간을 무사히 통과하면서 가진 것이라고는 종말을 초래할 무기뿐이요, 재앙이 닥칠 때 피할 외계 정착촌은 거의 없는 이 지구를 잘 관리하는 것뿐이다. 우리가 성공한다면, 향후 수 세기를 살아갈 세대는 새로운 복잡계, 즉 의식을 갖춘 지구의 한 부분으로 사는 법을 배울 것이다. 그렇게 되면 수십억의 인간과 포스트휴먼이 살아갈 중간 미래의 길이 열릴 것이다. 이렇게 훌륭한 유산을 물려줄 기회는 지금 우리가 사는 시대에 중요한 의미가 있다. 여기까지 잘 따라왔는가? 이제 다음 단계로 넘어가자.

1,000년 뒤의
인류와 지구

인류, 지구의 관리자

지구 외에도 의식을 갖춘 행성이 존재할까? 우리은하에 수백만 개쯤 될까? 아니면 지금 지구에서 벌어지는 일이 우주적인 돌연변이에 불과한 것일까? 우리는 모른다. 그러나 어느 쪽이든 그것은 엄청나게 중요한 전환점이 될 것이다. 그것은 복잡성이 증가하는 우주의 장대한 추세, 즉 기존의 물체가 새로운 특성과 형태로 재배열하여 새로운 구조가 출현하는 현상의 또 다른 예다. 이번 임계점을 넘어서면 과연 수천 년 인류 역사의 격동적인 변화가 끝나는 것일까? 그것은 인류 역사에 어떤 의미가 있을까? 이번 전환점이 혹시 태양계나 심지어 은하계 수준의 훨씬 더 큰 복잡계가 태동하는 첫걸음이 되는 것일까?

인간이 지구의 관리자가 된다는 것은 어떤 의미일까? 우리는 이 첫걸음을 바탕으로 타당성 있는 시나리오를 몇 가지 상상해볼 수 있다. 의식을 갖춘 지구는 여느 복잡계와 마찬가지로 생존과 번성에 필요한 특징을 획득한다. 첫째, 전 지구적 차원의 조정과 계획. 둘째, 대단히 복잡한 문제를 해결할 수 있는 과학과 기술. 셋째, 인류가 직면한 집단적 과제를 이해하기 위한 새로운 교육 체계. 그리고 마지막으로 자기 후손과 수십억의 다른 생물종의 번영을 위해 생물권의 가치를 존중하는 윤리 체계다.

조정과 계획 체계는 이미 국제연합을 비롯한 여러 국제기구와 기업, 학술 네트워크, 비정부기구 등이 국제적인 활동을 펴는 과정에서 등장하고 있다. 오늘날 과학과 기술은 대단히 빠른 속도로 발전하고 있으며, 가장 비관적인 미래 시나리오를 제외하고는 이런 발전이 둔화하리라고 볼 이유가 거의 없다. 오히려 가속될 가능성이 더 크다. 그러나 현행 교육 체계는 여전히 민족주의 사고에 사로잡힌 채 세계적 비전을 거의 가르치지 않기 때문에 새로운 도전에 대응하지 못하고 있다. 교육은 젊은이에게 지구적 비전과 이를 관리하는 집단적 프로젝트에 필요한 기술적·정치적·사회적 기술을 제공하는 방향으로 전면 재편되어야 한다. 조지 웰스가 말했듯이, "인류 역사는 갈수록 교육과 재앙 사이에 치열하게 펼쳐지는 경쟁의 장이 되고 있다."[2] 교육 체계는 지구 관점의 윤리 체계가 얼마나 발전하느냐 하는 것과도 큰 관계가 있다. 다음 세대가 지구 관리자 노릇을 잘 해내려면 부족적 충성심을 뛰어넘어 인류 전체는 물론, 같은 행성에 사는 다른 생물종의 가치를 새로이 인식해야 할 것이다. 인류가 다른 행성과 달리 이주하기 시작하면 적대적인 환경을 훨씬 더 많이 경험할 것이고, 그 과정에서 고향인 지구의 아름다움과 너그러움을 존중하는 마음이 더 커질 것이다.

다가올 1,000년 동안의 역사를 형성할 장기적 추세는 무엇일까?

정치 영역의 미래는 비록 그동안 몇 가지 흥미로운 상상이 있었다고는 해도 확실하게 예측하기란 거의 불가능하다.[3] 그러나 우리는 지구 관리자의 역할을 잘 해내려면 세계의 지배 구조와 조정 방식이 지금과는 다른 모습으로 진화해야 한다는 것을 알고 있다.

그에 비해 기술적 추세는 비교적 상상하기 쉽다. 지금까지 인류 역사를 형성해온 기술적 창의성의 바탕에는 집단 학습이라는 기본 추세가 있었기 때문이다. 더구나 기술은 그 자체의 논리에 따라 진화하며,

우리는 이미 향후 수 세기 동안 번성할 기술적 추세를 살펴본 바 있다. 앞으로 부상할 중요한 기술은 다음과 같다. (1) 지속가능한 에너지 생산 기술, (2) 나노기술, (3) 인공지능 및 로봇공학 그리고 (4) 인체 변형을 가능케 하는 생물학 기술 등이다. 특히 네 번째 기술에 힘입어 우리 후손 중에는 무한히 장수하는 인간과 기계의 혼합체가 나올 것이다.

신에너지 기술의 도약

현대 세계는 화석연료라는 엄청난 에너지를 바탕으로 건설되었지만, 이제 더는 그 에너지를 사용할 수 없다는 것을 우리는 안다. 우리는 지금보다 더 많은 에너지를 지속가능한 방식으로 생산함으로써 현대에 거둔 성과를 보존할 수 있을까? 그 목표를 달성하는 데 필요한 기술 중 상당수가 이미 존재하므로 우리는 이 질문에 대해 조심스러우나마 낙관적인 답을 내놓을 수 있다. 여기서 결정적인 변화는 두 가지가 될 것이다. 먼저, 지속가능한 방식으로 막대한 양의 전기를 생산할 수 있어야 하고, 지속가능한 방식으로 생산된 전기를 통해 자동차, 제조, 통신, 가정용 기기 등 모든 일에 필요한 전력을 공급해야 한다. 당면 과제는 이런 기술을 신속히 채택하는 것이다. 2020년에도 사용되는 모든 에너지의 85퍼센트는 여전히 화석연료에서 공급되고, 전 세계 기반시설과 경제적 관계의 대부분도 그것이 차지하고 있기 때문이다.

가장 유망한 에너지 생산 기술은 태양광을 채집하는 완전히 새로운 방법이다. 수력은 증발과 강우에서 비롯된 물의 흐름을 이용해 터빈을 돌려 전기를 생산한다는 점에서 태양 에너지를 간접적으로 사용한다. 풍력도 결국 태양열의 힘으로 형성된 기류가 터빈을 구동하는 것이다. 그런데 태양광 발전은 햇빛을 직접 에너지로 전환하는 방식이다. 이 기술은 이미 자연의 과정보다 효율이 더 우수한 인공적 광합성을 통해 태양 에너지를 채집한다. 그런데 이 효율이 더욱 빠르게 향상되고 있으므로 기술적 잠재력이 크다고 할 수 있다. 우리는 한두 세기 안에 옷, 모자, 옥상 그리고 도로 등에서 태양 에너지를 포집할 정도로 작고 유연한 장치가 널리 보급된 미래를 상상할 수 있다. 해바라기처럼 태양을 추적하는 장치도 나올 것이다. 수소도 유망한 에너지원이다. 수소는 특히 고밀도 에너지가 필요한 항공 및 철강, 제조업 분야에 적합하다. 수소는 산소와 결합하여 다량의 에너지를 생산하며, 그 과정에서 나오는 폐기물은 주로 물이다. 문제는 수소를 생산하고 저장하는 지속가능한 방법을 찾는 것이다.

  20세기에는 원자로에서 비태양광 에너지를 생산할 수 있다는 기대가 컸다. 하지만 1986년 체르노빌 참사와 같은 큰 사고가 발생한 후 이런 기대는 사그라들었다. 핵분열로 발생하는 방사성 폐기물이 수천 년 동안 독성을 유발하기 때문이다. 그러나 새롭고 안전한 원자력 발전소에 대한 기대는 여전히 남아 있다.[4] 20세기 중반에 시작된 핵융합 발전 실험의 바탕에는 핵분열 방식보다 안전하고 깨끗하다는 기대가 있었다. 여기서 문제는 엄청나게 높은 온도에서 일어나는 반응을 제어하는 것이다. 그러나 21세기 말에 이르면 이 문제도 해결할 수 있다는 기대가 크다. 혹은 우주에 엄청난 수의 위성을 쏘아 올려 태양 에너지를 채집한 후 전자파로 지구에 전송하는 등의 완전히 새로운 기술이 등장할 수도 있다.[5]

  신기술과 새로운 규제가 에너지 사정을 개선할 수도 있다. 이른바 환경 세금은 낭비를 막고 소비자의 에너지 사용 패턴에 영향을 미칠 것이다. 전기 저항이 거의 없는 초전도체는 저장과 송전 과정에서 발생하는 전력 손실을 크게 줄일 수 있다. 초전도체는 사실상 마찰이 없는 육상 수송 수단의 전력원이 됨으로써 운송 혁명의 동력이 될 수 있다.[6] 현재 초전도 현상은 매우 낮은 온도에서만 발생하지만, 수십 년 안에 상온 초전도체가 발견되리라는 희망이 있다.

신에너지 기술이 앞으로 더욱 발전하여 일정한 완성도를 갖춘다면 제임스 와트가 증기기관을 발명했을 때처럼 풍부하고 지속가능한 에너지 생산 시대를 여는 기초가 될 것이다. 그것은 훨씬 더 큰 에너지 흐름을 통제하는 첫 단계가 될 것이다. 1960년대에 소련의 천문학자 니콜라이 카르다쇼프 Nikolai Kardashev는 우주적 규모로 에너지를 제어하는 새로운 사고방식을 선보인 바 있다. 그는 외계지적생명체 탐사계획 Search for Extraterrestrial Intelligence, SETI에 매료되어 은하계를 가로질러 신호를 전송하는 기술을 연구하기 시작했다.[7] 그 과정에서 그는 에너지 사용량을 기준으로 외계 문명의 순위를 평가하는 틀을 제안했다. 제1종 문명 Type 1 civilization은 그들이 거주하는 행성에 도달하는 항성 에너지, 즉 약 10^{17}와트를 대부분 활용한다. 그것은 현대인이 소비하는 에너지 총량과 거의 같고, 대부분 태양에서 온다. 이 때문에 1970년대 칼 세이건 Carl Sagan은 세계 에너지 체제가 카르다쇼프의 체계를 기준으로 0.7종 문명에 해당한다고 설명했다.[8] 한두 세기 안에 신에너지 기술이 출현한다면 이 등급이 1종 문명으로 올라설 수도 있다.

카르다쇼프 체계의 제2종 문명은 그들이 속한 항성계의 항성이 방출하는 에너지를 대부분 사용한다. 즉 제1종 문명의 100억 배에 해당하는 약 10^{27}와트의 에너지를 통제하는 셈이다. 태양광 패널을 모아 한 항성이 방출하는 에너지를 거의 모두 채집하려면 그 크기가 거의 태양계에 버금가게 될 것이다. 이런 가상의 태양광 패널 집합체를 '다이슨 구체'Dyson sphere라고 한다. 1937년에 소설가 올라프 스테이플던Olaf Stapledon이 처음 제안하고 1960년에 우주론자 프리먼 다이슨Freeman Dyson이 더욱 엄밀하게 연구한 이 개념이 흥미로운 점은 만약 다이슨 구체가 이미 존재한다면 거기에서 방출되는 적외선을 통해 탐지될 수도 있다는 것이다.[9] 만약 그런 일이 실제로 일어난다면 우리는 하나의 항성계 크기로 존재하는 완전히 새로운 복잡계를 발견하게 될 것이다.

카르다쇼프 체계의 제3종 문명은 은하계 규모의 복잡계를 말한다. 그것은 2종 문명의 100억 배에 해당하는 에너지, 즉 10^{37}와트를 제어한다. 다시 말해 이 문명은 은하계 전체의 에너지를 모두 채집하여 활용한다. 호그 천체Hoag's Object라는 이상한 고리 모양의 은하가 존재하는데, 이것이 바로 은하계 규모의 다이슨 구체가 아닌가 하고 추측하는 사람도 있다. 은하계 중심부와 외계인이 거주하는 외부 고리 사이에 있는 항성계들을 마치 가지치기하듯이 제거하면 그런 모양이 되는데, 그러면 외부 고리에 거주하는 문명이 중심부에서 방출되는 에너지를 거의 모두 사용할 수 있다는 것이다. 미국의 미래학자 미치오 카쿠Michio Kaku는 〈스타트랙〉에 묘사된 행성 연맹은 제2종 문명이라고 볼 수 있고, 〈스타워즈〉에 등장하는 제국은 은하계 전체를 식민지로 만들었으므로 제3종 문명에 가깝다고 설명한다.[10]

카르다쇼프가 제안한 가상의 순위는 우리 후손이 달성할 기술적 수준과 그들이 창조해낼 복잡계에 관해 많은 생각을 떠올리게 한다. 그러나 현재로서는 다음 1,000년 안에 우리 후손이 다른 항성계로 이주할 가능성은 그리 커 보이지 않는다. 서기 3000년에 우리 후손이 이룩할 기술 수준이 어느 정도일지는 모르지만, 아마도 제1종 문명을 넘어서지는 못할 것이다.

나노기술 혁명

나노기술, 즉 분자 크기의 기계를 제조하는 분야의 발전은 큰 희망을 안겨준다. 나노기술의 세계에는 대장균 박테리아만큼이나 작은 기계도 많다. 물리학자 리처드 파인먼은 1959년에 '바닥에는 충분한 공간이 있다'라는 제목의 강좌에서 이 기술을 예상한 바 있었다.[11] 그 이후로 나노기술이 꽃을 피웠다. 오늘날 컴퓨터 칩은 어디에나 있을 정도로 흔하지만, 이제 우리는 원자를 하나씩 움직일 수도 있다. 미래학자 존 스마트John Smart는 양자 컴퓨터의 출현부터 탄소 나노 튜브, 발전된 배터리 기술, 초전도 기술의 발달, 융합기술의 개선 그리고 유전자 조작에 이르는 오늘날의 중요한 기술 발전이 대부분 나노 크기에서 일어난다고 밝힌다.[12] 생물학자들은 이미 체내에 문제가 있는 곳을 찾아가서 고친 후 세포 내 단백질처럼 스스로 분해되는 나노봇의 가능성을 생각하고 있다. 결국 각종 기계는 눈에 보이지도 않게 작아지고 가격이 내려가서 우리는 그 비용을 거의 의식하지도 못하게 될 것이다.

나노기술을 추진하는 사람들은 수 세기 내에 거의 제로에 가까운 비용으로 막강한 위력을 발휘하는 기계를 생태계에 미치는 영향이 없는 방법으로 제작하는 일이 일상화될 것으로 내다본다.[13] 그때가 되면 제조업 현장은 더 이상 공장이 아니라 오늘날의 컴퓨터처럼 어디에나 있는 탁상형 3D 나노프린터가 될 것이다. 나노기계는 우리 주변 어디에나 있을 것이고, 그중 상당수는 인체 내에 존재할 것이다. 나노 제조업은 외계 식민지에서 특히 중요한 역할을 하게 된다.

마법의 기술, 인공지능

인공지능Artificial Intelligence, AI과 로봇은 훨씬 더 큰 혁신을 불러올 수 있다.[14] 21세기 초반 현재 우리 주변에서 흔히 볼 수 있는 기계와 자동차, 무기 그리고 전화기 등은 이미 우리보다 더 똑똑하다. 그것들은 우리보다 더 정확하게 계산하고 더 많은 정보를 분석할 수 있다. 2020년 현재 세계 인구의 약 절반이 소유한 스마트폰의 메모리 용량은 1969년에 닐 암스트롱이 타고 갔던 달 착륙선(고작 64킬로바이트였다.)의 그것보다 훨씬 더 크다. 인공지능의 발전이 예상보다 늦어졌던 이유는 아주 똑똑한 기계조차 인간이 당연하게 여기는 일을 할 수 없는 분야가 발견되었기 때문이었다.

기계는 그 자체의 논리를 곧이곧대로 받아들이려 하므로 상식이 통하지 않고 패턴을 인식하는 데도 서투르다. 이런 문제는 기계 스스로 학습하도록 하는 이른바 '딥러닝'deep learning 기술이 발전하면서 향후 수십 년 안에 극복될 수 있을 것이다. 컴퓨터는 이미 체스와 바둑 분야에서 인간 세계 챔피언을 이기는 법을 스스로 깨쳤다. 이런 기계는 마치 생명체처럼 완벽을 추구하지 않으며, 단지 계산만 하는 것이 아니라 때로는 자기 자신과 경기를 펼치고 과거에 성공했던 전략을 기억하는 등 경험을 통해 학습한다. 이것은 그야말로 정교한 미래 사고다. 때로는 이 기계의 학습을 담당하는 인간도 기계가 어떤 전략을 구사하는지 모르는 경우가 허다하다.

인공지능 연구에서 매우 중요한 질문은 기계의 지능이 인간을 넘어서는 날이 온다면 과연 우리가 그들을 통제할 수 있느냐 하는 것이다. 똑똑한 로봇이 반란을 일으켜 우리 후손을 노예로 삼거나 말살하는 것은 무서운 시나리오다. 아울러 그것은 토비 오드가 예측했듯이(〈표 8-1〉 참조), 실존적 재앙에 이르는 경로가 될 수도 있다. 영국의 소설가 새뮤얼 버틀러Samuel Butler는 이미 1863년에 이렇게 말했다. "우리는 우리의 후계자를 창조하고 있다. 기계가 인간을 보는 태도가 마치 인간이 말과 개를 보는 것과 같아질 날이 올 것이다."[15]

특히 로봇 혁명의 시작부터 완성에 이르는 시간이 불과 나노초 수준일 수도 있다고 생각하면 무섭기조차 하다. 철학자 닉 보스트롬Nick Bostrom은 《슈퍼 인텔리전스》에서 오로지 종이 클립을 만드는 데만 전념하는 컴퓨터 네트워크를 상상한다. 마침내 그들은 지구와 눈에 보이는 세상 전체를 종이 클립으로 바꾸기 시작한다.[16] 과연 그들의 목표가 살아 있는 모든 생명체의 목표(생존과 번식)보다 더 좋거나 나쁘다고 할 수 있을까? 오늘날 로봇공학과 인공지능을 연구하는 주요 동기가 군사적 용도라는 점도 걱정거리다. 군사용 로봇은 살상용으로 고안된 것이다. 우리는 로봇 전투병과 미사일, 드론 등이 오랫동안 매우 엄격한 목줄에 묶여 있기를 바랄 뿐이다.

로봇의 반란과 같은 폭력적 시나리오는 인간이 만든 기술이 인간을 망칠 수도, 구원할 수도 있다는 점을 상기시킨다. 그러나 만약 우리가 똑똑한 기계를 통제할 수만 있다면, 그것은 지구를 관리하고 더 나은 미래를 앞당기는 데 중요한 역할을 할 것이 틀림없다. 우리는 이미 컴퓨터나 로봇 등과 강력한 동맹을 맺고 있다. 어디에나 존재하는 그 동맹은 앞으로 '사물 인터넷'이라고 불리게 된다. 자율주행 자동차와 의족을 비롯한 똑똑한 기계들은 마침내 주인의 생각을 읽게 될지도 모른다. 사람의 생각에 반응하는 두뇌 이식 장치가 이미 상용화되었다. 1998년에 사상 최초로 마비 환자가 두뇌에 이식된 장치를 통해 생각만으로 컴퓨터를 작동했고, 이것은 휠체어와 로봇형 외골격을 조작하는 데도 사용될 수 있다.[17] 내장된 미소 태양광 패널을 통해 날씨 변화에 따라 질감이나 두께가 달라지는 스마트 의류에 전력을 공급할 수도 있을까? 수 세기 내에 눈에 보이지 않을 정도로 작고, 똑똑하며, 유용한 기계가 아주 흔하게 사용될 날이 올 수도 있다. 그런 기계가 작동하는 모습은 고대 사회의 상상력을 자극했던 마법만큼 신비롭게 보일 수도 있다.

새로운 인간, 트랜스휴먼

의학, 생물학, 유전공학 분야의 신기술은 사물뿐 아니라 사람도 변화시킬 것이다. 만약 우리가 서기 3000년의 세상에 갈 수 있다면 거기서 만나게 될 사람은 그곳의 기술이나 도시만큼이나 낯설 것이다. 20세기 후반에 우리는 우리의 유전체가 작동하는 방식을 배웠고, 이제는 크리스퍼-캐스9 CRISPR-Cas9 같은 기술을 통해 생명체의 DNA를 하나하나 조작하는 방법을 알게 되었다. 프리먼 다이슨은 이런 기술이 새로운 생명체는 물론 비생물학적 물질을 생산하는 데까지 이용되리라고 예측했다.[18] 만약 인공육의 제조 방법이 발견된다면 현재 음식으로 취급되는 동물의 삶, 나아가 인간과 생물의 관계가 더 관대하고 동정적인 방향으로 바뀔 수도 있다. 만약 우리가 집과 가로등, 자동차 등을 마치 생물처럼 기를 수 있다면 마을과 도시의 경관이 달라질 것이다. 오늘날 블록과 콘크리트로 뒤덮인 도시 경관은 곰팡이가 거대한 집합체를 이룬 프랙털 패턴처럼 바뀔 것이다.[19]

새로운 생명공학 기술은 콩도르세가 꿈꾸던 인간의 신체가 강화되고 수명이 연장되는 세상을 앞당길 것이다. 우리는 이미 다른 생물종의 유전자를 변형하고 있고, 그동안 인간 유전자 변형이 제한된 이유도 단지 윤리적인 유보 사항이었을 뿐이다. 배아는 이미 유전자 편집이 적용되고 있다. 향상된 뇌 기능과 알려진 유전적 결함이 제거된 최초의 유전자 조작 아기가 인공 자궁을 통해 태어나기까지는 얼마나 걸릴까? 서기 3000년이 되면 그것이 오늘날 안경이나 보청기를 착용하는 것처럼 흔한 일이 될지도 모른다. 과연 그런 기술이 악용되지 않는다고 단언할 수 있을까? 엘리트 계층을 위해 복무하는 하류 계층 전체가 복제 인간으로 채워지는 올더스 헉슬리Aldous Huxley의 《멋진 신세계》처럼 말이다.

트랜스휴머니즘은 현대에 태동한 사상적 전통으로, 인체 강화를 환영할 뿐 아니라 미래에 지배적인 추세가 된다고 보는 태도다. 트랜스휴머니즘의 옹호자들은 인간의 신체적·지적 능력이 향상되고, 인간이 모든 신체적·심리적 불편에서 해방되며, 수명이 무한정 연장되고, 심지어 인간과 기계가 구분할 수 없을 정도로 결합되는 인공두뇌·생물공학·유전공학 방식의 변화를 기대한다. 이 분야의 전문가인 너태샤 비타모어Natasha Vita-More(그녀의 필명에는 트랜스휴머니즘 작가들의 전형적인 장난기가 섞여 있다.)는 트랜스휴머니즘의 목표를 다음과 같이 밝힌다.

> 트랜스휴머니즘의 핵심에는 수명 연장과 노화 역전 그리고 죽음은 강제가 아니라 선택이어야 한다는 믿음이 자리한다. 트랜스휴머니즘은 인공지능을 통해 인간의 의사결정 수준을 높이고, 나노기술을 활용해 환경 문제를 해결하며, 분자 제조 방식으로 빈곤을 퇴치하고, 유전공학을 이용해 질병을 완화할 것을 제안한다.[20]

1962년에 폴란드의 작가이자 철학자인 스타니스와프 렘Stanislaw Lem은 인간의 두뇌와 정밀하게 연결된 매우 강력한 가상 현실 장치가 개발되어 현실과 가상 세계를 구별할 수 없게 되는 미래를 상상했다. 그로부터 30년 후에 그는 그 기술의 많은 부분이 이미 존재한다는 결론을 내렸다.[21] 우리 존재는 결국 컴퓨터나 강화된 아바타 신체에 정신을 다운로드함으로써 우리의 신체와 완전히 결별하게 될까? 마치 오늘날 우리가 거처를 옮기듯이 나중에는 이 몸에서 저 몸으로 옮겨 다닐 수 있을까? 혹은 의식을 다른 사람과 직접 공유할 수 있을까? 마치 오늘날의 USB 드라이브에 해당하는 어떤 것으로 학생들의 뇌에 지식을 주입해 교사의 존재가 필요 없어지는 교육 체제를 상상할 수도 있을까?[22] 범죄자에게 두뇌 변형을 선고하는 사법제도는 어떤가?

물론 이런 상상에 불편한 마음이 들 수도 있겠지만, 그런 일은 불가능하다고 단정하기도 어려운 것이 사실이다. 지난 한두 세기의 급속한 의학 발전이 계속된다면, 서기 3000년이 되면 수백 년간 건강한 삶을 이어가는, 현대인의 눈에 슈퍼맨으로 보이는 사람이 나타날지도 모른다. 그것은 인류가 다양한 종으로 서서히 분화하는 출발점이 될 것이다. 수 세기 안에 인간, 사이보그, 트랜스휴먼 등 각기 다른 측면에서 강화된 존재들이 출현할 수 있다. 현재를 살고 있는 우리가 그런 사람들을 만나는 장면을 상상해보면 확실히 마음이 불편해질 것이다.

여기서 다루는 기술은 대부분 이미 그 초기 단계가 시작되었고, 우리는 이미 그런 기술과 함께 살고 있다. 그러나 서기 3000년에는 지금은 상상도 할 수 없는 많은 기술이 새로 등장할 것이다. 지금 우리가 사용하는 스마트폰을 부활한 키케로가 봤다면 어떤 반응을 보였을지 상상해보라.

지구가 아닌 다른 행성으로 이주하기

생물학적 다변화는 다른 행성과 천체로 이주가 시작되면서 더욱 가속화될 것이다. 지구에서도 인구의 강력한 이동 추세는 고대로부터의 오랜 전통이었음을 생각해보면 향후 수 세기 안에 다수의 인구가 다른 생물종과 함께 우주로 이주할 것은 거의 확실하다고 볼 수 있다. 그렇게 도착한 그곳에서도 사람들은 일종의 '싹 틔우기'를 통해 다시 한번 의식을 갖춘 행성을 만들어낼 것이다.

태평양사학자 벤 피니Ben Finney는 이렇게 말했다.

> 우리는 탐험과 이동을 즐기는 동물로 진화했다. 우리 조상은 기술을 개발하여 열대 지역에서 시작해 생물학적으로 적응하기 어려운 다양한 환경으로 이주하고 생존한 덕분에 전 세계로 뻗어나갈 수 있었다.

우주로 이주하고, 그곳에서 필요한 운송·생명 유지 장치 및 기타 시스템을 개발하여 인류의 생명을 확대하고 유지하는 것은 지구 생활에서 갑자기 벗어나는 것이 아니라 오히려 그것을 지속하는 방법이다.[23]

벤 피니는 폴리네시아인이 태평양 지역으로 이주한 과정이 인류가 태양계로 이주할 미래에 유용한 시사점을 제공한다고 말했다. 폴리네시아인의 이주는 넓게 분포한 군도가 태평양 지역으로 진출하는 디딤돌 역할을 했기에 가능한 일이었다. 태양계의 많은 행성과 위성, 소행성 등도 미래에 똑같은 역할을 할 것이다.[24] 그리고 미래에 태양계를 통과해가는 우주 진출은 폴리네시아인의 이주와 마찬가지로 새로운 항해 기술, 선박, 길고 위험한 항해를 감수하고 낯선 환경에 적응하려는 의지와 동기를 지닌 집단의 존재에 달려 있을 것이다.

그러나 현대 인류는 폴리네시아인과 달리 로봇 정찰기를 앞세웠다. 우주로 진출한 최초의 인공 물체가 발사된 후(1957년 스푸트니크호), 우리는 태양계의 다른 곳으로 수백 개의 위성을 파견했고, 1977년에 발사된 두 대의 보이저 위성은 태양계 외곽을 이제 막 벗어났다. 한 세기 안에 수천 명의 인간이 달과 화성 그리고 심지어 소행성의 광산 식민지에 거주할지도 모른다. 그에 따른 중노동과 건설 및 유지보수 작업의 많은 부분은 로봇과 3D 프린터가 담당할 것이다. 폴리네시아인이 닭과 돼지, 쥐, 토란, 참마, 바나나를 가져갔듯이 그들도 다른 생물 종을 데려갈 것이다. 그러나 중력과 대기가 다른 외계 행성으로 생물을 데려가려면 먼저 유전적인 변형이 이루어져야 할지도 모른다. 달과 화성에 영구 정착지를 건설하는 일은 엄청나게 어렵고 비용도 많이 들

것이다. 결국 실패하는 식민지도 많을 것이다. 그러나 결코 불가능한 일은 아닐 것이다. 물론 지구상의 그 어떤 환경보다 더 혹독한 조건일 것이다. 그러나 새로운 땅에 온 최초의 폴리네시아인 이주자들과 달리, 이미 이전의 로봇 탐사로부터 많은 지식을 축적한 우리는 온갖 신기술로 무장한 채 도착할 것이다.

향후 수 세기 동안 태양계의 여러 위성과 행성, 소행성은 물론, 소행성이나 작은 행성만 한 특수 목적 우주선에도 식민지가 세워질 것이다. 아직 지구에 거주하는 인류를 위한 제조업도 그 근거지를 대거 우주로 옮길 수 있을 것이다. 아마존의 CEO 제프 베이조스Jeff Bezos는 2021년 7월에 첫 우주 비행을 마친 후 이렇게 말했다. "지금부터 하는 말이 환상에 불과하다고 생각할 수도 있겠지만, 분명히 언젠가 일어날 일입니다. 모든 중공업과 오염 산업을 외계로 옮겨 우주에서 운영할 수 있습니다."[25] 지구상 최초의 인간 이주자들처럼, 태양계의 다른 곳으로 이주한 사람들도 그곳의 낯선 환경을 생존에 유리하게 바꾸고자 할 것이다. 이른바 '테라포밍'Terraforming은 우선 안전한 보호 시설과 지하 사육장부터 시작해서 천천히 진행될 것이다. 그러나 결국 식민지 주민들은 지형을 바꾸고 해양을 건설하며 숨 쉴 수 있는 대기를 조성하고자 할 것이다. SF 작가 킴 스탠리 로빈슨Kim Stanley Robinson 의《화성》Mars 3부작은 화성의 테라포밍을 통해 두세 세기 안에 거대한 인구가 화성의 공기를 들이마시며 사는 미래를 상상한다.

외계로 이주한 사람들은 새로운 정착지도 바꾸지만, 한편으로는 스스로 문화적·생물학적으로 다른 존재가 되어갈 것이다. 외계에서 영구 거주하는 사람은 지구와 인류를 생각하는 방식도 바뀔 것이고, 그들의 정치 체제와 문화 규범, 기술도 새로운 진화의 길을 걷게 될 것이다. 그들은 다른 대기, 압력, 음식, 새로운 생체 주기 그리고 오래도록 이어지는 혹독한 우주 환경에 적응하면서 생물학적으로 변화할 것이다. 그들은 이미 지구에서도 익숙했던 트랜스휴머니즘 기술을 통해 자기 자신을 바꿀 것이다.[26]

행성 간 이주가 개척 단계를 지나면 인류 역사에 중대한 전기를 맞게 될 것이다. 20세기에 시작된 짧고 위험했던 시대는 종말을 고한다. 그것은 인류가 하나의 행성에 살면서도 그 터전을 파괴할 힘을 가지고 있었던, 인류의 혈통에서 가장 취약한 병목 시기였다. 생물학적 번식이 개체가 죽더라도 생물종이 생존할 수 있게 해주었듯이, 외계 이주는 수십만 년, 어쩌면 수백만 년에 걸친 인류 혈통의 생존 가능성을 높여줄 것이다.

다음 천년 후반쯤에는 인류가 수십 년 또는 수 세기에 걸친 로봇 탐사 끝에 다른 항성계로 떠날지도 모른다. 그들은 태양계 바깥의 오르트 구름Oort cloud에 있는 혜성들을 발판으로 삼을 수도 있다. 오르트 구름은 태양계에 느슨하게 속한 천체 무리로, 그중 일부는 태양계와 가장 가까운 항성인 알파 켄타우리와의 거리의 절반까지 도달한다.[27] 먼 옛날 지구 최초의 유기체가 갓 형성된 바다를 지배했던 것처럼, 외계로 이주한 우리 후손들도 결국 은하계의 상당 부분을 식민지로 삼을지도 모른다. 성간 이동이 가능하려면 우주선을 조종하고, 지속가능한 환경을 유지하며, 인간이(또는 포스트휴먼이!) 수 세기나 동면 상태를 지속하는 등 아직 상상할 수 없는 여러 기술이 필요할 것이다. 또 하나의 관건은 다시 돌아올 희망이 거의 없는 길고 위험한 항해를 기꺼이 감수할 집단이 과연 존재하느냐 하는 것이다. 알파 켄타우리 항성계에 도달하기 위해서는 광속의 1퍼센트 속도로 400년 넘게 운항할 수 있는 우주선이 필요하다. 그러나 만약 그들이 그곳에 도착한 후에도 비슷한 속도로 퍼져 나간다면 은하계 전체에 정착하기까지는 약 1억 년이 걸릴 것이다. 그것은 공룡이 지구를 지배한 이후 지금까지보다 조금 더 긴 시간이다.[28]

지구에서 다른 행성으로 이주하는 사람은 다른 생명체도 만나게 될까? 20세기 후반에 우리는 그럴 가능성이 상당히 크다는 것을 알게 되었다. 우주에는 다양한 행성이 수없이 존재하고, 생명체의 구성 요소인 아미노산 분자가 광대한 성간 구름을 형성하고 있으며, 육상 생물의 생존 조건마저 너무나 다양하다는 사실이 밝혀졌기 때문이다.[29] 수십 년 내로 지구와 가까운 행성의 대기를 연구하여 외계 생명체의 존재 여부를 알아낼 수 있을 것이다. 그러나 우리가 집단 학습이 가능할 정도의 복잡한 지능을 갖춘 생명체와 만날 가능성은 지극히 희박하다. 생각해보면 다세포 생명체가 지구에서 번성하는 데도 30억 년 이상이 걸렸고, 외계 메시지를 찾기 위해 60년이 넘도록 하늘을 샅샅이 훑어봤으나 지금까지 그 어떤 것도 감지되지 않았다.

인간처럼 집단 학습을 할 수 있는 지적생명체의 존재가 확인된다고 하더라도 생물학적·신경학적·기술적 차이 못지않게 방대한 거리가 양측 사이의 큰 장벽이 될 것이다. 설혹 만날 수 있다고 하더라도 우리의 기술 수준과 정확히 유사한 종을 만날 가능성은 거의 없다. 외계인을 만난다면 그들의 기술 수준은 우리보다 훨씬 더 앞서 있을 가능성이 크다. 우리가 오히려 원시인 수준일 것이고, 그런 수준 차이는 우리에게 결코 유리하지 않을 것이다. 중국의 SF 작가 류츠신劉慈欣의 놀라운 3부작 작품《삼체》가 바로 이 주제를 다루고 있다. 그 소설에서 지구는 알파 켄타우리 항성계에서 온 침입자의 위협을 받는다. 물론 우리가 '과학적인 흥미로 야생동물을 국립공원에 고이 모셔두듯이' 천만다행으로 인간을 아끼는 자애로운 마음씨의 문명과 조우할 수도 있을 것이다.[30]

네 가지
미래 시나리오

이런 실마리를 엮어보면 다음 세기에 대해 그랬던 것처럼 향후 1,000년간의 시나리오를 상상할 수 있다. 1,000년은 지구와 그 식민지의 각기 다른 지역과 시간대에서 일어날 일을 몇 차례나 다른 시나리오로 상상해볼 수 있을 만큼 긴 시간이다. 그러나 1,000년 전 혹은 키케로가 살았던 2,000년 전을 생각해보면 이 시간대가 어느 정도인지 대충 감을 잡을 수 있다. 그래서 앞 장에서 그랬듯이 '붕괴', '축소', '지속가능', '성장' 등의 키워드로 시나리오를 분류하는 방법은 여전히 도움이 된다.

극단적인 붕괴 시나리오는 인류 역사의 종말을 의미한다. 그 시나리오는 향후 몇 세기에 걸친 '병목 기간'에도 여전히 상당한 타당성을 유지할 것이다. 칼 세이건이 인류가 자기 자신을 말살할 힘을 지닌 기술적 사춘기라고 표현했던 바로 그 시기다.[31] 사실 향후 수 세기에는 실존적 위험이 더욱 커질 것이다. 만약 인류가 멸종한다면 그것은 그

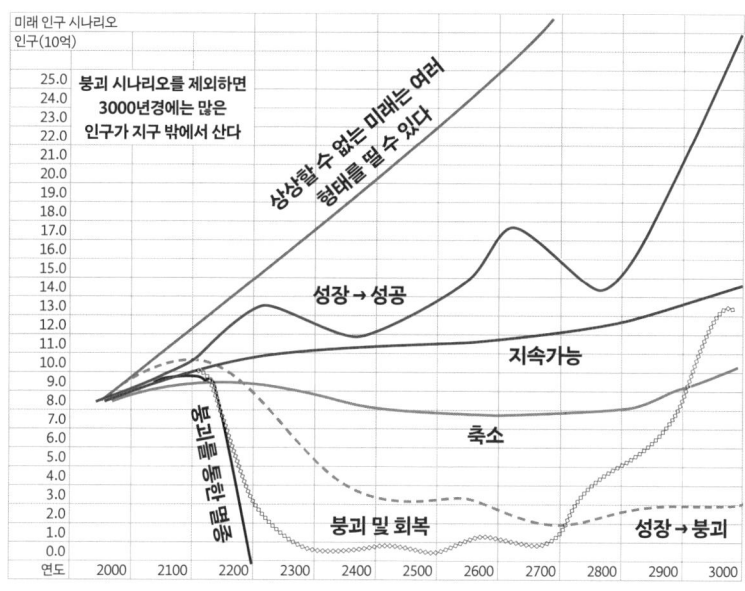

<그림 8-2> 네 가지 미래 시나리오의 향후 1,000년간의 인구 추이

누구도 아닌 우리 잘못일 가능성이 매우 크다. 인류가 몰락하는 원인은 무능, 근시안, 협력 부재 또는 기술 만능이나 우리의 통제 범위를 넘어서는 새로운 힘의 출현 등이 될 수도 있다.

비교적 심각하지 않은 '붕괴' 시나리오에는 부분적 또는 국소적 붕괴가 발생한 후 수 세기에 걸쳐 서서히 회복되는 과정이 포함된다. 심각한 붕괴(예, 로마의 '붕괴' 시나리오)가 일어난 후 회복되기까지는 향후 1,000년이 고스란히 소요될 수도 있다. 생산성이 곤두박질치고, 인구는 수억 명 수준으로 줄어들며, 사람들은 최저 생계 수준을 벗어나지 못할 것이다. 물론 봉건 시대의 영주들처럼 소수의 특권 계층이 그때도 존재할 수 있겠지만 말이다. 월터 밀러Walter M. Miller의 1959년 SF 소설 《리보위츠를 위한 찬송》은 이른바 '화염의 홍수'와 같았던 핵전쟁이 발발한 후 수 세기 동안 신기술이 다시 등장하는 과정을 그린다. 결국(스포일러 주의!) 핵무기를 비롯한 현대의 여러 기술이 부활하고, 핵무기가 다시 발사되어 또 한 번의 화염 홍수를 일으킨다.

혹시 우리가 사는 이 시대가 기술 발전 역사의 정점일 가능성이 있을까? 멸망을 초래하는 기술이 존재하는 한 결국 그것은 사용되고 마는 것일까? 콩도르세였다면 이런 생각에 우울해졌을 것이고, 맬서스는 어쩌면 남몰래 고소하다고 생각했을지도 모른다. 이런 시나리오는 우리가 아직 외계 지적생명체를 만나지 못한 이유를 설명해줄 수도 있다. 즉 인류가 정말로 우주에서 유일한 존재일 가능성이다. 그러나 집단 학습이 가능한 지적생명체가 있다면 어쨌든 실존적 위기가 닥치는 병목 시대를 피할 수 없으므로 결국 살아남지 못했다고 볼 수도 있다. 그렇다면 결국 인간과 유사한 종은 밤하늘에 반짝이는 은하수처럼 우주에 나타났다 사라지는 깜빡이 같은 운명일까?

밀러의 단언이 너무 비관적인 것이기를 바랄 수밖에 없다. 비록 학습 속도는 좀 느리지만, 인류가 수 세기에 걸친 견습생 노릇을 마치고 마침내 자신과 기술을 어느 정도 관리할 줄 알게 되는 시나리오도 있다. 아마도 우리 후손은 붕괴와 전쟁 그리고 회복의 시대를 거친 후에야 비로소 지구를 관리하는 데 필요한 정치적 기술과 협력의 기풍 그리고 신기술을 습득할 수 있을 것이다. 그런 붕괴 시나리오에서 서기 3000년은 우리 후손이 지구 관리자 자격을 막 갖춘 시점일 것이다.

좀 더 낙관적이면서도 타당성을 갖춘 또 하나의 시나리오도 있다. 이 시나리오에서는 인간이 지구 관리법을 빨리 배우고 시간이 지날수록 점점 더 일을 잘한다. 꽤 성공적인 지구 관리 체제도 출현한다. 인공두뇌와 생물학, 유전공학 등이 발전하여 인류의 건강이 증진되고 수명이 연장되며 아마도 새로운 형태의 인간도 출현한다. 기술 혁신이 지속되고 인간의 창의력을 통해 새로운 삶의 방식과 존재 양식이 등장한다. 그 과정에서 외계에 거주하는 사람이 나오고 결국 병목 시대가 끝나게 된다.

'축소' 시나리오에서는 사회 분위기가 금욕적으로 변하고, 부유했던 21세기 초에 비해 소비 지향성이 줄어든다. 서기 3000년에도 물질적 생활 수준은 지금보다 그리 높지 않을 수 있다. 그러나 축소 시나리오는 큰 위기가 발생한 후 세계의 일부 지역에서만 가끔 실현될 가능성이 있다. 혹은 조건이 더 가혹한 외계 식민지에서 주로 발생한다.

'성장' 시나리오는 현대의 특징인 경쟁적 자본주의 방식과 함께 지속될 것이다. 이미 살펴봤듯이, 그런 시나리오의 가장 큰 위험은 소비와 자원 사용의 무분별한 증가에서 오는 생태적 위험을 간과한다는 것이다. 그러나 성장 시나리오가 실현된다면 눈부시게 새로운 기술이 창조되어 현재의 많은 환경 문제가 해결되고, 사회는 전례 없는 물질적 부를 누리게 될 것이다. 그럼에도 이런 성장을 뒷받침하는 자본주의적 동력은 불평등을 더욱 악화시키고 여러 국가와 지역에서 내외부적 갈등과 불안정성을 초래할 것이다. 지속가능성보다 성장에 더 비중을 두는 사회에서는 생물다양성이 계속해서 감소할 것이다. 어슐러 르 귄의 《빼앗긴 자들》에 나오는 쌍둥이 행성 중 하나인 우라스 행성에 성장 시나리오의 어두운 모습이 잘 나타나 있다.

'지속가능' 시나리오는 21세기 초에 사람들이 상상했던 지구적 유토피아와 가까운 사회가 될 것이다. 우리 후손들은 지구와 생물권을 관리하는 장기적 과제에 신속하게 대처한다. 수 세기 동안 지구의 기온은 지금보다 더 오르고, 생물다양성 수준은 회복된다고 하더라도 아주 오랜 시간이 필요할 것이다. 가장 낙관적인 시나리오에서도 인간은 지구 자원의 상당 부분을 계속 소비하기 때문이다. 그러나 다른 생물종의 멸종 속도는 안정된다. 온실가스 수준은 면밀하게 감시되고, 외계 식민지에 거주하는 사람이 나오면서 생태학적 규칙과 자원의 한계에 대한 인식이 고취될 것이다.

지속가능 시나리오에서 1,000년 후 지구 인구는 지금과 비슷하거나 오히려 더 적을 수도 있다. 물론 외계 식민지에 거주하는 인구가 많아지므로 총계는 증가할 것이다. 사람들은 지금보다 더 건강하게 오래 산다. 사람들은 생물공학이나 유전공학을 통한 강화와 복제를 경험할 것이다. 오늘날과 같은 소비주의는 진작에 사라졌으므로 부의 불평등은 최소화되고, 지구와 외계 식민지를 포함하여 거의 모든 사람이 비록 사치스럽지는 않지만 지금보다 더 높은 물질적 생활 수준을 누릴 것이다. 더욱 발전된 형태의 3D 프린팅 기술이 보편화되어 사람들이 새로운 장기와 기계, 주택, 운송 수단 등을 오늘날 우리가 문서를 인쇄하는 것처럼 간편하게 만들어 사용할 것이다.

기계는 더 똑똑해지고 아주 작아질 것이다. 나노기계는 쓰레기를 치우고, 인체에서 암세포를 찾아내며, 비타민 등의 약품을 처방하고, 해양과 대기를 돌아다니며 온실가스를 줄이고, 우주를 순회하며 우주선과 외계 식민지를 관리할 것이다. 나노기계는 저마다 독립적인 전력 체계를 갖추게 된다. 마을, 도시 그리고 외계 식민지의 시설과 건축물은 유기 물질에서 자란 것이므로 옥외 경관은 오늘날 우리 눈에 보이는 직선 대신 곡선과 부드러운 질감이 차지할 것이다.

가장 매력적인 지속가능 시나리오에는 효과적이면서도 비권위적인 지구 지배구조가 있겠지만, 권력의 상당 부분은 지역 차원으로 위임될 것이다. 소비 성장은 느리지만, 지식과 과학, 창의력 면에서는 놀라운 성장이 이루어진다. 예술은 오늘날 우리가 상상할 수 없는 형태와 매체를 통해 번창한다. 사회는 정체되지 않고 다양한 혁신으로 새로운 삶의 방식과 사고방식 그리고 새로운 형태의 인간관계가 출현할 것이다. 외계 식민지의 수요는 우주 수송과 통신에 필요한 신기술 개발을 촉진하고, 그곳의 금욕적 생활 양식이 지구상의 생활과 패션, 윤리에 영향을 미칠 것이다.

실현될 미래는 이 모든 시나리오의 요소가 결합된 형태일 것이다. 극단, 즉 완전히 붕괴하거나 유토피아가 실현될 가능성은 가장 낮다. 여러 시나리오의 요소들이 다양한 지역과 시기에 나타날 가능성이 크다. 좋은 일이든 나쁜 일이든 예상치 못한 돌발 상황이나 희한한 재난, 갑작스러운 기술적 돌파구, 기이한 붕괴 등의 영향으로 지금으로서는 상상할 수 없는 미래가 펼쳐질 것이다.

새로운 인류의 출현

만약 우리가 향후 수 세기의 병목 구간을 견뎌 낸다면, 우리 후손들은 앞으로 수십만 년(인류가 지금까지 존재한 기간) 혹은 어쩌면 수백만 년 동안 존재할 수도 있을 것이다. 이런 시간대의 미래를 추측하는 것은 SF 애호가들이 말하는 '스페이스 오페라'space opera의 영역에 가까워지는 일이다. 킴 스탠리 로빈슨은 이를 "은하계의 광대함에 할 말을 잃고 물리법칙조차 느슨해지는" 범위라고 표현한다.32 아이작 아시모프Isaac Asimov가 집필한 연작 소설 《파운데이션》은 은하계에 산재한 수천 개의 공동체로 이루어진 5만 년 후의 가상 영역을 무대로 삼는다. 항성계 사이의 광활한 거리를 감안하고 우리가 광속을 넘어 이동하는 방법(현재로서는 가능성이 극히 희박하다.)을 찾아내지 못한다고 가정하면, 인류에게 더 이상 집단적인 미래란 존재하지 않을 것이다. 다양한 항성계에서 다양한 시나리오가 펼쳐질 것이고, 지금 우리가 상상할 수 없는 시나리오도 존재할 것이다.

트랜스휴머니즘 기술과 다양한 환경에 대한 적응 방식의 진화로 인해 인간이 여러 변종으로 분화할 것이므로 '인류'를 뚜렷하게 정의하기가 점점 어려워질 것이다. 따라서 약 15만 년 전에 시작된 인류의 짧은 역사는 그렇게 끝날 것이다. 우리 후손은 은하계 여러 곳의 항성을 공전하는 행성과 위성, 인공위성 등 다양한 환경에 정착하면서 생물학적·기술적·문화적으로 분화할 것이다. 카르다쇼프 모델은 가장 앞선 기술 수준을 자랑하는 사회가 우리가 아직 상상할 수 없는 기술로, 아직 짐작할 수 없는 목적을 위해 항성계의 에너지를 거의 모두 활용할 수도 있음을 시사한다.

집단 학습이라는 장기적 추세는 분명히 계속될 것이다. 우리의 후손은 정보 교환을 통해 신기술을 창조하는 것은 물론, 환경을 통제하고 이동하는 방식, 함께 사는 방식, 놀이, 예술, 영성 등 모든 분야를 새롭게 창조할 것이다. 교류 네트워크의 범위는 항성계를 뛰어넘어 확대될 것이다. 그렇게 되면 분명히 사람들의 생각과 생활 방식, 기술이 어느 정도 공유될 것이고, 인류 문명의 다양성도 놀라운 방식으로 계승될 것이다. 우리의 후손은 결국 다른 은하계로 이주할지도 모른다. 그 과정에서 집단 학습이 가능한 다른 종과 마주치고 거래하며 싸우고, 심지어 그들과 합쳐질 수도 있다. 그들의 눈에 단일한 종이 하나의 행성에 사는 인류 역사의 현시대는 아득히 먼 옛날 아주 잠깐 지나간 순간처럼 보일 것이다.

이런 추세는 인류 이후의 아득히 먼 미래의 극단적인 모습을 추측해볼 출발점이 된다. 미치오 카쿠는 카르다쇼프의 미래 문명에 관한 유형론을 바탕으로 오늘날 우리가 기본적 물리법칙이라고 생각하는 것조차 초월할 정도로 강력한 제3종 문명의 존재를 상상한다. 그는 아득히 먼 미래에 어쩌면 우리 후손은 우리 우주가 불편하거나 너무 춥거나 아니면 그저 지루해지면 시공간을 재편성하는 '웜홀'wormhole을 만들어 다른 우주로 갈 수도 있다고 상상한다. 프리먼 다이슨은 1979년에 발표한 탁월한 논문 〈끝없는 시간〉Time without End에서 생명체가 지구에서처럼 생존과 진화를 계속한다면 "생명체가 취할 수 있는 물리적 형태에 제한을 두는 것은 불가능하다."고 말했다.[33]

생명체와 의식은 육체를 초월하여 기계로 들어가거나 그보다 더 낮선 형태가 될 수도 있다. 영국 천문학자 프레드 호일Fred Hoyle의 1957년 작 소설《검은 구름》The Black Cloud의 외계인 주인공을 참조하여 다이슨이 상상했던 한 가지 가능성은 전하 입자로 구성된 구름에서 창조된 생명체가 머나먼 우주에 산다는 것이었다. 그토록 낯선 변화는 자유 에너지와 액체 상태의 물이 거의 존재하지 않는 차갑고 오래된 우주에서도 생명체가 수십억 년 동안 생존할 수 있다는 의미일 수도 있다. 그런 우주에 사는 생명체라면 모든 활동이 아주 느릴 것이고, 어쩌면 동면 상태로 긴 시간을 보낼 것이다.

물론 이것은 모두 추측에 해당하는 내용으로, 기껏해야 아주 터무니없는 것은 아니라는 정도가 우리가 말할 수 있는 최선일지도 모른다. 그러나 그런 추측이 아주 조금이라도 타당하다면 집단 학습 능력이 있는 생명체의 출현은 그것이 우리 우주의 언제 어디서 발생하든 매우 중요한 일임을 상기시켜준다.

내 배터리 수명이 다했고, 날이 어두워진다.

— 제이컵 마골리스Jacob Margolis, 2019년 2월.
  화성 탐사선 오퍼튜니티호가 2018년 6월 10일에 송신한 메시지를 시적으로 표현한 내용.[1]

제10장

우주의 미래

**대서사시의
결말**

여기서는 인류의 혈통이라는 범위를 넘어 지구, 태양, 은하, 우주 전체가 맞이할 미래를 조망한다. 그리고 그 끝은 138억 년 전 빅뱅으로 시작된 대서사시의 결말을 추측하는 것이다. 지금부터는 B계열 시간의 거대하고 드넓은 4차원 지도와 블록우주를 전지적 관점으로 진지하게 들여다볼 것이다. 언제나 그렇듯이 이런 시도는 잠정적이고 추측에 불과하지만, 가끔은 몇 세기나 수천 년 뒤보다 더 먼 미래가 더 선명하게 보이기도 한다는 것을 알고 오싹할 때가 있다. 그리고 그 먼 미래는 놀랍고 중요한 뭔가를 우리에게 말해주는 것 같다. 우리가 사는 지금은 겨우 시간의 시작에 불과하다는 것이다. 우리 우주는 아직 젊고, 그 이야기는 이제 막 펼쳐졌을 뿐이다.

그렇게 먼 미래는 우리와 직접적인 관련이 없고, 우리가 거기에 어떤 영향을 미칠 수도 없다. 그러나 흥미로운 사실은 가장 먼 미래를 상상하는 것이 앞 장에서 중간 미래를 상상한 것보다 더 쉬워 보인다는 점이다. 그것은 먼 미래의 시간 지도를 결정하는 변수는 규칙적이고 기계적인 과정이며, 따라서 인간처럼 목적을 지닌 존재의 예측 불가한 행동을 고려하지 않아도 되기 때문이다. 행성은 질서정연하게 운행하고, 은하계도 마찬가지다. 따라서 목적을 지닌 존재의 예측할 수 없는 행동이라는 극소수의 변수를 제외하면, 우주 전체도 그럴 것이라고 가정할 수 있다. 이 장에서 우리의 미래 사고는 주로 거시적인 추세를 대상으로 삼는다. 그것은 기계적이고 규칙적이며, 우리가 어느 정도 자신 있게 투영할 수 있을 만큼 지속적이다. 우주론자들은 심지어 우주 전체의 진화 과정에는 시간의 끝까지 투영해도 타당성이 있을 정도의 추세가 있다고 말한다.

물론, 우리 확신이 어긋날 수도 있다. 모든 예측은 당장 내일 그 오류가 발견될 수도 있고, 오늘 그럴듯해 보이는 것도 20년 뒤에는 그저 웃음거리로 전락할 수 있다.

행성과
은하계의 운명

지구, 태양, 태양계의 미래

목적을 지닌 존재의 역할이 어쩌면 매우 먼 시간대에까지 영향을 미칠 수도 있다. 수백만 년 동안 지구의 생물종과 그 기후 및 해양 체계의 구성은 주로 인간의 활동에 따라 결정될 것이다. 21세기 초에 이미 인간의 활동으로 지구의 총생물량이 50퍼센트나 감소했는데, 그중 상당 부분은 산림 황폐화 때문이었다. 인간이 지구에서 번성하는 한 생물다양성이 완전히 회복될 것 같지는 않다.[2] 만약 우리의 후손이 다른 행성과 항성계로 이주한다면 그 영향은 은하계 단위로 미칠 것이다. 그리고 앞 장의 더욱 장대한 시나리오에서 살펴봤듯이 우리의 먼 후손들은 은하계 전체를 조종하고, 심지어 현재 우리가 알고 있는 물리법칙을 왜곡할 힘까지 획득할지도 모른다. 그러나 먼 미래에 관한 거의 모든 시나리오에서 우리 후손의 역할은 거의 눈에 띄지도 않을 정도다.

수억 년의 규모에서는 지질학적·천문학적 과정이 지구의 미래를 결정짓는 주요 요소가 될 것이다.[3] 이제 지각판 구조의 추세가 잘 밝혀진 덕분에 우리는 지금부터 1~2억 년 후 지구의 지리 구조를 꽤 자신 있게 예측할 수 있다.[4] 판 구조는 이미 알려진 방향으로 매년 몇 센티미터씩 움직이므로 지질학자들은 대륙과 해양이 어떻게 재배열될지 대략 예측할 수 있다. 대서양은 넓어지고 태평양과 지중해는 줄어들고 있으므로 아메리카 대륙은 동아시아 및 동남아시아, 호주와 만날 가능성이 크며, 북아프리카와 유럽은 서로 결합하고 지중해는 사라질 것이다. 이런 추세로 인해 약 2억 년 후에는 오늘날 세계 전역에 흩어진 대륙 조각들이 한데 모여 누군가 이미 명명한 '아마시아'Amasia라는 초대륙을 형성할 것이다. 이 대륙은 엄청나게 확대된 대서양에 둘러싸일 것이다. 과거 존재했던 마지막 초대륙인 판게아가 약 2억 년 전에 흩어지기 시작했고, 따라서 이런 재결합은 수십억 년 동안 지속되어온 순환 추세의 한 부분일지도 모른다.[5]

20억~30억 년 후에는 지구 중심이 발산하는 열이 줄어들어 지각판의 이동이 느려지고 정체된다. 지각판 구조의 작동이 멈추면 지구의 지형도 행성 전체에 걸쳐 있는 지각판에 달라붙어 움직이지 않게 된다. 산악 형성이 멈추고, 대륙의 표면은 침식 작용으로 부드러워지며, 바람은 광활한 평원을 거침없이 질주하며 울부짖는다.

지구와 태양계의 장기적인 운명은 우리의 고향 별인 태양의 진화에 따라 좌우된다. 태양이 태양계의 전체 질량에서 99.8퍼센트의 비중을 차지한다는 점을 생각하면 우리 행성과 위성을 다 합해도 그저 먼지투성이에 지나지 않는다는 것을 알 수 있다. 전통적인 종교들이 우리가 상상한 작은 우주에서나마 태양을 봉건 영주와 같은 존재로 인식한 것은 확실히 옳은 생각이었다. 항성 간 거리는 엄청나게 멀기 때문에 다른 항성이 우리의 미래에 미치는 영향은 거의 없을 것이다. 만약 태양의 크기를 자몽에 비유한다면(그러면 지구는 자몽에서 16미터 떨어져서 공전하는 꽃씨에 비유할 수 있다), 가장 가까운 항성계인 알파 켄타우리는 약 4,300킬로미터, 즉 뉴욕에서 샌프란시스코까지의 거리보다 약간 더 멀리 있을 것이다.[6] 이 정도 거리는 은하계의 밀집된 중심핵과 밀도가 희박한 최외곽 사이 중간쯤에 있는 우리 태양계 같은 항성계에서 아주 일반적인 모습이다.

태양과 태양계는 우리은하의 모든 항성과 함께 은하계 중심부를 향해 공전 운동한다. 태양계는 약 45억 년 전에 탄생한 이후 지금까지 은하 궤도를 20회 정도 공전했다. 그 공전 궤도는 마치 박람회장의 회전목마처럼 은하계 중심면을 기준으로 위아래로 오르내리는 모양이다. 이웃 항성이 우리 항성계와 어느 정도 가까워질 때도 있지만, 일정 한계 이내로 접근하는 일은 절대로 없다. 우리 태양계는 우주 전체에서 오는 빛을 가로막는 성간 먼지구름을 10억 년에 한두 번씩 몇백만 년에 걸쳐 통과해왔다. 만약 우리의 먼 후손이 그런 시간대에 걸쳐 살아남는다면 그들은 태양이 우주에 존재하는 유일한 항성이라고 생각하고 싶을 것이다. 현재 우리는 은하계 중심면 가까이에 있으므로 은하계의 중심을 바라보면 성간 먼지구름에 시선이 가려진다. 그러나 1,500만 년 후에는 이 평면을 벗어나 위로 올라갈 것이고, 그때까지 지구에 살아남은 천문학자가 있다면 우리은하 중심의 멋진 돌출부를 구경할 수 있을 것이다.[7]

항성들 사이의 전형적인 거리를 생각하면 우리 태양계가 상상할 수 없을 정도로 광대한 항성과 행성의 바다에 외로이 떠 있는 군도로 보인다. 최근에 우리는 다른 항성계에서 온 낯선 두 여행자를 만났다. 2017년에 발견되어 '오우무아무아'Oumuamua('멀리서 온 첫 전령'이라는 뜻의 하와이어)라고 명명된 쿠키 모양의 이 신기한 천체는 아마도 다른 항성계의 명왕성에 해당하는 행성에서 떨어져 나온 조각일 것이다.[8] 또 다른 성간 여행자인 21/보리소프21/Borisov는 2019년에 크림반도의 한 아마추어 천문학자가 발견했다. 둘 다 속도가 너무 빨라 태양계의 중력을 벗어날 것이고, 바로 이 점 때문에 천문학자들은 그들이 다른 항성계에서 온 것이 틀림없다고 생각한다.

천문학자들은 진화 단계가 서로 다른 항성을 수백만 개나 연구해왔으므로 항성 진화의 큰 추세를 파악하고 있으며, 따라서 우리 태양의 미래도 어느 정도 자신 있게 예측할 수 있다.[9] 우리 태양은 여느 항성과 다름없이 수소, 헬륨, 먼지 및 얼음이 수축하여 이루어진 구름에서 태어났다. 구름의 중심부는 압력의 증가로 점화되어 양성자 하나가 헬륨 핵에 융합될 정도로 뜨거워졌고, 아직 융합되지 않은 양성자가 계속 공급되는 한 앞으로도 계속 타오를 것이다. 항성 간 차이는 주로 자신이 태어난 가스와 먼지구름 크기에서 비롯된다. 구름이 클수록 중력에 의해 압력이 커지고 온도도 더 높아진다. 즉 큰 항성일수록 비축된 양성자를 더 빨리 태우고, 또 그만큼 빨리 죽는다는 뜻이다. 반대로, 적색왜성이라는 작은 항성은 양성자를 천천히 태우지만, 그에 비례해 수명이 수조 년에 이른다.

우리 태양의 크기는 중간 정도다. 지금까지 45억 년을 살아왔고 앞으로도 그 정도 살 것이다. 우리의 먼 후손이 카르다쇼프의 제2종이나 제3종 기술을 개발하여 수명을 몇십억 년 더 연장하지 않는 한 말이다.[10] 그런 일이 일어나지 않는다면 우리 태양의 장기적인 운명은 융합되지 않은 양성자가 고갈되는 시점에 달려 있을 것이다. 우리 태양과 같은 항성은 시간이 지날수록 양성자가 헬륨에 융합되어 중심부에 핵이 형성되면서 점점 더 커지고 더 뜨거워진다. 현재 우리 태양은 태어났을 때보다 약 10퍼센트 더 커졌고 방출하는 에너지는 약 40퍼센트 증가했다.[11] 지구 생명체가 이런 온난화 추세에도 살아남을 수 있었던 것은 태양의 에너지 방출이 증가함에 따라 지구 대기의 온실가스 수준이 떨어지고 산소를 비롯한 비온실가스의 수준이 상승했기 때문이다.

그런 변화로 인해 물이 액체 상태로 바다를 이루었기 때문에 지표면 기온이 생명체가 번성하기에 적당한 범위를 유지할 수 있었다. 우리는 단지 운이 좋았던 것일까, 아니면 제임스 러브록의 말대로 생명체가 지구에서 생존하는 데 필요한 조건을 스스로 유지했던 것일까?[12] 그의 말이 옳든 그르든 지구가 지금처럼 앞으로도 계속해서 생명 친화적이리라는 보장은 어디에도 없다. 실제로 최근 연구에 따르면 약 10억 년 후에는 태양이 방출하는 열이 증가하면서 대기 중 이산화탄소가 분해될 가능성이 있다고 한다. 즉 이산화탄소를 광합성에 사용하는 식물이 질식할 것이고, 식물이 내뿜는 산소가 없다면 동물도 질식할 것이므로 생명체에 재앙이 찾아온다는 뜻이다.[13]

30억 년 또는 40억 년 후에는 훨씬 더 뜨거워진 태양이 지구 생명체의 고향인 바다를 증발시킬 것이다. 태양 방사선이 지구상의 물 분자를 수소와 산소 원자로 쪼갤 것이다. 가벼운 수소 원자는 우주 공간으로 날아가지만, 산소 원자는 철과 결합하여 가라앉으므로 지구는 버려진 난파선처럼 녹슬 것이다. 지표면 온도가 섭씨 1,000도에 도달하면 바위는 살바도르 달리 그림의 시계처럼 녹아내릴 것이다. 가장 강인한 생명체조차 속절없이 사라져서 지구는 거친 불모의 땅인 금성처럼 보일 것이다.[14]

40억 년이 지나기 전에 태양은 늙기 시작할 것이다. 지금까지 태양은 안정적이고 건강한 항성군의 일원이었고, 따라서 인간을 포함한 생명체가 안정적인 항성의 추세에 의존할 수 있어 지구상의 생명체를 위해 좋은 환경이 유지되었다. 그러나 태양은 양성자 비축량이 줄어들면 결국 이상한 거동을 보이기 시작한다. 핵융합이 느려지다가 어느 순간 핵이 붕괴한다. 갑작스러운 붕괴는 핵을 다시 가열하고, 치솟은 온도로 인해 핵의 바깥 영역에서 핵융합이 점화되므로 이것은 아직 끝이 아니다. 그 영역은 태양의 가장자리가 현재 지구의 공전 궤도에 도달할 때까지 확장된다. 태양은 부풀어 올라 외피를 쏟아낼 것이다. 그때쯤에는 이미 태양의 질량과 중력이 감소하여 지구를 비롯한 태양계의 다른 행성은 뒤로 더 물러나 있을 것이다. 그러나 지구는 점점 더 예측 불능으로 날뛰는 태양이 내던지는 잔해에 두들겨 맞을 것이다. 태양계 외곽의 가스로 가득 찬 거대 행성들은 비록 더 안전한 거리에 있음에도 점점 더 악화되는 태양의 횡포에 시달릴 것이다. 그들 역시 표류할 것이고, 일부는 2017년에 지구를 찾아온 오우무아무아처럼 집 없는 행성 유목민이 되어 먼 우주를 떠돌아다닐 것이다.

태양은 적색거성으로 변한 채, 수억 년 동안 오리온자리에 있는 베텔게우스처럼 보일 것이다. 그리고 이제는 헬륨의 핵을 녹여 탄소와 산소 및 기타 원소의 핵을 형성하며 에너지를 생성할 것이다. 그러나 큰 핵을 만드는 데는 양성자 하나를 녹일 때보다 훨씬 높은 온도가 필요하므로 이 단계가 지속되는 기간은 수백만 년에 그칠 수도 있다. 결국 태양은 광란의 경련을 일으키며 팽창했다가 수축하며 광기 어린 죽음의 고통을 맛볼 것이다.

결국 핵융합은 삐걱거리며 실패할 것이고, 약 50억 년 후면 우리의 늙고 쪼그라든 태양은 죽게 될 것이다. 그 시체는 좀비 항성인 백색왜성이 되어 수십억 년 동안 빛날 것이다. 그 후에 빛이 멈추면 흑색왜성으로 바뀐 다음, 항성으로 살았던 기간보다 몇 배나 더 오랜 세월을 우주 공간을 떠돌아다닐 것이다. 만일 행성 지구가 그때까지 부서지거나 불타지 않았다면 그 얼어붙은 시체는 한때 자신을 밝혔던 죽은 별 주위를 계속 돌게 될지도 모른다. 또는 운 나쁘게 태양계 밖으로 튕겨나간다면 오우무아무아와 같은 수십억의 다른 방랑자와 함께 항성계 사이를 사실상 영원히 떠돌지도 모른다.

이것은 암울한 결말로 보일 것이다. 그러나 더 나쁜 상황이 올 수도 있었다. 우리 태양보다 더 큰 항성은 젊은 나이에 죽고, 그 과정에서 태양계 전체를 몇 시간 내에 증발시킬 만한 엄청난 초신성 폭발을 일으킨다. 그런 항성계에서는 생명체가 살아남을 시간도 없다. 우리 태양계처럼 평균 크기의 항성계는 수명이 훨씬 긴 데다 죽은 후에도 살아남은 행성이 자신의 주위를 유령처럼 춤추며 돌아다닌다는 점에서 과거의 어떤 유산이 수십억 년 동안 보존된다고 볼 수도 있다. 그러나 그 죽은 항성계에는 먼 과거 한때 생명체가 번성했다. 그것은 항성계라고 다 누리는 특권이 아니다.

은하계의 미래

항성과 태양계, 사람, 박테리아가 진화하듯이, 은하계도 진화한다.

항성은 수소와 소량의 다른 원소로 이루어진 은하계 크기의 인큐베이터에서 태어난다. 항성은 죽으면서 초신성으로 폭발하거나 외층을 벗어던져 원재료의 일부를 우주에 되돌려준다. 그러나 죽은 항성의 내부에서 냉각되기 시작한 불씨는 더 이상 새로운 항성의 재료로 쓸 수 없다. 즉 은하계는 나이를 먹을수록 새로운 항성을 만드는 물질이 점점 줄어든다는 뜻이다. 우리은하가 항성을 생산하는 속도는 이미 몇십억 년 전에 정점을 지났는지도 모른다. 우리은하는 늙어가고 있고, 항성의 시체, 즉 적색왜성의 비중이 커지고 있다. 수십억 년 후에는 항성 먼지의 비축량이 고갈될 것이고, 게다가 항성 생산은 태양처럼 늙은 항성이 외층을 벗어던질 때 나오는 소량의 새로운 물질에 의존하는 신세가 될 것이다. 빅뱅 후 몇억 년 후부터 시작된 활력 넘치는 항성 탄생의 시대는 막을 내릴 것이고, 우주 전역의 은하계는 작고 느리게 연소하는 적색왜성으로 가득 찰 것이다. 적색왜성은 우리 시대의 눈부신 은하계보다 훨씬 오래 지속될 것이다.[15]

시간이 지남에 따라 중력은 이웃 은하들을 천천히 끌어들여 결국 거대한 충돌을 일으킨다. 우리은하와 안드로메다은하는 우리가 속한 30~60개의 국부은하군 local group 중 가장 크다.[16] 그들의 중력은 더 작은 이웃 은하를 끌어당긴 다음 그들이 가진 재산을 빼앗을 것이다. 우리은하는 이미 2개의 마젤란성운 은하를 끌어당기고 있으며 수억 년에 걸쳐 천천히 그들과 합쳐질 것이다. 은하계가 충돌하는 동안 항성들은 서로 비껴가겠지만, 그들의 궤도는 중력장이 뒤틀림에 따라 휘어질 것이다. 먼지구름이 형성되고 밀도가 상승하면 다시 거대한 폭발이 일어나 새로운 항성이 탄생한다.

안드로메다와 우리은하는 매초 수백 킬로미터씩 서로를 향해 접근한다. 30억~40억 년 후, 태양의 종말이 가까워질 때쯤 그들은 만날 것이고 서로 공전하거나 선회하면서 수백만 년에 걸쳐 천천히 합쳐질 것이다. 합병 과정은 느리지만 매우 무질서할 것이다. 각 은하의 중심에 있는 블랙홀은 결합하여 새로운 은하 괴물을 형성할 것이다. 항성은 새로운 방향으로 선회하여 먼 우주로 던져지거나 합병된 은하의 새로운 중심부에 있는 괴물의 턱을 향해 돌진할 수도 있다. 결국 우리가 속한 국부은하군의 모든 은하는 하나의 거대한 초은하supergalaxy를 형성하게 된다. 우주가 가속 팽창함에 따라 시간이 갈수록 은하계 사이의 거리가 멀어지므로 더 이상 은하 합병은 일어나지 않을 것이다. 점점 더 외로워지는 우주에서 이제 모든 초은하가 외딴섬처럼 보일 것이다.

우주와 시간의 끝

모든 것의 끝은 어떤 것일까?

확실히 모든 인류 사회는 만물의 종말에 호기심을 품어왔다. 크게 보면 둘 중 하나다. 우주는 영원히 끝나지 않거나, 유한하고 끝이 있다. 인도 아대륙 여러 지역의 종교적·철학적 체계에 따르면 우주에는 시작도 끝도 없다.[17] 뉴턴의 시대부터 20세기 중반까지 현대 과학의 우주론도 그랬다. 그러나 유대교, 기독교, 이슬람교 등 주로 아브라함 계통의 종교 전통에 따르면 우주란 시작과 끝이 있는 신의 피조물이다. 1960년대 이후에 우주론자들이 받아들인 빅뱅 패러다임에서도 우주에는 시작이 있고 그 뒤에 오랜 진화의 역사가 이어진 후 궁극적으로는 끝이 존재한다. 빅뱅이라는 명칭은 원래 천문학자 프레드 호일이 이런 패러다임을 터무니없다고 여겨 경멸하는 의미로 만든 별명이었다. 그는 시작도 끝도 없는 우주, 즉 '안정 상태 우주' 개념을 계속 옹호했다. 그러나 오늘날 우주론자들은 우주의 시작을 약 138억 년 전으로 추정하고 있으며, 언제, 어떻게 끝나는지에 대해서도 여러 추측이 있었다.[18]

시간에 종말이 있다고 생각하는 사람이라면 누구나 신학자들이 말하는 '종말론', 즉 천천히 진행되는 웅장한 마무리가 떠오를 것이다. "종말론은 만물의 최종적인 끝에 관한 연구이자, 창조 서사의 궁극적인 완성이다."[19] 일부 전통에 따르면 시간의 끝은 임박했을 수도 있고, 심지어 우리 중에 그것을 목격하는 사람도 있을 것이라고 한다. 그런 전통에서는 마지막 날이 되면 존재의 의미가 드러날 것이다.[20]

과학적 종말론은 우리에게 존재와 우주에 대해 무엇을 알려줄 수 있을까? '구원'에 해당하는 과학적 개념은 존재하는가? 존재한다. 단, 그것은 서사의 마지막 페이지를 잠깐 보고 우리의 위치를 파악할 수 있다는 시적인 의미에 한정된다. 과학적 우주론은 시간이 끝나더라도 우주의 목적이 밝혀질 것이라고 기대하지 않는다. 그러나 시간의 끝을 생각하면 지금 우리가 그 초기 단계를 잘 아는 이야기의 전반적인 모습을 짐작할 수는 있다. 그리고 그것은 나름대로 의미가 있고 미학적으로도 충분히 만족스러울 것이다.

현대 과학의 시선으로 본
종말론

현대 과학이 바라보는 종말론의 범위를 파악하기 위해 약 90억 년에 이르는 태양의 생애를 기본 단위로 삼는 방법이 있다.²¹ 그렇게 생각하면 우주의 현재 나이는 겨우 1.4태양 생애solar lifetime에 불과한 셈이 된다. 우주론자들은 우주의 나이가 수십억 또는 수조 태양 생애에 이를 동안 지속될 것이라고 예상한다. 그것은 분명히 의미가 있다. 우리가 시간의 시작에 가까운 젊은 우주에 살고 있다는 뜻이기 때문이다. 지금까지 우리는 우주 이야기의 처음 몇 줄만 봤을 뿐이다. 나머지 이야기는 어떻게 전개될 것인가? 우주에는 우리가 약간의 힌트라도 얻을 수 있는 규칙적이고 간단한 추세가 있는가? 놀랍게도 분명히 존재한다. 더구나 현대 우주론이 상상하는 그 장대한 시간대에도 불구하고, 그런 추세는 한 세기 후 인간의 운명을 묻는 것보다 시간의 종말을 생각하는 편이 더 쉬울 수도 있음을 보여준다.

중요한 우주적 추세는 모두 우리 우주가 팽창하고 있다는 개념과 관련되어 있다. 그 개념은 1920년대에 처음 제안되었다. 천문학자 에드윈 허블Edwin Hubble은 지구상의 관찰자 시점에서 멀리 떨어진 은하일수록 가까운 은하보다 더 빨리 멀어진다는 사실을 발견했고, 우주론자 조르주 르메트르George Lemaître는 그것이 우주가 팽창하는 증거라고 지적했다. 우주가 팽창한다는 생각은 수십 년 동안 과학적 우주론의 변방에 머물러 있었다. 그러나 먼 과거의 우주가 실제로 지금과 달랐다는 증거가 서서히 축적되었고, 그러므로 우주에는 일종의 역사가 존재하는 것이 틀림없으며, 그렇다면 우주의 시작이 있었을 것이라고 짐작할 수 있게 되었다.

1940년대 후반, 러시아계 미국인 물리학자 조지 가모브George Gamow는 만약 빅뱅이 실제로 있었다면 우주가 팽창하고 냉각하기 때문에 전하를 띤 양성자와 전자가 결합하여 전기적 중성을 띤 원자를 형성할 정도로 냉각되는 일종의 전환점이 분명히 있었을 것이라고 주장했다. 한순간 갑자기 우주의 거의 모든 물질이 전기적 중성을 띠었을 것이고, 엄청난 섬광과 함께 빛 에너지가 방출되었을 것이다. 그 후 그의 아이디어를 진지하게 생각한 사람은 거의 없었다. 그러다가 1964년이 되어 두 명의 전파 천문학자 아노 펜지어스Arno Penzias와 로버트 윌슨Robert Wilson이 가모브가 예언한 섬광 에너지를 우연히 발견했고, 오늘날 그것은 '우주배경복사'cosmic background radiation라고 알려지게 되었다. 그 발견을 계기로 우주 팽창은 1960년대에 천문학계에 정설로 받아들여졌다.

빅뱅 우주론은 천문학에 혁명을 일으켰다. 그것은 지구나 이웃집 개처럼 우주에도 변화의 역사가 있음을 의미했고, 나아가 우주 역사의 커다란 추세를 탐색하는 계기가 되었다. 팽창은 영원히 계속될 것인가, 아니면 결국 느려지거나 심지어 축소로 돌아설 수도 있을 것인가? 그 질문에 답하기 위해서는 두 가지 측정이 필요했다. 즉 우주가 팽창하는 속도를 측정해야 했고, 우주에 존재하는 물질의 총량을 추정해야 했다. 두 번째 추정치가 필요한 이유는 우주의 총질량을 알아야 팽창에 작용하는 중력의 크기를 알 수 있기 때문이다. 우주의 총질량은 과연 팽창을 억제할 정도로 큰가?[22] 팽창하는 추세가 느려질 수도 있을까? 그렇지 않으면 우주는 영원히 팽창할 것이다. 냉각 속도는 점점 더 느려질 것이고, 우주의 물질과 에너지는 점점 더 넓은 공간으로 흩어지면서 무질서도가 증가할 것이다. 자유 에너지의 흐름으로 복잡계를 형성했던 엔트로피는 결국 그 복잡계를 붕괴시킬 것이고, 그래서 우주는 점점 더 단순하게 변할 것이다. 그것이 바로 19세기 물리학자들이 우주의 '열죽음'heat death이라고 일컬은 시나리오다. 결국 모든 에너지는 무질서하고 형태가 없는 열로 변할 것이고, 우주의 창조 능력은 고갈될 것이다. 우주에 남는 것이라고는 기껏해야 이리저리 흩어진 물체와 에너지가 무질서하고 무의미하게 영원히 흔들리는 모습일 것이다.

반면에 우주의 총질량이 팽창을 억제할 수 있을 정도로 충분하다면 우주는 언젠가 수축으로 돌아설지도 모른다. 그렇게 되면 우주의 모든 물질과 에너지가 처음 빅뱅의 순간과 비슷한 작은 공간으로 모일 때까지 우주는 점점 더 밀도가 커지고 뜨거워질 것이다. 그렇다면 그 시점에서 새로운 빅뱅이 일어나 새로운 우주가 탄생하고 다시 전체 주기가 시작될까? 우주는 과연 차갑고 광대하며 비어 있는 상태와, 뜨겁고 작으며 물질과 에너지로 가득 찬 상태 사이를 끊임없이 오가는 모습일까? 우주가 붕괴한다는 개념은 또 다른 흥미로운 가능성을 시사한다. 만약 시간의 흐름이 우주가 팽창하는 방향이라면, 붕괴하는 우주에서는 시간이 거꾸로 흐를까? 스티븐 호킹 Stephen Hawking은 자신의 베스트셀러 《시간의 역사》에서 그 개념을 여러모로 궁리했지만, 나중에 결국 포기했다.[23]

이후 수십 년에 걸친 연구로도 이 문제를 해결하지 못한 이유는, 천문학자들이 관찰한 우주가 계속 팽창하는 상태와 결국 붕괴하는 상태의 정확히 경계선상에 있는 것으로 보인다는 사실 때문이었다. 우주에 존재하는 총질량은 팽창을 멈출 정도는 되지만, 다시 축소로 되돌리기에는 부족한 것 같다. 그 말은 곧 우주는 영원히 팽창을 계속하겠지만, 팽창 속도는 점점 줄어든다는 뜻이다. 그런 결론은 한발 더 나아가 도

대체 우주는 어떻게 그토록 정교하고 기이한 우주적 균형점에 놓일 수 있는가 하는 심오한, 거의 신학에 가까운 의문으로 이어진다.

이런 논쟁에 대한 예상치 못한 해결책이 찾아온 것은 1998년 호주의 천문학자 브라이언 슈밋Brian Schmidt과 미국의 솔 펄머터Saul Perlmutter가 이끄는 연구팀이 우주의 팽창 속도를 더욱 정확하게 측정하는 과정을 통해서였다. 그들의 실험 방법은 1a형 초신성을 살펴보는 것이었다. 이 등급에 속하는 초신성은 모두 거의 같은 양의 에너지를 방출하므로 지구에서 관찰된 겉보기 밝기의 차이로 실제 거리를 매우 정확하게 측정할 수 있다. 두 팀은 모두 우주의 팽창 속도가 느려지기는커녕 증가했으며, 그것도 수십억 년 동안 증가해왔다는 놀라운 결론에 도달했다. 이런 현상이 관찰되는 이유는 아직도 밝혀지지 않았다. 물론 우주론자들은 우주가 커지는 과정에서 팽창 속도를 증가시키는 모종의 에너지(아무도 이해하지 못하기 때문에 '암흑에너지'dark energy라고 불린다.)가 분명히 존재한다고 주장하지만 말이다. 이 발견은 오늘날 거의 모든 천문학자가 인정하고 있으며, 우주가 앞으로도 계속해서 점점 더 빠르게 팽창할 것임을 강력히 시사한다.

만약 이 개념이 옳다면 우주는 점점 더 빠른 속도로 커지고, 추워지며, 더 넓은 공간을 만들다가 마침내 우주의 여러 공간이 빛이 도달할 수 없는 거리까지 멀어져서 다시 연락할 방법이 사라지고 말 것이다. 나중에는 우리가 중력으로 함께 묶이게 될 우리 국부은하군 바깥에 있는 것은 아무것도 볼 수 없을 것이다. 그때까지 살아남은 천문학자가 있다면 우주에 수십 개가 아니라 수십억 개의 은하계가 있었다는 고대의 기록을 보고 어리둥절할지도 모른다. 우리 우주보다 1만 배나 나이가 많고 크기도 그보다 엄청나게 더 큰 파편화된 우주에서는 심지어 적색왜성조차 죽음을 맞이할 것이다. 그러면 은하계는 죽은 항성과 블랙홀 그리고 양자물리학에 따르면 무에서 창조될 수도 있는 무질서한 존재로 가득 찬다.

블랙홀이 항성의 잔해를 먹어 치울 것이고, 부풀어 오른 블랙홀과 양자 쓰레기의 부스러기만 몇 조각 남을 때가 올 것이다. 나중에는 심지어 블랙홀마저 증발하여 남은 것이라고는 빈 공간과 암흑에너지, 껍데기만 남은 광자 에너지 조금 그리고 왜 그곳에 있는지 모를 기묘한 떠돌이 입자가 전부일 것이다.[24] 그리고 나서 우리(당연히 우리 중 그 누구도 그곳에 없을 것이므로 비유로 한 말이다.)는 상상할 수 없는 영겁의 세월을 마주하게 될 것이다. 그때부터는 광자와 중성미자 몇 개가 빈 공간만 무한히 늘어나는 우주를 다른 어떤 존재와도 마주치지 않은 채 쓸쓸히 방황한다. 그러면서도 상상을 초월하는 시간 동안 일종의 좀비 상태로 계속 존재할 것이다. 그 어떤 존재도 지속되는 것은 없다. 우리가 이해하는 어떤 의미로도 공간과 시간이 존재할 것이라고 확신할 수 없다. 그러나 양자물리학자들은 무한한 시간 범위에서는 존재할 수 있는 것이라면 무엇이든 무에서 창조될 수 있다고 장담한다. 심지어 우리 뇌의 복제품이나 튤립 꽃병도 나타날 수 있다.[25] 여기까지 가면 너무 이상한 영역으로 들어가게 되므로 이제 추측은 그만하기로 하자!

이 이야기는 과연 얼마나 가능성이 있을까? 이것은 겨우 20년 전의 이야기고, 짐 홀트Jim Holt가 말했듯이, "우주론자들은 10년마다 태도가 바뀌는 일이 허다하다."[26] 현재까지 드러난 증거에 따르면 우리가 우주의 먼 미래에 대해 말할 수 있는 최선이 이 정도인 것 같다. 그러나 이 이야기가 앞으로 발전하리라고 볼 만한 이유는 많다. 하나는 우주에 무엇이 있는지 우리가 모른다는 것이다. 은하계의 움직임은 우리가 아직 감지할 수 없는 방대한 양의 물질이 존재할 것임을 암시한다. 천문학자들이 '암흑물질'dark matter이라고 부르는 이것이 우주의 총질량에서 차지하는 비율은 무려 25퍼센트에 이를지도 모른다. 더욱 혼란스러운 것은 우주의 팽창 속도를 가속시키는 주범으로 지목된 '암흑에너지'dark energy다. 그러한 힘에 관한 아인슈타인의 일반 상대성 이론에는 그런 힘의 존재를 암시하는 대목이 있다. 만약 그런 것이 존재한다면 지금쯤이면 아마도 우주 질량의 약 70퍼센트를 차지할 것이다. 암흑물질과 암흑에너지의 질량을 더하면 95퍼센트가 되는데, 그러면 우리가 우리 우주 질량의 95퍼센트나 되는 어떤 대상을 전혀 모르고 있다는 말이 된다. 우리는 몇 가지 중요한 것을 놓치고 있음이 틀림없다. 향후 수십 년 안에 암흑에너지와 암흑물질에 대한 이해가 증진한다면 우주의 미래에 대한 모든 예측이 바뀔 수도 있다.

'다중 우주'multiverse는 지금까지 했던 이야기를 모두 지우고 다시 쓸 수 있을 정도로 범위가 큰 주제다. 오늘날 우주론자들은 우리 우주가 하나가 아닐 수도 있다는 가능성을 진지하게 받아들이고 있다. 블록 우주보다 더 큰 거대한 다차원 공간에서는 빅뱅이 항상 일어나고 있다고 볼 만한 이론적인 이유가 충분하다(확실한 증거는 아직 없다). 이것을 우주론자들은 다중 우주라고 부른다. 그렇다면 다른 종의 동물처럼 근본적인 속성이 조금씩 다른 우주가 여러 개 존재할 수도 있으며, 이는 다양한 종류의 우주가 차원을 초월하는 우주론적 시간에 걸쳐 진화하고 있을 가능성도 있다는 뜻이다. 어쩌면 그런 우주마다 중력이나 전자기력이 조금씩 다를 수도 있다.[27] 이 시나리오에서는 전혀 다른 우주를 상상할 수 있다. 몇 초밖에 지속되지 않는 우주도 있고, 우리 우주보다 훨씬 더 오래 지속되는 것도 있다. 어떤 우주에서는 대장균이나 토끼 같은 복잡계가 나타날 수도 있고, 또 다른 우주에서는 심지어 별이 없을 수도 있다. 만약 물리학자 리 스몰린Lee Smolin이 말한 대로 블랙홀 내에서 우주가 생성될 수 있다면, 그것은 곧 블랙홀로 붕괴할 만큼 큰 별을 생성할 수 있는 우주만이 그 자신의 우주 인자를 재생산하여 다음 세대 우주에 전달할 수 있다는 뜻이다.[28] 그렇다면 이런 우주는 시간이 지날수록 일종의 우주적 자연선택을 통해 점점 더 흔해져야 할 것 같다. 당연한 말이지만, 우리처럼 복잡한 실체를 생성할 수 있는 우주에만 우리 같은 생명체가 거주할 수 있으므로, 우리가 사는 우주가 복잡한 물체가 나타날 정도로 아주 미세하게 조정되어 있음을 알게 된다는 것은 사실 이상한 일이 아닐 수도 있다.

멋진 생각이지만, 지금은 그것을 뒷받침할 만한 증거가 없다. 우리가 가진 기술로는 오직 하나의 우주만 관찰할 수 있다. 다른 우주에 관한 어떤 이론도 그 근거는 오직 논리와 상상력뿐이다. 우리는 하나의 표본을 가지고 있다. 천문학자들은 가끔 학생들에게 농담조로 이런 질문을 던진다. "우주를 정의하고 그 예를 두 가지 들어라."[29] 미래를 이해하려고 애쓰는 우리에게 그 농담은 고통스럽다. 우리가 아무리 '다중 미래'multifuture를 상상하려고 애써도 그럴 때마다 우리가 만날 수 있는 우주는 오직 하나뿐이다.

| 감사의 글 |

이 책은 우리가 내면을 들여다볼 수 있었던 코로나19 팬데믹 기간에 시드니에서 주로 집필했다. 나는 이 기회에 사랑하는 가족의 내면을 살펴봤다. 차디와 에밀리는 더 멋지고 흥미로운 일을 함께할 시간에 서재에 틀어박혀 꼼짝도 하지 않는 나를 참아주었다. 에밀리의 사랑스러운 딸 소피아는 태어난 날부터(이 글을 쓰기 5개월 전) 우리 삶을 환하게 밝혀주었다. 현대 기술 덕분에 영국과 미국에 있는 우리 가족인 소피아의 사촌, 다니엘과 에비 로즈 그리고 그들의 부모 조슈아와 올리비아와도 꾸준히 연락할 수 있었다. 그리고 영국과 미국에 있는 우리의 형제, 자매인 다이애나, 롭, 러스, 프레드, 조, 기타 여러 곳에 있는 사촌 및 친구와도 마찬가지였다. 이 책을 천천히 구상하는 내내 친절한 사람들 사이에 있다는 느낌으로 마음이 따뜻해졌는가 하면, 미래

에 대한 추상적인 생각은 그들의 미래를 생각하며 현실로 다가왔다.

너무나 많은 빚을 진 학자들이 있다. 학문적 경력의 대부분을 보낸 시드니 매쿼리대학교에 '빅 히스토리'라는 낯설지만 강력한 개념을 오랫동안 지원해준 데 감사를 표하고자 한다. 샌디에이고주립대학교 역사학과도 빅 히스토리 수업을 지원해주었고, 두 학과에 모두 훌륭한 친구들이 있다. 몇 년 동안 함께 해준 빅 히스토리 학생들에게 감사를 표하지 않을 수 없다. 그들과의 대화는 빅 히스토리 서사의 형태와 위력을 이해하는 데 상상할 수 없을 정도로 큰 도움이 되었다. 국제빅히스토리협회 International Big History Association 회원들은 학문적 관심의 폭을 최대한 넓히려는 우리를 위해 다양하고 든든한 커뮤니티를 구축했으며, 빌 게이츠와 동료들은 빅 히스토리 프로젝트를 통해 우리 수업을 아낌없이 지원해주었다.

브록먼 에이전시는 서로 연결된 두 권의 책 중 첫 번째인 《오리진 스토리》(과거 이야기)와 이번에는 《빅 퓨처》(그렇다, 미래다!)의 출간을 관대하고 열정적이며 언제나 효율적으로 지원해주었다. 브라운대학교의 트레이시 베하르와 이안 스트라우스는 두 차례나 아주 꼼꼼하게 편집 작업을 해주었고, 원본을 단정하게 가꾸는 데 엄청난 도움을 주었다. 너무나 감사드린다.

이런 책을 쓰는 것은 기존에 습득했던 그 어떤 전공 분야의 지식도 훨씬 넘어서는 일이다(나는 러시아 역사를 전공했고, 이 책에도 그 흔적이 한두 가지 남아 있다). 그래서 다른 분야에 전문성을 가진 학문적 동료의 논평이 특별히 중요해진다. 나는 그런 분야를 접할 때마다 동료들에게 읽어야 할 책이 무엇인지(그리고 내 질문이 지나치게 광범위해 읽을 여력이 없는 책이 있다면 그것이 무엇인지)에 관해 학문적인 조언을 구했다. 그리고 내가 조언을 부탁한 분마다 귀한 시간과 논평, 전문 지식을 아낌없이 나누어주었다. 많은 아이디어와 참고 문헌을 짧은 대화나 이메일 교환을 통해 얻었다. 그 모든 분에게 따뜻한 감사를 드린다.

여기서부터는 특히 이 부분을 읽어주신 분들께 감사드리고 싶다. 호주의 미래학자 조 보로스Joe Voros는 낯설지만 매혹적인 미래학의 세계로 들어갈 때 나의 가이드이자 멘토였다. 그는 그 분야의 기초를 자세히 알려주었다. 한편으로는 빅 히스토리와 미래학을 연결하는 그의 연구에서 영감을 얻기도 했다. 조는 원고의 마지막 단계에서 매우 유용한 논평을 해주었다. 나는 다른 동료 학자들에게도 초안을 보냈고, 그들 모두 관대한 논평과 함께 회신해주었다(과중한 업무 중에도). 그 덕분에 다행히도 사실 관계나 어조 또는 강조점 등에서 말도 안 되는 실수를 피할 수 있었다. 그중에는 천체물리학자 찰리 라인위버Charlie Lineweaver, 세계사학자 메리 위스너행크스Merry Wiesner-Hanks, 마니 휴스워링턴Marnie Hughes-Warrington, 크레이그 벤저민Craig Benjamin, 에스더 콰이데커스Esther Quaedackers, 생물학자 마이클 길링스Michael Gillings, 철학자이자 정치학자 사사 파브코비치Sasa Pavkovic 그리고 내 박사학위 과정 제자 맥스 바넷Max Barnett이 있다. 찰리 덕분에 엔트로피는 창조적일 뿐만 아니라 파괴적인 힘이라는 사실을 명심할 수 있었다. 메리는 내 글에서 유럽중심주의의 흔적을 발견했다(이런!), 크레이그는 용어와 중국어 번역상의 불일치한 부분을 짚어주었고, 마이클은 목적을 너무 생물의 속성으로만 돌리는 것을 경고했다. 그리고 사사는 제8장의 미래 시나리오가 너무 낙관적으로 흐르는 데 찬물을 끼얹었다. 내가 그들의 제안을 모두 따른 건 아니기 때문에, 최종 원고가 전달된 후에 발견된 실수, 오류, 부적절함, 맹점 등은 오로지 내 책임이라는 점을 강조하고 싶다. 이렇게 말하는 것이 미래처럼 이상한 주제를 논의할 때 특히 중요한 이유는, 가끔 동료들의 친절한 조언에도 불구하고 이상한 것을 탐구하고 싶은 유혹에 넘어간 적이 한두 번이 아니기 때문이다. 동료들이 아무리 정성을 기울인들 내 엉뚱한 고집불통은 어쩔 수 없었다.

| 주요 용어 |

※ 이 용어 설명에는 크게 두 가지 유형의 항목이 있다. (1) 엔트로피와 같은 전문 용어에 대한 간단한 설명, (2) 집단 학습 또는 미래 사고처럼 이 책에서 독특하게 사용되는 용어의 정의.

- A계열 시간A-series time: 시간 철학에서 두 가지 광범위한 접근법 중 하나를 설명하기 위해 엘리스 맥태거트의 시간에 관한 유명한 논문에서 가져온 구절이다. A계열 시간은 미래가 현재로 갔다가 다시 과거로 바뀌는 역동적인 흐름으로서 시간에 대한 우리의 일상적인 경험을 진지하게 받아들인다. 핵심 은유는 시간을 강으로 보는 표현이다. B계열 시간 참조.
- B계열 시간B-series time: 시간의 철학에서 두 가지 광범위한 접근법 중 하나를 설명하기 위해 엘리스 맥태거트의 시간에 관한 유명한 논문에서 가져온 구절이다. B계열 시간은 우리의 일상적인 경험을 초월하며 시간을 있는 그대로 위에서 바라본다. 핵심적인 비유는 시간을 지도로 보는 것이다. A계열 시간 및 블록우주 참조.
- 가까운 미래near future: 약 100년의 규모로 상상된 미래.
- 거대생명체macrobes: 인간처럼 많은 수의 진핵세포로 만들어진 생물체. 다세포 생

물체라고도 한다.
- 결정론determinism : 결정론은 극단적인 형태에서 우주의 역사에 관한 모든 세부 사항이 원칙적으로 우주가 생성된 순간부터 예측 가능했음을 시사한다.
- 귀납법induction : 알려진 것으로부터 알 수 없는 것에 대한 결론을 내리는 논리적 논증. 연역적 논증과 달리 귀납적 논증은 항상 믿음의 도약을 수반한다. 모든 미래 사고는 대부분 귀납법에 기초한다. 연역법 참조.
- 근심의 영역Zone of Anxiety : 일어날 일에 지대한 관심이 있고, 예측이 가능하리라고 짐작되는 가상의 미래 영역. 가능한 미래의 영역 중 예측이 가장 많이 이루어지는 영역이다.
- 기계적 행동mechanical behavior : 수동적이고 목적이 없는 실체에 작용하는 기계적 법칙의 결과로 설명되는 모든 변화 과정으로, 어느 정도 예측이 가능할 정도의 규칙성을 지닌다. 목적성 참조.
- 나스레딘 호자 전략Nasreddin Hoca strategy : 직접적인 증거가 없거나 희박할 때 적당한 증거가 존재할 수 있는 다른 곳을 찾는 역설적인 연구 전략. 튀르키예의 유명한 현자에 관한 이야기에서 유래했다.
- 다세포 생물multicellular organisms : 이 책에서 거대생명체와 동의어로 사용된다.
- 단백질protein : 모든 세포에 존재하는 분자. 단백질은 질서정연한 사슬을 이룬 분자들이 정확한 구조로 배열되어 세포의 기초적인 생화학 작용을 거의 모두 처리할 수 있게 구성되어 있다.
- 단속평형punctuated equilibria : 생물 진화에서 처음 확인된 변화 패턴으로, 모든 복잡한 실체의 진화 과정에도 나타나는 것으로 밝혀졌다. 창발 단계 뒤에 비교적 안정된 단계가 오고, 결국 쇠퇴와 붕괴 단계로 이어진다.
- 도덕적 확실성moral certainty : 미래에 행동의 동인이 될 과정을 비롯한 모든 확률적 과정에 관한 충분한 확실성. 라이프니츠가 사용한 용어다.
- 먼 미래remote futures : 우주의 수명에 버금가는 수십억 년 범위에 달하는 가상의 미래.
- 목적성purposefulness : 이 책에서는 생존이나 번식처럼 목적에 따라 이루어지는 것처럼 보이는 행동을 가리키는 말로 사용되었다. 비록 모든 생명체가 그런 행동을 보이지만, 우리는 그 근원을 제대로 알지 못한다. 인간의 행동을 비롯해 목적성이 있는 모든 행동은 너무 불규칙적이어서 확실한 예측을 할 수 없다.
- 무작위 선택random dipping : 주사위 던지기와 같이 현재의 무작위적인 선택을 바탕으로 가능한 미래를 상상하는 기술.

- 물질matter: 우주 공간을 차지하고 있는 물리적인 존재. 아인슈타인은 물질이 압축된 에너지로 구성되어 있으며, 양성자 융합 등의 과정을 거쳐 다시 에너지로 변환될 수 있음을 증명했다. 에너지 참조.
- 미래future: 과거와 현재를 제외한 모든 시간. A계열 시간의 미래에는 다수의 가능한 미래가 포함된다. 우리는 어떤 의미에서도 현재에 '존재'하는 미래를 알 수 없으므로, 엄밀하게 말하자면 미래란 미래에 벌어질 일에 대한 현재의 기대를 의미한다.
- 미래 관리future management: 미래 사고를 통해 우리가 선호하는 상상의 미래, 즉 유토피아를 향해 나아가려는 희망으로 사건에 개입하는 과정.
- 미래 사고future thinking: 이 책에서 생물이 불확실한 미래에 대비하고 대처하기 위해 동원하는 모든 방법을 가리키는 말로 폭넓게 사용된다. 미래학자들이 사용하는 예지, 예측, 예견, 예후 등과 같은 다양한 용어를 포괄한다.
- 미래 원뿔future cone: 아인슈타인과 민코프스키가 처음 개발한 것으로, 가능한 미래를 그림으로 나타낸 것이다.
- 미래학futures studies: 가능한 미래에 관한 광범위하고 범학제적인 연구 분야. 20세기에 등장했다.
- 미생물microbes: 모든 원핵생물을 포함하는 단세포 생물.
- 복잡한 실체complex entities: 다양한 요소가 정확한 방식으로 구성되어 독특하고 '새로운' 속성을 획득한 후 이를 일정 기간 유지할 수 있는 조직적 실체.
- 블록우주block-universe: 우주 전체의 과거와 미래를 모두 포함하는 상상의 실체로, B계열 시간에 함축되어 있으며 시간에 대한 전지적 관점으로 생각되기도 한다.
- 빅 히스토리big history: 다양한 규모와 다양한 학문적 렌즈를 통해 과거 전체를 조망하는 역사.
- 사회적 시간social time: 다른 인간의 주기에 의해 개인의 활동에 부과되는 주기. 사회적 시간은 인적 교류 네트워크의 크기와 중요성이 증가함에 따라 점점 더 중요해지고 있다.
- 살아 있는 유기체living organisms: 생명체는 세포로 이루어진 복잡한 실체인 살아 있는 유기체로 구성되어 있으며, 주변의 파괴적인 힘에도 불구하고 구조를 유지하고 번식하기 위해 노력하면서 독특한 목적성과 창의성을 구현한다.
- 생체 주기circadian rhythms: 유기체가 외부 세계의 주기를 따르기 위해 내부에서 생성된 주기. 아마도 모든 세포와 유기체에 존재할 것으로 여겨진다.
- 세포cell: 모든 생명체의 기본 구성 요소. 세포가 생존하는 데 필요한 모든 분자와 물

질이 반다공성 막으로 둘러싸여 있다. 진핵생물, 원핵생물 참조.
- 시간의 화살arrow of time: 시간이 오직 한 방향으로만 움직인다는 개념.
- 시계 시간clock time: 시간을 메트로놈처럼 측정 가능한 것으로 인식하는 현대의 보편적이고 지배적인 감각. 인간은 자신의 생활 주기를 시계 시간에 맞춰야 할 때도 있으므로, 이것을 강압적이라고 느낄 수도 있다.
- 심리적 시간psychological time: 우리 몸과 마음의 불규칙한 시간적 주기, 예를 들어 경계심과 피로, 각성과 수면 등이다.
- 에너지energy: 일을 할 수 있는 잠재적인 힘. 자유 에너지, 열역학 제2법칙 참조.
- 엔트로피entropy: 무질서의 척도. 열역학 제2법칙 참조.
- 연역법deduction: 참의 공리에 근거하여 결론에 이르는 논리적 주장. 수학적 추론에서 가장 뚜렷이 나타난다. 귀납법 참조.
- 열역학 제2법칙second law of thermodynamics: 확률적인 특징이 있으므로 엄밀하게는 '법칙'이 아니다. 닫힌 계에서 엔트로피(무질서)는 증가하는 경향이 있다고 하며, 적어도 미래에 언젠가는 구조가 붕괴될 복잡한 실체에 대해서는 시간에 방향이 존재한다는 것을 시사한다. 역설적으로 열역학 제2법칙은 복잡한 실체를 출현하게 했던 에너지 흐름은 물론, 모든 복잡한 실체가 결국 붕괴될 것이라는 사실까지 설명한다. 엔트로피 참조.
- 예측forecast/forecasting: 다가올 미래를 식별하려는 모든 시도. 예견, 투영 등과 동의어.
- 원핵생물prokaryotes: 핵과 소기관이 없는 세포. 대부분의 단세포 생물은 원핵생물이다. 진핵생물 참조.
- 유토피아Utopia: 이 책에서는 유기체가 미래를 탐색할 때 목표로 삼는 세상이라는 의미로 사용한다.
- 인과관계causation: 하나의 사건이 나중의 다른 사건들을 설명할 수도 있다는 생각. 이 개념을 통해 원인을 관찰하면 결과를 예측할 수 있으므로 거의 모든 미래 사고에 필수적이다. 그러나 인과 개념은 철학적으로 어려운 수수께끼를 낳는다. 흄이 주장한 바와 같이 A가 선행한다고 반드시 B가 일어난다고 말할 수 없는 이유는, B를 초래하는 원인은 여러 가지가 있을 수 있기 때문이다. 따라서 최근의 연구(주디아 펄의 연구)는 인과가 사건에 대한 국소적·관점적·확률적 개입의 결과로 이해된다면 인과 개념이 필수 불가결하고 강력한 효과를 여전히 발휘한다는 것을 보여준다.
- 인류 역사의 기초 시대foundational era of human history: 인류 역사의 최초이자 가장 긴 시대, 수십만 년 전 최초의 인류가 진화를 통해 등장한 시기부터 마지막 빙하기가

끝난 대략 1만 년 전까지를 말한다. 이 시대를 묘사하는 또 다른 명칭인 '구석기 시대'는 이 시기가 인류 역사의 이후 시기를 위한 기초가 마련된 때라고 강조하는 의미가 있다.

- 인류 역사의 농경 시대agrarian era of human history: 약 1만 년 전 마지막 빙하기 말부터 수 세기 전 근대 초기까지.
- 인류 역사의 현대modern era of human history: 세계화, 새로운 기술, 화석연료 에너지를 바탕으로 지구 전체를 지배하는 능력을 갖춘 인류 사회가 탄생한 최근 시대.
- 인류세 시대Anthropocene epoch: 인류가 갑자기 지구상에서 일어나는 변화의 주요 동인 중 하나가 된 20세기부터 시작된 시대이다. 이 개념은 2000년 기후과학자 파울 크뤼천이 처음 제안한 후 다양한 분야의 학자들이 채택했다.
- 자연적 시간natural time: 밤과 낮 또는 계절의 변화와 같은 비인간적인 세계의 주기.
- 자유 에너지free energy: 중력처럼 무작위적이지 않고 질서 있게 흐르기 때문에 일을 하거나, 사건을 발생시키거나, 변화를 일으킬 수 있는 에너지.
- 점술divination: 신이나 영적 존재 또는 힘과의 접촉을 통해 미래의 여러 측면을 지각하거나 변화시키려는 시도.
- 정보information: 과거와 현재에 대한 정보는 불확실성을 줄여주고 가능한 미래의 수를 제한하기 때문에 미래 사고에 매우 중요하다. 일반적으로 (좋은) 정보가 많을수록 예측력이 높아진다.
- 중간 미래middle futures: 수백 년, 수천 년, 심지어 수백만 년의 범위로 상상한 미래.
- 진핵생물eukaryotes: 핵과 다른 소기관을 포함하는 세포. 거대생명체의 모든 세포는 진핵세포로부터 형성된다. 원핵생물 참조.
- 집단 학습collective learning: 인간의 고유한 능력으로, 인간이 언어를 사용하여 새로운 사상과 경험, 통찰, 정보 등을 공유하고 저장하며 축적하는 능력이 세대를 이어 증대될 정도로 정확하고 규모가 큰 덕분에 획득할 수 있었다. 집단 학습은 환경과 미래에 대한 인간의 통제력이 어떻게 인류 역사 내내 증가했고, 우리가 어떻게 지금까지 지구의 지배종으로 남아 있을 수 있었는지를 설명해준다. 인류세 시대 참조.
- 최적점sweet spot: 진지한 예측가라면 누구나 목표로 삼는, 과도한 일반성(예측이 무의미해지고 흥미를 잃어버린다.)과 과도한 정밀성(예측이 부정확해진다고 확실하게 말할 수 있다.) 사이의 미묘한 균형점.
- 추세 분석trend hunting: 다가올 미래의 단서로 활용될 수 있는 과거의 규칙적인 추세를 파악하고 이해하려는 시도.

- 탈주술화disenchantment: 사회학자 막스 베버가 말한 개념으로, 임의적이거나 변덕스러운 영혼이나 힘, 신의 존재 등을 거부하고, 어느 정도 예측할 수 있는 규칙적이고 기계적인 과정에 따라 형성되는 대상으로서의 우주를 바라보는 관점이 현대 과학의 가장 큰 특징이라고 설명한다.
- 현존하는 모든 생명체의 공통조상LUCA: 최후의 보편적 공통 조상. 지구상 모든 생명체의 조상으로 상정하는 존재. 아마도 약 40억 년 전에 존재했을 것이다.
- 화학삼투chemiosmosis: 대부분의(어쩌면 모든) 세포는 세포막 외부로 양이온을 분출하여 미세한 음전하를 형성하고, 이를 통해 전기 펄스를 다른 세포로 전달하는 등 중요한 생화학적 과정의 전력 공급원으로 사용한다. 활동전위 참조.
- 확률probability: 어떤 사건이 일어나거나 어떤 주장이 사실임이 밝혀질 가능성. 17세기에 등장한 확률 이론은 확률 계산을 엄밀한 수학적 기반 위에 올려놓았고, 이는 오늘날의 모든 통계적 사고의 바탕이 되었다.
- 확실성certainty: 이 책에서 정의한 바에 따르면 두 가지 형태로 나타난다. 절대적 확실성은 어떤 예외도 허용하지 않으며, 연역적인 추론의 사슬이 아닌 현실 세계에서라면 아마도 달성할 수 없을 것이다. 도덕적 확실성은 우리가 행동에 나설 정도로 믿을 만한, 미래에 관한 주장을 말한다. 도덕적 확실성 참조.
- 활동전위action potential: 신경세포가 축삭돌기를 통해 다른 신경세포 또는 근육과 통신하기 위해 보내는 전기 펄스로, 활동전위의 동력원은 화학삼투현상이다.
- 회선운동circumnutation: 식물이 환경을 탐색할 때 구사하는 무작위적인 순환 운동이라는 뜻으로 다윈이 사용한 용어.

주

여는 글

1. 《고린도 전서》 13장 12절.
2. Cicero, *On Divination*, bk. 2, 395.
3. Collingwood, *The Idea of History*, 120.
4. Rescher, *Predicting the Future*, 1.
5. 그러나 일부 문헌에서는 현대적인 미래 계획 방법을 다루고 있다. Hines and Bishop, *Thinking about the Future*, and Szostak, *Making Sense of the Future*.
6. 빅 히스토리에 관해서는 다음 책들을 보라. Benjamin, Quaedackers, and Baker, *Routledge Companion to Big History*; Christian, *Origin Story*; Gibelyou and Northrop, *Big Ideas*; 빅 히스토리와 미래 사고에 관해서는 다음 글을 보라. Voros, "Big Futures."
7. Garrett, *Hume*, xix.
8. Watts, "'New' Science of Networks," 243–46, and Caldarelli and Catanzaro, *Networks*, 2. 실크로드에 관해서는 다음 글을 보라. Christian, "Silk Roads or Steppe Roads."

9　Bell, *Foundations of Futures Studies*, 1:182.

10　Schrödinger, *What Is Life?* 1.

11　Collingwood, *The Idea of History*, 54; Carr, *What Is History?* 68–69. 공자는 다음 글에서 인용. De Vito and Della Sala, "Predicting the Future," 1019.

12　Christian, *Maps of Time and Origin Story* 참조.

제1장 미래란 무엇인가?

1　다음에서 인용. Guthrie, *Faces in the Clouds*, loc. 1056, Kindle.

2　Dator, *A Noticer in Time*, 77.

3　"Temporalities," forum in *Past and Present*; Wood, "Big History and the Study of Time."

4　Holt, *When Einstein Walked with Gödel*, 20 참고.

5　Omar Khayyám, *Rubaiyat*, xxvii.

6　Milton, *Paradise Lost*, bk. 1.

7　Augustine, *Confessions*, bk. 11, 230, 238; Ismael, *How Physics Makes Us Free*, 210.

8　Ismael, "Temporal Experience," 460. 다음 책들도 좋은 입문서이다. Bardon, *Brief History of the Philosophy of Time*, and Baron and Miller, *Introduction to the Philosophy of Time*; and Callender, *Oxford Handbook of Philosophy of Time*.

9　T. R. V. Murti. 다음 글에서 인용. Loy, "Māhāyana Deconstruction of Time," 14.

10　Mellor, *Real Time and Real Time II*.

11　Baron and Miller, *Introduction to the Philosophy of Time*; McTaggart, "Unreality of Time" (1908).

12　Bardon, *Brief History of the Philosophy of Time*, 6; McTaggart, "Unreality of Time" (1908), 458.

13　뉴턴은 라틴어로 책을 썼다. 나는 앤드루 모티Andrew Motte가 1729년에 번역한 최초의 영역판을 인용했다.

14　Mark Twain, *Adventures of Huckleberry Finn* (New York: Charles L. Webster, 1884), chap. 12, https://etc.usf.edu/lit2go/21/the-adventures-of-huckleberry-finn/141/chapter-12/.

15　Omar Khayyám, *Rubaiyat*, xxvi.

16　Cossins, "The Time Delusion," 34; Dator, *A Noticer in Time*, 79. 하와이 부족의

시간에 관해서는 다음을 보라. McGrath, "Deep Histories in Time, or Crossing the Great Divide?" 4.

17 호주의 미래학자 조 보로스가 미래 원뿔을 소개했다. Voros, "Big History and Anticipation."
18 Price, *Time's Arrow and Archimedes' Point*, chap. 1.
19 James, "The Dilemma of Determinism," in *Delphi Complete Works of William James*, loc. 36,352, Kindle.
20 Augustine, *Confessions*, bk. 11, 228; Blackburn, *The Big Questions: Philosophy*, loc. 1720, Kindle.
21 Isaacson, *Einstein: His Life and Universe*, loc. 9621, Kindle.
22 다음 글에서 인용. Gallois, "Zen History," 432–33. 내게 트랄파마도리안족을 상기시켜준 이언 스트라우스에게 감사를 전한다.
23 Augustine, *Confessions*, bk. 11, 232.
24 James, "Perception of Time," chap. 15 of *The Principles of Psychology*, in *Delphi Complete Works of William James*, loc. 11,732, Kindle. 관련된 심리학 실험에 대해서는 다음을 보라. Dennett, *Consciousness Explained*, chap. 5.
25 Augustine, *Confessions*, bk. 11, 233.
26 Rynasiewicz, "Newton's Views on Space, Time, and Motion," 1. 뉴턴은 다음 책에서 인용. Westfall, *Life of Isaac Newton*, 259. 뉴턴은 나중에 '감각 중추'라는 비유를 철회했으나, 언제나 신은 '문자 그대로 어디에나 존재한다'는 주장을 굽히지 않았다.
27 Omar Khayyám, *Rubaiyat*, trans. Edward Fitzgerald, 5th ed., 1889, no. 73.
28 Laplace, "Philosophical Essay on Probabilities," 3–4.
29 Cicero, *On Divination*, bk. 1, 361–63.
30 Augustine, *City of God*, bk. 5, chap. 9, vol. 412, 177.
31 라우든에 대해서는 다음을 보라. Curd and Cover, *Philosophy of Science*, 152; Hacking, *The Taming of Chance*.
32 러셀에 대해서는 다음을 보라. Paul Davies, *Demon in the Machine*, 68ff.; Waldrop, *Complexity*, 328.
33 Gisin, "Mathematical Languages Shape Our Understanding of Time in Physics". 그의 주장은 다음 글에서 요약됨. Wolchover, "Does Time Really Flow?"

34 Feynman, *Character of Physical Law*, lecture 6, loc. 1981, Kindle.
35 Boethius, *Consolation of Philosophy*, 159.
36 Anderson, "More Is Different"; William James, "The Dilemma of Determinism," in *Delphi Complete Works of William James*, loc. 35,914, Kindle.
37 Waldrop, *Complexity*, loc. 774, Kindle.
38 Hume, *Treatise of Human Nature*, pt. 3, sec. 2; Baron and Miller, *Introduction to the Philosophy of Time*, chap. 6; Russell, *History of Western Philosophy*, 85; 흡연과 폐암에 대해서는 다음을 보라. McGrayne, *Theory That Would Not Die*, 112.
39 다음 문헌 참조. Kistler, "Causation," who cites Russell, "On the Notion of Cause."
40 Russell, "Psychological and Physical Causal Laws," 288–89.
41 Pearl and Mackenzie, *The Book of Why*; Pearl, "Art and Science of Cause and Effect."
42 나는 2011년 TED 강연에서 달걀이 섞이는 과정을 거꾸로 돌린 영상을 사용했다. "History of the World in 18 Minutes," 2011년 3월 캘리포니아주 롱비치에서 촬영, TED video, 17:24, https://www.ted.com/talks/david_christian_the_history_of_our_world_in_18_minutes?language=en.
43 복잡성과 열역학 제2법칙의 역설적인 관계에 관해서는 다음을 참조하라. Egan and Lineweaver, "Life, Gravity and the Second Law of Thermodynamics."
44 Price, *Time's Arrow and Archimedes' Point*, chap. 3.

제2장 미래를 예측하다

1 Ismael, "Temporal Experience," 480.
2 Marx, *The Marx-Engels Reader*, 145.
3 《바가바드기타》 1, 2, 3, 11에서 인용.
4 Einstein, "On the Electrodynamics of Moving Bodies."
5 Elias, *Time*, 4.
6 엄밀히 말하면 그것이 바로 진공에서 빛의 속도다.
7 다음에서 인용. Riggs, "Contemporary Concepts," 51; Einstein, *Relativity*, chap. 9.
8 Danks, "Safe-and-Substantive Perspectivism," 127.
9 Wilczek, *Fundamentals*, 188ff.

10 E.g., Christian, *Origin Story*.
11 Nurse, *What Is Life?* 62.
12 Dennett, *Kinds of Minds*, 57.
13 Safina, *Becoming Wild*, 43, Kindle.
14 Collingwood, *The Idea of History*, 120.
15 Augustine, *Confessions*, bk. 11, 233.
16 브라이언 아서와의 인터뷰 비유. Waldrop, *Complexity*, 330.
17 Chalmers, *What Is This Thing Called Science?* 13.
18 Hume, *Treatise of Human Nature*, 1.3.6.4.
19 Garrett, *Hume*, 17.
20 Wikipedia, s.v. "Maraṇasati," last edited November 4, 2021, 23:49, https://en.wikipedia.org/wiki/Mara%E1%B9%87asati.
21 이 예는 다음 책에서 빌려왔다. Pinker, *How the Mind Works*, 106–7.
22 다음 책에서 인용. Silver, *Signal and the Noise,* 230.
23 네이트 실버가 2012년에 예측에 관해 쓴 책의 제목이 "신호와 소음"이다.
24 Rescher, *Predicting the Future*, 61.
25 Rescher, "Predicting and Knowability," 118.
26 Ord, *The Precipice*, 79.
27 Silver, *Signal and the Noise*, 61.
28 Vikram Mansharamani, "Navigating Uncertainty: Thinking in Futures," in Schroeter, *After Shock*, 15.
29 Goodwin, *Forewarned*, loc. 127 and 1005, Kindle.

제3장 세포의 미래 관리

1 Waldrop, *Complexity*, 278.
2 Hume, *Enquiry Concerning Human Understanding*, 4.2.19.
3 Godfrey-Smith, *Metazoa*, loc. 3132, Kindle.
4 LeDoux, *Deep History of Ourselves*, 43; Kant, "Anthropology from a Pragmatic Point of View". 다음에서 인용. de Vito and Della Sala, "Predicting the Future," 1019.
5 Waldrop, *Complexity*, 331.
6 Richerson, "Integrated Bayesian Theory of Phenotypic Flexibility," 54–64.

7   Lyon, "The Cognitive Cell," 4.
8   Lyon, "The Cognitive Cell," 3.
9   Dennett, *Kinds of Minds*, 57.
10 Porter, *Greatest Benefit*, loc. 4430, Kindle; Nurse, *What Is Life*? 9-10.
11 Nurse, *What Is Life*? 10-14.
12 Waldrop, *Complexity*, 278.
13 LeDoux, *Deep History of Ourselves*, 42.
14 Zimmer, *Microcosm*, 146-47.
15 Zimmer, *Microcosm*, 125.
16 Zimmer, *Microcosm*, 113-14.
17 Bray, *Wetware*, loc. 100, Kindle.
18 Nurse, *What Is Life*? 54.
19 Goodsell, *The Machinery of Life*, loc. 198, Kindle; Bray, *Wetware*, loc. 804, Kindle.
20 Bray, *Wetware*, loc. 27, Kindle.
21 이후 다음 참고. Bray, *Wetware*, loc. 775, Kindle; and Roth, *Long Evolution*, 70.
22 Mitchell, *Complexity*, loc. 2445, Kindle.
23 편모에 관해서는 다음 참고. Zimmer, *Microcosm*, 24ff.

제4장 동식물의 미래 관리

1   Chamovitz, *What a Plant Knows*, loc. 645, Kindle.
2   Mukherjee, *The Gene*, loc. 5797, Kindle.
3   Wolpert, *Developmental Biology*, loc. 1098, Kindle.
4   Nurse, *What Is Life*? 66.
5   페터 볼레벤Peter Wohlleben의 《나무 수업》에는 나무가 살아가면서 맞이하는 힘겨운 선택이 잘 묘사되어 있다.
6   Chamovitz, *What a Plant Knows*, loc. 248, Kindle.
7   Wolpert, *Developmental Biology*, loc. 682, Kindle.
8   Chamovitz, *What a Plant Knows*, loc. 1033-57, Kindle.
9   Chamovitz, *What a Plant Knows*, chap. 5, specifically loc. 1291ff., Kindle, and see also loc. 548 and 414-98, Kindle; Simard, *Finding the Mother Tree*.
10 식물의 기억에 관해서는 다음 참고. Chamovitz, What a Plant Knows, chap. 7,

and loc. 906, Kindle.

11 Chamovitz, *What a Plant Knows*, loc. 1684 and 854ff., Kindle; Darwin, *Insectivorous Plants*, from *Works of Charles Darwin*, loc. 96,446, ebook, MobileReference.com.

12 Foster and Kreitzman, *Circadian Rhythms*, 108; Chamovitz, *What a Plant Knows*, loc. 261, Kindle.

13 Chamovitz, *What a Plant Knows*, loc. 1795, Kindle.

14 Foster and Kreitzman, *Circadian Rhythms*, xvii, 11, 45.

15 다음 책 내용을 토대로 약간 다르게 표현했다. Foster and Kreitzman, *Circadian Rhythms*, 1.

16 Foster and Kreitzman, Circadian Rhythms, 57. 가장 단순한 생체 시계에 대해서는 125 – 27쪽을 보라.

17 Darwin, *Power of Motion in Plants*, from *Works of Charles Darwin*, loc. 105,592 – 105,607, ebook, MobileReference.com. 페터 볼레벤도 《나무 수업》 62쪽에서 동일한 비유를 펼친다.

18 Darwin, *Power of Movement in Plants*, from *Works of Charles Darwin*, loc. 98,428, ebook, MobileReference.com.

19 Chamovitz, *What a Plant Knows*, loc. 375, Kindle.

20 Sheldrake, *Entangled Life*, chap. 4. 이 참고문헌을 알려준 로빈 크리스천Robin Christian에게 감사하다.

21 Sabrin et al., "Hourglass Organization of the C. elegans Connectome."

22 Churchland, Braintrust, 44. 다음에서 인용. Rodolfo Llinás, *I of the Vortex: From Neurons to the Self* (Cambridge, MA: MIT Press, 2002).

23 Roth, *Long Evolution*, 82, chap. 7.

24 LeDoux, *Deep History*, 112, 137; Roth, *Long Evolution*, 79ff., chap. 7.

25 Roth, *Long Evolution*, 98.

26 Roth, *Long Evolution*, 94, 115.

27 Davies, *Demon in the Machine*, 195.

28 O'Shea, *The Brain*, 131, and see 52.

29 Roth, *Long Evolution*, 234, 226.

30 Roth, *Long Evolution*, chap. 5.

31 Kandel, *In Search of Memory*, loc. 1243, Kindle 참고.

32 LeDoux, *The Deep History*, 61.
33 O'Shea, *The Brain*, 31; Roth, *Long Evolution*, 67.
34 Based on O'Shea, *The Brain*, chap. 3.
35 Kandel, *In Search of Memory*, loc. 1449, Kindle.
36 Kandel, *In Search of Memory*, loc. 1195, Kindle.
37 Kandel, *In Search of Memory*.
38 Kandel, I*n Search of Memory*, loc. 3518, 3146, 3844, Kindle.
39 LeDoux, *Deep History*, 31.
40 Kandel, *In Search of Memory*, loc. 3186, Kindle.
41 Plutarch, *Life of Caesar*, chap. 63.
42 Goodwin, *Forewarned*, loc. 779, Kindle.
43 Gilbert, *Stumbling on Happiness*, 98.
44 Seth, *Being You*, 96 – 101, Kindle.
45 Kahneman, *Thinking, Fast and Slow*.
46 Kahneman, *Thinking, Fast and Slow*, chap. 10. '장난삼아'라는 표현을 쓴 이유는, 7장에서 다시 다루겠지만, 통계적 결론은 그 대상이 '아주 큰 수'일 때만 신뢰할 수 있기 때문이다.
47 Kahneman, *Thinking, Fast and Slow*, 25.
48 Russell, *Human Compatible*, 16.
49 Gopnik, *The Philosophical Baby*, 119. 최근의 조사는 다음을 보라. Seth, *Being You*.

제5장 인류의 도구들

1 Wordsworth and Wordsworth, *Penguin Book of Romantic Poetry*, 255.
2 Sornette, "Dragon-kings."
3 Roth, *Long Evolution*, 251.
4 향유고래의 뇌에 관해서는 다음을 보라. Safina, *Becoming Wild*, 59; Roth, *Long Evolution*, 232 and table on 226.
5 Churchland, *Conscience*, 24.
6 Dunbar, *Human Evolution*.
7 이런 계산이 얼마나 복잡하고 고통스러운지 다음 문헌에 잘 나타나 있다. Cheney and Seyfarth, *Baboon Metaphysics*.

8   Roth, *Long Evolution*, 234, 260; Churchland, *Braintrust*, 119.
9   Kahneman, *Thinking, Fast and Slow*.
10 동물 문화의 풍성함을 잘 설명한 문헌은 Safina, *Becoming Wild*이고, 집단 학습에 관해서는 나의 책《시간의 지도》가, 문화적 진화에 관해서는 Mesoudi, *Cultural Evolution*이 유용하다.
11 Mesoudi, *Cultural Evolution*, 203.
12 Steven Pinker, *The Language Instinct*, chap. 1, loc. 115, Kindle.
13 협력의 역할을 강조하는 문헌은 다음과 같다. Michael Tomasello, *Why We Cooperate*.
14 Roth, *Long Evolution*, 260.
15 Goswami, *Child Psychology*, 52.
16 Gopnik, *The Philosophical Baby*, 28.
17 구전문화의 교육에 관해서는 다음을 보라. Kelly, *Knowledge and Power*, 31–32; Karl Popper, from Plotkin, *Darwin Machines*, 69–70: "the growth of our knowledge is the result of a process closely resembling what Darwin called 'natural selection.'"
18 Ferguson, *Essay on the History of Civil Society*, 7.
19 Whitehead, *Adventures of Ideas*, 93, in a chapter on foresight.
20 이러한 방법론에 관한 엄중한 주의에 대해서는 다음을 보라. Noble and Davidson, "Tracing the Emergence".
21 Gell, *The Anthropology of Time*, 126 참고.
22 Eliade, *Myth of the Eternal Return*.
23 Gell, *The Anthropology of Time*, 127.
24 Goody, "Time: Social Organization," 31 참고.
25 Gell, *The Anthropology of Time*, 315.
26 Goody, "Time: Social Organization," 31.
27 Goody, "Time: Social Organization."
28 Elias, *Time*, 144.
29 Gell, *The Anthropology of Time*, 3.
30 Goody, "Time: Social Organization," 30.
31 Christian, *Maps of Time*, 254 and 209.
32 Rose, *Dingo Makes Us Human*, 5.

33 켈리의 핵심 주장이다. Kelly, *Knowledge and Power*, chap. 2.
34 Marshall Thomas, *The Old Way*, 266.
35 Haynes, "Astronomy and the Dreaming," 54.
36 Marshack, *The Roots of Civilization*. 회의적인 이유에 대해서는 다음을 참고하라. Noble and Davidson, "Tracing the Emergence," 127–29.
37 Sahlins, "Original Affluent Society," 22. 다음에서 인용. Lee and DeVore, *Man the Hunter*, 37.
38 Kelly, *Knowledge and Power*, 133.
39 Haynes, "Astronomy and the Dreaming," 54.
40 McGrath and Jebb, *Long History, Deep Time*, 4.
41 스웨인의 핵심 주장이다. Swain, *A Place for Strangers*.
42 Goody, "Time: Social Organization," 39.
43 《전도서》 1장 4~11절.
44 다음을 보라. Sahlins, "Original Affluent Society"; Woodburn, "Egalitarian Societies".
45 다음에서 인용. Sahlins, "Original Affluent Society," 27.
46 Kelly, *Knowledge and Power*, 117.
47 Cicero, *On the Nature of the Gods*, bk. 1, 3–5.
48 Goswami, *Child Psychology*, 34–35.
49 오늘날에는 종교에 관한 인지과학만을 전문으로 다루는 학문 분야도 존재한다. Guthrie, *Faces in the Clouds*; Boyer, *Religion Explained*; Larson, *Understanding Greek Religion*.
50 Larson, *Understanding Greek Religion*, 74–75.
51 Rawson, *Cicero*, 241.
52 Marshall Thomas, *The Old Way*, 261.
53 Marshall Thomas, *The Old Way*, 269–73 참고.
54 Lewis-Williams, *Conceiving God*, loc. 4604, Kindle.

제6장 점술, 주술, 신탁

1 Johnston, *Ancient Greek Divination*, 7–8 참고.
2 웹사이트 Our World in Data의 인구, 산림 벌채, 도시화 항목 참고. 그리고 다음 문헌도 참고하라. Christian, *Origin Story*, 312. Smil, *Harvesting the Biosphere*.

3   Richerson, Boyd, and Bettinger, "Was Agriculture Impossible?"
4   《창세기》8장 15~17절, 9장 2절.
5   Goody, "Time: Social Organization," 39 – 41; *Epic of Gilgamesh*, accessed July 3, 2021, http://www.ancienttexts.org/library/mesopotamian/gilgamesh/tab1.htm.
6   엄밀히 말하면 여기에 나타난 견해는 작중 키케로의 역할을 맡은 주인공이 형 퀸투스와 나눈 대화 중에 나온 것이므로, 키케로의 실제 관점이 어떤지는 분명하지 않다고 할 수 있다. Cicero, *On Divination*, bk. 2, 383, 379.
7   《요한 계시록》 4장 1절.
8   Hobbes, *Leviathan*, chap. 12, "Of Religion."
9   Jaspers, *Origin and Goal of History*, and see Eisenstadt, "Axial Age."
10 Bellah, *Religion in Human Evolution*, 268 참고.
11 '상상된 공동체'라는 문구는 민족주의에 대한 고전 연구서인 베네딕트 앤더슨의 책에서 따온 것이다. Benedict Anderson, *Imagined Communities*.
12 Cicero, *On the Laws*, 411. 다음에서 인용. Cicero, *On Divination*, bk. 2, 451.
13 Atwood, *Encyclopedia of Mongolia and the Mongol Empire*, 494 – 95.
14 Christian, *History of Russia, Central Asia and Mongolia*, 1:59 – 61 참고.
15 De Rachewiltz, *Secret History of the Mongols*, 1:457 – 60. 다른 번역도 가능하다. Atwood, *Encyclopedia of Mongolia and the Mongol Empire*, 99.
16 Christian, *History of Russia, Central Asia and Mongolia*, 1:425 참고.
17 De Rachewiltz, *Secret History of the Mongols*, secs. 244 – 46 (1:168 – 74).
18 Atwood, *Encyclopedia of Mongolia and the Mongol Empire*, 100.
19 Christian, *History of Russia, Central Asia and Mongolia*, 1:425 참고.
20 Thomas and Humphrey, *Shamanism, History and the State*, 11.
21 Johnston, *Ancient Greek Divination*, 3.
22 Raphals, *Divination*, 253 참고. 원출처 Xenophon, *Anabasis*, 4.3.17 – 19.
23 Johnston, *Ancient Greek Divination*, 11 – 12; Beard, "Cicero and Divination: The Formation of a Latin Discourse," 33 – 46. 학자들은 대부분 키케로의 회의주의적 태도를 좀 더 진지하게 다룬다.
24 Flower, *Seer in Ancient Greece*, 34.
25 Johnston, *Ancient Greek Divination*, 33 – 36.
26 Johnston, *Ancient Greek Divination*, 49.

27 Hobbes, *Leviathan*, chap. 12, "Of Religion"; Strathern, *Brief History of the Future*, 13.
28 Johnston, *Ancient Greek Divination*, 69–70.
29 Parke and Wormell, *The Delphic Oracle*, 1:189.
30 Raphals, *Divination*, 220.
31 Nissinen, Ritner, and Seow, *Prophets and Prophecy*, 25.
32 Raphals, *Divination*, 148; Flower, *The Greek Seer*, 32.
33 Flower, *The Greek Seer*, 32–34.
34 Raphals, *Divination*, 72.
35 Keightley, "The Shang," 247, 252.
36 Raphals, *Divination*, 43; Keightley, "The Shang," 236–37.
37 Keightley, *These Bones Shall Rise Again*, 102.
38 Raphals, *Divination*, 88–89.
39 Keightley, "The Shang," 236–37.
40 Keightley, *These Bones Shall Rise Again*, 103.
41 Keightley, *These Bones Shall Rise Again*, 127.
42 Keightley, *These Bones Shall Rise Again*, 129.
43 Keightley, *These Bones Shall Rise Again*, 130; Raphals, *Divination*, 182–83.
44 Raphals, *Divination*, 205.
45 Raphals, *Divination*, 165.
46 Keightley, "The Shang," 256, and *These Bones Shall Rise Again*, 109.
47 전체 개관에 대해서는 다음을 보라. Campion, *Astrology and Cosmology*.
48 *King Lear*, act 1, scene 2.
49 Raphals, *Divination*, 136.
50 Pankenier, *Astrology and Astronomy in Early China*, 6–7.
51 Raphals, *Divination*, 136.
52 《역경》에 방대한 주석을 첨부한 현대판 번역으로는 레드먼드의 것을 추천한다. Redmond, *The I Ching*.
53 Karl Jung, 1949. 다음 참고. Redmond, *The I Ching*, 22.
54 Redmond, *The I Ching*, 63.
55 Keightley, "The Shang," 258–60.
56 Raphals, *Divination*, 94. 99에서 인용.

57 Bacigalupo, *Shamans of the Foye Tree*, 17.
58 Lewin, "Popular Religion," 68.
59 Lewin, "Popular Religion," 64; Ryan, *Bathhouse at Midnight*, 51–52.
60 Ryan, *Bathhouse at Midnight*, 44.
61 Ryan, *Bathhouse at Midnight*, 96, 100, 108.
62 Evans-Pritchard, *Witchcraft*, 142–43.
63 Christian, *History of Russia, Central Asia and Mongolia*, 2:343–44 참고.
64 Christian, *History of Russia, Central Asia and Mongolia*, 1:59 참고.
65 Tedlock, "Toward a Theory of Divinatory Practice," 65.
66 Bacigalupo, *Shamans of the Foye Tree*, 26.
67 Cicero, *On Divination*, bk. 1, 297, 345; Johnston, *Ancient Greek Divination*, 9.
68 Vitebsky, *The Shaman*, 112–13.
69 Evans-Pritchard, *Witchcraft*, 79–80.
70 Evans-Pritchard, *Witchcraft*, 73.
71 Evans-Pritchard, *Witchcraft*, 102–7.
72 Cicero, *On Divination*, bk. 1, 369.
73 Augustine, *Confessions*, bk. 7, 117.
74 Evans-Pritchard, *Witchcraft*, 108–9.
75 Beard, *SPQR*, 465. 이후 이야기는 학자들이 그 신탁의 '2판'이라 부른 것을 번역한 다음 책을 토대로 한다. Hansen, *Anthology of Ancient Greek Popular Literature*, chap. 10.
76 군인과 농부에 관한 질문이 추가된 후기 버전은 다음과 같다. Stewart, *Sortes Barbesinianae*, 185–88.
77 Toner, *Popular Culture in Ancient Rome*, 48.
78 Luijendijk and Klingshirn, *My Lots Are in Thy Hands, 1*; Hansen, *Anthology of Ancient Greek Popular Literature*, 285–86.
79 Toner, *Popular Culture in Ancient Rome*, 47–48.

제7장 기술, 확률, 데이터

1 Lukes and Urbinati, *Condorcet*, 125.
2 Steffen et al., "Trajectory of the Anthropocene."
3 이 문단의 데이터는 웹사이트 Our World in Data와 다음 문헌을 참고하라. Christian,

Origin Story, 312. 주로 다음 문헌에 기반함. Smil, *Harvesting the Biosphere*.
4 다음 문헌을 참고하라. Arthur, *The Nature of Technology*, and Headrick, *Humans versus Nature*.
5 세계화에 대한 빅 히스토리의 관점이 궁금하다면 다음 책에 쓴 내 서문과 서론을 보라. Zinkina et al., *Big History of Globalization*.
6 Ogle, *Global Transformation of Time*, 1-2.
7 Whitehead, *Adventures of Ideas*, 93.
8 Fernandez-Armesto, *The World*, CD 참고.
9 딥 타임 deep time 의 발견에 관해서는 좀 오래되긴 했지만 다음 문헌이 아주 훌륭하다. Toulmin and Goodfield, *The Discovery of Time*.
10 연대 측정의 혁명에 관해서는 다음을 보라. Christian, "History and Science after the Chronometric Revolution".
11 Shapin, *The Scientific Revolution*, 10. 37에서 인용.
12 Davies, *Magic*, 45. 실러의 '탈주술화'를 차용한 것에 대해서는 다음을 보라. Gerth and Mills, *From Max Weber*, 51.
13 "Science as a Vocation," in Gerth and Mills, *From Max Weber*, 139.
14 Shapin, *The Scientific Revolution*, 154 and 33.
15 Paraphrase of Wooton, *The Invention of Science*, 5-6, 8-9.
16 Porter, *Greatest Benefit*, loc. 8991, Kindle.
17 샤핀도 밝혔듯이, 이것은 '사고실험'thought experiment에 지나지 않을 가능성이 있다. *The Scientific Revolution*, 84. 토리첼리에 관해서는 다음을 보라. Dewdney, *Epic Drama*, 152ff.
18 Silver, *Signal and the Noise*, 372.
19 Pearl, "Art and Science of Cause and Effect," 415.
20 Weaver, *Lady Luck*, 74 참고.
21 Gilmour, "Nature and Function of Astragalus Bones."
22 Stewart, *Do Dice Play God?* 28; Mlodinow, *Drunkard's Walk*, loc. 806ff., Kindle. 카르다노에 관한 그의 연구에 접근할 수 있도록 해준 닉 베이커에게 고마움을 표한다.
23 Mlodinow, *The Drunkard's Walk*, loc. 1007 and 1064, Kindle에서 인용.
24 Stewart, *Do Dice Play God?* 29-30.
25 Mlodinow, *The Drunkard's Walk*, chap. 3. 표본 공간 개념을 엄밀히 해설한 문헌

은 다음과 같다. William Feller, *An Introduction to Probability Theory*, chap 1.

26 Stewart, *Do Dice Play God?* 43–44. 실험에 따르면 평범한 동전을 던지는 게임에서도 완벽하게 무작위적인 결과가 나오지는 않는다는 사실이 밝혀졌다.

27 이 논의는 부분적으로 다음 문헌에 근거한다. Mlodinow, *The Drunkard's Walk*, loc. 1064ff., Kindle. 비록 몰리노프는 이 발견을 갈릴레오의 공로로 돌리고 있지만 말이다.

28 Daston, *Classical Probability*, 15.

29 Weaver, *Lady Luck*, 42.

30 Pascal, *Pensées*, '무한—무'로 시작하는 부분.

31 Arnauld, et al., *Logic, or the Art of Thinking*, 274–75.

32 Stewart, *Do Dice Play God?* 33 and 91.

33 McGrayne, *Theory That Would Not Die*, 7.

34 Rosenbaum, "100 Years of Heights and Weights," 281, 282의 요약 데이터.

35 다음에서 흄 인용. Hacking, *The Taming of Chance*, 13; Daston, *Classical Probability*, 10.

36 Isaacson, *Einstein*, 325.

37 Hacking, *The Emergence of Probability*, 105–6.

38 Hacking, *The Taming of Chance*, 40.

39 Hacking, *The Taming of Chance*, 41 참고.

40 Hacking, *The Taming of Chance*, 2–3 and passim.

41 Hacking, *The Taming of Chance*, 105.

42 Mayer-Schönberger and Cukier, *Big Data*, 6.

43 Mayer-Schönberger and Cukier, *Big Data*, 11.

44 Urry, *What Is the Future?* 89.

45 Holmes, *Big Data*, 27.

46 Bell, *Foundations of Futures Studies*, 144.

47 Meadows, Meadows, and Randers, *Beyond the Limits*, 199.

48 다음을 참고하라. Turner, "Comparison of the Limits to Growth," and "Is Global Collapse Imminent?"; Herrington, "Update to Limits to Growth," 2021.

49 Ord, *The Precipices*, 70–73.

50 Dewdney, *Epic Drama*, 154–58.

51 Blum, *The Weather Machine*, 19-28; Dewdney, *Epic Drama*,158ff.
52 Blum, *The Weather Machine*, 125. ECMWF에 대해서는 다음을 보라. Blum, *The Weather Machine*, chap. 8.
53 Silver, *Signal and the Noise*, 181-82.
54 간략한 개요에 대해서는 다음을 보라. Gidley, *The Future*, 58; Sardar, *Future: All That Matters*, chap. 3; and Bell, *Foundations of Futures Studies*, 1, chap. 1.
55 조지 웰스가 현대 미래 사고의 개척자라는 관점을 소개하는 문헌은 다음과 같다. Wagar, "H.G. Wells and the Genesis of Future Studies."
56 Wells, "Discovery of the Future," 1902.
57 Sardar, *Future: All That Matters*, loc. 350, Kindle 참고.
58 수치는 다음 문헌 참고. Bell, *Foundations of Futures Studies*, 1:63-64.
59 Strathern, *Brief History of the Future*, 205ff. and 263ff.
60 Andersson, *Future of the World*, 4. 플레히트하임에 대해서는 다음을 보라. Strathern, *Brief History of the Future*, chap. 4.
61 Gidley, *The Future*, 5-6, 51.
62 Meadows et al., *The Limits to Growth*, loc. 398-414, Kindle.
63 Gidley, *The Future*, 55-56. WFSF에 대해서는 다음을 보라. https://wfsf.org/; Sardar, *Future: All That Matters*, loc. 461ff., Kindle, 언급한 출처는 다양한 국지적 관점의 미래 사고를 다루고 있다. 현재 미래전문가협회가 운영하는 웹사이트(https://www.apf.org/)에는 총 40개국 400명 회원이 속해 있다.
64 Bell, *Foundations of Futures Studies*, vol. 1, chap. 2, is on "Purposes of Future Studies"; 또한 다음을 보라. 1:102-12.
65 Bell, *Foundations of Futures Studies*; and Aligica, "Special Edition on Wendell Bell". 전문적인 미래학자의 기술에 관한 교과서적인 입문서로는 다음을 보라. Hines and Bishop, *Thinking about the Future*. 시나리오 플래닝에 관해서는 다음을 보라. Schwartz, *The Art of the Long View*.
66 SF 문학과 미래학의 관계에 관해서는 다음을 참조하라. James and Mendlesohn, "Fiction and the Future."

제8장 100년 후 지구

1 Rees, *On the Future*, 12.
2 Krznaric, *The Good Ancestor*, 89 참고.

3 Dator, *A Noticer in Time*, 42; Harman, *Incomplete Guide to the Future*, from Joe Voros, "Philosophical Foundations," 69.
4 Maslow, "Theory of Human Motivation" and "Symposium: Revisiting Maslow."
5 Christian, "History and Global Identity."
6 그 선언은 여기서 확인할 수 있다. "Towards a Global Ethic," 1993, Parliament of the World's Religions, https://parliamentofreligions.org/towards-global-ethic-initial-declaration.
7 Sargent, *Utopianism*, 15 참고.
8 Sargent, *Utopianism*, 66. 가톨릭 사제인 산게르마노Sangermano 신부가 1833년에 번역한 영역본 인용.
9 Lukes and Urbinati, *Condorcet*, 7.
10 Lukes and Urbinati, *Condorcet*, 126, 45, 96.
11 Lukes and Urbinati, *Condorcet*, 136, 145.
12 웰스의 영향에 관해서는 다음을 보라. Hensel, "H.G. Wells and the Drafting of a Universal Declaration of Human Rights"; and see Wells, *Rights of Man; or, What Are We Fighting For?* 23.
13 Lukes and Urbinati, *Condorcet*, 136–37.
14 Malthus, *Essay on the Principle of Population*.
15 Malthus, *Essay on the Principle of Population*, 18–20.
16 Bell, *Foundations of Futures Studies*, 1:117 참고.
17 Meadows et al., *The Limits to Growth*.
18 Meadows et al., *The Limits to Growth*, 196. '코페르니쿠스적인 정신 혁명'이란 문구는 이 프로젝트를 후원한 로마클럽이 덧붙였다.
19 Meadows et al., *The Limits to Growth*, 24–25.
20 Meadows et al., *The Limits to Growth*, 175 참고.
21 "United Nations Framework Convention on Climate Change," United Nations, 1992 참고. https://unfccc.int/files/essential_background/background_publications_htmlpdf/application/pdf/conveng.pdf.
22 *1992 World Scientists' Warning to Humanity*, July 16, 1992, Union of Concerned Scientists, https://www.ucsusa.org/resources/1992-world-scientists-warning-humanity.

23 "The Future We Want," United Nations General Assembly, September 11, 2012, https://sustainabledevelopment.un.org/index.php?page=view&type=400&nr=733&menu=35.

24 2015 국제연합 지속가능개발목표의 서문. "Transforming Our World: The 2030 Agenda for Sustainable Development," United Nations General Assembly, October 21, 2015.

25 최신 형태의 지속가능한 목표는 여기서 내려받을 수 있다. "Transforming Our World: The 2030 Agenda for Sustainable Development," United Nations, 2015, https://sustainabledevelopment.un.org/post2015/transformingourworld/publication.

26 Randers, *2052*, loc. 1319, Kindle.

27 럼즈펠드의 기자회견문은 여기서 내려받을 수 있다. https://archive.ph/20180320091111/http://archive.defense.gov/Transcripts/Transcript.aspx?TranscriptID=2636. 더 나은 토론을 위해서는 다음을 보라. Silver, *Signal and the Noise*, 420 – 21.

28 Raworth, *Doughnut Economics*, 124 참고.

29 Taleb, *The Black Swan*.

30 Eldredge and Gould, "Punctuated Equilibria."

31 나는 내 책에서 이 이야기를 했다. *Origin Story*.

32 수치의 출처는 다음 문헌이다. Kaku, *Physics of the Future*, 328ff.

33 Rosling and Rosling, *Factfulness*, 51.

34 Max Roser, Hannah Ritchie, and Bernadeta Dadonaite, "Child and Infant Mortality," Our World in Data, last updated November 2019, https://ourworldindata.org/child-mortality; Smil, *Numbers Don't Lie*, 9.

35 그 섬뜩한 장면을 요약한 부분. Holmes, *The Age of Wonder*, 305ff., 다음에서 발췌. Porter, *Greatest Benefit*, loc. 7145, Kindle.

36 Pinker, *Better Angels of Our Nature*. 핑커의 주장에 대한 요약은 다음을 참고하라. Steven Pinker, "A History of Violence: Edge Master Class 2011," Edge, September 27, 2011, https://www.edge.org/conversation/mc2011-history-violence-pinker.

37 Schwab, *Stakeholder Capitalism*, 25.

38 결정적인 그래프는 다음에서 찾을 수 있다. Max Roser, "Future Population

Growth," Our World in Data, last revised November 2019, https://ourworldindata.org/future-population-growth; Ehrlich and Ehrlich, *The Population Bomb*.

39 Vollset et al., "Fertility, Mortality, Migration, and Population Scenarios."
40 2014년 Our World in Data에 게재된 최초 데이터. Max Roser, "Fertility Rate: Children Born per Woman [World]", 실질적인 개정판 December 2, 2017, https://ourworldindata.org/fertility-rate.
41 Weart, "Development of the Concept of Dangerous Anthropogenic Climate Change."
42 기본 접근방식을 설명하는 문헌. Riahi et al., "Shared Socioeconomic Pathways".
43 Allan et al., *Climate Change 2021*, 16–18.
44 Allan et al., *Climate Change 2021*, 36.
45 수치 참고. Bar-On, Phillips, and Milo, "Biomass Distribution on Earth".
46 S. Díaz et al., IPBES Global Assessment (2019), 24.
47 그 무서운 통계를 보여주는 문헌. The 2021 UNEP report, *Making Peace with Nature*.
48 Lovelock, *Gaia: A New Look at Life on Earth*.
49 Rockström and Klum, *Big World: Small Planet*.
50 Raworth, *Doughnut Economics*, 47 참고.
51 이 확률에 관한 좋은 논의를 제시하는 문헌. Ord, *The Precipice*, 24–26 and 90–102.
52 Piketty, *Capital in the Twenty-First Century*.
53 Scheidel, *The Great Leveler*, introduction.
54 Scheidel, *The Great Leveler*.
55 Al-Khalili, *What's Next*? 이 문헌에는 이미 준비 중인 신기술을 조사한 내용이 실려 있다.
56 Christian, "The Noösphere."
57 Randers, *2052*, loc. 670, Kindle.
58 Dator, *A Noticer in Time*, chap. 5, pt. 4, "The Four Generic Futures."
59 Ord, *The Precipice*, 37. 실존적 재앙의 정의는 167페이지에 나타난 '실존적 위기 가능성 표'를 참조하라.
60 그리어Greer는 *The Long Descent*에서 그 느린 하강을 기술한다.

61 Greer, *The Long Descent*, 83.
62 Raskin, *Journey to Earthland*.
63 Sinclair and LaPlante, *Lifespan*.
64 Meadows et al., *Limits to Growth*, 171.
65 트랜스휴머니즘에 관해서는 다음을 참고하라. Grinin and Grinin, "Crossing the Threshold of Cyborgization."
66 Schwab, *Stakeholder Capitalism*, 167 참고.

제9장 인간의 미래

1 Ord, *The Precipice*, 52.
2 Wells, *The Outline of History*, vol. 2, chap. 41, pt. 4.
3 다음 참고. Wagar, *Short History of the Future*, and Stableford and Langford, *The Third Millennium*.
4 Gates, *How to Avoid a Climate Disaster*, chap. 4.
5 Kaku, *Physics of the Future*, 252.
6 Kaku, *Physics of the Future*, 246.
7 Kardashev, "Transmission of Information by Extra-Terrestrial Civilizations" and "On the Inevitability and the Possible Structures of Supercivilizations."
8 Sagan, *The Cosmic Connection*, chap. 34.
9 Rorvig, "How to Spot an Alien Megastructure," 이 문헌은 외계 거대 구조물을 탐색한 최근 시도를 소개한다.
10 Voros, "Big Futures," 423, on Hoag's objects; Kaku, *Physics of the Future*, 330.
11 Feynman, "There's Plenty of Room at the Bottom."
12 John Smart, "Exponential Progress," in Schroeter, *After Shock*, 499.
13 이건 드렉슬러의 전망이다. Drexler *Radical Abundance*.
14 인공지능에 관해서는 다음을 보라. Russell, *Human Compatible*.
15 Kaku, *Future of Humanity*, 125.
16 Bostrom, *Superintelligence*, 123.
17 Kaku, *Physics of the Future*, 109.
18 Strathern, *Brief History of the Future*, 296.
19 Srubar, "Buildings Grown by Bacteria."
20 Natasha Vita-More, "A History of Transhumanism," in Lee, *The Transhu

21 Lem, "Thirty Years Later," from Swirski, *Art and Science of Stanislaw Lem*.
22 Gerjuoy, "Most Significant Events of the Next Thousand Years."
23 Finney, *From Sea to Space*, chap. 3, "One Species or a Million?" 105.
24 Finney, *From Sea to Space*, chap. 3, "One Species or a Million?" 113.
25 Caitlin Yilek, "Jeff Bezos on Future of Spaceflight," CBS News, July 21, 2021 참고. https://www.cbsnews.com/news/jeff-bezos-space-heavy-industry-polluting-industry/.
26 Finney, *From Sea to Space*, 105.
27 Kaku, *Future of Humanity*, 107.
28 Ord, *The Precipice*, 231.
29 다음 문헌에 우주생물학과 지구과학의 발전 과정이 잘 소개되어 있다. Grinspoon, *Earth in Human Hands*.
30 Olaf Stapledon, *Starmaker*, Kaku, *Future of Humanity*, 244 인용.
31 Shostak, "The Value of 'L,'" 404.
32 Robinson, "Realism of Our Times."
33 Kaku, *Physics of the Future*, 340; Dyson, "Time without End," 453.

제10장 우주의 미래

1 Jacob Margolis(@JacobMargolis), "My battery is low and it's getting dark," Twitter, February 12, 2019, 4:38 p.m., https://twitter.com/jacobmargolis/status/1095436913173880832.
2 Bar-On, Phillips, and Milo, "Biomass Distribution on Earth."
3 부분적으로 다음 문헌 참고. Meadows, *Future of the Universe*, chap. 2.
4 지난 10억 년간의 지각판 구조에 관한 영상은 다음을 보라. Robin George Andrews, "Watch This Billion-Year Journey of Earth's Tectonic Plates," *New York Times*, February 6, 2021, https://www.nytimes.com/2021/02/06/science/tectonic-plates-continental-drift.html.
5 Nance et al., "The Supercontinent Cycle."
6 Meadows, *Future of the Universe*, 111.
7 Meadows, *Future of the Universe*, 117 and 114.
8 하버드대학교 천문학과의 아비 로엡Avi Loeb이 《외계인》Extraterrestrial이라는 책에서

그것을 지적생명체가 만들었을 것으로 추측하고 있으나, 다른 사람들은 이 생각을 그리 진지하게 여기지 않는다.

9 Meadows, *Future of the Universe*, chap. 2.
10 Voros, "Big Futures," 417.
11 Meadows, *Future of the Universe*, 18.
12 Lovelock, *Gaia*.
13 Shah, "Complex Life's Days Are Numbered."
14 Meadows, *Future of the Universe*, 65–66.
15 Meadows, *Future of the Universe*, 126.
16 은하 간 충돌에 관해서는 다음을 보라. Meadows, *Future of the Universe*, chap. 10; 안드로메다은하와의 충돌에 관해서는 다음을 보라. Mack, *The End of Everything*, 50–51.
17 Walls, *Oxford Handbook to Eschatology*, 151.
18 Dyson, "Time without End."
19 Walls, *Oxford Handbook to Eschatology*, 3.
20 Walls, *Oxford Handbook to Eschatology*, 6.
21 Klee "Spiritualism: The Technological Endgame," in Schroeter, *After Shock*, 65.
22 Mack, *The End of Everything*, 61.
23 Hawking, *Brief History of Time*, 150–51.
24 Mack, *The End of Everything*, 95.
25 Holt, *When Einstein Walked with Gödel*, 18.
26 Holt, *When Einstein Walked with Gödel*, 243.
27 Smolin, *Life of the Cosmos*.
28 Rees, *Just Six Numbers*.
29 Meadows, *Future of the Universe*, 162.

| 참고문헌 |

※ 이 책에서 직접 인용한 출처만 참고문헌에 포함했다.

Aligica, Paul Dragos, ed. "Special Issue on Wendell Bell." *Futures* 43, no. 6(2011): 563–638.

Al-Khalili, Jim, ed. *What's Next: Even Scientists Can't Predict the Future — or Can They?* London: Profile, 2017.

Allan, Richard P., P. A. Arias, S. Berger, J. G. Canadell, C. Cassou, D. Chen, A. Cherchi, et al., eds. *Climate Change 2021: The Physical Basis: Summary for Policy Makers*. Cambridge: Cambridge University Press, 2021.

Anderson, Benedict. *Imagined Communities: Reflections on the Origins and Spread of Nationalism*. 1983. Rev. ed., London: Verso, 2016, with the preface to the 1991 ed.

Anderson, P. W. "More Is Different: Broken Symmetry and the Hierarchical Structure of Science." *Science* 177, no. 4047 (1972): 393–96.

Andersson, Jenny. *The Future of the World: Futurology, Futurists, and the Struggle for the Post Cold War Imagination*. Oxford: Oxford University Press, 2018.

Arnauld, Antoine, and Pierre Nicole. *Logic, or the Art of Thinking*. Translated by Jill Vance Buroker. Cambridge: Cambridge University Press, 1996.

Arthur, Brian. *The Nature of Technology*. New York: Penguin, 2009.

Asimov, Isaac. *Foundation* (1951), *Foundation and Empire* (1952), and *Second Foundation* (1953). New York City: Gnome Press.

Atwood, Christopher P. *Encyclopedia of Mongolia and the Mongol Empire*. New York: Facts on File, 2004.

Augustine. *City of God*. Bks. 1–22. Loeb Classical Library. Cambridge, MA: Harvard University Press, 1957, 411–417.

———. *Confessions*. Translated by Henry Chadwick. New York: Oxford University Press, 1992.

Bacigalupo, Ana Mariella. *Shamans of the Foye Tree: Gender, Power, and Healing among Chilean Mapuche*. Austin: University of Texas Press, 2010. 이 책을 소개해준 메리 워스너행크스Merry Wiesner-Hanks에게 감사하다.

Bardon, Adrian. *A Brief History of the Philosophy of Time*. New York: Oxford University Press, 2013.

Baron, Sam, and Kristie Miller. *An Introduction to the Philosophy of Time*. Cambridge: Polity Press, 2019.

Bar-On, Yinon M., Rob Phillips, and Ron Milo. "The Biomass Distribution on Earth." *Proceedings of the National Academy of Science* 115, no. 25 (2018): 6506–11.

Beard, Mary. "Cicero and Divination: The Formation of a Latin Discourse." *Journal of Roman Studies* 76 (1986): 33–46.

———. *SPQR: A History of Ancient Rome*. New York: Liveright, 2015.

Bell, Wendell. *Foundations of Futures Studies*. 2 vols. New Brunswick, NJ: Transaction Publishers, 1997, 2004.

Bellah, Robert N. *Religion in Human Evolution: From the Paleolithic to the Axial Age*. Cambridge, MA: Harvard University Press, 2011.

Benjamin, Craig, Esther Quaedackers, and David Baker, eds. *The Routledge Companion to Big History*. London: Routledge, 2020.

Bhagavad Gita. Translated by Laurie L. Patton. London: Penguin, 2014.

Blackburn, Simon. *The Big Questions: Philosophy*. London: Quercus, 2009.

Blum, Andrew. *The Weather Machine: How We See into the Future*. New York: Vintage, 2019.

Boethius. *The Consolation of Philosophy*. Translated by David R. Slavitt. Cambridge, MA: Harvard University Press, 2008.

Bostrom, Nick. *Superintelligence: Paths, Dangers, Strategies*. Oxford: Oxford University Press, 2014.

Boyer, Pascal. *Religion Explained: The Evolutionary Origins of Religious Thought*. Basic Books, 2002.

Bray, Dennis. *Wetwear: A Computer in Every Living Cell*. New Haven, CT: Yale University Press, 2009.

Caldarelli, Guido, and Michele Catanzaro. *Networks: A Very Short Introduction*. Oxford: Oxford University Press, 2012.

Callender, Craig, ed. *The Oxford Handbook of Philosophy of Time*. New York: Oxford University Press, 2011.

Campion, Nicholas. *Astrology and Cosmology in the World's Religions*. New York: New York University Press, 2012.

Carr, E. H. *What Is History?* 1961. Harmondsworth: Penguin, 1964.

Chalmers, Alan F. *What Is This Thing Called Science?* St. Lucia: University of Queensland Press, 1978.

Chamovitz, Daniel. *What a Plant Knows*. 2nd ed. Melbourne: Scribe, 2017.

Cheney, Dorothy L., and Robert M. Seyfarth. *Baboon Metaphysics: The Evolution of a Social Mind*. Chicago: University of Chicago Press, 2007.

Christian, David. "History and Global Identity." In *The Historian's Conscience: Australian Historians on the Ethics of History*, edited by Stuart Macintyre, 139–50. Melbourne: Melbourne University Press, 2004.

——— . *A History of Russia, Central Asia and Mongolia*. Vol. 1, *Inner Eurasia from Prehistory to the Mongol Empire*. Oxford: Blackwell, 1998; Vol. 2, *Inner Eurasia from the Mongol Empire to Today, 1260–2000*. Hoboken, NJ: Wiley/Blackwell, 2018.

——— . "History and Science after the Chronometric Revolution." In Dick and

Lupisella, *Cosmos & Culture*, 441–62.

——— . *Maps of Time: An Introduction to Big History*. 2nd ed. Berkeley, CA: University of California Press, 2011.

——— . "The Noösphere." In *This Idea Is Brilliant*, edited by John Brockman. New York: Harper Perennial, 2018.

——— . *Origin Story: A Big History of Everything*. New York: Little, Brown, 2018.

——— . "Silk Roads or Steppe Roads? The Silk Roads in World History." *Journal of World History* 11, no. 1 (2000): 1–26.

Churchland, Patricia. *Braintrust: What Neuroscience Tells Us about Morality*. 2011; Princeton, NJ: Princeton University Press, 2018, with new preface.

——— . *Conscience: The Origins of Moral Intuition*. New York: W. W. Norton, 2019.

Cicero. *On the Nature of the Gods. Academics*. Translated by H. Rackham. Loeb Classical Library 268. Cambridge, MA: Harvard University Press, 1933.

——— . *On Old Age. On Friendship. On Divination*. Translated by W. A. Falconer. Loeb Classical Library 154. Cambridge, MA: Harvard University Press, 1923.

——— . *On the Republic. On the Laws*. Translated by Clinton W. Keyes. Loeb Classical Library 213. Cambridge, MA: Harvard University Press, 1928.

Collingwood, R. G. *The Idea of History*. Rev. ed. Edited by Jan Van Dussen. New York: Oxford University Press, 1994.

Condorcet, Marquis de. *Sketch for a Historical Picture of the Progress of the Human Mind*. In Lukes and Urbinati, *Condorcet: Political Writing*, 1–147.

Cossins, Daniel. "The Time Delusion." *New Scientist*, July 6, 2019, 32–36. Curd, Martin, and J. A. Cover. *Philosophy of Science: The Central Issues*. New York: W. W. Norton, 1998.

Danks, David. "Safe-and-Substantive Perspectivism." In Massimi and McCoy, *Understanding Perspectivism*, chap. 7.

Darwin, Charles. *Works of Charles Darwin*. MobileReference.com, 2008.

Daston, Lorraine. *Classical Probability in the Enlightenment*. Princeton, NJ: Princeton University Press, 1995. 이 책을 소개해준 닉 베이커Nic Baker에게 감사하다.

Dator, James. *Jim Dator: A Noticer in Time: Selected Work, 1967–2018*. Anticipation Science Book 5. Cham, Switzerland: Springer, 2019.

Davies, Owen. *Magic: A Very Short Introduction*. Oxford: Oxford University Press, 2012.

Davies, Paul. *The Demon in the Machine: How Hidden Webs of Information Are Finally Solving the Mystery of Life*. London: Penguin, 2019.

Dennett, Daniel. *Consciousness Explained*. New York: Penguin, 1991.

———. *Kinds of Minds: Toward an Understanding of Consciousness*. London: Weidenfeld and Nicolson, 1996.

de Rachewiltz, Igor. *The Secret History of the Mongols: A Mongolian Epic Chronicle of the Thirteenth Century*. 2 vols. Leiden: Brill, 2006.

De Vito, Stefania, and Sergio Della Sala. "Predicting the Future." *Cortex* 47, no. 8 (2011): 1018–22.

Dewdney, Christopher. *The Epic Drama of the Atmosphere and Its Weather*. London: Bloomsbury, 2019.

Díaz, S., J. Settele, E. S. Brondízio, H. T. Ngo, M. Guèze, J. Agard, A. Arneth, et al., eds. *IPBES (2019): Summary for Policymakers of the Global Assessment Report on Biodiversity and Ecosystem Services of the Intergovernmental Science-Policy Platform on Biodiversity and Ecosystem Services*. Bonn, Germany: IPBES Secretariat, 2019.

Dick, Steven J., and Mark L. Lupisella, eds. *Cosmos & Culture: Cultural Evolution in a Cosmic Context*. Washington, DC: National Aeronautics and Space Administration, 2009.

Drexler, K. Eric. *Radical Abundance: How a Revolution in Nanotechnology Will Change Civilization*. New York: Perseus, 2013.

Dunbar, Robin. *Human Evolution: A Pelican Introduction*. New York: Penguin, 2014.

Dyson, Freeman. "Time without End: Physics and Biology in an Open Universe." *Reviews of Modern Physics* 51, no. 3 (1979): 447–60.

Egan, Chas A., and Charles H. Lineweaver. "Life, Gravity and the Second Law of Thermodynamics." *Physics of Life Reviews* 5 (2008): 225–42.

Ehrlich, Paul R., and Anne Ehrlich. *The Population Bomb*. New York: Ballantine Books, 1968.

Einstein, Albert. *Relativity, the Special and the General Theory*. Translated by Robert

W. Lawson. London: Routledge, 1920.

―――. "Zur Elektrodynamik bewegter Körper" ("On the Electrodynamics of Moving Bodies"). *Annalen der Physik* 322 (10): 891-921.

Eisenstadt, Shmuel. "The Axial Age: The Emergence of Transcendental Visions and the Rise of Clerics." *European Journal of Sociology / Archives Européennes de Sociologie Europäisches Archiv für Soziologie* 23, no. 2 (1982): 294-314.

Eldredge, Niles, and Stephen Jay Gould. "Punctuated Equilibria: An Alternative to Phyletic Gradualism." In *Models in Paleobiology*, edited by T. J. M. Schopf, 82-115. San Francisco: Freeman Cooper, 1972.

Eliade, Mircea. *Myth of the Eternal Return, or, Cosmos and History*. Princeton, NJ: Princeton University Press, 1954.

Elias, Norbert. *Time: An Essay*. Oxford: Blackwell, 1992.

Evans-Pritchard, E. E. *Witchcraft, Oracles and Magic among the Azande*. Abridged with an introduction by Eva Gillies. Oxford: Oxford University Press, 1976.

Feller, William. *An Introduction to Probability Theory and Its Applications*. Vol. 1, 3rd ed. New York: John Wiley, 1968.

Ferguson, Adam. *An Essay on the History of Civil Society*. 3rd ed. London, 1768.

Fernandez-Armesto, Felipe. *The World: A History*. Upper Saddle River, NJ: Pearson, 2007.

Feynman, Richard P. *The Character of Physical Law*. 1965. New York: Penguin, 1992.

―――. "There's Plenty of Room at the Bottom." 캘리포니아공과대학교에서 열린 미국물리학회 연례회의 강연, Pasadena, CA, December 29, 1959. http://www.zyvex.com/nanotech/feynman.html.

Finney, Ben. *From Sea to Space*. Auckland, NZ: Massey University Press, 1992.

Flower, Michael A. *The Seer in Ancient Greece*. Berkeley: University of California Press, 2008.

Foster, Russell G., and Leon Kreitzman. *Circadian Rhythms: A Very Short Introduction*. Oxford: Oxford University Press, 2017.

Gallois, William. "Zen History." *Rethinking History* 14, no. 3 (2010): 421-40. https://doi.org/10.1080/13642529.2010.482799.

Garrett, Don. *Hume: The Routledge Philosophers*. New York: Routledge, 2015.

Gates, Bill. *How to Avoid a Climate Disaster*. New York: Penguin, 2021.

Gell, Alfred. *The Anthropology of Time: Cultural Constructions of Temporal Maps and Images*. Oxford: Berg, 1992.

Gerjuoy, Herbert. "The Most Significant Events of the Next Thousand Years." In Slaughter, *Knowledge Base of Futures Studies*, bk. 3, pt. 3.

Gerth, H. H., and C. Wright Mills, ed. *From Max Weber: Essays in Sociology*. London: Taylor & Francis Group, 2013.

Gibelyou, Cameron, and Douglas Northrop. *Big Ideas: A Guide to the History of Everything*. New York: Oxford University Press, 2020.

Gidley, Jennifer M. *The Future: A Very Short Introduction*. Oxford: Oxford University Press, 2017.

Gilbert, Stanley. *Stumbling on Happiness*. London: William Collins, 2007.

Gilmour, G. H. "The Nature and Function of Astragalus Bones from Archaeological Contexts in the Levant and Eastern Mediterranean." *Oxford Journal of Archaeology* 16 (1997): 167–75. Thanks to Ray Laurence for this reference.

Gisin, N. "Mathematical Languages Shape Our Understanding of Time in Physics." *Nature Physics* 16 (2020): 114–16. https://doi.org/10.1038/s41567-019-0748-5.

Godfrey-Smith, Peter. *Metazoa: Animal Minds and the Birth of Consciousness*. Glasgow, Scotland, William Collins, 2020.

Goodsell, David S. *The Machinery of Life*. New York: Springer, 2009.

Goodwin, Peter. *Forewarned: A Sceptic's Guide to Prediction*. London: Biteback Publishing, 2017.

Goody, Jack. "Time: Social Organization." In *International Encyclopaedia of the Social Sciences*, edited by David Sills, vol. 16, 30–42 (New York: Macmillan, 1968).

Gopnik, Alison. *The Philosophical Baby: What Children's Minds Tell Us about Truth, Love & the Meaning of Life*. New York: Vintage, 2011.

Goswami, Usha. *Child Psychology: A Very Short Introduction*. Oxford: Oxford University Press, 2014.

Greer, John Michael. *The Long Descent: A User's Guide to the End of the Industrial*

Age. Gabriola Island, BC, Canada: New Society Publishers, 2008.

Grinin, Anton, and Leonid Grinin. "Crossing the Threshold of Cyborgization." *Journal of Big History* 4, no. 3 (2020): 54–65.

Grinspoon, David. *Earth in Human Hands: Shaping Our Planet's Future*. New York: Grand Central Publishing, 2016.

Guthrie, Stewart. *Faces in the Clouds: A New Theory of Religion*. New York: Oxford University Press, 1993.

Hacking, Ian. *The Emergence of Probability*. 2nd ed. Cambridge: Cambridge University Press, 2006.

———. *The Taming of Chance*. Cambridge: Cambridge University Press, 1990.

Hansen, William. *The Anthology of Ancient Greek Popular Literature*. Bloomington: Indiana University Press, 1998.

Hawking, Stephen. *A Brief History of Time: From the Big Bang to Black Holes*. London: Bantam Press, 1988.

Haynes, Roslynn. "Astronomy and the Dreaming: The Astronomy of the Aboriginal Australians." In *Astronomy across Cultures: The History of non-Western Astronomy*, edited by Helaine Selin. London: Kluwer, 2000.

Headrick, Daniel. *Humans versus Nature: A Global Environmental History*. Oxford: Oxford University Press, 2020.

Hensel, D. Gert. "H.G. Wells and the Drafting of a Universal Declaration of Human Rights." *Peace Research* 35, no. 1 (2003): 93–102.

Herrington, Gaya. "Update to Limits to Growth: Comparing the World3 Model with Empirical Data." *Journal of Industrial Ecology* 24 (2012): 614–26. https://advisory.kpmg.us/articles/2021/limits-to-growth.html.

Hines, Andy, and Peter Bishop. *Thinking about the Future: Guidelines for Strategic Foresight*. 2nd ed. Houston, TX: Hinesight, 2015.

Holmes, Dawn E. *Big Data: A Very Short Introduction*. Oxford: Oxford University Press, 2017.

Holmes, Richard. *The Age of Wonder: How the Romantic Generation Discovered the Beauty and Terror of Science*. Glasgow, Scotland: William Collins, 2008.

Holt, Jim. *When Einstein Walked with Gödel: Excursions to the Edge of Thought*. New York: Farrar, Straus and Giroux, 2018.

Hoyle, Fred. *The Black Cloud*. London: William Heinemann, 1957.

Hume, David. *David Hume Collection* [includes *A Treatise of Human Nature*, *An Enquiry Concerning Human Understanding*, *An Enquiry Concerning the Principles of Morals*, and *Dialogues Concerning Natural Religion*]. NP, 2020.

Huxley, Aldous. *Brave New World*. London: Chatto & Windus, 1932.

Isaacson, Walter. *Einstein: His Life and Universe*. New York: Simon & Schuster, 2007.

Ismael, Jenann. *How Physics Makes Us Free*. New York: Oxford University Press, 2016.

———. "Temporal Experience." In *The Oxford Handbook of Philosophy of Time*, edited by Craig Callender, chap. 15, 460–82. New York: Oxford University Press, 2011.

James, Edward, and Farah Mendlesohn. "Fiction and the Future." In Slaughter, *Knowledge Base of Future Studies*, vol. 1, pt. 3.

James, William. *Delphi Complete Works of William James*. East Sussex, UK: Delphi Classics, 2018.

Jaspers, Karl. *Vom Ursprung und Ziel der Geschichte*. 1949. Translated by Michael Bullock as *The Origin and Goal of History*. London: Routledge and Kegan Paul, 1953; 인용문 출처는 Routledge Classics, 2021.

Johnston, Sarah Iles. *Ancient Greek Divination*. Oxford: Wiley/Blackwell, 2008.

Kahneman, Daniel. *Thinking, Fast and Slow*. New York: Penguin, 2011.

Kaku, Michio. *The Future of Humanity: Terraforming Mars, Interstellar Travel, Immortality, and Our Destiny Beyond*. New York: Penguin, 2018.

———. *Physics of the Future: How Science Will Shape Human Destiny and Our Daily Lives by the Year 2100*. New York: Penguin, 2011.

Kandel, Eric. *In Search of Memory: The Emergence of a New Science of Mind*. New York: W. W. Norton, 2006.

Kant, Immanuel. "Anthropology from a Pragmatic Point of View." Translated by Victor Lyle. Originally published 1798.

Kardashev, N. S. "On the Inevitability and the Possible Structures of Supercivilizations." In *The Search for Extraterrestrial Life: Recent Developments. Proceedings of the 112th Symposium of the International Astronomical Union*

Held at Boston University, Boston, Mass., U.S.A., June 18–21, 1984, edited by Michael Papagiannis, 497–504. Dordrecht: D. Reidel, 1985.

———. "Transmission of Information by Extra-Terrestrial Civilizations." *Soviet Astronomy AJ* 8, no. 2 (1964): 217–21. Translated from *Astronomicheskii Zhurnal* 41, no. 2 (1964): 282–87.

Kay, John, and Mervyn King. *Radical Uncertainty: Decision Making for an Uncertain Future*. London: Bridge Street Press, 2020.

Keightley, David N. "The Shang: China's First Historical Dynasty." In *The Cambridge History of Ancient China*. Cambridge: Cambridge University Press, 1999.

———. *These Bones Shall Rise Again: Selected Writings on Early China*. Edited by Henry Rosemont. Albany: State University of New York Press, 2014.

Kelly, Lynne. *Knowledge and Power in Prehistoric Societies: Orality, Memory and the Transmission of Culture*. Cambridge: Cambridge University Press, 2015.

Khayyám, Omar. *The Rubaiyat of Omar Khayyám*. Translated by Edward Fitzgerald. London: Bernard Quaritch, 1859. https://en.wikisource.org/wiki/The_Rubaiyat_of_Omar_Khayyam_(tr._Fitzgerald,_1st_edition).

Kistler, Max. "Causation." In *The Philosophy of Science: A Companion*, edited by Anouk Baberousse, Denis Bonnay, and Mikael Cozic. New York: Oxford University Press, 2018.

Krznaric, Roman. *The Good Ancestor: How to Think Long-Term in a Short-Term World*. London: Penguin, 2020.

Laplace, Pierre-Simon de. "A Philosophical Essay on Probabilities." Translated from the 6th French ed. London: John Wiley, 1902. https://bayes.wustl.edu/Manual/laplace_A_philosophical_essay_on_probabilities.pdf.

Larson, Jennifer. *Understanding Greek Religion*. New York: Routledge, 2016.

LeDoux, Joseph. *The Deep History of Ourselves: The Four-Billion-Year Story of How We Got Conscious Brains*. New York: Viking/Penguin, 2019.

Lee, Newton, ed. *The Transhumanism Handbook*. Cham, Switzerland: Springer, 2019.

Lee, Richard B., and Irven DeVore, eds. *Man the Hunter*. Chicago: Aldine, 1968.

Le Guin, Ursula. *The Dispossessed*. New York: Harper & Row, 1974.

Lewin, Moshe. "Popular Religion in Twentieth Century Russia." In *The Making of the Soviet System: Essays in the Social History of Interwar Russia*, 57–71. London: Methuen, 1985.

Lewis-Williams, David. *Conceiving God: The Cognitive Origin and Evolution of Religion*. London: Thames & Hudson, 2010.

Liu, Cixin. Remembrance of Earth's Past trilogy of novels. New York: Tor, 2006–10.

Loeb, Avi. *Extraterrestrial: The First Sign of Intelligent Lie Beyond Earth*. London: John Murray, 2021.

Lovelock, James. *Gaia: A New Look at Life on Earth*. 1979. Repr., Oxford: Oxford University Press, 1988.

Loy, David. "The Mahāyāna Deconstruction of Time." *Philosophy East and West* 36, no. 1 (1986): 13–23.

Luijendijk, AnneMarie, and William E. Klingshirn, eds. *My Lots Are in Thy Hands: Sortilege and Its Practitioners in Late Antiquity*. Leiden: Brill, 2018.

Lukes, Steven, and Nadia Urbinati, eds. *Condorcet: Political Writing*. Cambridge: Cambridge University Press, 2012, 1–147.

Lyon, Pamela. "The Cognitive Cell: Bacterial Behavior Reconsidered." *Frontiers in Microbiology* 6 (2015). https://doi.org/10.3389/fmicb.2015.00264. 이 책을 소개해준 도호쿠대학교의 마틴 로버트Martin Robert에게 감사하다.

Mack, Katie. *The End of Everything (Astrophysically Speaking)*. London: Penguin, 2020.

Malthus, Thomas Robert. *An Essay on the Principle of Population*. Edited by Philip Appleman. New York: W. W. Norton, 1976.

Marshack, Alexander. *The Roots of Civilization: The Cognitive Beginning of Man's First Art, Symbol and Notation*. New York: McGraw-Hill, 1972.

Marshall Thomas, Elizabeth. *The Old Way: A Story of the First People*. New York: Picador, 2006.

Marx, Karl. *The Marx-Engels Reader*. 2nd ed. Edited by Robert C. Tucker. New York: W. W. Norton, 1978.

Maslow, Abraham. "Symposium: Revisiting Maslow: Human Needs in the 21st Century." in *Society* 54 (2017): 508–9. https://doi.org/10.1007/s12115-017-

0198-6.

———. "A Theory of Human Motivation." *Psychological Review* 50 (1943): 370–96.

Massimi, Michela, and Casey D. McCoy, eds., *Understanding Perspectivism: Scientific Challenges and Methodological Prospects* (Routledge Studies in the Philosophy of Science). New York: Routledge, 2019.

Mayer-Schönberger, Viktor, and Kenneth Cukier. *Big Data: A Revolution That Will Transform How We Live, Work and Think.* London: John Murray, 2013.

McGrath, Ann. "Deep Histories in Time, or Crossing the Great Divide?" In McGrath and Jebb, *Long History, Deep Time: Deepening Histories of Place*.

McGrath, Ann, and Mary Anne Jebb, eds. *Long History, Deep Time: Deepening Histories of Place*. Canberra: Australian National University Press, 2015.

McGrayne, Sharon B. *The Theory That Would Not Die: How Bayes' Rule Cracked the Enigma Code, Hunted Down Russian Submarines, and Emerged Triumphant from Two Centuries of Controversy*. New Haven, CT: Yale University Press, 2011.

McTaggart, J. Ellis. "The Unreality of Time." *Mind*, n.s., 17, no. 68 (1908): 457–74.

———. "The Unreality of Time" (a restatement of arguments in McTaggart's 1908 article). In *The Philosophy of Time*, edited by Robin Le Poidevin and Murray MacBeath, 23–34. Oxford: Oxford University Press, 1993.

Meadows, A. J. (Jack). *The Future of the Universe*. London: Springer, 2007.

Meadows, D. H., D. L. Meadows, and J. Randers. *Beyond the Limits: Global Collapse or a Sustainable Future*. London: Earthscan, 1992.

Meadows, D. H., D. L. Meadows, J. Randers, and W. W. Behrens. *The Limits to Growth: A Report for the Club of Rome's Project on the Predicament of Mankind*. New York: Universe Books, 1972.

Mellor, D. H. *Real Time*. Cambridge: Cambridge University Press, 1981.

———. *Real Time II*. London: Routledge, 1998.

Mesoudi, Alex. *Cultural Evolution: How Darwinian Theory Can Explain Human Culture and Synthesize the Social Sciences*. Chicago: University of Chicago Press, 2011.

Miller, Walter M. *A Canticle for Leibowitz*. Philadelphia: J. B. Lippincott, 1959.

Mitchell, Melanie. *Complexity: A Guided Tour*. New York: Oxford University Press, 2009.

Mlodinow, Leonard. *The Drunkard's Walk: How Randomness Rules Our Lives.* New York: Pantheon, 2009.

Mukherjee, Siddhartha. *The Gene: An Intimate History.* New York: Scribner, 2016.

Nance, R. Damian, J. Brendan Murphy, and M. Santosh. "The Supercontinent Cycle: A Retrospective Essay." *Gondwana Research* 25 (2014): 4–29.

Neale, Margo. *First Knowledges: The Power and Promise.* Port Melbourne, Victoria, Australia: Thames & Hudson, 2020.

Newton, Isaac. *The Mathematical Principles of Natural Philosophy.* Translated by Andrew Motte. London: Middle-Temple-Gate, 1729.

Nissinen, Martti, Robert Kriech Ritner, and Choon Leong Seow. *Prophets and Prophecy in the Ancient Near East.* Atlanta, GA: Society of Biblical Literature, 2003.

Noble, W., and I. Davidson. "Tracing the Emergence of Modern Human Behavior: Methodological Pitfalls and a Theoretical Path." *Journal of Anthropological Archaeology* 12, no. 2 (1993): 121–49.

Nurse, Paul. *What Is Life? Understand Biology in Five Steps.* Melbourne: Scribe, 2020.

Ogle, Vanessa. *The Global Transformation of Time, 1870–1950.* Cambridge, MA: Harvard University Press, 2015.

Ord, Toby. *The Precipice: Existential Risk and the Future of Humanity.* New York: Hachette, 2020.

O'Shea, Michael. *The Brain: A Very Short Introduction.* Oxford: Oxford University Press, 2005.

Our World in Data. Max Roser et al. https://ourworldindata.org/.

Pankenier, David W. *Astrology and Cosmology in Early China: Conforming Earth to Heaven.* Cambridge: Cambridge University Press, 2013.

Parke, H. W., and D. E. W. Wormell. *The Delphic Oracle.* Vol. 1, *The History.* Vol. 2, *The Oracular Responses.* Oxford: Blackwell, 1956.

Pearl, Judea. "The Art and Science of Cause and Effect." Public lecture, UCLA Faculty Research Lectureship Program, 1996. Reprinted as the epilogue to Pearl, *Causality: Models, Reasoning, and Inference.* New York: Cambridge University Press, 2009, 401–28. http://bayes.cs.ucla.edu/BOOK-2K/

causality2-epilogue.pdf.

Pearl, Judea, and Dana Mackenzie. *The Book of Why: The New Science of Cause and Effect*. London: Penguin, 2018.

Piketty, Thomas. *Capital in the Twenty-First Century*. Translated by Arthur Goldhammer. Cambridge, MA: Harvard University Press, 2014.

Pinker, Steven. *The Better Angels of Our Nature: Why Violence Has Declined*. New York: Viking, 2011.

——. *How the Mind Works*. London: Allen Lane, 1998.

——. *The Language Instinct: How the Mind Creates Language*. New ed. London: Penguin, 2003.

Plotkin, Henry. *Darwin Machines and the Nature of Knowledge*. Cambridge, MA: Harvard University Press, 1994.

Plutarch. *Life of Caesar*. In *Lives*, vol. 7, *Demosthenes and Cicero. Alexander and Caesar*. Translated by Bernadotte Perrin. Loeb Classical Library 99. Cambridge, MA: Harvard University Press, 1919.

Polak, Fred. *The Image of the Future*. Translated by Elise Boulding. Amsterdam: Elsevier, 1973.

Porter, Roy. *The Greatest Benefit to Mankind: A Medical History of Humanity*. Glasgow, Scotland: William Collins, 1997.

Price, Huw. *Time's Arrow and Archimedes' Point: New Directions for the Physics of Time*. New York: Oxford University Press, 1997.

Randers, Jørgen. *2052: A Global Forecast for the Next Forty Years: A Report to the Club of Rome Commemorating the 40th Anniversary of The Limits to Growth*. White River Junction, VT: Chelsea Green Publishing, 2012.

Raphals, Lisa. *Divination and Prediction in Early China and Ancient Greece*. Cambridge: Cambridge University Press, 2013.

Raskin, Paul. *Journey to Earthland: The Great Transition to Planetary Civilization*. Boston: Tellus Institute, 2016.

Raworth, Kate. *Doughnut Economics: Seven Ways to Think Like a 21st-Century Economist*. London: Penguin Random House, 2017.

Rawson, Elizabeth. *Cicero: A Portrait*. Bristol Classical Paperbacks. 1975. Bristol: Bristol Classical Press, 2001, based on the 1985 edition.

Redmond, Geoffrey. *The I Ching (Book of Changes): A Critical Translation of the Ancient Text*. London: Bloomsbury, 2017.

Rees, Martin. *Just Six Numbers: The Deep Forces that Shape the Universe*. New York: Basic Books, 2000.

———. *On the Future: Prospects for Humanity*. Princeton, NJ: Princeton University Press, 2018.

Rescher, Nicholas. *Predicting the Future: An Introduction to the Theory of Forecasting*. Albany: State University of New York Press, 1998.

———. "Predicting and Knowability: The Problem of Future Knowledge." In *The Limits of Science*, vol. 109, Poznan Studies in the Philosophy of Humanities and the Sciences, edited by W. J. Gonzalez, 115–33. Leiden, Netherlands: Brill, 2016.

Riahi, Keywan, Detlef P. van Vuuren, Elmar Kriegler, Jae Edmonds, Brian C. O'Neill, Shinichiro Fujimori, Nico Bauer, et al., eds. "The Shared Socioeconomic Pathways and Their Energy, Land Use, and Greenhouse Gas Emissions Implications: An Overview." *Global Environmental Change* 42 (2017): 153–68.

Richerson, Peter J. "An Integrated Bayesian Theory of Phenotypic Flexibility." *Behavioral Processes* 161 (2019): 54–64.

Richerson, Peter J., Robert Boyd, and Robert L. Bettinger. "Was Agriculture Impossible during the Pleistocene but Mandatory during the Holocene? A Climate Change Hypothesis." *American Antiquity* 66, no. 3 (2001): 387–411.

Riggs, Peter. "Contemporary Concepts of Time in Western Science and Philosophy." In McGrath and Jebb, *Long History, Deep Time*, 47–66.

Robinson, Kim Stanley. "The Realism of Our Times: Kim Stanley Robinson on How Science Fiction Works." Interview with John Plotz, *Public Books*, September 23, 2020, https://www.publicbooks.org/the-realism-of-our-times-kim-stanley-robinson-on-how-science-fiction-works/.

———. *Red Mars, Blue Mars, Green Mars*. New York: Bantam Spectra, 1992–96.

Rockström, Johan, and Mattias Klum. *Big World: Small Planet*. Stockholm: Max Ström Publishing, 2015.

Rorvig, Mordechari. "How to Spot an Alien Megastructure." *New Scientist*, January

30, 2021, 45–47.

Rose, Deborah Bird. *Dingo Makes Us Human: Life and Land in an Australian Aboriginal Culture*. Cambridge: Cambridge University Press, 2000.

Rosenbaum, S. "100 Years of Heights and Weights." *Journal of the Royal Statistical Society. Series A* (Statistics in Society) 151, no. 2 (1988): 276–309.

Rosling, Hans, and Ola Rosling. *Factfulness: Ten Reasons We're Wrong about the World — and Why Things Are Better Than You Think*. London: Sceptre, 2018.

Roth, Gerhard. *The Long Evolution of Brains and Minds*. New York: Springer, 2013.

Russell, Bertrand. *History of Western Philosophy*. 2nd ed. London: Unwin Paperbacks, 1979.

———. "Psychological and Physical Causal Laws." In *Basic Writings*, 288 (from *The Analysis of Mind*, London: Allen & Unwin; New York: Macmillan, 1921).

Russell, Stuart. *Human Compatible: AI and the Problem of Control*. New York: Penguin, 2019.

Ryan, W. F. *The Bathhouse at Midnight: An Historical Survey of Magic and Divination in Russia*. University Park: Pennsylvania State University Press, 1999.

Rynasiewicz, Robert. "Newton's Views on Space, Time, and Motion." *The Stanford Encyclopedia of Philosophy*. http://plato.stanford.edu/archives/fall2008/entries/newtonstm/.

Sabrin, Kaeser M., et al. "The Hourglass Organization of the C. elegans Connectome." *BioRxiv: The Preprint service for Biology*, April 5, 2019, https://www.biorxiv.org/content/10.1101/600999v2.

Safina, Carl. *Becoming Wild: How Animal Cultures Raise Families, Create Beauty, and Achieve Peace*. New York: Henry Holt, 2020. 이 책을 소개해준 라이다 바퀘스Rida Vaquas에게 감사하다.

Sagan, Carl. *The Cosmic Connection: An Extraterrestrial Perspective*. Cambridge: Cambridge University Press, 2000.

Sahlins, Marshal. "The Original Affluent Society." In *Stone Age Economics*, 1–39. London: Tavistock, 1974.

Sardar, Ziauddin. *Future: All That Matters*. London: John Murray, 2013.

Sargent, Lyman Tower. *Utopianism: A Very Short Introduction*. Oxford: Oxford University Press, 2010.

Scheidel, Walter. *The Great Leveler: Violence and the Global History of Inequality from the Stone Age to the Present*. Princeton, NJ: Princeton University Press, 2018.

Schrödinger, Erwin. *What Is Life?* 1944. Cambridge: Cambridge University Press, 2000.

Schroeter, John, ed. *After Shock: The World's Foremost Futurists Re"ect on 50 Years of Future Shock — and Look Ahead to the Next 50*. Bainbridge Island, WA: Abundant World Institute, 2020.

Schwab, Klaus, with Peter Vanham. *Stakeholder Capitalism: A Global Economy That Works for Progress, People and Planet*. Hoboken, NJ: Wiley, 2021.

Schwartz, Peter. *The Art of the Long View: Planning for the Future*. Sydney: Currency Paperback, 1996.

Seth, Anil. *Being You: A New Science of Consciousness*. London: Faber & Faber, 2021.

Shah, Karina. "Complex Life's Days Are Numbered." *New Scientist*, March 6, 2021, 12.

Shapin, Steven. *The Scientific Revolution*. Chicago: University of Chicago Press, 1996.

Sheldrake, Merlin. *Entangled Life: How Fungi Make Our Worlds, Change Our Minds, and Shape Our Futures*. New York: Random House, 2020.

Shostak, Seth. "The Value of 'L,'" in Dick and Lupisella, *Cosmos & Culture: Cultural Evolution in a Cosmic Context*, 399–414.

Silver, Nate. *The Signal and the Noise: The Art and Science of Prediction*. London: Penguin, 2012.

Simard, Suzanne. *Finding the Mother Tree: Uncovering the Wisdom and Intelligence of the Forest*. New York: Penguin, 2021.

Sinclair, David A., and Matthew D. LaPlante. *Lifespan: Why We Age — and Why We Don't Have To*. New York: Atria, 2019.

Slaughter, Richard A., ed. *Knowledge Base of Futures Studies [KBFS]*. Hawthorn, Australia: DDM Media Group, 1996. CD-ROM Professional ed., 2005.

Smil, Vaclav. *Harvesting the Biosphere: What We Have Taken from Nature*. Cambridge, MA: MIT Press, 2013.

―――. *Numbers Don't Lie: 71 Things You Need to Know about the World*. New York: Penguin, 2020.

Smolin, Lee. *The Life of the Cosmos*. London: Phoenix, 1998.

Sornette, Didier. "Dragon-kings, Black Swans, and the Prediction of Crises." *International Journal of Terraspace Science and Engineering* 2, no. 1 (2009): 1–18.

Srubar, Will. "Buildings Grown by Bacteria — New Research Is Finding Ways to Turn Cells into Mini-Factories for Materials." The Conversation, March 23, 2020. https://theconversation.com/buildings-grown-by-bacteria-new-research-is-finding-ways-to-turn-cells-into-mini-factories-for-materials-131279.

Stableford, Brian, and David Langford. *The Third Millennium: A History of the World, AD 2000–3000*. London: Sidgwick and Jackson, 1985.

Stapledon, Olaf. *Star Maker*. London: Methuen, 1937.

Steffen, Will, Wendy Broadgate, Lisa Deutsch, Owen Gaffney, and Cornelia Ludwig. "The Trajectory of the Anthropocene: The Great Acceleration." *Anthropocene Review* 2, no. 1 (2015): 81–98.

Stewart, Ian. *Do Dice Play God? The Mathematics of Uncertainty*. London: Profile, 2019.

Stewart, Randall. "The Sortes Barberinianae within the Tradition of Oracular Texts." Chap. 8 in Luijendijk and Klingshirn, *My Lots Are in Thy Hands*.

Strathern, Oona. *A Brief History of the Future*. London: Constable and Robinson, 2007.

Swain, Tony. *A Place for Strangers: Toward a History of Australian Aboriginal Being*. Melbourne: Cambridge University Press, 1993.

Swirski, Peter, ed. *A Stanislaw Lem Reader*. Evanston, IL: Northwestern University Press, 1997.

Szostak, Rick. *Making Sense of the Future*. New York: Routledge, 2022.

Taleb, Nassim Nicholas. *The Black Swan: The Impact of the Highly Improbable*. New York: Random House, 2007.

Tedlock, Barbara. "Toward a Theory of Divinatory Practice." *Anthropology of Consciousness* 17, no. 2 (2008): 62–77.

"Temporalities." Forum in *Past and Present*, no. 243 (2019).

Thomas, N., and C. Humphrey, eds. *Shamanism: History and the State*. Ann Arbor: University of Michigan Press, 1994.

Tomasello, Michael. *Why We Cooperate*. Cambridge, MA: MIT Press, 2009. Toner, J. *Popular Culture in Ancient Rome*. Cambridge: Polity, 2009.

Toulmin, Stephen, and June Goodfield. *The Discovery of Time*. Chicago: University of Chicago Press, 1965.

Turner, G. M. "A Comparison of The Limits to Growth with 30 Years of Reality." *Global Environmental Change* 18, no. 3 (2008): 397–411. https://doi.org/10.1016/j.gloenvcha.2008.05.001.

———. "Is Global Collapse Imminent? An Updated Comparison of *The Limits to Growth* with Historical Data." MSSI Research Paper No. 4, Melbourne Sustainable Society Institute, University of Melbourne, 014. https://sustainable.unimelb.edu.au/publications/research-papers/is-global-collapse-imminent.

United Nations Environment Programme. *Making Peace with Nature*. 2021. https://www.unep.org/events/unep-event/launch-unep-making-peace-nature-report.

Urry, John. *What Is the Future?* London: Polity, 2016.

Vitebsky, Piers. *The Shaman*. Basingstoke: Macmillan, 1995.

Vollset, Stein Emil, Emily Goren, Chun-Wei Yuan, Jackie Cao, Amanda E. Smith, Thomas Hsiao, Catherine Bisignano, et al. "Fertility, Mortality, Migration, and Population Scenarios for 195 Countries and Territories from 2017 to 2100: A Forecasting Analysis for the Global Burden of Disease Study." *Lancet* 396, no. 10258 (2020): 1285–1306. https://doi.org/10.1016/S0140-6736(20)30677-2.

Voros, Joseph. "Big Futures: Macrohistorical Perspectives on the Future of Humankind." In *The Ways That Big History Works: Cosmos, Life, Society and Our Future*. Vol. 3 of *From Big Bang to Galactic Civilizations: A Big History Anthology*, edited by Barry Rodrigue, Leonid Grinin, and Andrey Korotayev,

403–36. Delhi: Primus Books, 2017.

———. "Big History and Anticipation: Using Big History as a Framework for Global Foresight." In *Handbook of Anticipation: Theoretical and Applied Aspects of the Use of Future in Decision Making*, edited by R. Poli. Cham, Switzerland: Springer International, 2017. https://doi.org/10.1007/978-3-319-31737-3_95-1.

———. "On the Philosophical Foundations of Futures Research." In *Knowing Tomorrow? How Science Deals with the Future*, edited by P. van der Duin, chap. 5, 69–90. Delft, the Netherlands: Eburon Academic Publishers, 2007.

Wagar, W. Warren. "H.G. Wells and the Genesis of Future Studies." In Slaughter, *Knowledge Base of Futures Studies*, vol. 1, pt. 1.

———. *A Short History of the Future*. 3rd ed. Chicago: University of Chicago Press, 1999.

Waldrop, M. Mitchell. *Complexity: The Emerging Science at the Edge of Order and Chaos*. 1992. New York: Open Road Media, 2019.

Walls, Jerry, ed. *The Oxford Handbook to Eschatology*. Oxford: Oxford University Press, 2010.

Watts, Duncan J. "The 'New' Science of Networks." *Annual Review of Sociology* 30 (2004): 243–70.

Weart, Spencer. "The Development of the Concept of Dangerous Anthropogenic Climate Change." In *The Oxford Handbook of Climate Change and Society*, edited by John Dryzek, Richard B. Norgaard, and David Schlosberg, 67–81. Oxford: Oxford University Press, 2011.

Weaver, Warren. *Lady Luck*. Dover: Penguin, 1963.

Wells, H. G. "The Discovery of the Future." *Nature*, February 6, 1902, 326–31.

———. *The Outline of History*. New York: Macmillan, 1920.

———. *The Rights of Man; or, What Are We Fighting For?* 1940. London: Penguin, 2015, with an introduction by Ali Smith.

———. *The Time Machine*. 1895.

Westfall, Richard S. *The Life of Isaac Newton*. Cambridge: Cambridge University Press, 1993.

Whitehead, A. N. *Adventures of Ideas*. New York: Free Press, 1933.

Wilczek, Frank. *Fundamentals: Ten Keys to Reality*. New York: Penguin, 2021.

Wohlleben, Peter. *The Hidden Life of Trees: What They Feel, How They Communicate*. Greystone Books, 2016.

Wolchover, Natalie. "Does Time Really Flow? New Clues Come from a Century-Old Approach to Math." *Quanta Magazine*, April 7, 2020.

Wolpert, Lewis. *Developmental Biology: A Very Short Introduction*. Oxford: Oxford University Press, 2011.

Wood, Barry. "Big History and the Study of Time: The Underlying Temporalities of Big History." In Benjamin, Quaedackers, and Baker, *The Routledge Companion to Big History*, 37–56.

Woodburn, James. "Egalitarian Societies." *Man, the Journal of the Royal Anthropological Institute* 17, no. 3 (1982): 432–51.

Wooton, David. *The Invention of Science: A New History of the Scientific Revolution*. New York: Penguin, 2015.

Wordsworth, Jonathan, and Jessica Wordsworth, eds. *The Penguin Book of Romantic Poetry*. London: Penguin, 2003.

Zimmer, Carl. *Microcosm: E. Coli and the New Science of Life*. New York: Vintage, 2009.

Zinkina, Julia, Leonid Grinin, Ilya Ilyin, Alexey Andreev, Ivan Aleshkovskii, and Andrey Korotayev. *Big History of Globalization: From the Big Bang to Modernity*. Cham, Switzerland: Springer, 2018.

| 찾아보기 |

7세대의 규칙 284
A계열 시간 32~38, 42~45, 60, 73, 167, 169, 179, 240, 388, 389
B계열 시간 32, 38~46, 51, 52, 56, 57, 60, 61, 167, 169, 179, 365, 388
DNA 14, 69, 109~117, 123~125, 133, 148, 346
IPBES 313
IPCC 81, 88, 89, 311~313, 322
LUCA 106, 107, 392
mRNA 112, 113
RNA 110~113

ㄱ

가까운 미래 45, 79, 117, 202, 284~287, 314, 322, 336, 388
가능한 미래 6~12, 18, 19, 35, 37, 46, 53, 74, 78, 83~86, 89, 94, 103, 117, 141, 142, 147, 148, 151, 159, 162~165, 214, 266, 268, 276, 278, 283~286, 292, 320, 323, 326, 388~390, 392

가모브, 조지 Gamow, George 377, 378
가상의 미래 87, 91, 93, 101, 388, 389
감각 34, 44, 75, 104, 135, 145, 170, 192, 243
감정 6, 40, 92~94, 153, 162
갑골문 207~209
거대생명체 121~126, 138, 238, 286, 287, 388, 389, 392
겔, 앨프리드 Gell, Alfred 170
결정론 45~53, 260, 261, 301, 388
경제 238, 239, 263, 264, 268, 270, 271, 296, 306
경제 성장 296, 297, 305, 306, 309, 318, 323, 329, 330
경제 예측 94, 269~272
고프닉, 앨리슨 Gopnik, Alison 155
공자 16, 195, 395
과거 9~18, 30, 31, 34~47, 53~56, 65~67, 74~86, 102, 128, 131, 137, 151~154, 160, 166,~173, 177, 180~182, 192, 219, 227, 234~236, 241~245, 249, 253,

256, 262, 268, 272, 292, 295, 297, 309, 320, 321, 330, 336, 344, 373, 377, 388~390, 392
과학 17, 46~49, 65, 74, 195, 235, 245~247, 273~275, 291, 295, 296, 327, 330, 331, 337, 338, 359
광합성 126~129, 340, 371
괴델, 쿠르트 Godel, Kurt 49
교육 167, 183, 300, 305, 310, 329, 337, 338, 348
구디, 잭 Goody, Jack 170, 181
굴드, 스티븐 제이 Gould, Stephen Jay 303
귀납법 82, 388, 391
그랜트, 존 Graunt, John 262
그로미코, 안드레이 Gromyko, Andrei 219
그리스 42, 151, 195, 199~204
근심의 영역 93, 202, 226, 229, 256, 388
기술 73, 107, 160, 162, 166, 171, 174~177, 189, 190, 216, 222, 225, 235~241, 248, 266, 273, 293~ 296, 301, 311, 320, 323~330, 337~352, 356, 360, 383
기신, 니콜라스 Gisin, Nicolas 49
기억 8, 102, 115, 131~133, 143~155, 181, 192, 222, 317
기초 시대 19, 174~177, 183~186, 190, 236, 391
기회 112, 136, 137, 216
기후 76, 81, 89, 92, 171, 175, 190, 246, 254, 264, 268, 286, 298, 310~313, 317, 318, 322~325, 367
길버트, 대니얼 Gilbert, Daniel 152

ㄴ

나노기술 339, 343~345, 348
나스레딘 호자 방법 75, 81, 168, 217, 389
너스, 폴 Nurse, Paul 70
네커 입방체 83, 84, 150
네트워크 13, 116~118, 130, 139~143, 147, 160, 164~167, 173, 190, 191, 194, 195, 202, 235~239, 288, 289, 305, 319, 337, 345, 361, 390
농경 시대 19, 189, 192, 199, 217, 221, 222, 225, 226, 235, 236, 272, 309, 316, 391
뉴턴, 아이작 Newton, Isaac 32, 44, 47, 53, 62~64, 79, 243, 244, 249, 302, 375
느린 사고 154, 155, 162

ㄷ

다가올 미래 6, 10, 12, 57, 76~86, 92, 99, 101, 104, 113, 126~131, 135~140, 147~151, 162, 165, 245, 250, 251, 257, 261, 277, 283, 285, 287, 301, 391, 392
다세포 생물 119, 121, 286, 353, 388, 389
다양성 171, 287, 328, 361
다윈, 찰스 Darwin, Charles 72, 131~ 136, 269, 303, 393
다이슨, 프리먼 Dyson, Freeman 342, 346, 361, 362
다중 우주 382
단기기억 115, 132, 148
단백질 108~118, 128~130, 134, 136,

143, 148, 343, 389
단속평형 303, 304, 389
단테, 알리기에리 Dante, Alighieri 10, 11, 75
대장균 99, 101, 107~119, 143, 148, 343
댕크스, 데이비드 Danks, David 67
데닛, 대니얼 Dennett, Daniel 72, 104
데이터 43, 47, 245, 261~265, 269, 272, 407
데이터, 짐 Dator, Jim 27, 286, 323
델포이 신탁 201~203, 206
도덕적 진보 292, 307
도박 127, 250~254
동물 19, 124, 126, 131, 135~141, 147, 148, 151, 159~161, 166, 177~179, 183, 201, 205~207, 220, 240, 288, 312, 347, 349, 354, 371, 382
두뇌 52, 92, 102, 106, 134, 137, 140, 141, 145, 147, 150~155, 159~164, 183, 330, 346~348, 357
뒤르켐, 에밀 Durkheim, Emile, 174
드 메랑, 장자크 도르투 de Mairan, Jean-Jacques d'Ortous 134
드러커, 피터 Drucker, Peter 275
딥러닝 344

ㄹ

라우든, 래리 Laudan, Larry 49
라이언, 패멀라 Lyon, Pamela 103
라팔스, 리사 Raphals, Lisa 204, 211
라플라스, 피에르시몽 드 Laplace, Pierre-Simon de 46~50, 256, 258, 261
래스킨, 폴 Raskin, Paul 328

랜더스, 요르겐 Randers, Jørgen 301, 322
랭턴, 크리스토퍼 Langton, Christopher 99
러브록, 제임스 Lovelock, James 314, 371
러셀, 버트런드 Russell, Bertrand 32, 49, 53, 80
러셀, 스튜어트 Russell, Stuart 155
러시아 217~221, 385
럼즈펠드, 도널드 Rumsfeld, Donald 302
레이우엔훅, 안톤 판 Leeuwenhoek, Anton van 105
렘, 스타니스와프 Lem, Stanislaw 348
로렌즈, 에드워드 Lorenz, Edward 50, 270
로마 8, 51, 196, 199, 200, 225, 231, 269, 273, 355
로마클럽 276
로봇 205, 307, 328, 344~346, 350~352
로빈슨, 킴 스탠리 Robinson, Kim Stanley 351, 360
로스, 게르하르트 Roth, Gerhard 142
로슨, 엘리자베스 Rawson, Elizabeth 185
로즈, 데버라 버드 Rose, Deborah Bird 176
록스트룀, 요한 Rockström, Johan 314, 315
르두, 조지프 LeDoux, Joseph 102
르윈, 모셰 Lewin, Moshe 217
리, 리처드 Lee, Richard 179, 182
리보솜 113, 114
《리보위츠를 위한 찬송》 356
리스, 마틴 Rees, Martin 282
리처, 니컬러스 Rescher, Nicholas 9

ㅁ

마골리스, 제이컵 Margolis, Jacob 364

마굴리스, 린 Margulis, Lynn 123
마녀 6, 193, 197, 217
마르크스, 카를 Marx, Karl 59, 249, 264
마색, 알렉산더 Marshack, Alexander 178
마셜, 엘리자베스 Marshall, Elizabeth 178, 185
마취제 155, 306, 326
매슬로, 에이브러햄 Maslow, Abraham 288, 289
매클린톡, 해리 McClintock, Harry 290
맥그래스, 앤 McGrath, Ann 180
맥태거트, 엘리스 McTaggart, J. Ellis 32, 38, 388
맬서스, 토머스 Malthus, Thomas 295, 296, 309, 356
먼 미래 11, 173, 241, 266, 336, 361, 365~367, 381, 389
메도스, 도넬라 Meadows, Donella 266
메소포타미아 199, 201, 204, 206
메수디, 앨릭스 Mesoudi, Alex 164
메탄 202, 312
멜러, 데이비드 휴 Mellor, David Hugh 31
모노, 자크 Monod, Jacques 116
모델 67, 83, 84, 142~147, 150~153, 159, 162, 165, 243, 248~250, 253, 254, 266~270, 275, 312
모밀리아노, 아르날도 Momigliano, Arnaldo 195
모어, 토머스 More, Thomas 100, 291
목적성 69, 389, 390
몽골 196, 199
무기 237, 302, 315, 332, 336, 344
무아지경 169, 172, 185, 186, 196, 197, 202, 206, 222

무어, 고든 Moore, Gordon 266
무어의 법칙 266
무작위 48, 55, 69, 78, 79, 103, 108, 109, 118, 136, 228, 229, 257, 258, 260, 261
무작위 선택 228, 232, 258, 389
문명 212, 341~343, 354, 361
문화 14, 160, 163, 164, 175, 181, 193, 208, 289, 328, 352
물리학 14, 41, 44, 49~53, 58, 69, 70, 155, 170, 185, 245, 249, 275, 381
미래 관리 18, 99, 103~113, 116, 119~122, 126, 128, 136, 191, 237, 287, 389
미래 사고 6~19, 45, 57, 61, 65, 74~78, 84~86, 91, 92, 99~102, 111, 112, 117~126, 138, 142, 147, 154~162, 165~168, 174, 176, 183, 185, 189, 192~196, 199, 204, 205, 213~217, 221, 226, 227, 231, 235~238, 242~246, 250, 254, 261, 262, 266~269, 272~278, 292, 301, 311, 323, 344, 366, 388~392
미래 시나리오 322, 331, 332, 338, 354, 386
미래 예측 46, 83, 89, 153
미래 원뿔 37, 38, 87~93, 100~102, 153, 202, 226, 229, 249, 256, 268, 301, 319, 390
미래 지형도 86~88
미래의 지도 83, 283, 284
미래학 14, 17, 18, 27, 272~277, 285, 286, 386, 390

미생물 104, 105, 246, 390
미신 54, 195, 216, 225, 244, 250
미첼, 멜라니 Mitchell, Melanie 117
민코프스키, 헤르만 Minkowski, Hermann 66, 67, 88, 390
밀, 존 스튜어트 Mill, John Stuart 297
밀러, 월터 Miller, Walter M. 356
밀턴, 존 Milton, John 29

ㅂ

바치갈루포, 아나 마리엘라 Bacigalupo, Ana Mariella 217, 222
박테리아 7, 59, 70~72, 76, 99~102, 106~108, 121~124, 135, 150, 286, 343, 373
방사능 64, 70, 315
버니, 패니 Burney, Fanny 306
버틀러, 새뮤얼 Butler, Samuel 345
번스, 로버트 Burns, Robert 159
베르누이, 야코프 Bernoulli, Jacob 256, 257, 261
베를리오즈, 엑토르 Berlioz, Hector 28
베버, 막스 Weber, Max 243, 392
베소, 미셸 Besso, Michele 40
베이조스, 제프 Bezos, Jeff 351
베이즈 통계학 103, 106, 258
벨, 웬들 Bell, Wendell 14, 266, 276, 277
별 171, 185, 212, 303, 368, 373, 383
별자리 9, 183, 212
보니것, 커트 Vonnegut, Kurt 41
보스트롬, 닉 Bostrom, Nick 345
보어, 닐스 Bohr, Niels 261
보일, 로버트 Boyle, Robert 244
복잡계 50, 106, 107, 267, 284, 285,
303, 304, 321, 333, 336, 337, 342, 343, 378, 383
볼스, 다이애나 Bowles, Dianna 129
불교 30, 41, 81, 195, 197, 290
불평등 300, 307, 310, 316~319, 324, 326, 329~332, 357, 358
브레이, 데니스 Bray, Dennis 116
브리스코, 데이비드 Briscoe, David 17
블랙번, 사이먼 Blackburn, Simon 40
블록우주 39, 40, 45, 48, 51, 57, 61, 66, 365, 390
비고츠키, 레프 Vygotsky, Lev 165
비어드, 메리 Beard, Mary 201
비타모어, 너태샤 Vita-More, Natasha 347
비텝스키, 피어스 Vitebsky, Piers 223
빅 히스토리 12~14, 16, 303, 385, 386, 390
빅데이터 264, 265
빅뱅 14, 16, 53, 56, 241, 365, 374~379, 382
빛의 속도 44, 62, 63, 66
빠른 사고 153~155, 162

ㅅ

사냥 138, 177, 179
사피나, 칼 Safina, Carl 74
사회성 161, 162, 164
사회적 시간 171~173, 178, 190, 240, 390
사회통계학 228, 231, 262
상대성 이론 62, 65, 68, 331, 382
생물다양성 313, 315, 330, 357, 358, 367
생물종 19, 79, 111, 159, 163, 164,

236, 238, 241, 282, 284, 288, 303, 313, 314, 321, 332, 333, 337, 338, 347, 349, 352, 358, 367
생물학 51, 105, 123, 155, 303, 339, 346, 357
생존 71~73, 102, 104, 108, 111, 121~125, 176, 182, 238, 266, 313, 326, 337, 351, 361, 389
생체 주기 134, 352, 390
샤모비츠, 대니얼 Chamovitz, Daniel 120
샤이델, 발터 Scheidel, Walter 318
샤핀, 스티븐 Shapin, Steven 242
샹죄, 장피에르 Changeux, Jean-Pierre 116
선택 8, 45~48, 51, 57, 85, 276, 278, 284, 301, 332
《성장의 한계》 266, 276, 296, 301, 329
세계화 238, 239, 289, 391
세속적 시간 169~171
세스, 아닐 Seth, Anil 152
세이건, 칼 Sagan, Carl 341, 354
세포 99~119, 121~130, 133, 143, 145, 148, 150, 286, 287, 333, 343, 389~392
소네트, 디디에 Sornette, Didier 160
수렵·채집 사회 168, 177
수상돌기 143, 144, 146
수소 109, 110, 340, 370, 371, 373
슈반, 테오도어 Schwann, Theodor 105
스마트, 존 Smart, John 343
스몰린, 리 Smolin, Lee 383
스밀, 바츨라프 Smil, Vaclav 306
스태너, 윌리엄 에드워드 핸리 Stanner, William Edward Hanley 180
스튜어트, 이언 Stewart, Ian 250

스트래턴, 오나 Strathern, Oona 202
스티븐슨, 아들라이 Stevenson, Adlai 296
시간 27~34, 38~44, 48, 52~56, 58~70, 75, 77, 81, 134, 162, 167~174, 176~181, 190, 191, 212, 239, 240, 329, 336, 366, 375~383, 388~391
시간 경험 62, 171, 173, 174
시간 철학 32, 59, 170, 388
시간의 종말 7, 19, 377
시간의 화살 37, 45, 54, 56, 390
시나리오 267, 277, 311, 312, 320~332, 337, 345, 354~360, 367, 379, 383
시냅스 143~150
신 29, 38, 40, 44, 48, 51, 60, 183, 185, 188, 190, 194, 195, 197, 199~201, 203~208, 210~212, 228, 243~245, 253~255, 261, 273, 291, 375, 392
신경계 102, 137~142, 147
신경세포 52, 124, 125, 129, 139~148, 153, 155, 161, 165, 251, 393
《신곡》 10, 11, 75
신성한 시간 169, 170
신탁 201~204, 206, 219, 227~232
신학 17, 30, 44, 200, 254, 380
실러, 프리드리히 Schiller, Friedrich 243
실버, 네이트 Silver, Nate 92, 249, 272
심리적 시간 171, 172, 178, 390

ㅇ

《아나바시스》 200
아레니우스, 스반테 Arrhenius, Svante 310,

311

아리야실로, 아잔 Ariyasilo, Ajahn 35
아미노산 110~115, 353
아바쿰 Avvakum 221, 222
아버스넛, 존 Arbuthnot, John 262
아서, 브라이언 Arthur, Brian 77, 102
《아스트람프시쿠스의 신탁》 227, 232
아시리아 201, 205, 206
아시모프, 아이작 Asimov, Isaac 360
아우구스티누스 29, 40, 42, 43, 48, 75, 200, 201, 225
아인슈타인, 알베르트 Einstein, Albert 40, 45, 62~68, 70, 88, 261, 382, 389, 390
아잔디족 219, 223, 224, 226
안드로메다은하 66, 374
안정성 107, 238, 240, 296
암스트롱, 닐 Armstrong, Neil 307, 344
암흑물질 155, 331, 382
암흑에너지 70, 155, 381~383
애기장대 128, 129, 133
애로, 케네스 Arrow, Kenneth 92
애비, 클리블랜드 Abbe, Cleveland 269
앤더슨, 필립 Anderson, Philip 51
야스퍼스, 카를 Jaspers, Karl 195, 211
언어 76, 116, 130, 159, 163~169, 175, 180, 184, 214, 224, 392
에너지 42, 44, 51, 55, 56, 69~71, 90, 105, 107, 126~131, 143, 145, 148, 153, 154, 161, 190, 235, 236, 296, 304, 305, 313, 339~342, 360, 370~372, 378~381, 389~392
에번스프리처드, 에드워드 Evans-Pritchard, Edward 170, 219, 223~225

에이드리언, 에드거 Adrian, Edgar 145
엔트로피 55, 70, 72, 90, 378, 386, 388, 391
엘드리지, 나일스 Eldredge, Niles 303
엘리아데, 미르체아 Eliade, Mircea 169~171
엘리아스, 노르베르트 Elias, Norbert 62, 173
《역경》 213~215, 406
역동성 60, 73, 167, 170, 190
역사 8~19, 47, 62, 74, 76, 121, 122, 142, 163~167, 171~174, 180, 189, 192, 234~241, 244, 274, 282, 292, 304~306, 312, 328, 330, 337, 338, 352~356, 360, 361, 375~378, 388~392
열역학 제2법칙 55, 69, 70, 304, 390, 391
영속성 30, 170, 177
영혼 30, 183~186, 195, 218, 222, 223, 243~245, 392
예견 276, 390, 391
예쁜꼬마선충 122, 139, 141
예술 330, 359, 361
예언 192, 200, 201, 204, 210, 212, 214, 225, 226, 229
《예언에 관하여》 47, 272
예측 46, 50, 75, 78, 81~86, 89~94, 104, 140, 149~153, 162, 183, 201, 215, 232, 243~249, 258, 268~277, 285, 292, 301, 309, 312, 322, 323, 366, 382, 388~392
오드, 토비 Ord, Toby 89, 324~326,

334, 345
오스트롬, 엘리너 Ostrom, Elinor 284
오페론 116, 117
온난화 270, 298, 313, 317, 330, 371
외즈베칸, 하산 Ozbekhan, Hasan 276
우리은하 285, 337, 369, 374
우주 12~19, 33, 40, 44~47, 50, 51, 55~57, 61, 62, 65~72, 82, 174, 191, 195, 206, 211, 212, 240, 241, 244, 261, 284, 291, 296, 307, 327, 337, 340, 349~353, 356~362, 365~383, 388~390
우주론 14, 51, 56, 214, 375~378
우튼, 데이비드 Wooton, David 244
운동 36, 63, 65, 118, 135, 146, 150
운동신경세포 139
워프, 벤저민 Whorf, Benjamin 168, 169
원자 33, 47, 55, 70~72, 90, 104~109, 114, 343, 371, 377
원핵생물 108, 123, 143, 390~392
웰스, 허버트 조지 Wells, Herbert George 18, 274, 294, 323, 338
위버, 워런 Weaver, Warren 254
윌슨, 로버트 Wilson, Robert 378
유기체 68, 72, 73, 101~106, 110, 116, 118, 123, 124, 127, 133, 134, 137, 287, 352, 390, 391
유럽 238, 239, 244, 253, 255, 291, 292, 305, 313, 317, 368
유전자 53, 78, 101, 106, 107, 110~112, 116, 125, 128, 133, 137, 138, 148, 175, 319, 343, 347
유전체 50, 109~112, 118, 122, 128, 346

유토피아 100~102, 128, 287, 290~294, 298, 299, 303, 305, 319, 323, 359, 391
육효 213~215
윤리 45, 46, 48, 212, 289, 290, 293, 337, 338, 359
융, 카를 Jung, Karl 214
은하계 64, 284, 337, 341, 342, 352, 353, 360, 361, 366~369, 373~375, 380~382
의학 246, 248, 264, 273, 292, 293, 306, 346, 348
이바노브나, 아니시아 Ivanovna, Anisia 220, 221
이산화탄소 127, 237, 311~313, 371
이스마엘, 재난 Ismael, Jenann 30, 58
《인간 정신의 진보에 관한 역사적 개요》 234, 292
인공지능 325, 339, 344, 345, 348
인과관계 45, 52, 53, 66, 67, 79, 245~249, 267, 269, 283, 391
《인구론》 295
인류 7, 13, 15, 19, 122, 160~167, 171, 174, 181, 189, 190, 192, 235~240, 245, 249, 262~267, 276, 278, 282~294, 298~301, 304~308, 312, 316, 319, 324~338, 349~361, 365, 375, 391, 392
인류세 236, 391
인류학 167~170, 174, 182
인플레이션 추이 35~37
일기예보 92, 93, 269
〈일시적 경험〉 58

임계점 164, 285, 312, 313, 318, 324, 325, 337
잉글랜드은행 35~38

ㅈ

자연선택 72, 73, 83, 86, 101, 163~165, 228, 383
자연적 시간 171, 392
자연철학 242, 244
《자연철학의 수학적 원리》 32
자유 8, 47, 48, 293, 318, 327
자유 에너지 55, 56, 362, 378, 392
자코브, 프랑수아 Jacob, Francois 116
장기기억 132, 133, 148~151
재앙 216, 285, 315, 318, 324~326, 336, 338, 345, 371
적색 지대 93, 94, 102, 153, 202, 226, 229, 256
전뇌 142
《전도서》 181
전두피질 142, 150, 161, 162, 164
전사인자 111, 112, 116, 125, 129, 133, 148
절대 시간 44, 62
점수 문제 253
점술 8, 76, 185, 188~196, 200~231, 242~244, 273, 283, 392
정규분포곡선 258, 259, 321, 323
정보 13, 14, 35, 43, 78, 79, 83, 86, 92, 102~105, 109~119, 122~155, 159~165, 175, 192, 202, 210, 239, 245, 246, 257, 258, 261~270, 283, 312, 344, 361, 392
정치 78, 85, 92, 199, 217, 246, 257,
273, 293, 319, 324, 333, 338, 352
《제5도살장》 41
제논 Zenon 42
제임스, 윌리엄 James, William 40, 43, 51
존스턴, 세라 Johnston, Sarah 200
종교 38, 41, 72, 183, 185, 195~199, 212, 221, 243, 273, 289, 291, 368, 375
《종교의 자연사》 26
종말론 376
《주례》 212
주바이니 Juvaini 197
주브넬, 베르트랑 드 Jouvenel, Bertrand de 276
주브넬, 엘렌 드 Jouvenel, Helene de 276
주술사 224~226
《주역》 213
주와시족 178, 185
죽음 26, 40, 41, 61, 78, 81, 82, 93, 218, 256, 293, 348, 381
준거틀 68, 73
중간 미래 335, 336, 366, 392
중국 194, 195, 199, 204~216, 308, 317, 318, 324
중뇌 142
중력 69, 82, 350, 370, 372, 374, 378, 380, 382, 392
지각판 구조 367, 368, 415
지구 7~11, 15, 19, 46, 50, 56, 62~64, 76, 86, 91, 121, 122, 133, 145, 160, 163, 177, 236~244, 266~ 268, 282~290, 296, 301~333, 336~359, 367~373, 378, 380, 391

《지구 여행》 328
지도 31, 32, 38~41, 60, 87, 141, 143, 181, 269, 283, 313, 365, 366
지속가능성 298~300, 327~329, 357
진핵생물 108, 123, 143, 392
진화 51, 55, 68, 72, 73, 119, 123, 125, 139, 142, 155, 159~166, 241, 249, 303, 352, 360, 361, 366~370, 375, 389
짐리림 Zimri-Lim 205
집단 학습 163~166, 189, 190, 297, 304, 305, 328, 330, 338, 353, 361, 362, 388, 392

ㅊ

차머스, 데이비드 Chalmers, David 155
차머스, 앨런 Chalmers, Alan 80
처칠랜드, 퍼트리샤 Churchland, Patricia 140, 162
천문학 82, 85, 91, 206, 212, 213, 249, 264, 265, 378
철학 17, 28, 30, 34, 41, 46, 51, 59, 67, 72, 80, 81, 130, 155, 195, 212, 214
《철학의 위안》 51
초전도체 341
추세 9, 80~85, 89, 92, 101, 102, 113, 115, 122, 128~140, 147~153, 166, 167, 183, 190~194, 206, 211, 213, 231, 245, 246, 256, 261, 264~267, 283, 284, 292~322, 327~331, 335~339, 347, 349, 361, 366~372, 377, 378
추세 분석 77~80, 101, 113, 128, 131, 283, 392
추측 편향 152
《추측술》 257
축삭돌기 143~146, 393
축의 시대 195~197, 206, 211, 243, 289
출산율 310
칠레 217, 222
《침묵의 봄》 314
칭기즈칸 196~199

ㅋ

카, 에드워드 핼릿 Carr, Edward Hallett 16
카너먼, 대니얼 Kahneman, Daniel 153~155
카르다노, 지롤라모 Cardano, Girolamo 250~253
카르다쇼프, 니콜라이 Kardashev, Nikolai 341, 342, 360, 361, 370
카슨, 레이철 Carson, Rachel 314
카오스 이론 50
카이사르, 율리우스 Caesar, Julius 8, 151, 268, 272
카쿠, 미치오 Kaku, Michio 342, 361
카할, 산티아고 라몬 이 Cajal, Santiago Ramon y 143
칸트, 이마누엘 Kant, Immanuel 102, 174
캔들, 에릭 Kandel, Eric 147, 148
컴퓨터 12, 98, 117, 142, 146, 147, 241, 246, 265~275, 312, 343~348
케틀레, 아돌프 Quetelet, Adolphe 263
케플러, 요하네스 Kepler, Johannes 244
켈리, 린 Kelly, Lynne 180
켐블, 패니 Kemble, Fanny 240

코로나19 팬데믹 50, 78, 322, 384
콜링우드, 로빈 조지 Collingwood, Robin George 9, 15, 16, 74
콩도르세, 마르키 드 Condorcet, Marquis de 234, 291~295, 305, 307, 320, 327, 347, 356
쿠스쿠타 136, 137
크로논 42
크세노폰 Xenophon 200
키케로 Cicero 8, 47, 48, 183, 184, 192~196, 201, 222, 272~274, 277, 349, 354
키틀리, 데이비드 Keightley, David 208, 210, 212
킬링, 찰스 Keeling, Charles 311

ㅌ

탈레브, 나심 Taleb, Nassim 302
태양 에너지 322, 339, 340
태양계 64, 65, 89, 284, 307, 331, 337, 342, 350~352, 367~373
테라포밍 351
테무친 196, 197
텝텡게리 Teb Tenggeri 197, 198
토너, 제리 Toner, Jerry 231
토리첼리, 에반젤리스타 Torricelli, Evangelista 247, 248
토머스, 딜런 Thomas, Dylan 71
통계학 17, 85, 103, 262
투키디데스 Thucydides 203
툰베리, 그레타 Thunberg, Greta 331
튜링, 앨런 Turing, Alan 49
트랜스휴머니즘 346~348, 352, 360
트버스키, 아모스 Tversky, Amos 154

트웨인, 마크 Twain, Mark 32, 34

ㅍ

파르메니데스 Parmenides 30, 179, 181, 182
파리지옥 99, 103, 130~132, 146, 148
파블로프, 이반 Pavlov, Ivan 149, 150, 246
파스칼, 블레즈 Pascal, Blaise 248, 253~255
파인먼, 리처드 Feynman, Richard 50, 343
퍼거슨, 애덤 Ferguson, Adam 166
펄, 주디아 Pearl, Judea 54, 249, 391
펄머터, 솔 Perlmutter, Saul 380
페로몬 130
페르마, 피에르 드 Fermat, Pierre de 253
페르시아 28, 194, 195, 197, 200, 227
페체이, 아우렐리오 Peccei, Aurelio 276
페티, 윌리엄 Petty, William 262
펜지어스, 아노 Penzias, Arno 377
포레스터, 제이 Forrester, Jay 267
〈포이어바흐에 관한 테제〉 59
포터, 로이 Porter, Roy 246
포퍼, 칼 Popper, Karl 166
폰 노이만, 존 von Neumann, John 270
폴락, 프레드 Polak, Fred 276
표본 공간 251~258, 326
표준편차 259
프라이스, 휴 Price, Huw 39
플레히트하임, 오시프 Flechtheim, Ossip K. 275
플루타르코스 Plutarchos 151, 202
피니, 벤 Finney, Ben 349, 350
피르호, 루돌프 Virchow, Rudolf 105
피셔, 로널드 Fisher, Ronald 53

피츠로이, 로버트 FitzRoy, Robert 269
피케티, 토마 Piketty, Thomas 317
핑커, 스티븐 Pinker, Steven 164

ㅎ

하먼, 윌리스 Harman, Willis 286
하이얌, 오마르 Khayyam, Omar 28, 34, 46
《한계를 넘어》 267
해킹, 이언 Hacking, Ian 262, 263
핵무기 274, 316, 318, 319, 356
행동 6, 11, 12, 16, 40, 60, 61, 70~77, 85~90, 98, 102, 103, 106, 111, 116, 123, 126, 132~137, 142, 149, 160, 172, 173, 178, 184, 191, 211, 242, 263, 264, 268~272, 285~292, 309, 319, 322, 328, 331, 336, 366, 389, 393
행성 64, 66, 68, 79, 105, 171, 238, 244, 248, 249, 285, 286, 307, 327, 337, 338, 341, 342, 349~353, 357, 360, 361, 366~369, 372, 373
행성 충돌 92, 268, 325, 374
허블, 에드윈 Hubble, Edwin 377
허클베리 핀 32~34, 39, 41, 44, 51, 71, 77
헤라클레이토스 Heracleitos 30, 33, 240
헤인즈, 로슬린 Haynes, Roslyn 180
현재 8, 16, 30, 34~43, 47, 61, 67, 75~80, 85, 102, 112, 118, 130, 170, 173, 177, 180, 181, 212, 227, 264, 278, 298, 316, 320, 330, 336, 343, 349, 357, 369, 377, 388, 389, 392

협력 109, 122~126, 286, 287, 324, 355, 356
호그 천체 342
호미닌 160~162
호일, 프레드 Hoyle, Fred 362, 375
호킹, 스티븐 Hawking, Stephen 379
홀트, 짐 Holt, Jim 381
홉스, 토머스 Hobbes, Thomas 193, 202
화이트헤드, 앨프리드 노스 Whitehead, Alfred North 167, 240
화학삼투 129, 132, 145, 392, 393
확률 35, 56, 88~92, 103, 106, 117, 118, 127, 146, 231, 234, 245, 249~263, 269, 272, 283, 312, 393
《확률에 대한 철학적 시론》 46
확실성 10, 49, 53, 77, 91, 283, 389, 393
환상 30~32, 41, 47, 169, 234, 283, 351
활동전위 145~147, 161, 393
회선운동 136, 137, 393
효소 101, 115, 116
후뇌 142
후성유전학 112, 125, 133
후즈자니 Juzjani 197
훅, 로버트 Hooke, Robert 105
흄, 데이비드 Hume, David 13, 26, 52, 53, 81, 166, 260, 391
흐름 16, 31, 33, 44, 48, 55, 60, 62, 71, 75~77, 115, 162, 169, 172, 293, 300, 379, 388
희망 49, 100, 263, 275, 287~289, 293~297, 319, 323, 328, 341, 343, 352, 389